气动故障诊断与维修手册

陆望龙　编著

QIDONG GUZHANG
ZHENDUAN
YU
WEIXIU SHOUCE

化学工业出版社
·北京·

内 容 提 要

《气动故障诊断与维修手册》主要介绍各类气动元件及系统的工作原理、结构特点及相关气动设备在使用过程中出现故障的诊断与维修方法和操作技能。

本手册内容涵盖气动技术基础知识，各类气动元件，如空气压缩机（气源装置）、压缩空气处理与净化装置、气动执行元件（气缸、气马达等）、气动控制元件（气动控制阀）、真空元件（真空泵、真空吸盘等）和气动基本回路（压力回路、换向回路、速度回路等）的工作原理、结构特点、功用和故障分析与排除方法，以及典型气动系统的维护要点与故障分析实例。

本手册内容系统、简明、实用、便查，适合从事气动维修工作的工程技术人员和技术工人使用，也可供气动技术维修培训机构和各类职业技术院校机械、自动化相关专业师生参考。

图书在版编目（CIP）数据

气动故障诊断与维修手册/陆望龙编著. —北京：化学工业出版社，2020.9

ISBN 978-7-122-37252-9

Ⅰ.①气…　Ⅱ.①陆…　Ⅲ.①气动设备-故障诊断-手册②气动设备-维修-手册　Ⅳ.①TB4-62

中国版本图书馆 CIP 数据核字（2020）第 103222 号

责任编辑：黄　滢　　文字编辑：张燕文
责任校对：王素芹　　装帧设计：王晓宇

出版发行：化学工业出版社（北京市东城区青年湖南街 13 号　邮政编码 100011）
印　　装：凯德印刷（天津）有限公司
710mm×1000mm　1/16　印张 23¼　字数 459 千字　　2020 年 9 月北京第 1 版第 1 次印刷

购书咨询：010-64518888　　售后服务：010-64518899
网　　址：http://www.cip.com.cn
凡购买本书，如有缺损质量问题，本社销售中心负责调换。

定　　价：128.00 元

前言

气动技术和电子技术、液压技术一样，成为了自动化生产过程的有效技术之一，气动技术发展很快，它主要应用于机械化和自动化领域，同时，其应用领域也在迅速扩大，在国民经济建设中起着越来越重要的作用。在许多工业部门，微电子和气动技术的综合应用水平已被视为评价行业自动化和现代化程度的一项重要指标。

气动技术在电子、食品、医疗等行业中的应用正在日益扩大，近年来随着机器人的大规模发展以及工厂自动化的发展，气动技术已扮演着举足轻重的角色。

气动设备在使用中总会出现各种故障的，出了故障怎么办？为此笔者根据自己的工作实践，编写了这本书。本书列举了各种典型气动元件的工作原理与结构，了解气动元件的工作原理与结构，是处理各种故障的基础。本书给出了各种元件的主要故障与排除方法，使读者在进行故障分析与排除时能准确地落到实处，抓住主要矛盾。

本书共分 8 章，第 1 章概述，介绍了气动技术基础知识，掌握好气动技术基础知识是做好维修工作的基础；第 2 章介绍了空气压缩机的故障诊断与维修，空气压缩机是气动设备的心脏，是气动设备的动力来源；第 3 章介绍了压缩空气处理和净化装置的故障诊断与维修，洁净的压缩空气是气动设备不出故障和少出故障的根本；第 4 章介绍了气动执行元件的故障诊断与维修，包括气缸与气马达，气动执行元件是向外输出运动与做功的元件；第 5 章介绍了气动控制元件的故障诊断与维修，它们控制执行元件的运动方向、运动速度和输出力与输出力矩的大小；第 6 章介绍了真空元件的故障诊断与维修；第 7 章介绍了气动基本回路的故障诊断与维修，分析了三大基本回路的工作原理与可能产生的故障；第 8 章介绍了气动系统的故障诊断与维修，包括气动系统的维护、点检与对产生故障的分析处理。

编写本书时，参阅了世界气动行业知名企业的有关资料，如德国的 FESTO 与博世公司，日本的 SMC、CKD 与黑田（KURODA）株式会社，美国的 PARKER 公司，英国的 NORGREN 公司，以及国内有关公司，在此深表谢意！

本书图文并茂，主要阅读对象为初、中级气动维修技术人员与技术工人，也可供本专业职业技术院校的广大师生参阅。

感谢朱皖英、陆桦、马文科、陆泓宇、朱兰英、李刚、罗文果、朱声正等业内专家对本书编写的指导和帮助！

本书将作者亲身经历的经验汇集在书中，希望能与工作在气动维修工作一线的同行交流，不妥之处还请批评指正。

编著者

目录

第 1 章　概述

第 2 章　空气压缩机（气源装置）的故障诊断与维修

第 3 章 压缩空气处理和净化装置的故障诊断与维修

第 4 章 气动执行元件的故障诊断与维修

第5章 气动控制元件的故障诊断与维修

第1章 概述

1.1 气压传动与气动技术简介

(1) 气压传动

以压缩机为动力源，以压缩空气为工作介质，进行能量传递或信号传递的工程技术称为气压传动。压缩空气经过一系列控制元件后，将能量传递至执行元件，输出力或力矩。

气压传动的工作原理是利用空气压缩机把电动机或其他原动机输出的机械能转换为空气的压力能，然后在控制元件的作用下，通过执行元件把压力能转换为直线运动或回转运动形式的机械能，从而完成各种动作，并对外做功。

(2) 气动技术发展概况

很早人们就已开始使用风箱，它是压缩空气实际应用的一种形式。后来人们又将其用于采矿、冶金和制造行业。到了19世纪中叶压缩空气的应用才形成了一定的体系，用于气动工具、风镐、管道传递邮件系统、蒸汽机车及一些其他辅助系统，在实际生活中的使用也充分说明了这一点。到了20世纪中期，气动技术广泛应用在机械化和自动化领域，在电子、食品、医疗等行业中的应用也不断扩大，近年来随着大规模机器人以及工厂自动化的发展，气动技术扮演着举足轻重的角色。

(3) 气动技术的应用

气动技术和电子技术、液压技术一样，都是自动化生产过程的有效技术之一，在国民经济建设中起着越来越大的作用。在许多工业部门，微电子和气动技术的结合应用水平被视为评价行业自动化和现代化程度的一项重要指标。在国外，气动技术被称为“廉价的自动化技术”。据统计，在工业发达国家中，全部自动化流程中约有30%装有气动系统，90%的包装机，70%的铸造和焊接设备，50%的自动操作机，40%的锻压设备和洗衣设备，30%的采煤机械，20%的纺织机械、制鞋机械、木材加工机械、食品机械，43%的工业机器人使用气动系统。美国、日本、德国等国家的气动元件销量平均每年增长超过10%，许多工业发达国家的气动元件产值已接近液压元件的产值，且仍以较大的速度发展。具体情况如下。

① 绝大多数具有管道生产流程的各生产部门往往采用气压控制，如石油加工、气体加工及化工、肥料、有色金属冶炼和食品工业等。

② 在轻工业中，电气控制和气动控制装置大体相等。在我国已广泛用于纺织、造纸和制革等轻工业中，如自动嘴气织布机、印刷机械、制鞋机械、塑料品生产线、人造革生产线、玻璃制品加工线等许多场合。

③ 交通运输业中用于列车的制动闸、货物的包装与装卸、仓库管理和车辆门窗的开闭等方面；汽车制造业中焊接生产线、夹具、机器人、输送设备、组装线、涂装喷漆线、发动机、轮胎生产装备等方面。

④ 在航空工业中也得到广泛的应用。因电子装置在没有冷却装置下很难在300～500℃高温条件下工作，故现代飞机上大量采用气动装置。同时，火箭和导弹中也广泛采用了气动装置。

⑤ 鱼雷的自动装置大多是气动的，因为以压缩空气作为动力能源，体积小、重量轻，甚至比具有相同能量的电池体积还要小、重量还要轻。

⑥ 在生物工程、医疗、原子能中也有广泛的应用。

⑦ 用于生产自动化：机械加工生产线上零件的加工和组装与加工件的搬运、转位、定位、夹紧、进给、装卸装配、清洗、检测等工序及机器人；在包装自动化方面如化肥、化工、粮食、食品、药品、生物工程等行业实现粉末、粒状、块状物料的自动计量包装；用于烟草工业的自动化卷烟和自动化包装等许多工序；用于对黏稠液体（如油漆、油墨、化妆品、牙膏等）和有毒气体（如煤气等）的自动计量灌装。目前气动控制装置在生产自动化中占有很重要的地位。

⑧ 用于电子半导体家电制造行业，如硅片的搬运、元器件的插入与锡焊及彩电、冰箱的装配生产线。

⑨ 其他：在建筑、钢铁、采矿和化学工业工厂中料门的卸料、化学制品的系统中阀门的操作、薄纸的空气分离和真空提升、医疗牙钻、伐木机的驱动和进给；在冶金机械、建筑机械、农业机械等机械工业领域中也得到广泛的应用。

（4）气动技术研究的必要性、发展趋势和动向

从气动技术的特点和应用情况可知，研究和发展气动技术具有非常重要的理论价值和实际意义。气动技术在美国、法国、日本、德国等主要工业国家的发展和研究非常迅速，我国于20世纪70年代初期才开始重视和组织气动技术的研究。无论从产品规格、种类、数量、销售量、应用范围，还是从研究水平、研究人员的数量上来看，我国与世界主要工业国家相比还有相当差距。为促进我国气动行业的发展，提高我国的气动技术水平，缩短与发达国家的差距，开展和加强气动技术的研究是很有必要的。纵观世界，气动行业的发展趋势及气动元件的发展动向可归纳为以下几方面。

① 向高质量方向发展：电磁阀的寿命可达1亿次，气缸的寿命可达5000～8000km。

② 向高速度方向发展：小型电磁阀的换向频率可达数十赫兹，气缸的最大速度可达 3m/s。

③ 位置控制的高精度化：由于空气的可压缩性给气动位置控制系统的控制精度带来很大的影响，因此如何提高控制精度一直是人们所关心和研究的课题，近年来通过采用计算机闭环伺服控制，大大地提高了控制精度，定位精度可达 0.5～0.1mm，过滤精度可达 0.01μm，除油率可达 $1m^3$ 标准大气中的油雾控制在 0.1mg 以下。

④ 无给油化：不供油润滑元件组成大系统不污染环境，系统简单，维护也简单，节省润滑油，且摩擦性能稳定，成本低、寿命长，适合食品、医药、电子、纺织、精密仪器、生物工程等行业的需要。

⑤ 力求节能低功耗：为了与微机或程控器直接连接，也为了节省能量，耗电功率降至 0.1W 的电磁阀已问世了。

⑥ 趋向小型化与轻量化：元件制成超薄、超短、超小型，如宽 8.6mm 的单电控先导式二位五通电磁阀、缸径 2.5mm 的单作用气缸、缸径 6mm 的双作用气缸、M3 的管接头和内径 2mm 的连接管等。

元件采用铝合金及塑料等材料制造，零件进行等强度设计，如已出现仅 10g 的低功率电磁阀。

⑦ 电-气一体化：气动元件与电气元件的结合，使气动技术的水平获得大幅度提高，其应用范围也得到了进一步扩展，如电气压力控制阀，内藏位移传感器的测长气缸，电机直接通过丝杠控制活塞运动的电动气缸。

典型的是计算机远程控制＋可编程控制器＋传感器＋气动元件组成的控制系统。

⑧ 集成化：这里说的集成化不是指将几个或十几个电磁阀（或气缸）单纯地安装在同一阀块或阀座上，而是指将不同的气动元件或机构叠加组合而形成新的带有附加功能的集成元件或机构，采用这种具有多功能的集成元件或机构，将会缩短气动装置和自动生产线的设计周期，减少现场装配、调试时间，如带导轨的气缸，带换向阀的气缸及多自由度执行元件等。

⑨ 系统复合集成、省配线化：随着气动系统的复杂化和大型化，气缸和控制阀的使用数量也相应增加，这就给配管和配线带来了困难，加大了误配线的概率，减少配线（如串行传送技术）、配管和元件，节省空间，简化拆装，提高工作效率，已提到议程上来，另外还可以采用时间分割多重通信系统，实现省配线的目的。

1.2 气动系统的组成及主要元件的功用

气动系统是指汇总了以气压为动力的装置元件的设备。构成该系统的主要元件有空气压缩机、速度控制阀、换向阀、减压阀、过滤器、干燥器、气缸等。

（1）气动系统的组成

气动系统的组成如图 1-1 所示。

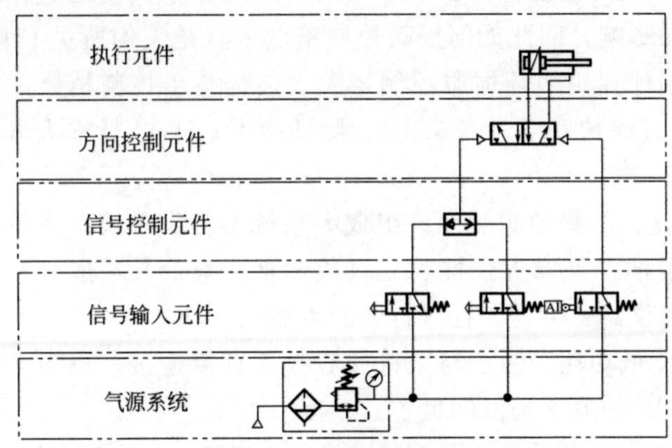

图 1-1　气动系统的组成

① 动力元件（气源装置）　其主体部分是空气压缩机。它将原动机（如电动机）供给的机械能转变为气体的压力能，为各类气动设备提供动力。为了方便管理，保证各用气点所需的压缩空气，用气量较大的厂矿企业都专门建立压缩空气站。

② 执行元件　包括各种气缸和气马达。其功用是将气体的压力能转变为机械能，带动工作部件做功。

③ 控制元件　包括各种压力阀、方向阀、流量阀、逻辑元件等，用以控制压缩空气的压力、流量和流动方向以及执行元件的工作程序，以便使执行元件完成预定的运动规律。

④ 辅助元件　是使压缩空气净化、润滑、消声以及用于元件间连接等所需的装置，如各种冷却器、分水排水器、气罐、干燥器、油雾器及消声器等。它们对保持气动系统可靠、稳定和持久工作起着十分重要的作用。

⑤ 工作介质　即传动气体，为压缩空气。气动系统是通过压缩空气实现运动和动力传递的。

（2）气动系统主要元件的功用

① 空气压缩机　为气动系统提供动力源，相当于液压系统中的液压泵。

② 气罐　储存压缩空气。

③ 后冷却器　将空气压缩机生成的高温与多水分的压缩空气冷却后除去冷凝水。

④ 主管路过滤器　为了去除空气压缩机压缩过的空气中所含的灰尘、水和油等而在主管路的配管部位设置的过滤器。主管道过滤器必须具有最小的压力降和油雾分离能力。

⑤ 冷冻式空气干燥器　对压缩空气进行强制性冷却处理，将压缩空气中的

水蒸气转化为水滴后除去，使其成为干燥的压缩空气。

⑥ 空气过滤器　作为气源三大件之一的空气过滤器，可进一步净化进入支路的压缩空气，清除配管内产生的灰尘、锈蚀物、冷凝水等，保护气动元件，防止故障的发生。

⑦ 减压阀　对空气压缩机送来的压缩空气进行减压处理，将二次侧的空气压力设定、调整到规定的压力。

⑧ 油雾器　为了使元件平滑运行，改善元件的耐久性，利用流动的压缩空气，将润滑油变成雾状后送入末端，润滑运动元件的配合面。

⑨ 消声器　安装在换向阀的排气口上，以减弱进行切换时的排气噪声。

⑩ 换向阀（电磁阀）　对压缩空气进行通断处理，或改变其流动方向。

⑪ 速度控制阀　调整压缩空气的流量，调节气缸或气马达的速度。

⑫ 气缸　将气体压力能转换为有效的力和动能，向外做功，推动或搬运物体。

气动系统的主要构成元件如图 1-2 所示。

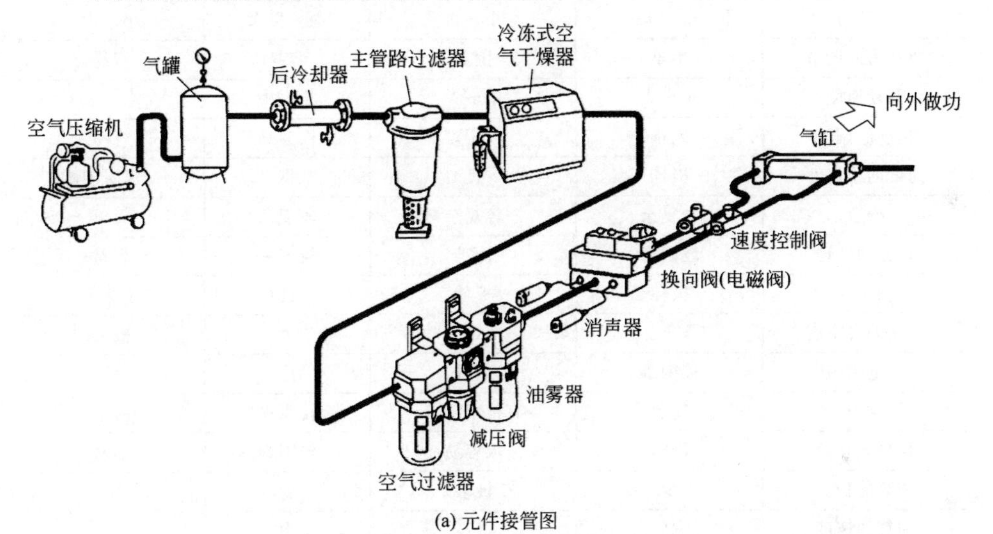

(a) 元件接管图

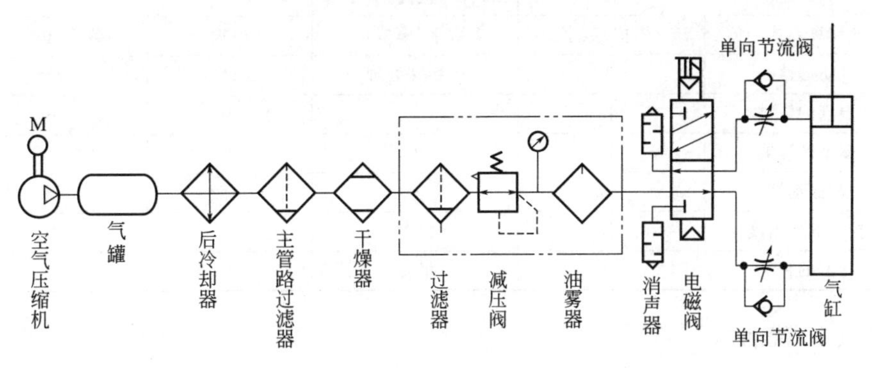

(b) 图形符号回路图

图 1-2　气动系统的主要构成元件

1.3 各种传动方式的比较及气动系统的优缺点

20 世纪 80 年代以来，自动化、省力化得到迅速发展，主要方式有机械方式、电气方式、电子方式、液压方式和气动方式等。这些方式都有各自的优缺点及其最适合的使用范围。表 1-1 给出了各种传动方式的比较。任何一种方式都不是万能的，在实现生产设备、生产线的自动化、省力化时，必须对各种技术进行比较，扬长避短，选出最适合的方式或几种方式的恰当组合，以使装备更可靠、更经济、更安全、更简单。

表 1-1　各种传动方式的比较

项目	机械方式	电气、电子方式	液压方式	气动方式
直线运动	容易	困难	容易	容易
旋转运动	容易	容易	较困难	较困难
驱动力	小～大	小～大	中～极大	小～中
驱动力的调节	困难	困难	容易	容易
驱动速度	小～大	中～大	小～中	小～大
速度的调节	困难	较困难	极容易	容易
速度的稳定性	极佳	良	良	低速时困难
构造	较复杂	较复杂	较复杂	简单
过载的处理	较困难	困难	较容易	容易
响应性	极佳	极佳	良	良(注意负载)
安装的自由度	小	中	大	极大
停电措施	较困难	困难	可	可
维护	简单	有技术要求	较简单	简单
信号的转换	困难	极容易	较困难	容易
演算的种类	少	极多	少	中
演算的速度	高	极高	中	中
演算方式	(模拟)数字	数字(模拟)	模拟	数字(模拟)
防爆性	良	需特殊处理	良	极佳
温度的影响	小	大	中	小
湿度的影响	小	大	小	注意冷凝水
耐振动性	一般	差	一般	一般
控制的自由度	小	极大	小	大
检测的种类	少	极多	少	中

(1) 优点

气压传动与机械、电气、液压传动相比，有以下优点。

① 工作介质是空气，来源广泛，取之不尽，使用后可直接排入大气；处理

方便，也不污染环境。不需要像液压传动那样设置专门的回收装置。

② 因空气的黏度很小，在管道中流动时的压力损失很小，因而便于集中供气和远距离输送。

③ 气动动作迅速，调节方便，维护简单，不存在介质变质及补充等问题。

④ 工作环境适应性好，特别适合在易燃、易爆、潮湿、多尘、振动、辐射等恶劣条件下工作，外泄漏不污染环境，应用于食品、轻工、纺织、印刷、精密检测等最为适宜。

⑤ 气动元件结构简单，成本低，寿命长，易于实现标准化、系列化和通用化。

⑥ 气动动作迅速，反应快，维护简单，调节方便，特别适合于一般设备的控制。

（2）缺点

气压传动与机械、电气、液压传动相比，有以下缺点。

① 由于空气具有较大的可压缩性，不易实现准确的速度控制和很高的定位精度，负载变化时对系统的稳定性影响较大，因而运动平稳性较差。

② 因工作压力低（一般为 0.3～1MPa），不易获得较大的输出力或力矩。

③ 气动装置的噪声大，高速排气时要加消声器。

④ 由于湿空气在一定的温度和压力条件下能在气动系统的局部管道和气动元件中凝结成水滴，促使气动管道和气动元件腐蚀和生锈，导致气动系统工作失灵。

⑤ 空气无润滑性能，故在气路中需设置给油润滑装置。

1.4 气动元件图形符号

（1）气动管路符号（表 1-2）

表 1-2 气动管路符号

名称	符号	名称	符号
连接管路	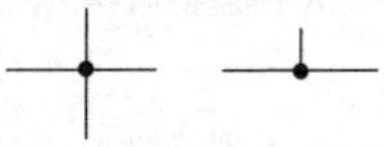	带单向阀快换接头	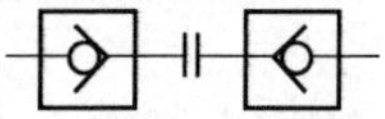
交叉管路		不带单向阀快换接头	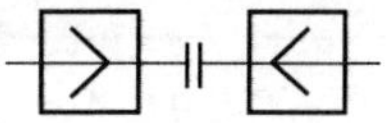
软管连接的管路		单通路旋转接头	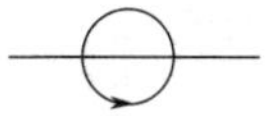
回转连接	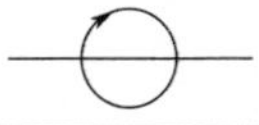	双通路旋转接头	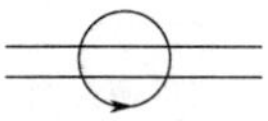
控制管路		三通路旋转接头	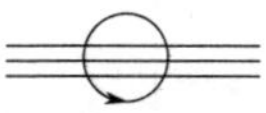
组合元件线		电气线路	

（2）气源处理及辅助元件符号（表1-3）

表1-3　气源处理及辅助元件符号

名称	符号	名称	符号
FRL组合元件	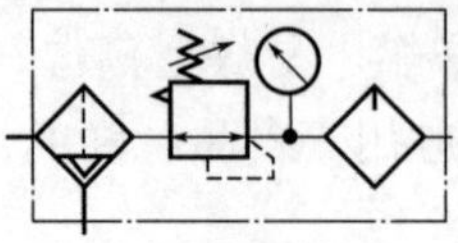	压力继电器	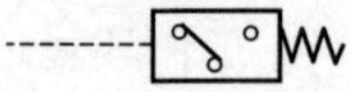
		消声器	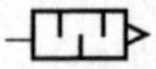
FRL简化符号	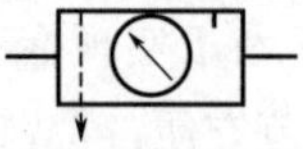	气压源	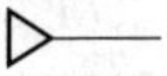
压力表		气液转换器	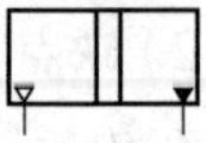

（3）控制机构与控制方法及方向控制阀符号（表1-4）

表1-4　控制机构与控制方法及方向控制阀符号

名称	符号	名称	符号
气压控制	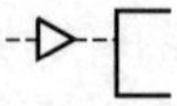	单向滚轮式机械控制	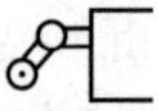
先导压力控制	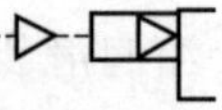	内部压力控制	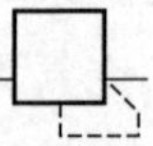
差压控制		外部压力控制	
三位锁定控制	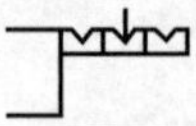	二位二通换向阀	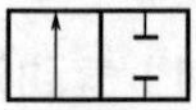
直动式电磁控制	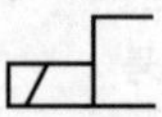	二位三通换向阀	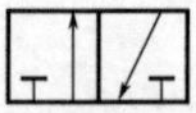
先导式电磁控制	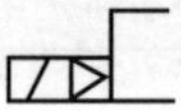	二位四通换向阀	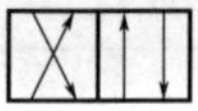
按钮式人力控制	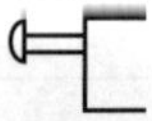	二位五通换向阀	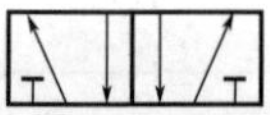
手柄式人力控制	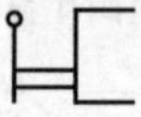	三位三通换向阀	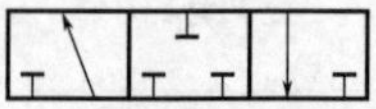
踏板式人力控制	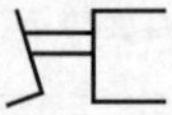	三位五通换向阀	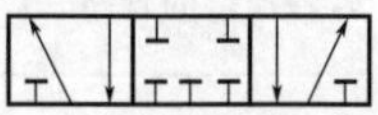
挺杆式机械控制	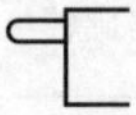		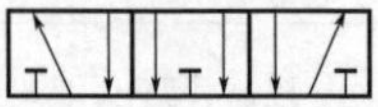
弹簧控制	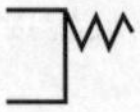		
滚轮式机械控制	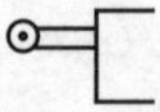		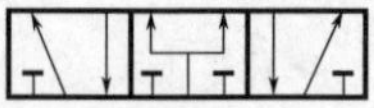

（4）其他控制元件符号（表 1-5）

表 1-5　其他控制元件符号

名称	符号	名称	符号
单向阀		单向节流阀	
梭阀（或阀）	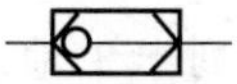	减压阀	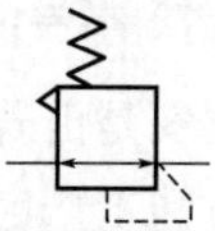
双压阀（与阀）	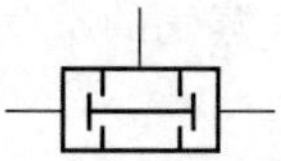	先导式减压阀	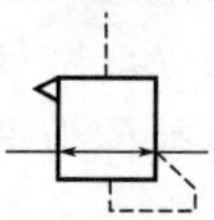
快速排气阀	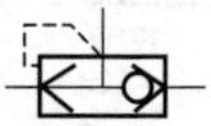	安全阀	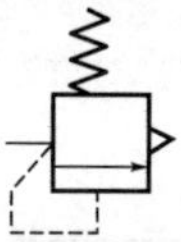
气控单向阀	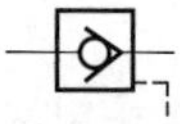	顺序阀	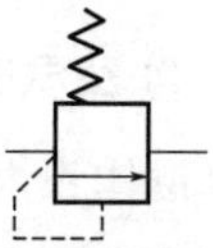

（5）执行元件符号（表 1-6）

表 1-6　执行元件符号

名称	符号	名称	符号
单作用负载返回气缸	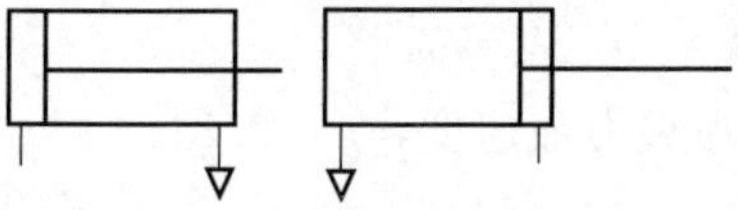	双作用双杆气缸	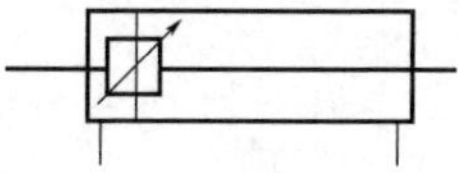
单作用弹簧返回气缸	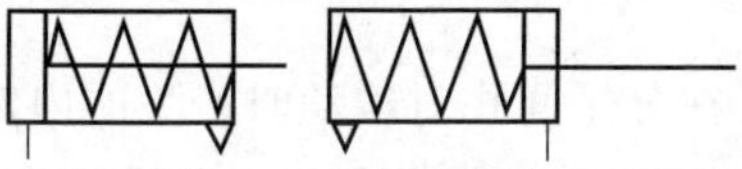	摆动气缸	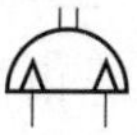
双作用无缓冲气缸	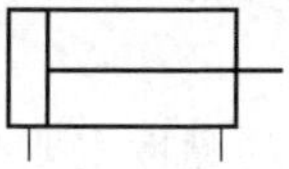	单向气马达	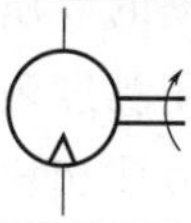
双作用可调气缓冲气缸	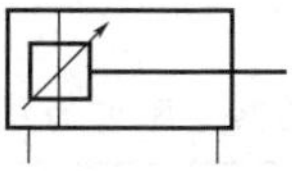	双向气马达	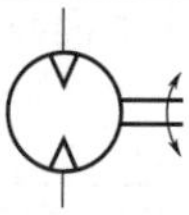

1.5　气压传动基础知识

在气压传动系统中，压缩空气是传递动力和信号的工作介质，气压系统能否可靠地工作，在很大程度上取决于系统中所用的压缩空气。因此，需对系统中使用的压缩空气及其性质有必要的了解。

1.5.1 空气（大气）的物理性质

要了解压缩空气，首先要了解空气。

(1) 空气的组成

空气是由若干种气体混合而成的，表 1-7 列出了地表附近空气的一般组成。在城市和工厂区，由于烟雾及汽车尾气，大气中还含有二氧化硫、亚硝酸、碳氢化合物等。空气里常含有少量水蒸气，含有水蒸气的空气称为湿空气，不含水蒸气的空气称为干空气。

表 1-7 空气的组成

成分	氮(N_2)	氧(O_2)	氩(Ar)	二氧化碳(CO_2)	氢(H_2)	其他气体
体积分数/%	78.03	20.95	0.93	0.03	0.01	0.05

(2) 空气的密度

单位体积内所含空气的质量称为空气的密度，用 ρ 表示，单位为 kg/m^3。

$$\rho=m/V$$

式中，m 为空气的质量，kg；V 为空气的体积，m^3。

(3) 空气的重度

单位体积内空气的重量称为空气的重度，用 γ 表示，单位为 N/m^3。

$$\gamma=G/V=mg/V=\rho g$$

式中，G 为空气的重量，N；g 为重力加速度，$g=9.81m/s^2$。

(4) 空气的黏性

黏性是由于分子之间的内聚力，在分子间相对运动时产生的内摩擦力，而阻碍其运动的性质。流体流动时，在流体中产生摩擦阻力的性质称为流体的黏性，其大小用黏度表示。

与液体相比，气体的黏性要小得多。空气的黏性主要受温度变化的影响，随温度的升高而增大，其与温度的关系见表 1-8。

表 1-8 空气的运动黏度与温度的关系（压力为 0.1MPa）

t/℃	0	5	10	20	30	40	60	80	100
$\upsilon/(10^{-4}m^2/s)$	0.133	0.142	0.147	0.157	0.166	0.176	0.196	0.21	0.238

没有黏性的气体称为理想气体。在自然界中，理想气体是不存在的。当气体的黏性小，沿气体流动方向的法线方向的速度变化也不大时，由于黏性产生的黏

性力与气体所受的其他作用力相比可以忽略，这时的气体便可当作理想气体。理想气体具有重要的实用价值，可以使问题的分析大为简化。

（5）空气的湿度和含湿量

湿空气是干空气与水蒸气的混合气体，实际存在的大气一般为湿空气。空气中可混入水蒸气的能力只与温度有关，而与压力无关。如果空气中水蒸气的含量超过了空气所能混入的水蒸气的量，则一部分水蒸气便会冷凝成水（水雾、水滴等）而从中分离出来。

空气中的水蒸气在一定条件下会凝结成水滴，水滴不仅会腐蚀元件，而且对系统工作的稳定性带来不良影响。因此不仅各种气动元器件对空气含水量有明确规定，而且常需要采取一些措施防止水分进入系统。

湿空气中的水蒸气（水分）含量通常用湿度来表示，表示方法有绝对湿度和相对湿度，定义如下。

① 绝对湿度　$1m^3$ 湿空气中所含水蒸气的质量称为绝对湿度，也就是湿空气中水蒸气的密度。

空气中水蒸气的含量是有极限的。在一定温度和压力下，空气中所含水蒸气达到最大极限时，这时的湿空气称为饱和湿空气。$1m^3$ 的饱和湿空气中，所含水蒸气的质量称为饱和绝对湿度。

② 相对湿度　在相同温度和压力下，绝对湿度与饱和绝对湿度之比称为该温度下的相对湿度。一般湿空气的相对湿度在0～100%之间变化，通常情况下，空气的相对湿度在60%～70%范围内人体感觉舒适，气动技术中规定各种阀中的空气相对湿度应小于95%。

③ 含湿量　空气的含湿量指1kg的干空气中所混合的水蒸气的质量。

④ 露点　保持水蒸气压力不变而降低未饱和湿空气的温度，使之达到饱和状态（相对湿度100%）时的温度称为露点。温度降到露点以下，湿空气便有水滴析出。冷冻干燥法去除湿空气中的水分，就是利用了降低温度到露点以下，使湿空气中的水蒸气变为水滴析出以分离水分这个原理。

（6）大气的压力

大气的压力随着海拔高度以及季节的不同而变化，将760mm汞柱的压力定义为一个大气压（图1-3）。

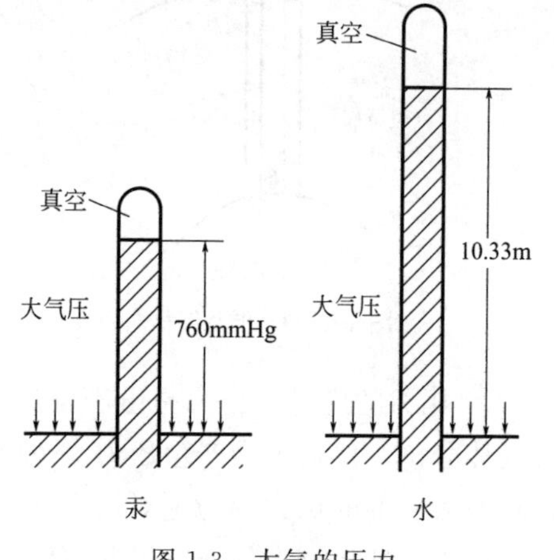

图1-3　大气的压力

（7）空气的标准状态和基准状态

气体的体积只有在其温度和压力都相同时才具有可比性，因此定义了一个统一的标准状态，利用通常状态下的气体状态方程，就可以将气体的状态换算成统一的标准状态。

一般来说，气动元件中使用标准状态的空气，而在物理性质等问题中使用基准状态的空气（表 1-9）。

表 1-9 标准状态和基准状态的空气

项目	标准状态	基准状态
大气压力	760mmHg(0.1013MPa)	760mmHg(0.1013MPa)
温度	20℃	0℃
相对湿度	65%	0
密度	1.20kg/m³	1.293kg/m³

标准状态（正常状态）可以表示如下：

1.5.2 压缩空气

(1) 几个基本概念

① 压缩空气的获得　如图 1-4 所示，1 个标准大气压＝1.033kgf/cm² ＝760mmHg。如图 1-5 所示，使用空压机将大气压缩到原体积的 1/8 后得到了压缩空气。压缩空气在被压缩的状态下储存了一定的能量，利用这部分储存的能量可以对外做功。

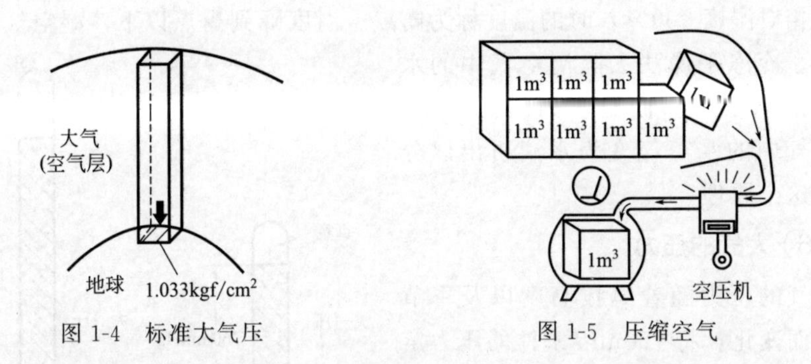

图 1-4 标准大气压　　图 1-5 压缩空气

② 压力的度量　压力是由于空气中的气体分子相互碰撞而产生的，如果没有气体分子，便也不会产生压力，也就是说，在完全真空的状态下压力为零，以该状态为基准的压力称为绝对压力。

由于地球上有大气压，因此多以大气压为基准，将以大气压为基准的压力称为表压。绝对压力＝大气压＋表压。在气压的理论公式中一般使用绝对压力，这一点需要注意。压力可用绝对压力、表压和真空度等来度量（图 1-6）。

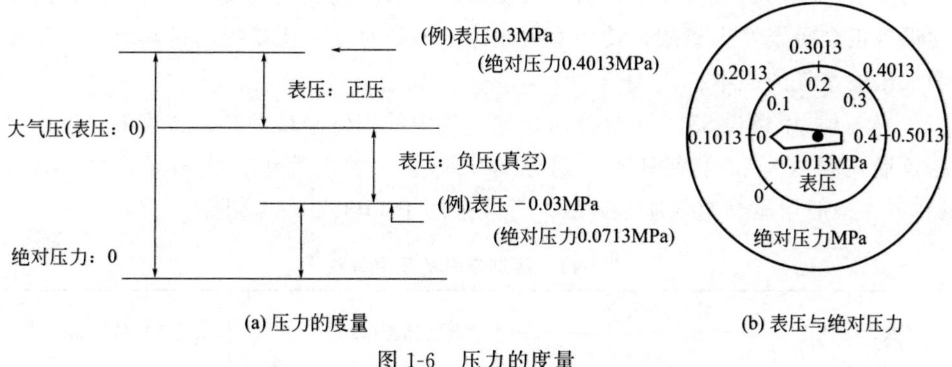

(a) 压力的度量　　(b) 表压与绝对压力

图 1-6　压力的度量

在大气中，用压力表直接测得的是表压。低于大气压的压力称为负压或真空度，其测量仪表称为负压表或真空表。

③ 压力的单位（表 1-10）　大气压的压力单位以前都使用 kgf/cm^2，现在一般以 MPa 表示，压力单位换算见表 1-10。

表 1-10　压力单位换算

MPa	kPa	kgf/cm^2
1	1000	10.1972
0.001	1	0.0101972
0.0980665	98.0665	1

（2）压缩空气的污染

由于压缩空气中的水分、油污和灰尘等杂质不经处理直接进入管路系统时，会对系统造成不良后果，所以气压传动系统中所使用的压缩空气必须经过干燥和净化处理后才能使用。

① 压缩空气中的杂质来源　压缩空气中的杂质来源主要有以下几个方面。

a. 由系统外部通过空气压缩机等设备吸入的杂质。在停机时，外界的杂质会从排气口进入系统内部。

b. 系统运行时内部产生的杂质。例如，湿空气被压缩、冷却就会出现冷凝水；压缩机油在高温下会变质，生成油泥；管道内部产生的锈屑；相对运动件摩擦而产生的金属粉末和橡胶细末；密封和过滤材料产生的细末等。

c. 系统安装和维修时产生的杂质。例如，安装、维修时未清除掉的铁屑、毛刺、纱头、焊接氧化皮、铸砂、密封材料碎片等。

② 压缩空气的质量等级　随着机电一体化程度的不断提高，气动元件日趋

精密。气动元件本身的低功率、小型化、集成化，以及微电子、食品和制药等行业对作业环境的严格要求和污染控制，都对压缩空气的质量要求和净化提出了更高的要求。不同的气动设备，对空气质量的要求不同。空气质量低劣，优良的气动设备也会频繁发生事故，使用寿命缩短。但如对空气质量提出过高要求，又会增加压缩空气的成本。

表 1-11 为 1SO 8573.1 标准对压缩空气中的固体尘埃颗粒、含水率（以压力露点形式要求）和含油率要求划分的压缩空气质量等级。我国采用的 GB/T 13277《一般用压缩空气质量等级》等效采用 1SO 8573.1 标准。

表 1-11　压缩空气的质量等级

等级	最人粒子		压力露点(最大值)/℃	最大含油量/(mg/m³)
	尺寸/μm	浓度/(mg/m³)		
1	0.1	0.1	−70	0.01
2	1	1	−40	0.1
3	5	5	−20	1.0
4	15	8	+3	5
5	40	10	+7	25
6	—	—	+10	—
7	—	—	不规定	—

（3）压缩空气的状态变化

气体的体积受压力和温度变化的影响极大，与液体和固体相比，气体的体积是易变的，称为气体的易变特性。气体与液体体积变化相差悬殊，主要原因在于气体分子间的距离大而内聚力小，分子运动的平均自由路径大。气体体积随温度和压力的变化规律遵循气体状态方程。

空气的压力、体积和温度三要素之间存在着一定的关系，如果确定其中的两个，则另一个参数也随之确定。空气的状态可以使用这三个参数进行表征，它们之间的关系用状态方程来表示，参数的变化称为状态变化。

① 理想气体的状态方程　实际气体看成理想气体，由此引起的误差是相当小的。

气体的压力、体积、温度表明了气体所处的状态，即气体的状态是由它的三个参数（压力、体积和温度）来决定的。对于一定质量的气体，状态方程可以表示为

$$\frac{p_1V_1}{T_1}=\frac{p_2V_2}{T_2}=R$$

式中，T 为绝对温度；R 为气体常数。

② 等温过程（图 1-7） 一定质量的气体，在其状态变化过程中，当气体的温度不变时，如果其体积减小，则压力升高。

$$p_1V_1=p_2V_2$$

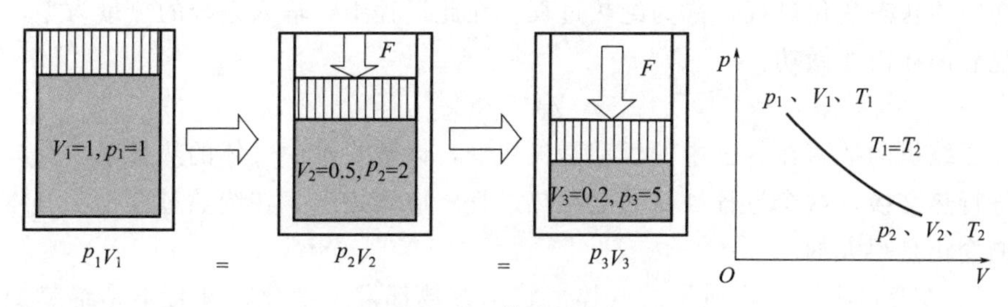

图 1-7 等温过程

③ 等压过程（图 1-8） 一定质量的气体，若其状态变化是在压力不变的条件下进行的，其体积与温度成比例，温度上升气体膨胀，温度下降气体被压缩。

$$\frac{V_1}{V_2}=\frac{T_1}{T_2}$$

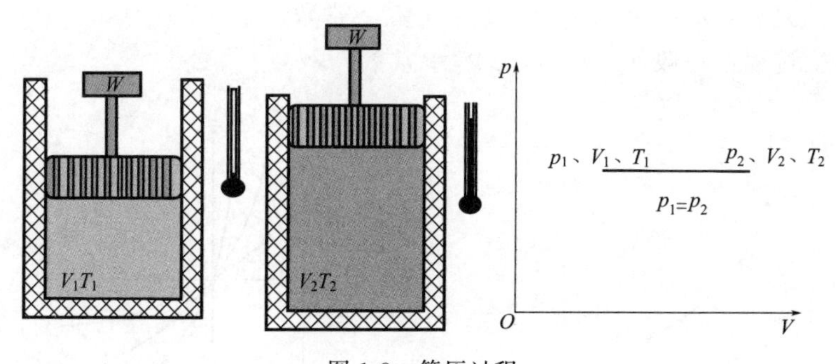

图 1-8 等压过程

④ 等容过程（图 1-9） 一定质量的气体，在状态变化过程中体积保持不变时，其压力与温度成比例，当压力上升时，气体的温度随之上升。

$$\frac{p_1}{T_1}=\frac{p_2}{T_2}$$

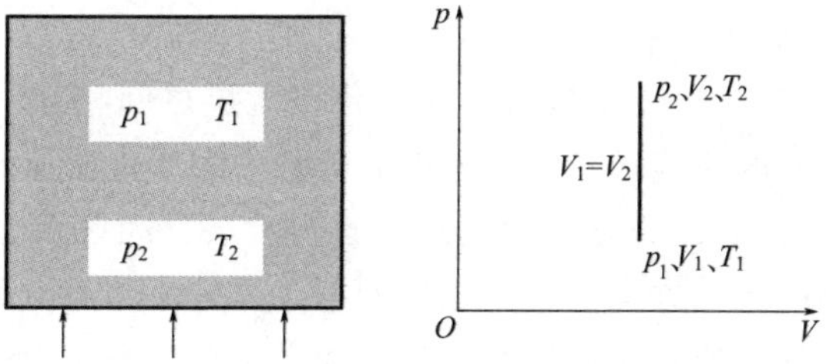

p_1 T_1
p_2 T_2
p
p_2、V_2、T_2
V_1=V_2
p_1、V_1、T_1
O
V

图 1-9 等容过程

负载一定的密闭气罐，由于外界环境温度的变化，被加热或放热时，使罐内气体状态发生变化的过程可看作等容过程。

⑤ 绝热过程（图 1-10） 一定体积的空气被迅速压缩，完全没有与外界进行热交换的状态变化过程，称为绝热过程。在此过程中，输入系统的热量为零，即系统靠消耗内能做功。

$$pV^n = C$$

压缩机的活塞在气缸中的运动是极快的，以致气缸中气体的热量来不及与外界进行热交换，这个过程被认为是绝热过程。应该指出，在绝热过程中，气体温度的变化是很大的。

⑥ 多变过程 一定质量的气体，状态参数都发生变化，并且不是绝热变化的情况。

多变指数 n 的具体取值如下（图 1-11）。

a. 等压过程：$n=0$，$p_1=p_2$。

b. 等容过程：$n=\infty$，$V_1/V_2=(p_2/p_1)^{1/n}=1$。

c. 等温过程：$n=1$，$p_1V_1=p_2V_2$。

d. 绝热过程：$n=k=1.4$（空气），$pV^k=$常数。

e. 多变过程：一般 $k>n>1$，$pV^n=$常数。

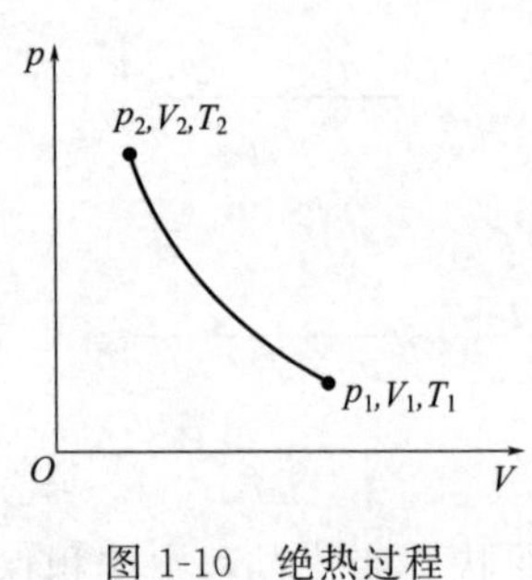

图 1-10 绝热过程

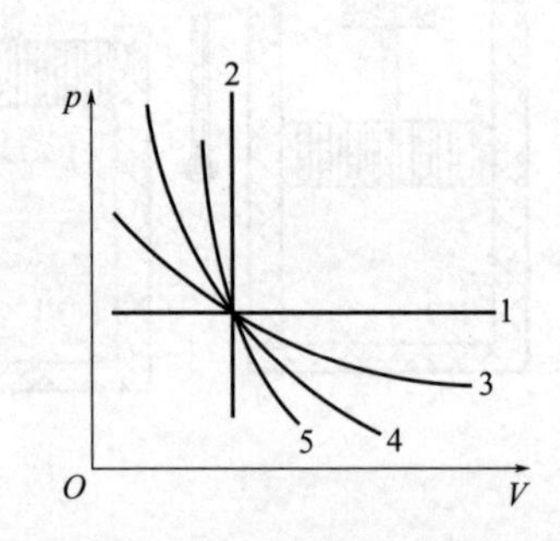

图 1-11 多变指数的取值

1—等压过程；2—等容过程；3—等温过程；4—多变过程；5—绝热过程

（4）压缩空气的运动

① 气体流动状态（气体流动规律）

a. 层流（图 1-12）：气体层流流动时，各个流层之间相互平行，流动时的能量损失为层与层之间的摩擦损失，越靠近流管的中间部位流速越高。

b. 紊流（图 1-13）：气体紊流流动时，各个流层之间并不像层流时那样相互平行，可能与气体的流动方向垂直，也可能与气体的流动方向相反，流动过程中出现旋涡。这样使气体流动时的能量损失也加大，在整个截面上大部分区域其速度分布是线性的。

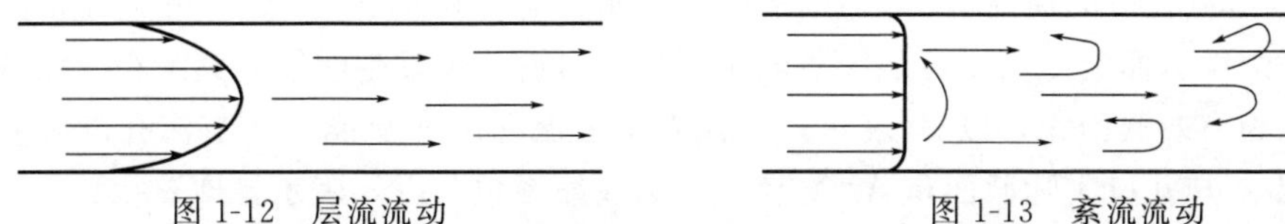

图 1-12　层流流动　　　图 1-13　紊流流动

② 气体流动在管路中的压力损失　由于气体在管路中流动时会产生摩擦损失和流动损失，因此当气体流过一段管路后会产生一定的压力损失（压力降），压力降与流道截面面积 A、流动速度 v、流态、管内壁表面质量有关。

压力损失可分为沿程压力损失和局部压力损失。缓变流引起的损失为沿程压力损失，急变流引起的损失为局部压力损失。

如图 1-14 所示，由于气体在管路中流动时会产生压力损失，所以上游的压力 p_1 比下游的压力 p_3 高。

③ 流量与连续性方程　单位时间内通过某截面的流体量称为流量（图 1-15）。如流体量以体积度量，称为体积流量，常用单位是 m^3/s 或 L/min；如流体量以质量度量，就称为质量流量，常用单位是 kg/s。常用的流量为体积流量。气流速度小于 100m/s 的时，流动过程中气体的密度未发生变化或变化量很小时，可看成不可压缩流动，其通过流量 $Q=AV$（图 1-15）。

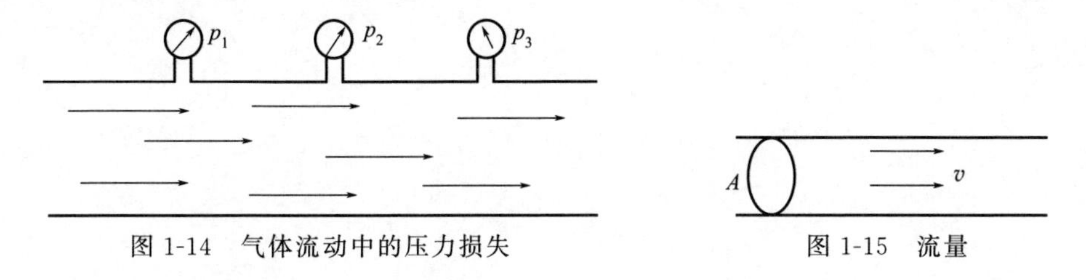

图 1-14　气体流动中的压力损失　　　图 1-15　流量

在单位时间内流过管的横截面Ⅰ—Ⅰ与横截面Ⅱ—Ⅱ的气体体积（流量）是常数，如果横截面面积 A 减少，速度会增加（图 1-16）。

$$Q=v_1A_1=v_2A_2=\text{常数}$$

$$\frac{A_1}{A_2}=\frac{v_2}{v_1}$$

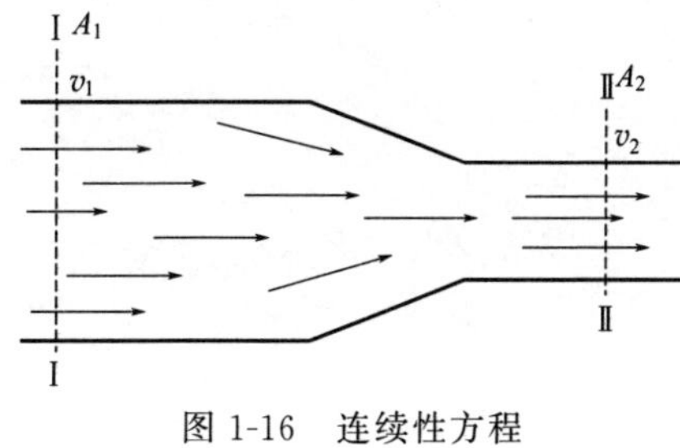

图 1-16　连续性方程

④ 伯努利方程　如图 1-17 所示，流过管的横截面Ⅰ—Ⅰ与横截面Ⅱ—Ⅱ的能量之和是常数（能量守恒），单位体积的气体压力能和动能之和保持不变。p_1 与 p_2 为静压力，$\frac{1}{2}\rho v_1^2$ 与 $\frac{1}{2}\rho v_2^2$ 为动压力。

$$p_1+\frac{1}{2}\rho v_1^2=p_2+\frac{1}{2}\rho v_2^2$$

⑤ 节流孔口的通流能力　如图 1-18 所示，设孔口面积为 A_0。由于孔口具有尖锐边缘，而流线又不可能突然转折，经孔口后流束发生收缩，其最小收缩截面积称为有效截面积，以 A 表示，它代表了节流孔的通流能力。节流孔的有效截面积 A 与孔口实际截面积 A_0 之比，称为收缩系数，以 α 表示，即 $\alpha=A/A_0$。

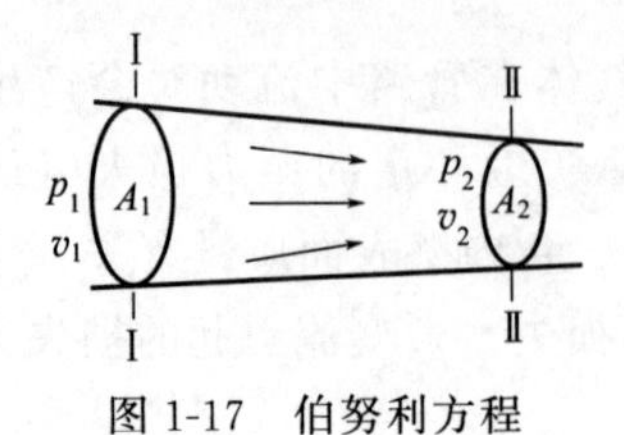

图 1-17　伯努利方程

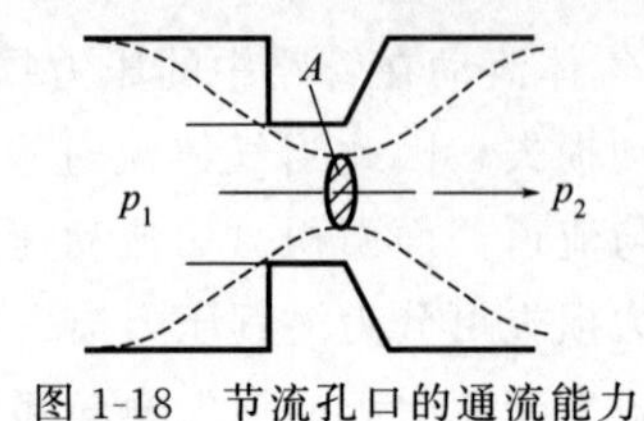

图 1-18　节流孔口的通流能力

第2章 空气压缩机（气源装置）的故障诊断与维修

2.1 空气压缩机简介

空气压缩机在这里简称空压机或压缩机，可将大气压力的空气增压成较高压力的空气，以输送给气动元件使用。

（1）空气压缩机的分类

① 按排气压力分类　低压压缩机（0.2～1.0MPa）；中压压缩机（1.0～10MPa）；高压压缩机（10～100MPa）；超高压压缩机（≥100MPa）。

② 按排气量分类　微型压缩机（<1m^3/min）；小型压缩机（1～10m^3/min）；中型压缩机（10～100m^3/min）；大型压缩机（≥100m^3/min）。

③ 按结构原理分类　基本上可以划分为两大类（图 2-1），即容积型压缩机与速度型压缩机。

a. 容积型压缩机：是依靠机械运动，直接使气体的体积变化而实现提高气体

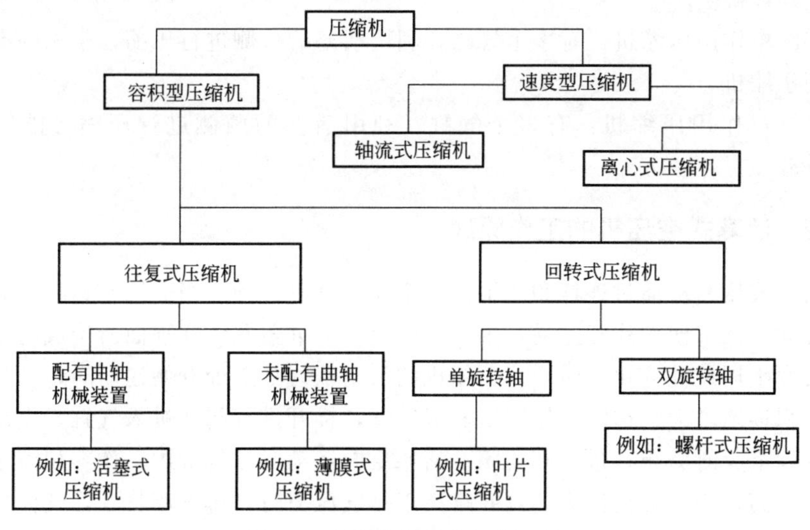

图 2-1　压缩机按结构原理分类

压力。

b.速度型压缩机：是靠高速旋转的叶轮作用，首先使气体得到一个很高的速度，然后使高速气流在扩压器中迅速地降速，使气体的动能转化为静压能，使气体的压力提高。

(2)空气压缩机的应用

① 钢铁厂：搅拌溶液、喷砂等。

② 爆破：驱动工具、风镐、铺路碎石机等。

③ 化工厂：通气和搅拌、清洗设备、气动控制等。

④ 火电厂：喷气清洁、传输煤粉、清除污水等。

⑤ 食品工业：发酵箱用气、传送原料、食品脱水等。

⑥ 造纸厂：压制纸品、去除废纸等。

⑦ 药品制造：喷干、传输液体等。

⑧ 水泥制造：水泥浆的搅拌、热料冷却等。

⑨ 汽车制造：铸造车间、钣金车间等。

2.2 活塞式空压机

2.2.1 活塞式空压机的分类

单缸单作用压缩机：只有一个气缸，气体只在活塞的一侧进行压缩，排气压力<0.7MPa。

单缸双作用压缩机：只有一个气缸，气体在活塞的两侧均能进行压缩，排气压力<1MPa。

多缸单作用压缩机：有多个气缸，利用活塞的一侧进行压缩，常见的有双缸单作用压缩机。

多缸双作用压缩机：有多个气缸，利用活塞的两侧进行压缩，排气压力>1MPa。

2.2.2 活塞式空压机的工作原理

活塞式压缩机通过连杆和曲轴使活塞在气缸内运动。当曲轴旋转时，通过连杆的传动，活塞便作往复运动，由气缸内壁、气缸盖和活塞顶面所构成的工作容积则会发生周期性变化。活塞式压缩机的活塞从气缸盖处开始运动时，气缸内的工作容积逐渐增大，这时气体即沿着进气管，推开进气阀而进入气缸，直到工作容积变到最大时为止，进气阀关闭。活塞反向运动时，气缸内工作容积缩小，气体压力升高，当气缸内压力达到并略高于排气压力时，排气阀打开，气体排出气缸，直到活塞运动到极限位置为止，排气阀关闭。当活塞再次反向运动时，重复上述过程。活塞式压缩机的曲轴旋转一周，活塞往复一次，气缸内相继实现进气、压缩、排气的过程，即完成一个工作循环。

（1）单缸单作用活塞式压缩机

图 2-3 所示为单缸单作用活塞式压缩机的工作原理，当活塞 3 向右移动时，气缸 2 内活塞左端的压力略低于吸入空气的压力，此时吸气阀打开，空气在大气压力的作用下进入气缸 2 内，这个过程称为吸气过程；活塞返行时，吸气阀 9 关闭，吸入的空气被活塞 3 压缩，这个过程称为压缩过程；当气缸内空气压力增高至略高于排气管内压力后，排气阀 11 打开，压缩空气排入排气管内，这个过程称为排气过程。至此，完成一个工作循环。活塞再继续运动，上述工作循环将周而复始地进行。

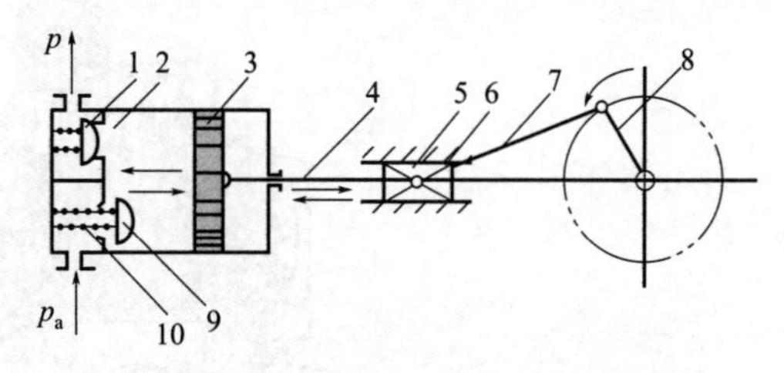

图 2-2 单缸单作用活塞式压缩机工作原理

1—排气阀；2—气缸；3—活塞；4—活塞杆；5—十字头；6—滑道；7—连杆；8—曲柄；9—吸气阀；10—弹簧

（2）双缸单作用活塞式压缩机

压力超过 0.6MPa，单缸单作用活塞式压缩机各项性能指标将急剧下降，此时往往采用多级压缩提高输出压力。为了提高效率，降低空气温度，需要进行中间冷却。

图 2-3 所示为两级活塞式压缩机（双缸单作用活塞式压缩机）结构原理。空气经第一级活塞 4 压缩后压力由 p_1 提高至 p_2，温度由 T_1 升至 T_2；由于温度 T_2 较高，经中间冷却器 7 冷却到 T_3 后，再经第二级活塞 4′压缩后压力升高到 p_3，温度由 T_3 升至 T_4。

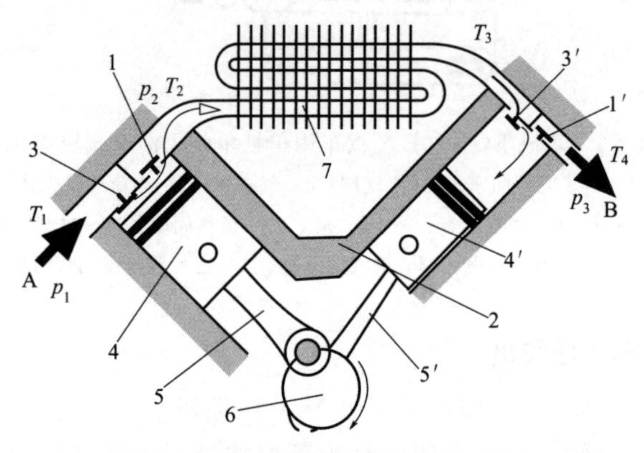

图 2-3 两级活塞式压缩机结构原理

1—第一级排气阀；1′—第二级排气阀；2—机体；3—第一级吸气阀；3′—第二级吸气阀；4—第一级活塞；4′—第二级活塞；5,5′—连杆；6—曲轴；7—中间冷却器

2.2.3 活塞式空压机的结构

(1) 单缸单作用活塞式压缩机

图 2-4 所示为东风 EQ1090E 型汽车用单缸单作用活塞式压缩机。

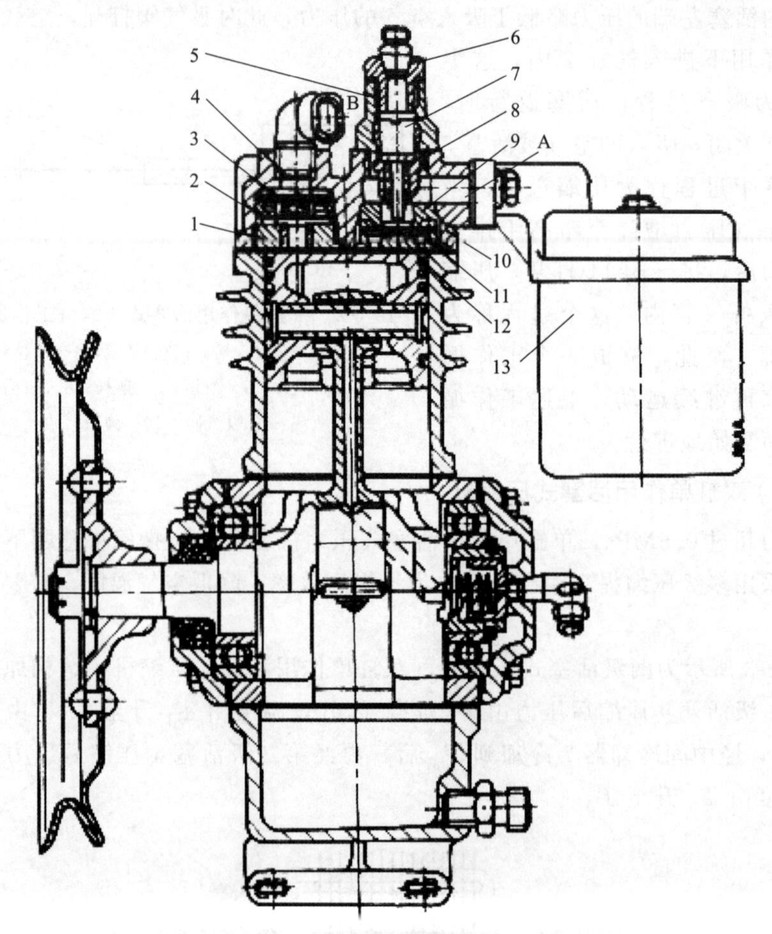

图 2-4 东风 EQ1090E 型汽车用单缸单作用活塞式压缩机

1—出气阀座；2—出气阀导向座；3—出气阀；4—气缸盖；5—卸荷装置壳体；6—定位塞；7—卸荷柱塞；8—柱塞弹簧；9—进气阀；10—进气阀座；11—进气阀弹簧；12—进气阀导向座；13—进气滤清器；A—进气器；B—排气器

(2) 三级活塞式压缩机

图 2-5 所示为 VW-5/25 型两列三级 V 型压缩机。一级为一列，二、三级为另一列，每级一个气缸，二、三级气缸为顺差式排列，两列夹角为 90°。压缩机由曲轴箱体、中体、气缸、曲轴、连杆、十字头、活塞及活塞杆、填料函、气阀、油泵等组成，由电动机通过联轴器直接驱动（图 2-5）。

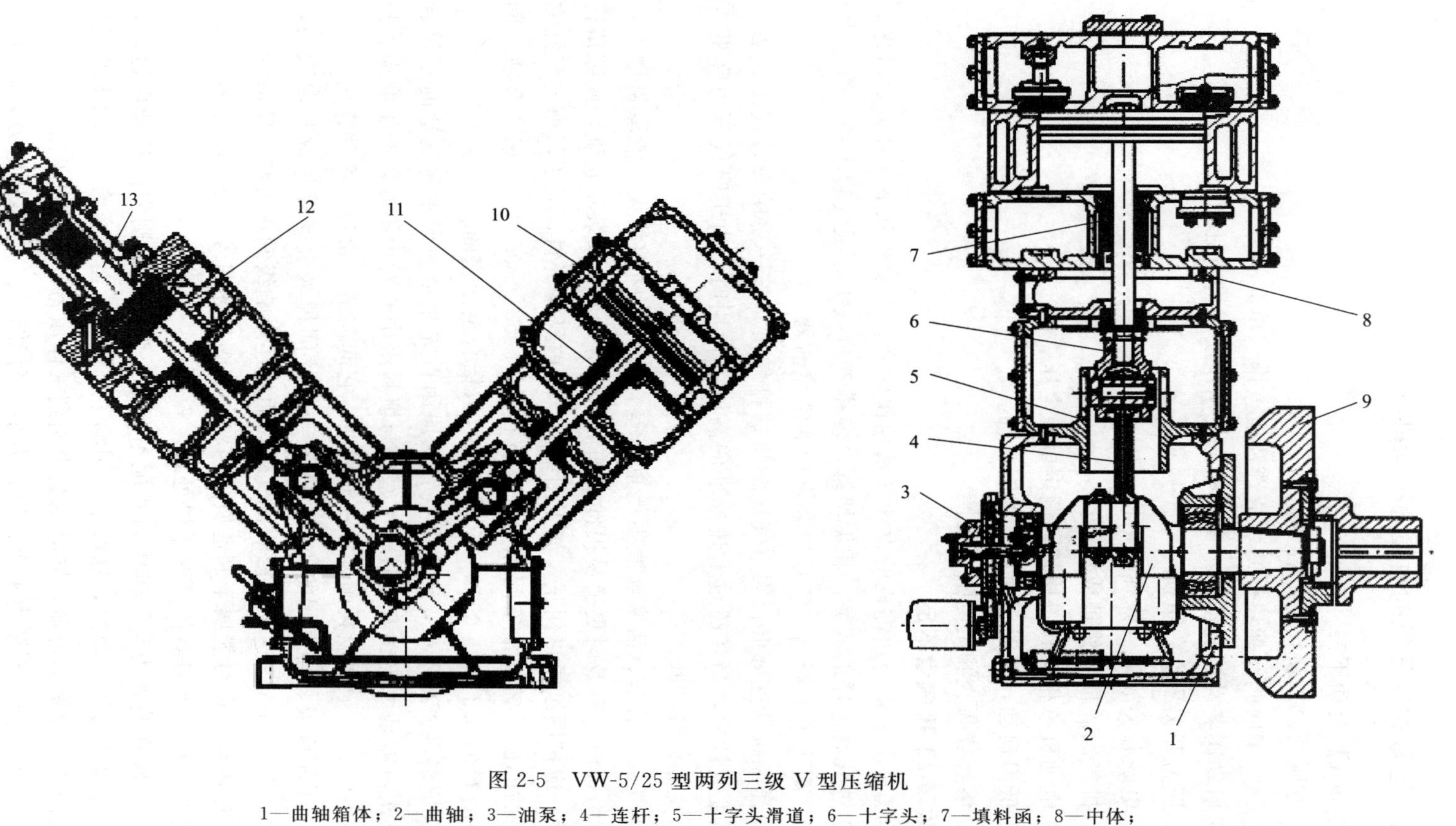

图 2-5　VW-5/25 型两列三级 V 型压缩机

1—曲轴箱体；2—曲轴；3—油泵；4—连杆；5—十字头滑道；6—十字头；7—填料函；8—中体；
9—联轴器；10—一级气缸；11—一级活塞；12—二、三级气缸；13—二、三级活塞

2.2.4 活塞式空压机的故障分析与排除

【故障1】启动不良

① 电压低：重新设定电容量。

② 排气单向阀泄漏：拆卸、清洗及检查排气单向阀。

③ 启动阀联动装置动作不良：根据使用说明书进行处理。

④ 压力开关不良：更换。

⑤ 电磁开关故障：修理或更换。

⑥ 排气阀破损：修理或更换。

⑦ 电动机单相运转：修理、测定电源电压。

⑧ 低温启动：保温、使用低温润滑油。

⑨ 熔丝烧断：测定电阻、更换。

【故障2】排气量不足

排气量不足是与压缩机的设计气量相比而言。主要可从下述几方面考虑。

① 进气滤清器的故障：积垢堵塞，使排气量减少；吸气管太长，管径太小，致使吸气阻力增大影响了气量。要定期清洗滤清器。

② 压缩机转速降低：因空气压缩机的排气量是按一定的海拔高度、吸气温度、湿度设计的，当在超过上述标准的高原上使用时，由于吸气压力降低等原因，排气量必然降低。

③ 气缸、活塞、活塞环磨损严重超差，使有关间隙增大，泄漏量增大：属于正常磨损时，需及时更换易损件，如活塞环等；属于安装不正确，间隙留得不合适时，应按图纸予以纠正，如无图纸时，可取经验资料，对于活塞与气缸之间沿圆周的间隙，铸铁活塞间隙为气缸直径的0.06%～0.09%，铝合金活塞间隙为气缸直径的0.12%～0.18%，钢活塞可取铝合金活塞的较小值。

④ 填料函密封不严，产生漏气：其原因首先是填料函本身制造时不符合要求；其次可能是由于在安装时，活塞杆与填料函中心对中不好，产生磨损、拉伤等造成漏气。一般在填料函处加注润滑油，它起润滑、密封、冷却作用。

⑤ 压缩机吸、排气阀的故障：阀座与阀片间掉入金属碎片或其他杂物，关闭不严，形成漏气。这不仅影响排气量，而且还影响级间压力和温度的变化。阀座与阀片接触不良可能属于制造质量问题，如阀片翘曲等，也可能是由于阀座与阀片磨损严重。针对具体情况予以处理。

⑥ 气阀弹簧弹力与气体压力匹配不合适：弹力太强则使阀片开启迟缓，弹力太弱则阀片关闭不及时，这些不仅影响了排气量，而且会影响到功率的增加以及气阀阀片、弹簧的寿命，同时也会影响到气体压力和温度的变化。

⑦ 压紧气阀的压紧力不当：压紧力小，则要漏气，当然压紧力太大也不行，会使阀罩变形、损坏，压紧气阀的压紧力要正确调节。

⑧ 气阀特别是低压级气阀损坏或装配不当：修理、更换或重新装配气阀。

⑨ 气阀结炭：清除结炭，清洗。

⑩ 密封填料漏气：检查、修理或更换填料。

⑪ 活塞环不圆或断裂：更换活塞环。

⑫ 气缸套不圆：修复或更换气缸套。

⑬ 安全阀进、排气管路及一切可能泄漏的气路连接处漏气：检查泄漏情况，堵漏。

⑭ 各级气缸特别是第一级气缸吸入温度上升、吸入压力降低使进气量减少：控制和调整工作状况。

⑮ 第一级气缸的余隙过大：调整气缸余隙。

⑯ 第一级气缸设计余隙容积小于实际结构的最小余隙容积：若设计错误，应修改设计，或采取措施调整余隙。

⑰ 密封元件损坏：更换密封元件。

⑱ 气阀负荷调节装置设置错误：恢复气阀调节装置的正确设置。

【故障 3】级间压力低于正常压力

① 第一级吸、排气阀不良引起排气不足及第一级活塞环泄漏过大：检查气阀，更换损坏零件，检查活塞环。

② 前一级排出后或后一级吸入前的机外泄漏：检查泄漏处，并消除。

③ 吸入管道阻力太大：检查管路使之畅通。

④ 填料、活塞环密封不好：检查更换。

【故障 4】排气温度过高

从理论上讲，影响排气温度的因素有进气温度、压力比以及压缩指数（空气的压缩指数为 1.4）。

实际情况影响排气温度的因素有以下几个方面。

① 中间冷却效率低，或者中冷器内水垢过多影响换热，则后一级的吸气温度必然要高，排气温度也会高：清除水垢改善冷却器的换热情况。

② 冷却水量不足，进水温度过高，气缸或冷却器的冷却效果不良，均会使排气温度升高：增加冷却水量，降低进水温度，酌情处理。

③ 气阀漏气，活塞环漏气，会使级间压力变化，只要压力比高于正常值就会使排气温度升高：消除漏气。

④ 吸入口温度超过规定值：检查工艺流程，移开吸入口热源，增加水量。

【故障 5】压缩机发出异响

压缩机在某些部件发生故障时，将会发出异常的响声。活塞与缸盖间隙过小，活塞杆与活塞连接螺母松动或脱扣，活塞端面螺堵松动，活塞向上窜动碰撞气缸盖，气缸中掉入金属碎片以及气缸中积水等均可在气缸内发出敲击声；曲轴箱内曲轴瓦螺栓、连杆螺栓、十字头螺栓松动、脱扣、折断等，轴径磨损严重间隙增大，十字头销与衬套配合间隙过大或磨损严重等均可在曲轴箱内发出撞击声；排气阀片折断，阀弹簧松软或损坏，负荷调节器调整不当等均可在阀腔内发出敲击声。

具体故障原因与排除方法如下。

① 气阀紧固螺母松动：拧紧紧固螺母。

② 气阀制动圈紧定螺钉松动：拧紧紧定螺钉。

③ 气阀阀片弹簧损坏：更换损坏的阀片弹簧。

④ 活塞止点间隙调整不当：重新调整止点间隙。

⑤ 活塞锁紧螺母松动：重新紧固锁紧螺母。

⑥ 活塞环轴向间隙过大：更换活塞环，更换填料。

⑦ 活塞杆螺母或活塞紧固螺母松动：检查，重新紧固螺母。

⑧ 铸造活塞内腔有异物：清除异物。

⑨ 焊接盘形活塞内部筋板脱落或强度不够以致活塞端面鼓出撞击气缸端面：更换活塞。

⑩ 活塞与活塞杆脱离或活塞杆折断：更换活塞或活塞杆。

⑪ 气缸端面线性余隙太小：适当加大余隙。

⑫ 气缸套松动或断裂：检查并采取相应措施。

⑬ 气缸内掉入异物：检查并消除。

⑭ 润滑油太多或气体含水太多发生水击现象：适当减少润滑油量，提高油水分离效果并加强排放。

⑮ 填料紧固螺母松动或填料破损：重新拧紧螺母或更换填料。

⑯ 连杆螺栓、轴瓦螺栓、十字头螺栓松动或断裂：紧固松动处，更换损坏的零件。

⑰ 主轴承及连杆大、小头瓦等处磨损间隙过大：检查并调整间隙或更换。

⑱ 各轴瓦的瓦背与轴承座接触不良有间隙：刮研轴瓦瓦背。

⑲ 十字头滑板磨损：重新浇铸轴承合金或更换调整垫。

⑳ 机身内有异物碰到了曲轴连杆：取出异物。

㉑ 曲轴与联轴器的配合松动：检查并采取相应措施。

【故障 6】轴承发热

造成轴承发热的原因主要有：轴承与轴颈贴合不均匀或接触面积过小；轴承偏斜，曲轴弯扭；润滑油黏度不合适，油路堵塞，油泵有故障造成断油等；安装时没有找平，没有找好间隙，主轴与电机轴没有找正等。对上述情况酌情处理。

【故障 7】气缸发热

① 内部芯子安装位置错误或固定不良：检查冷却水供应情况。

② 内部芯子损坏或脱落：检查气缸润滑油油压是否正常，油量是否足够。

③ 内部有异物、脏物或水垢堵塞气路或水道：检查并采取相应措施。

【故障8】冷却器、气液分离器等发出异响

① 冷却水太少或冷却水中断：检查并排除冷却器故障。

② 气缸润滑油太少或润滑油中断：检查并排除气液分离器故障。

③ 由于异物进入气缸使镜面拉毛：清除异物，去除水垢，疏通气路或水道。

【故障9】十字头滑履发热

① 十字头滑履配合间隙过小：调整间隙。

② 润滑油油压太低或断油：检查油泵与油路情况。

③ 润滑油太脏，油液黏度过低或过高：更换为合适黏度的润滑油。

④ 油冷却器冷却效果不良：检查油冷却器，增加冷却水量。

【故障10】填料温度升高或漏气

① 油气太脏或注油器不下油，油量不足，止回阀损坏等造成填料磨损过大，拉毛活塞杆：更换润滑油，清除脏物，修理注油器，调节油量，更换止回阀和填料，修复活塞杆或更换。

② 回气管不通：疏通回气管。

③ 填料装配不良：重新装配填料。

④ 安装精度低，如十字头、活塞杆、气缸等同轴度差：检查安装精度，进行必要的调整。

⑤ 在卧式气缸中由于活塞支承板磨损而下沉：修复活塞支承板，调整活塞水平度和四周间隙。

⑥ 填料本身质量差：选用耐磨的材料作填料。

【故障11】气缸部分发生不正常振动

① 支撑间隙不合适：调整支撑间隙。

② 填料和活塞环磨损：更换填料和活塞环。

③ 配管振动：消除管道振动。

④ 气缸内有异物：清除异物并清洗。

⑤ 气缸端面线性余隙太小：增大余隙。

⑥ 气缸或活塞安装位置不正：检查并调正。

⑦ 进、排气阀装反：检查气阀，正确安装。

【故障12】机体部分发生不正常振动

① 轴承或十字头滑履配合间隙过大：调整各部分间隙。

② 主轴承盖或轴承座开裂：修复或更换。

③ 轴承或十字头滑履巴氏合金开裂：修复或更换。

④ 气缸振动引起：消除气缸振动。

⑤ 各部连接或接合不好：紧固、调整。

⑥ 地脚螺栓松动或断裂：紧固或更换地脚螺栓。

【故障 13】管道、缓冲器、冷却器及分离器等发生不正常振动

① 管卡太松或断裂：紧固或更换。

② 支撑刚性不够：加固支撑。

③ 管卡支架位置不当或数量不够：调整管卡支架位置，增加支架数量。

④ 气流脉动引起共振：查明振动原因，加节流孔板或采取其他措施。

⑤ 管线走向不好：改变管线走向，加大弯曲半径。

⑥ 配管架子振动大：加固配管架子。

【故障 14】功率消耗超过设计规定

① 阀阻力太大：检查气阀弹簧弹力是否适当，气阀的通道面积是否足够大。

② 吸气压力过低：检查管道和冷却器，如阻力太大，应采取相应措施。

③ 压缩机级间内泄漏：检查吸、排气压力是否正常，各级排气温度是否升高，并采取相应措施。

【故障 15】润滑油消耗过多

① 曲轴箱漏油：更换密封圈并拧紧。

② 气缸磨损：拆卸并更换。

③ 压缩机倾斜：调整位置。

④ 润滑油管理不当：定期补给、更换。

⑤ 吸入粉尘：检查吸入过滤器。

2.3 螺杆式空压机

2.3.1 螺杆式空压机的分类及应用

螺杆式空压机的分类如图 2-6 所示。螺杆式空压机分为单级（排气压力$<$0.5MPa）与双级（排气压力$<$1MPa）两大类，排气量$<500m^3/min$，价格较高，采用转子平衡时振动低；噪声较高，但经技术处理后可很低。

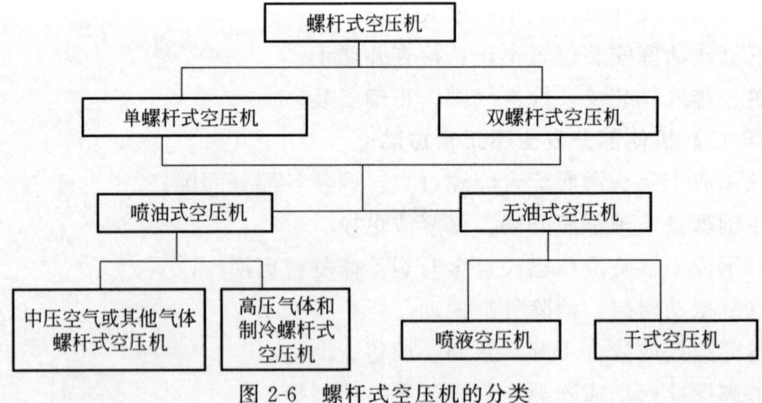

图 2-6　螺杆式空压机的分类

螺杆式空压机轻便、可靠、高速、运转平稳，排气连续无脉动，可不装气罐稳压；制造复杂；效率较低；适用于中低压范围。

螺杆式空压机应用：燃料气增压；伴生气体增压；蒸汽回收；废渣填埋和蒸煮器的气体压缩；丙烷/丁烷冷冻压缩；腐蚀性和/或污染性工艺气体压缩。

2.3.2 螺杆式空压机的工作原理与结构

(1) 工作原理

螺杆式空压机的工作原理如图 2-7 所示，螺杆空压机是容积式压缩机中的一种，空气的压缩是靠装置于机壳内互相平行啮合的阴、阳转子齿槽的容积变化而实现的。转子副在与它精密配合的机壳内转动，使转子齿槽之间的气体不断地产生周期性的容积变化而沿着转子轴线，由吸入侧推向排出侧，完成吸气、压缩、排气三个工作过程。

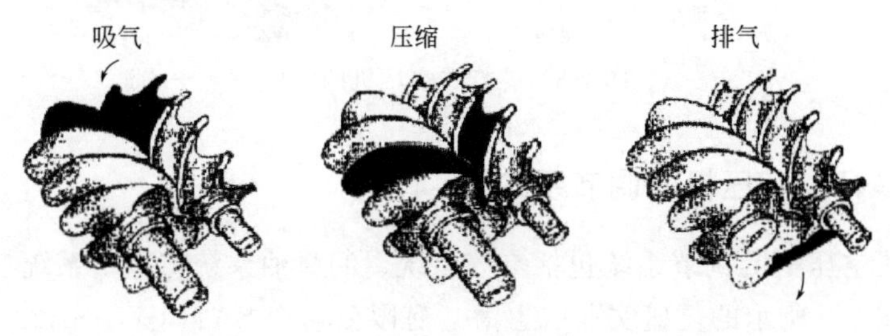

图 2-7 螺杆式空压机的工作原理

由电动机带动两个啮合的螺旋转子以相反方向运动，随着转子旋转，每对相互啮合的齿相继完成相同的工作循环。气体的压缩依靠容积的变化来实现，而容积的变化又是借助压缩机的一对转子在机壳内做回转运动来实现的。只要在机壳上合理地配置吸、排气口，就能实现压缩机的基本工作过程——吸气、压缩及排气。

吸气过程：转子转动时，阴、阳转子的齿沟空间在转至进气侧端面开口时，其空间最大，此时转子齿沟空间与进气口相通，因在排气时齿沟的气体被完全排出，排气完成时，齿沟处于真空状态，当转至进气口时，外界气体即被吸入，沿轴向进入阴、阳转子的齿沟内，当气体充满了整个齿沟时，转子进气侧端面转离机壳进气口，在齿沟的气体即被封闭。

压缩过程：阴、阳转子在吸气结束时，其阴、阳转子齿尖会与机壳封闭，此时气体在齿沟内不再外流，其啮合面逐渐向排气端移动，啮合面与排气口之间的齿沟空间渐渐件小，齿沟内的气体被压缩，压力升高。

排气过程：当阴、阳转子的啮合面转到与机壳排气口相通时，被压缩的气体开始排出，直至齿尖与齿沟的啮合面移至排气侧端面，此时阴、阳转子的啮合面与机壳排气口的齿沟空间为零，即完成排气过程，与此同时转子的啮合面与机壳进气口之间的齿沟长度又达到最长，进气过程再次进行。

（2）结构

图 2-8 所示为螺杆式空压机的结构，利用喷油来润滑密封的两旋转螺杆，油分离器将油与输出空气分开。此类压缩机连续输出流量可超过 400m^3/min，压力达 10MPa。

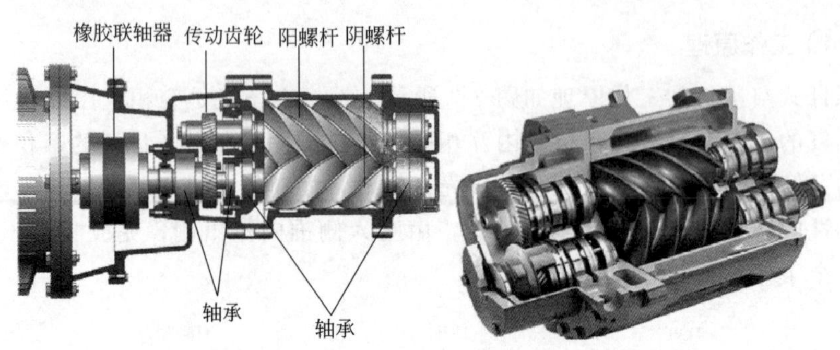

图 2-8　螺杆式空压机的结构

2.3.3　螺杆式空压机的调节系统

螺杆式空压机的调节系统包括空气系统、润滑油系统与冷却系统三大部分。

现以图 2-9 所示的复盛实业（上海）有限公司产 SA110W～SA220W 型喷油螺杆式空压机为例，加以说明。

（1）空气系统及中各组件功能（图 2-9）

空气由空气滤清器滤去尘埃后，经进气阀进入主压缩腔压缩，并与润滑油混合。与油混合的压缩空气排入油气桶，再经油细分离器、压力维持阀、后部冷却器、然后经水分离器、送入使用系统。气路中各组件功能说明如下。

① 空气滤清器　为一干式纸质过滤器，其主要功能是过滤空气中的尘埃。通常每 1000h 应取下清除表面尘埃，清除的方法是使用低压空气从空气滤清器内向外吹。空气滤清器上装有一个压差开关，当空气滤清器压差增加到压差开关内设定值时，压差开关动作，控制面板系统流程图上的空气滤清器压差报警指示灯亮，同时液晶显示器显示空气滤清器阻塞的报警菜单，表示空气滤清器必须清洁或更换，但压缩机仍可继续运转。

因为压差增加会导致进气量减少，此时应清洁或更换空气滤清器。

② 进气阀　采用蝶式进气控制阀，自带单摆式止回阀。

空压机启动时，进气阀关闭，确保不带负荷启动。空压机重负荷运转时，三向电磁阀打开，由三向电磁阀通路过来的气体经反比例阀进入进气阀的伺服气缸，推动伺服气缸的阀杆，带动进气阀，使之全开，以满足重负荷运转的需求。

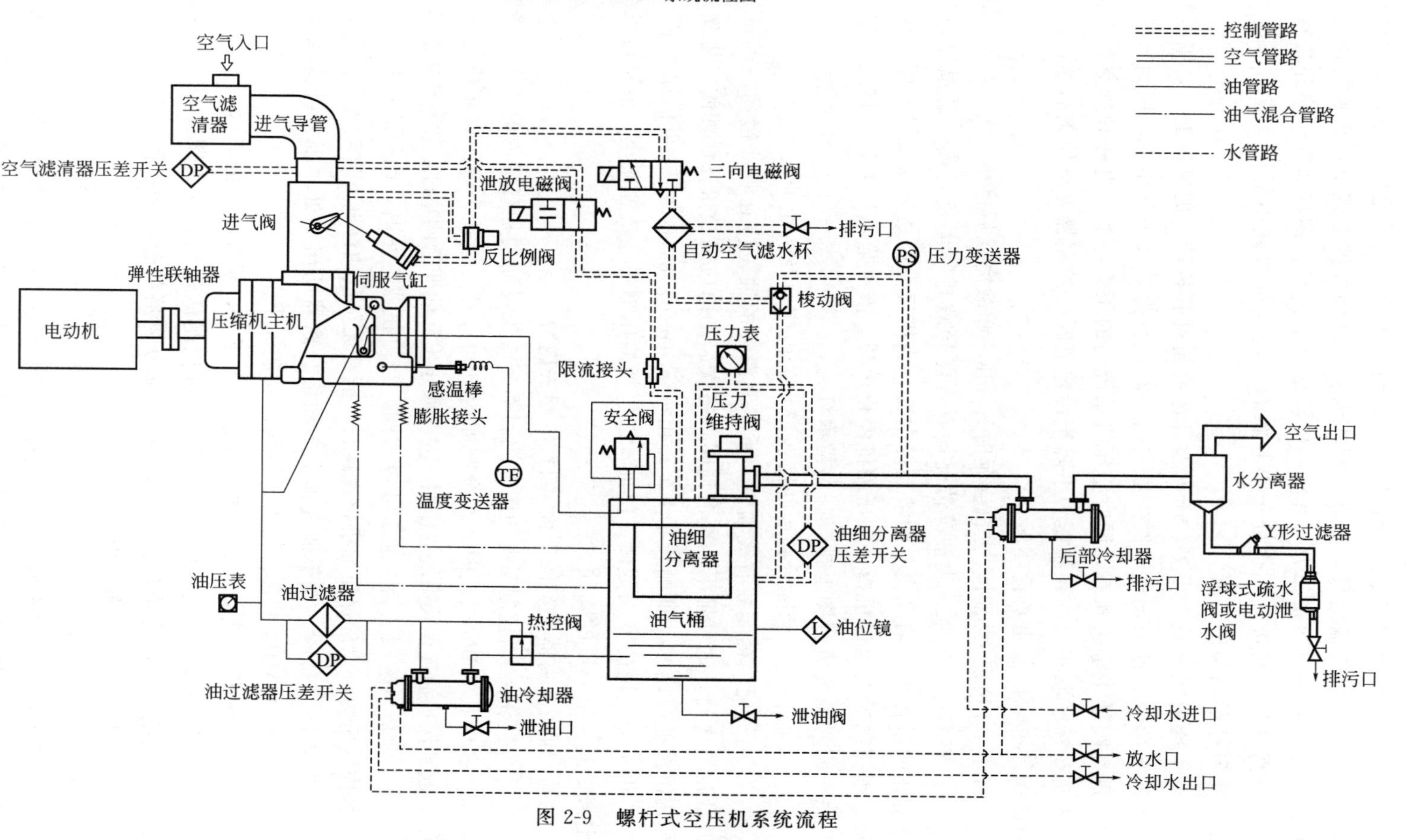

图 2-9 螺杆式空压机系统流程

当系统压力因用气量减少而升高，达到反比例阀的设定压力时，反比例阀动作并减少控制空气输出量，故进气阀的伺服气缸阀杆推力减小，在弹簧弹力作用下，阀杆回缩，当弹簧弹力与气缸的气体推力平衡时，阀杆即处于半开状态，此时，与阀杆相连的进气阀也处于半开状态，进气量即减小至与系统用气量相平衡，此为容量调整的过程。

若系统用气量减少很多，压力上升速度超过容量调节的反应能力，则控制器发出卸载命令，使三向电磁阀失电关闭，阀杆在弹簧弹力作用下，回到气缸的底部，进气阀处于全关状态，同时空压机系统内的压力经泄放电磁阀排空，主机处于无负荷运转状态。当系统压力下降至设定值时，控制器发出加载命令，使三向电磁阀得电，恢复重负荷运转。

按下 OFF 键关机时，主机会延时约 15s，卸载完成后停机。

③ 感温棒　失水、失油等情况均有可能导致排气温度过高，感温棒把随温度变化的量传输到启动盘上的液晶控制器，当排气温度达到温度设定值（100℃）时，则控制器发出停机指令，压缩机停止运转。液晶显示器上显示排气高温报警信息，同时系统流程图上排气高温指示灯亮。

④ 膨胀接头　消除管路因热膨胀产生的内应力及机组的振动。

⑤ 油气桶　桶侧装有观油镜，重车润滑油的油位应在观油镜的高油位线与低油位线之间，油气桶下装有泄油阀，每次启动前应略微扭开泄油阀以排除油气桶内沉淀的凝结水。桶侧开有 1in（1in=25.4mm）的加油孔，可供加油用。

由于油气桶的宽大截面，使进入油气桶的压缩空气流速减小，油滴可以分离出来，此为第一段的除油。

⑥ 油细分离器　参阅下面（2）中相关内容。

⑦ 安全阀　当控制系统的压力控制不当或失灵而使油气桶内的压力比设定排气压力高出 0.1MPa 以上时，安全阀即会自动打开，使压力降至设定排气压力以下，起到保护油气桶及系统的作用。安全阀于出厂前即已调整过，故不要随意调节。

⑧ 泄放电磁阀　为二通常开电磁阀，当停机或空车时，此阀即打开，排出油气桶内的压力，以确保压缩机再次运行时能在无负载的情况下启动或空负荷运转。

⑨ 压力维持阀　位于油气桶上方油细分离器的出口处，压力维持阀开启压力设定为 0.45MPa 左右。压力维持阀的功能如下。

a. 启动时优先建立起润滑油所需的循环压力，确保机体的润滑。

b. 当压力超过 0.45MPa 后才开启，可控制流过油细分离器的空气流速最大值（体积流量与压力成反比），除确保油细分离器的分离效果外，还可保护油细分离器免因压差太大而受损。

⑩ 后部冷却器。

a. 若为风冷式的机型，用冷却风扇将冷空气吸入，通过冷却器的散热翅片冷却压缩空气。风冷式的空压机对环境温度条件较敏感，选择放置场所时，最好注意环境的通风条件。

b. 若为水冷式的机型，则使用管壳式冷却器，用冷却水来冷却压缩空气。水冷式空压机对环境温度条件较不敏感，且较易控制其排气温度，若冷却水水质太差，则冷却器易结垢阻塞，必须特别注意，而且若水的 pH 值低（即酸度高），需使用特殊铜材质，以免腐蚀。

⑪ 水分离器　为旋风离心分离式的水分离器，可除去空气冷却后冷凝的水分、油滴及杂质等，压缩空气经过水分离器后，即可直接送至对压缩空气品质要求不特别高的各使用部门。

⑫ Y 形过滤器　过滤冷凝水中杂质等，保证自动泄水阀排水通道畅通。

⑬ 浮球式疏水阀或电动泄水阀　可自动排出水分离器内所聚集的冷凝水，主要采用机械式（浮球式疏水阀）或电动泄水阀两种。

（2）润滑油系统中各组件功能（图 2-9）

由于油气桶内的压力，将润滑油压入油冷却器，润滑油在冷却器中冷却后，经过油过滤器除去杂质颗粒，然后分成两路，一路由机体下端喷入压缩室，冷却压缩空气，另一路通到机体的两端，用来润滑轴承组及传动齿轮，然后（各部分润滑油）再聚集于压缩室底部，随压缩空气排出。与油混合的压缩空气进入油气桶，分离一大部分的油，其余的含油雾空气再经过油细分离器滤去所余的油，经压力维持阀进入后部冷却器冷却，再经过水分离器，即可送至使用部门。油路上各组件功能说明如下。

① 油冷却器　与空气后部冷却器的冷却方式相同，有风冷与水冷两种冷却方式。若环境状况不佳，则风冷式冷却器的翅片易受灰尘覆盖而影响冷却效果，会使排气温度过高而导致跳机，因此每间隔一段时间（视工作环境而定），即应用低压空气将翅片表面的灰尘吹掉，若无法吹干净，则必须用溶剂清洗，务必保持冷却器散热表面干净。管壳式冷却器在堵塞时，必须用特殊药水浸泡，且以机械方式将堵塞在管内的结垢清除，务必确定完全清洗干净。

② 油过滤器　是一种纸质过滤器，其功能是除去油中的杂质，如金属微粒、油的劣化物等，过滤精度在 10～15μm 之间，对轴承及转子有完善的保护作用。是否应更换油过滤器，可由控制面板系统流程图上的油过滤器压差报警指示灯和液晶显示器显示的油过滤器阻塞的报警菜单来判断，如果压差报警指示灯亮，同时液晶显示器显示报警菜单，表示油过滤器阻塞，必须更换。新机第一次运转 500h 后即需更换油及油过滤器，然后则依压差指示灯和液晶显示器报警提示更换。若不及时更换，可能导致进油量不足，而排气高温跳机，同时因油量不足会影响到轴承的寿命。

③ 油细分离器　其滤芯由多层细密的玻璃纤维制成，压缩空气中所含的雾状油气经过油细分离器后几乎可被完全滤去，剩余含量低于 3×10^{-6}。正常运转情况下，周围环境的污染程度及润滑油的油品对其寿命影响很大。如果环境污染

十分严重，可考虑加装前置空气过滤器。至于润滑油的选择，必须采用螺杆式空压机生产厂家指定的高级冷却液，油细分离器出口装有压力维持阀，压缩空气由此引出，通至后部冷却器。与油细分离器出口相接的还有安全阀和泄放阀。

油细分离器所滤除的油集中于其底部中央的小圆凹槽内，再由一回油管回流至机体轴承端，可避免已被滤除的润滑油再随空气排出。

空气管路中所含的油分增加，油细分离器可能损坏了。

(3) 冷却系统中各组件功能（图 2-9）

① 风冷式机型　冷空气经一轴流风扇吸入，吹过冷却器的散热翅片，与压缩空气及润滑油进行热交换，达到冷却的目的。此冷却系统最高允许环境温度为40℃，若环境温度超过 40℃，则系统即有高温跳机的可能。

② 水冷式机型　冷却水水温设计基准为 32℃，所以冷却水循环系统设计必须特别注意。冷却水质必须符合一般工业用水标准，若水质差则冷却水塔必须定期加软化剂，防止冷却器结垢，以免影响冷却器的效率及寿命。冬季时，环境温度在 0℃以下的地区，机组停机后，必须将冷却器中的冷却水排放干净，以免冷却器被冻裂。

2.3.4　螺杆式空压机的故障分析与排除

【故障 1】无法启动

① 熔丝烧毁：检修更换。

② 欠相保护继电器动作：检修更换。

③ 启动继电器故障：检修更换。

④ 启动按钮接触不良：检修更换。

⑤ 主电机热继电器动作：复位。

⑥ 风扇电机热继电器动作：复位。

⑦ 电压太低：检修供电系统。

⑧ 电机故障：检修更换，检查电机是否反转。

⑨ 机体故障，如主机有卡死的现象：手动机体，若无法转动，可联络生产厂家进行检修。

⑩ PLC 控制器故障：予以排除。

⑪ 线路断开或接点接触不良：检修。

【故障 2】压缩机自行停机

① 电压太低：检修供电系统。

② 排气压力太高：查看压力显示值，如超过设定压力，调整压力设定参数。

③ 润滑油规格不正确：检查油品牌号，更换合适的油品。

④ 油细分离器堵塞（润滑油压力高）：更换油细分离器。

⑤ 机体故障：用手转动主机，若无法转动时，联络生产厂家。

⑥ 电路接点接触不良：检修。

【故障 3】运转电流低于正常值

① 空气消耗量太大（压力在设定值以下运转）：检查消耗量，必要时增加压缩机。

② 空气滤清器堵塞：清洗或更换。

③ 进气阀动作不良（蝶阀卡住不动作）：检查调整。

④ 压力设定不当：重新调整设定值。

【故障 4】排气温度低于正常值（低于 70℃）

① 冷却水量太大：调整冷却水的出口阀。

② 环境温度低：调整冷却水的出口阀，如为风冷式冷却器，可将热风排至室内。

③ 感温棒故障：更换感温棒。

④ 热控阀故障：更换热控阀。

【故障 5】排气温度高（超过设定值 100℃），空压机自行停机

① 机组润滑油油位太低：检查油面，若低于“L”时，停车加油至“L”与“H”之间，从油位镜中应能看到正常在绿色位置。

② 冷却水量不足：检查进、出口水管温度。

③ 冷却水温度高：检查进水温度。

④ 环境温度超过所规定的范围：增加排风，降低室温。

⑤ 油冷却器堵塞：检查进、出口水管温差，正常温差为 5～8℃，如大于 9℃，可能是油冷却器堵塞，拆下清洗，需采用专用清洗剂进行除油垢处理。

⑥ 油过滤器滤芯堵塞：需更换。

⑦ 热控阀故障（元件损坏）：清洗或更换。

⑧ 润滑油规格不正确：检查润滑油牌号，更换合适的润滑油。

⑨ 空气滤清器不清洁：以低压空气清洁空气滤清器。

⑩ 冷却风扇损坏：更换冷却风扇。

⑪ 风冷冷却器风道阻塞，排风管道不畅通或排风阻力（背压）大：用低压空气清洁冷却器。

⑫ 感温棒故障：更换感温棒。

【故障 6】空气中油分高，润滑油添加周期缩短，无负荷时空气滤清器冒烟

① 油面太高：检查油面并排放至“H”与“L”之间。

② 回油管限流孔阻塞：拆卸清洗。

③ 排气压力低：提高排气压力（调整压力上、下限至设定值）。

④ 油细分离器破损：更换新品。

⑤ 压力维持阀弹簧疲劳：更换弹簧。

【故障 7】无法全载运转

① 压力变送器故障：更换新品。

② 三通电磁阀故障：更换新的三通电磁阀。

③ 控制器内部故障：检修更换。

④ 进气阀动作不良：检查调整。

⑤ 压力维持阀动作不良：拆卸后检查阀座及止回阀片是否磨损，如磨损则更换。

⑥ 控制管路泄漏：检查泄漏位置并拧紧管路。

⑦ 泄放电磁阀故障：更换新品。

【故障 8】无法空车

空车时表压力仍保持高工作压力或继续上升，此时安全阀动作。

① 压力变送器故障：检修，必要时更换。

② 进气阀动作不良：检查调整。

③ 泄放电磁阀失效（线圈烧损）：检修，必要时更换。

④ 控制器内部故障：检修更换。

【故障 9】压缩机风量低于正常值

① 进气过滤器堵塞：清洗或更换。

② 进气阀动作不良：拆开检查。

③ 压力维持阀动作不良：拆卸后检查阀座及止回阀阀片是否磨损，如磨损则更换，如弹簧疲劳更换弹簧。

④ 油细分离器堵塞：检修，必要时更换。

⑤ 泄放电磁阀泄漏：检修，必要时更换。

【故障 10】空重车频繁交替

① 管路泄漏：检查泄漏位置并处理。

② 上、下限压差设定较小：重新设定（一般压差为 0.2MPa）

③ 空气消耗量不稳定：增加储气罐容量。

④ 压力维持阀阀芯密封不严、弹簧疲劳：检修或更换阀芯、弹簧。

【故障 11】停机时油雾从空气过滤器中冒出

① 进气止回阀不严：检查。

② 重车停机：检查进气阀是否关严。

③ 电气线路故障：检修更换。

④ 压力维持阀泄漏：检修，必要时更换。

⑤ 油细分离器破损：更换。

【故障 12】机组油耗大或压缩空气含油量大

① 润滑油量太多，正确的位置应在机组加载时观察，此时油位应不高于高、低限间距的一半。

② 回油管堵塞。

③ 回油管的安装不符合要求。

④ 机组运行时排气压力太低。

⑤ 油细分离器芯破裂。

⑥ 分离筒体内部隔板损坏。

⑦ 机组有漏油现象。

⑧ 润滑油变质或超期使用。

【故障 13】机组压力低

① 实际用气量大于机组输出气量。

② 排气阀故障，加载时无法关闭。

③ 进气阀故障，无法完全打开。

④ 最小压力阀卡死，需清洗、重新调整或更换新件。

⑤ 用户管网有泄漏。

⑥ 压差开关设置限值太低（继电器控制机组）。

⑦ 压力变送器故障。

⑧ 压力表故障（继电器控制机组）。

⑨ 压差开关故障（继电器控制机组）。

⑩ 压力变送器或压力表输入软管漏气。

【故障 14】机组排气压力过高

① 进气阀故障，需要清洗或更换。

② 压差开关设置限值太高（继电器控制机组）。

③ 压力变送器故障。

④ 压力表故障（继电器控制机组）。

⑤ 压差开关故障（继电器控制机组）。

【故障 15】机组电流大

① 电压太低。

② 接线松动，检查有无发热烧焦的痕迹。

③ 机组压力超过额定压力。

④ 油细分离器芯堵塞。

⑤ 接触器故障。

⑥ 主机故障（可拆下传动带用手盘车数转检查）。

⑦ 主电机故障（可拆下传动带用手盘车数转检查），需测量电机的启动电流。

【故障 16】机组启动时电流大或跳闸

① 空气开关问题。

② 输入电压太低。

③ 星三角转换间隔时间太短（应为 10～12s）。

④ 进气阀故障（开启度太大或卡死）。

⑤ 接线松动，检查有无发热的痕迹。

⑥ 主机故障（可拆下传动带用手盘车数转检查）。

⑦ 主电机故障（可拆下传动带用手盘车数转检查），需再次开机测量启动电流。

【故障 17】主机卡死

① 机组采用了劣质的润滑油，在高温高压下使主机摩擦阻力加大，造成主机卡死。

② 主机的轴承长时间使用，需要更换。

③ 传动带或者对轮的安装不正确。

【故障 18】风扇电机过载

① 风扇变形：检修或更换。

② 风扇电机故障：检修或更换。

③ 风扇电机热继电器故障：热继电器老化时，需重新调整或更换新件。

④ 接线松动：拧紧。

⑤ 冷却器堵塞：清洗。

⑥ 排风阻力大：酌情处理。

2.4 离心式空压机

2.4.1 离心式空压机的工作原理与结构

离心式空压机的结构原理如图 2-10 所示，压缩机由转子、定子和轴承等组成。转子由主轴和套在轴上的叶轮等组成。定子包括机壳、扩压器、弯道、回流器等部件。

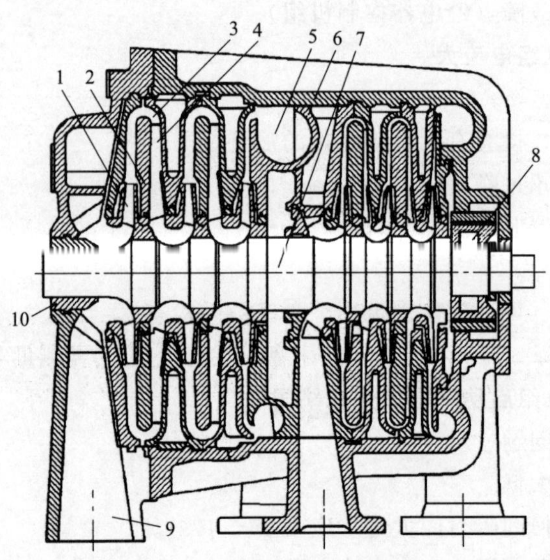

图 2-10 离心式空压机的结构原理

1—叶轮；2—扩压器；3—弯道；4—回流器；5—蜗室；6—机壳；7—主轴；8—平衡盘；9—吸气室；10—轴承

具有叶片的工作轮在压缩机的轴上旋转，压缩机工作时，气体由吸气管流入叶轮，进入工作轮的气体被叶片带着旋转，叶轮高速旋转带动气体并对其做功，使气体压力、速度和温度提高，然后流入扩压器，在扩压器中气体的速度转变为压力，使速度降低且压力进一步提高。由于弯道和回流器的导向作用，使气体流入下一级继续压缩至所需的压力。

由于气体在压缩过程中温度升高，故需采用中间冷却，使前级出口的气体，通过蜗室被引到中间冷却器进行冷却后成为低温气体，再经中部吸入进行后级压缩，最后由末级出来的高压气体经出气管输出。

气体在叶轮中提高压力的原因有两个：一是气体在叶轮叶片的作用下，跟着叶轮高速旋转，旋转所产生的离心力使气体的压力升高；二是叶轮流道是从里到外逐渐扩大的，气体在叶轮里扩压流动，使气体通过叶轮后压力得到提高。

图 2-11 所示为 H959 型离心式空压机。转子是离心式压缩机的主要部件，它由主轴 8 以及套在轴上的叶轮 2、平衡盘 12、推力盘 15、联轴器 16 和卡环 13 等组成。定子包括机壳 7、扩压器 3、弯道 4、回流器 5 和蜗室 6 等。工作时，气体由吸气室 19 吸入，通过叶轮 2 对气体做功，气体在叶轮叶片的作用下，跟着叶轮高速旋转，由于受旋转离心力的作用，以及在叶轮里扩压流动，使气体通过

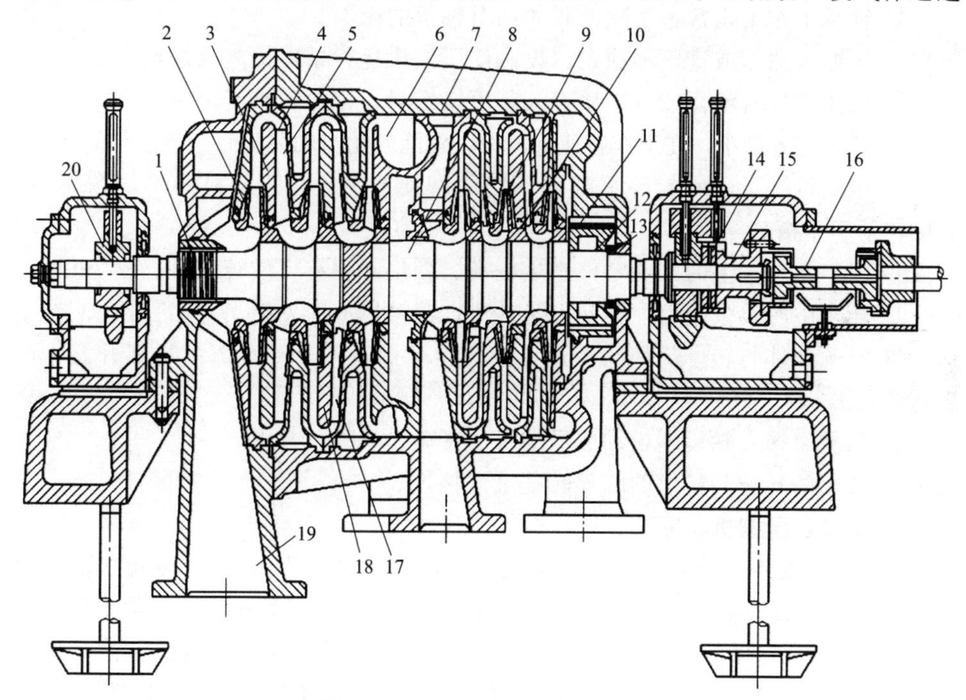

图 2-11　H959 型离心式空压机

1,11—轴端密封；2—叶轮；3—扩压器；4—弯道；5—回流器；6—蜗室；7—机壳；8—主轴；9—轮盖密封；10—隔板密封；12—平衡盘；13—卡环；14—止推轴承；15—推力盘；16—联轴器；17—回流器导流叶片；18—隔板；19—吸气室；20—支持轴承

叶轮后的压力得到了提高。此外，气体的速度也同样在叶轮里得到提高。因此，可以认为叶轮是使气体提高能量的主要因素，然后流入扩压器里，在扩压器中将把从叶轮流入的气体速度能转化为压力能，以提高气体的压力。弯道 4 和回流器 5 主要起导流作用，使气体流入下一级继续压缩。由于气体在压缩过程中温度升高，气体在高温下压缩，消耗功将会增大。为了减少消耗功，在压缩过程中采用中间冷却，即由第三级出门的气体，不直接进入第四级，而是通过蜗室和出气管，引到外面的中间冷却器进行冷却，冷却后的低温气体，再经吸气室进入第四级压缩。最后，由末级出来的高压气体经排气管输出。

2.4.2 离心式空压机的故障分析与排除

【故障 1】压缩机异常振动

① 转子对中不好：检查对中情况，必要时重新对中。

② 管道应力过大：正确固定气体管线，消除管道应力。

③ 联轴器故障：检查联轴器。

④ 联轴器不平衡：拆卸联轴器，检查其平衡性。

⑤ 压缩机密封间隙过小：检修。

⑥ 轴承工作不正常：消除油膜涡动对轴承的影响。

⑦ 压缩机喘振或气压不稳定：设法使压缩机运行条件偏离喘振点。

⑧ 气体节带有液体或有杂质混入：更换密封，排除积水。

⑨ 叶轮过盈量小，在工作转速下消失：消除叶轮与轴装配时过盈量小的缺陷。

⑩ 压缩机转子上叶轮等零部件不均匀磨损或掉块，压缩机的不均匀腐蚀，造成转子不平衡。

⑪ 固定在转子上的某些零件产生松动、变形和位移，使转子重心改变。

⑫ 转子中有残余应力，在一定条件下，该残余应力使转子弯曲。

⑬ 定子部件与转子部件间隙过小，产生摩擦，转子受摩擦而局部升温，产生弯曲变形。

⑭ 轴承磨损、轴承座松动或压缩机的基础松动。

⑮ 转子的转速与机组的临界转速过于接近。

【故障 2】压缩机喘振

压缩机喘振时，会出现下述故障现象：压缩机的工况不稳定，压缩机的出口压力和入口流量周期性地大幅度波动，频率较低，同时平均排气压力值下降；喘振有强烈的周期性气流声，出现气流啸叫；机器强烈振动。压缩机喘振导致机体、轴承、管道的振幅急剧增加，由于振动剧烈、轴承润滑条件遭到破坏，轴承损坏；转子与定子会产生摩擦、碰撞，密封元件将严重损坏。

压缩机喘振故障原因及排除方法如下。

① 运行工况点落入喘振区或离喘振线太近：调整机组各段压比，改变运行

工况点。

② 防喘装置未投自动：防喘装置投自动。

③ 压缩机入口温度过高：调整工艺参数，检查段间冷却器工作情况。

④ 吸入气量不足：打开防喘阀。

⑤ 级间泄漏增大：更换级间密封。

⑥ 防喘调节器整定值不正确：重新给定整定值。

⑦ 在开、停车过程中，升、降速太快：应先升速后升压和先降压后降速。

⑧ 管网堵塞使管网特性改变：疏通与清洗管网。

⑨ 开、关防喘阀时操作不正确：开防喘时要先高压后低压，关防喘阀时要先低压后高压，且开与关防喘阀时要平稳缓慢。

【故障3】压缩机轴位移波动大

① 负荷变化大，各段压力控制不好，压力比变化大：调整工艺参数，稳定运行。

② 内部密封、平衡盘密封磨损，间隙超差或密封损坏：修理或更换各密封。

③ 齿式联轴器齿面磨损：检查更换联轴器。

④ 压缩机喘振：消除喘振。

⑤ 推力盘端面跳动大，止推轴承座变形大：查找原因，予以消涂。

⑥ 轴位移探头零位不正确或探头特性差：重新整定探失零位或更换探头。

【故障4】轴承温升高

① 测温热电偶元件漂移，接线松动：检查热电偶。

② 供油温度高、油质不符合要求：调整进油温度或更换油品。

③ 润滑油压低，油量减少：检查油泵，调整润滑油压力。

④ 轴承损坏或工作性能差：检查轴承情况，必要时更换。

⑤ 轴向推力增大或止推轴承组装不当：调整工艺参数，降低轴向推力；必要时检查止推轴承，调整各密封间隙。

⑥ 轴承间隙太小：修复或更换。

【故障5】油滤器压差高

① 油滤器滤芯长期未更换而太脏：更换油滤器滤芯。

② 油中带水：对油进行油水分离处理。

③ 机组开车期间因油温低、黏度大、压差高而将滤芯压扁、变形：更换油滤器滤芯，提高油温。

【故障6】联轴器齿面磨损

① 中心偏差大，齿面相对位移大：校正中心。

② 润滑不充分或干摩擦：检查油量，使润滑油管对准齿部。

③ 油不清洁：过滤油，使油中最大颗粒尺寸小于25μm。

【故障7】联轴器齿面腐蚀

油质差，油中含有有机酸或硫化物：更换润滑油。

【故障 8】联轴器齿面点蚀

轴电流击穿而引起：检查转子剩磁情况，防止轴电流击穿发生。

2.5 其他空压机

2.5.1 罗茨式空压机

（1）工作原理

罗茨式空压机工作时在其内部无压缩过程，压缩空气的压力是在输送空气的过程中克服阻力而产生的，利用这种原理只能获得较低的压力，由于两个旋轮由同步机构驱动，在工作过程中它们并不会产生接触，因此也就没有必要考虑它们的润滑，罗茨式空压机主要用在气动传输机构上。

普通的直叶罗茨压缩机通常有两叶或三叶。直叶罗茨压缩机也有采用多级压缩的，采用多级压缩的两个主要原因是要获得更高的压缩比和减少功率消耗。

在两叶罗茨压缩机中，长圆形壳体内的平行轴上安装有两个“8”字形的转子，并由一组同步齿轮保持转子同步。在图 2-12 中，假设下面的转子为主动转子，上面的转子为从动转子。当主动转子顺时针转动时，右边形成吸入口，左边形成排出口。通过同步齿轮的作用，上面的从动转子逆时针转动。在位置 1，主动转子驱使容积 A 内的气体到达排出口，同时从动转子正在封闭机壳和转子本身之间的容积 B；在位置 2，从动转子已经将容积 B 封闭在吸入口和排出口之间，容积 B 基本上处于吸入状态；在位置 3，容积 B 内的气体正在被从动转子排出，同时主动转子正处在封闭容积 A 的过程中。两叶罗茨压缩机主动轴每旋转一圈排出四次相同体积的介质。所包容的气体没有在压缩机内部被压缩，而是由系统阻力确定压头的大小。

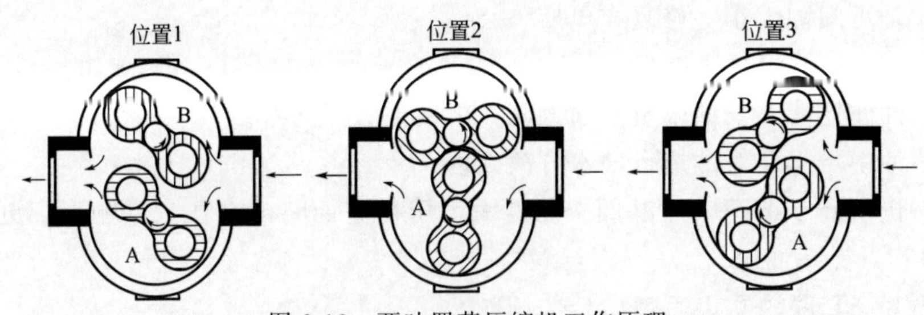

图 2-12　两叶罗茨压缩机工作原理

（2）结构

图 2-13 所示为罗茨式空压机的结构，它主要由转子 2、机壳 1、同步齿轮 7、轴承 5、密封 4 和 6 等组成。

① 转子　是一组两个齿的齿轮。常见的转子轮廓为渐开线，有时也使用摆

线。轴采用整体铸造、冲压成形或采用螺栓连接。转子之间的间隙以及机壳与转子之间的间隙应保持最小值，以减少泄漏流量，泄漏是压缩机容积效率低的主要原因。转子通常是空心的，在多尘的环境中转子空心处需填实以免转子不平衡。

② 机壳　由气缸 1 和端板 3 组成，端板也称封头板。

③ 同步齿轮　使转子保持相位且转子不发生接触。同步齿轮通常采用某种无键过盈配合的形式安装在轴上，允许转子平缓地同步运行。

④ 轴承　通常选用耐磨轴承。

⑤ 密封　端板密封一般是迷宫式或活塞环式的。在空气压缩机中，端板密封与油封之间区域的空气被排放至大气中，以防止端盖内聚集压力（在煤气压缩机中，排放是封闭的）。使用机械端面密封取代油封，可供使用的有两种机械密封：飞溅润滑和压力润滑。压力润滑密封使用高于气体压力的油压，因此具有比飞溅润滑更好的气体密封能力。

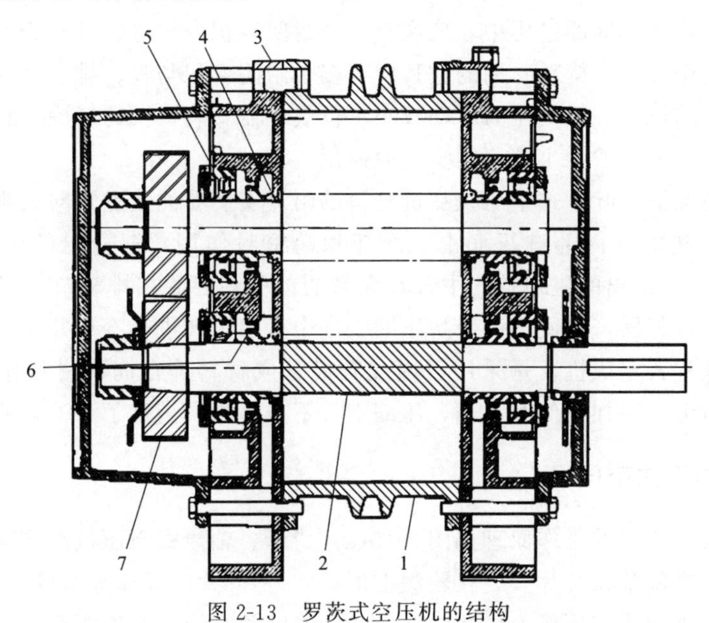

图 2-13　罗茨式空压机的结构

1—机壳；2—转子；3—端板；4,6—密封；5—轴承；7—同步齿轮

2.5.2 叶片式（滑片式）空压机

叶片式（滑片式）空压机运转平稳，排气连续、均匀、无脉动，可不装气罐稳压；工作机构易磨损（经技术处理后可提高耐磨性能），密封较困难；效率较低，适用于中低压范围。

叶片式空压机是一种单轴回转式结构的空压机，根据容积式的工作原理工作，其吸气和排气通过由壳体内偏心设置的转子与叶片组成的容腔的容积变化来实现。其结构比较简单，进、排气频繁，所产生的压缩空气压力冲击较小，润滑

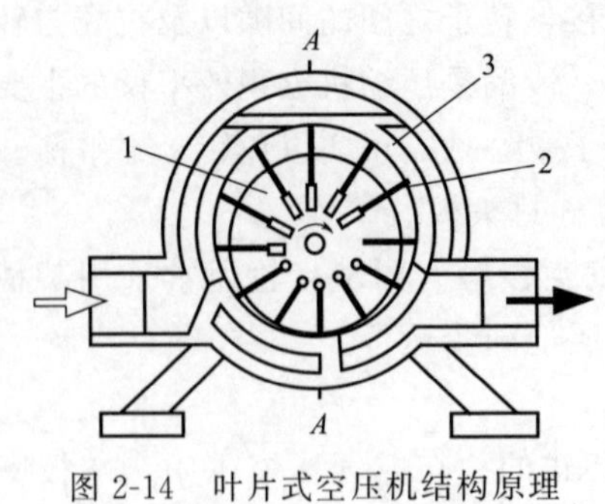

图 2-14 叶片式空压机结构原理

1—转子；2—叶片；3—定子

采用喷油润滑的形式。

叶片式空压机的结构原理如图 2-14 所示。把转子偏心安装在定子（机体）内，叶片插在转子的径向放射状槽内，叶片能在槽内滑动。当转子旋转时，各滑片主要靠离心作用紧贴定子内壁。在以 $A—A$ 为中心线的左半区域，叶片、转子和机体内壁构成的容积空间在转子回转过程中逐渐增大，形成负压，大气将空气压入；在以 $A—A$ 为中心线的右半区域，叶片、转子和机体内壁构成的容积空间在转子回转过程中逐渐变小，空气逐渐被压缩排出，在回转过程中不需要活塞式空压机中具有的吸气阀和排气阀。

转子每旋转一周的过程中，依次有多个封闭容积分别进行吸气-压缩-排气-过程。正是由于转子在旋转一周的过程中有多个封闭容积与吸、排气管接通，因此该类空气压缩机吸、排气压力脉动较小，供气不需安装很大的气罐，它特别适合于各种用气量不大的中小型压缩空气源使用。

通常情况下，叶片式空压机在进气口的附近安装喷油装置，向气流喷油，对叶片、转子和机体内部进行润滑、冷却和起密封作用，把输出的温度限制在190℃左右，但排出的压缩空气中含有大量的油分，因此在排气口一般需设置油雾分离器和冷却器，以便把油分从压缩空气中分离出来进行冷却并循环使用。

无油叶片式空压机，是采用石墨或有机合成材料等自润滑材料作为叶片材料。运转时无需添加任何润滑油，压缩空气不被污染，满足了无油化的要求。

2.5.3 轴流式空压机

轴流式空压机的工作原理如图 2-15(a) 所示。轴流式空压机由导向器、动叶片（由若干螺旋桨状叶片安装在轮毂上形成）、静叶片、壳体等组成。图 2-15(a) 所示为多级轴流式空压机，由多级动叶片和静叶片一级一级串联而成。

空压机工作时，气体先进入吸气室，再流入进口导向器（具有收敛流道的静止叶栅）加速，随后进入动叶片，气体随着动叶片的高速旋转，压力和速度都得到提高，然后气体进入静叶片，把气流引导到下一级的进气方向，同时把气体的动能部分转换为压力能，进入下一级动叶片。这样，气体经多级压缩后（每级压力比在 1.1 左右），压力逐级地提高。在末级中，气体经一排静叶片整流导向，使气流方向变成轴向，最后通过排气管排出。

轴流式空压机的结构如图 2-15(b) 所示。工作时，气流沿着平行于压缩机旋转轴的方向流动，气体产生很高速度。而当气体流过依次排列着的动叶栅和静叶栅时，气体的流动速度就逐渐减慢，而使气体的压力得到提高。

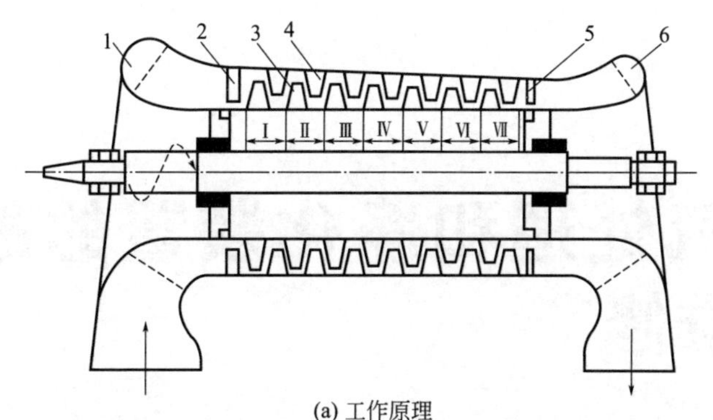

(a) 工作原理

1—进气口；2, 5—导向器；3—动叶片；4—静叶片；6—排气口

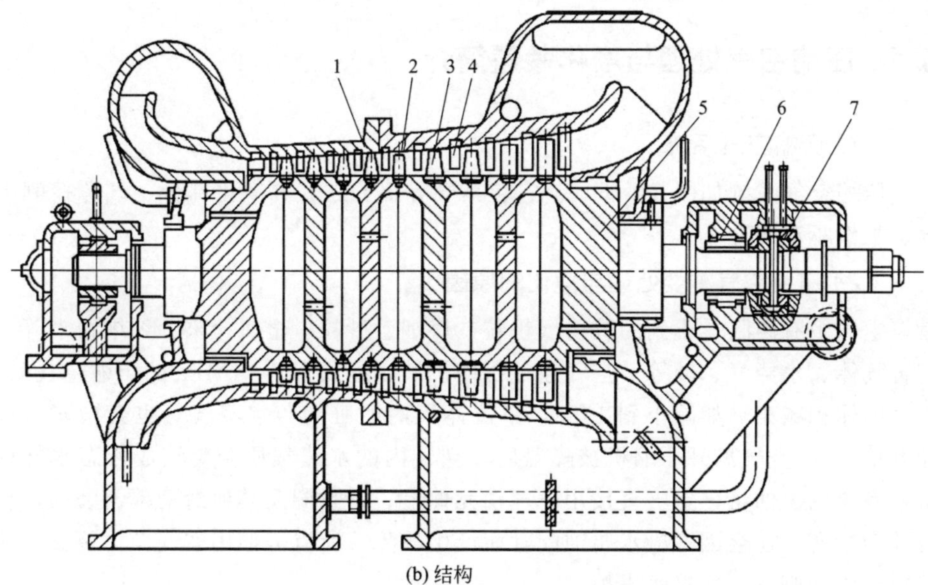

(b) 结构

1—左气缸；2—右气缸；3—动叶；4—静叶；5—转子；6—支持轴承；7—止推轴承

图 2-15　轴流式空压机的工作原理与结构

2.5.4　膜片式空压机

膜片式空压机（图 2-16）的气缸不需润滑，密封性能好，排气中不含油；但排气不均匀，有脉动，适用于小排量的场合及对压缩空气的纯度要求较高的场合。空压机的输出压力和寿命取决于膜片的材料和结构。

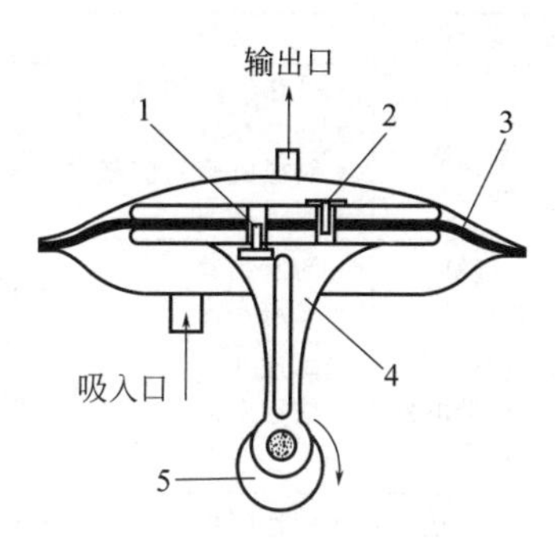

图 2-16　膜片式空压机

1—排气阀；2—进气阀；3—膜片；4—连杆；5—曲轴

膜片式空压机能提供 0.5MPa 的压缩空气。由于它完全没有油，因此广泛用于食品、医药和相类似的工业中。膜片使气室容积发生变化，在下行行程时吸进空气，上行行程时压缩空气。

第3章 压缩空气处理和净化装置的故障诊断与维修

3.1 压缩空气处理与净化装置简介

(1) 压缩空气系统

压缩空气系统如图 3-1 所示。它包括气源部分、气源净化部分、气源控制部分、工作驱动部分。

(2) 压缩空气需要处理与净化的原因

空气中有肉眼看不到的脏物（粉粒、煤烟、砂粒、金属粉末、纤维粉末等）、有害气体、水蒸气、油等。空气通过压缩机被压缩成 0.7～1MPa 的压缩空气后，空气的体积减小（如减小到 1/8），单位体积内的脏物与水蒸气等也会增多（增加 8 倍）。当空气离开压缩机被降温后，空气内的水蒸气便会凝结成液态水并保留在系统内。如将该空气直接用于气动元件上，密封圈及其他滑动部会磨损，节流孔会堵塞，还会因冷凝水腐蚀配管而产生故障。所以需使用空气净化装置将压缩空气中的脏物、冷凝水去掉。

污染物质对气动系统的影响见表 3-1。

表 3-1 污染物质对气动系统的影响

项目	水分	油雾	碳	焦油	铁锈
电磁阀	•破坏线圈绝缘 •阀芯黏着 •阀橡胶密封膨胀 •缩短寿命	•阀橡胶密封膨胀 •缩短寿命	•阀芯黏着	•阀芯黏着	•阀芯黏着
气缸 旋转气缸	•活塞黏着 •缩短寿命	•缩短寿命	•令活塞杆损坏 •缩短寿命	•活塞黏着	•破坏密封圈 •造成气缸漏气
调压阀 气动继电器	•破坏功能 •缩短寿命	•破坏功能	•阀芯黏着	•阀芯黏着	•阀芯黏着
气动仪器	故障,失灵				
气马达 气动工具	•转速降低 •缩短寿命	•转速降低 •黏着	黏着		
喷涂表面	光滑度降低				
气动测微计	度量失误,失灵				

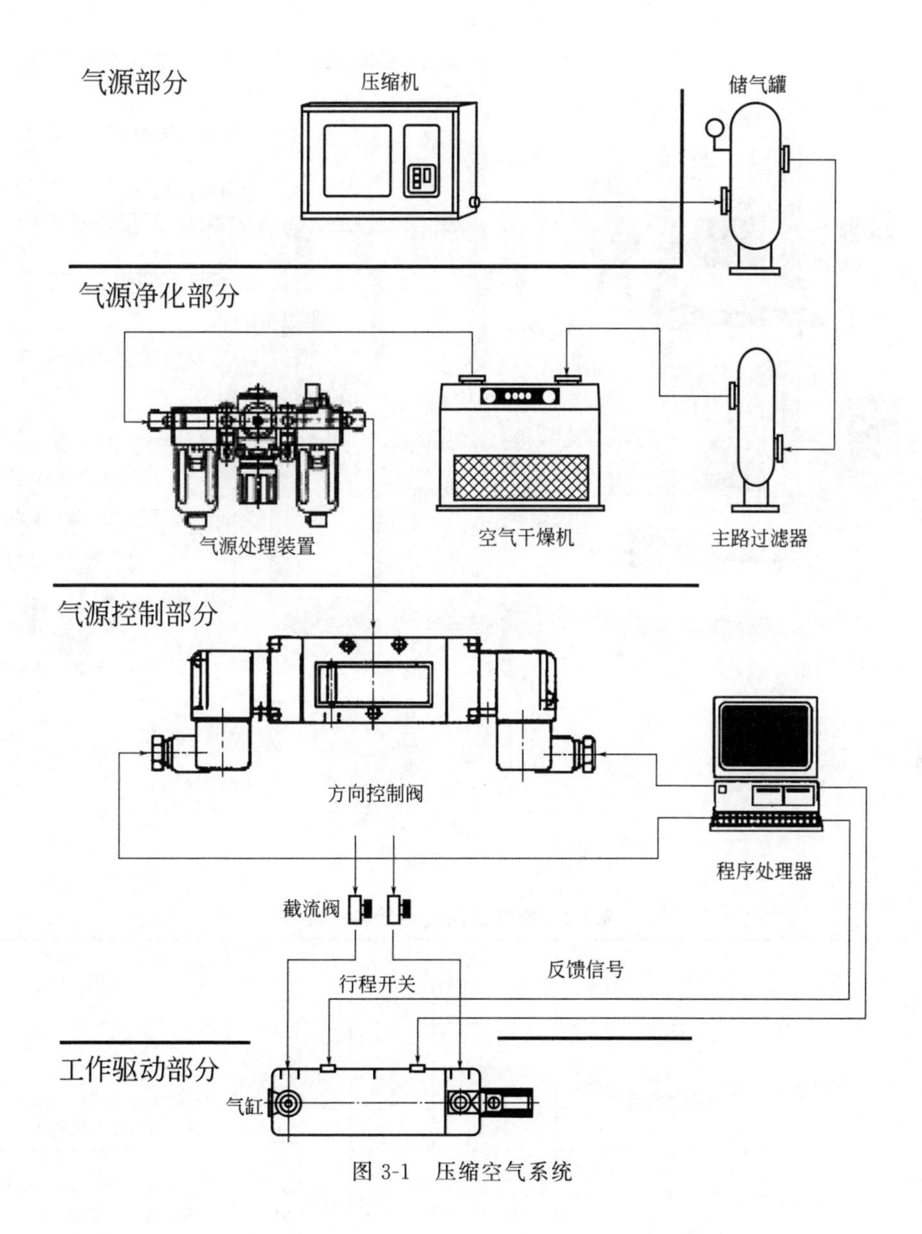

图 3-1　压缩空气系统

为此，必须根据具体的使用要求，对从压缩机（空压机）出来的压缩空气进行净化处理，压缩空气系统中的气源净化设备包括气罐、干燥器、过滤器、后冷却器和油水分离器等。

（3）空气净化管路系统

气动设备不能利用有很大压力波动或有很多杂质、油和水分的压缩空气正常工作。所以，空气净化设备是气动系统中不可缺少的。

空气净化管路系统如图 3-2 所示，空气的品质定义和应用见表 3-2。

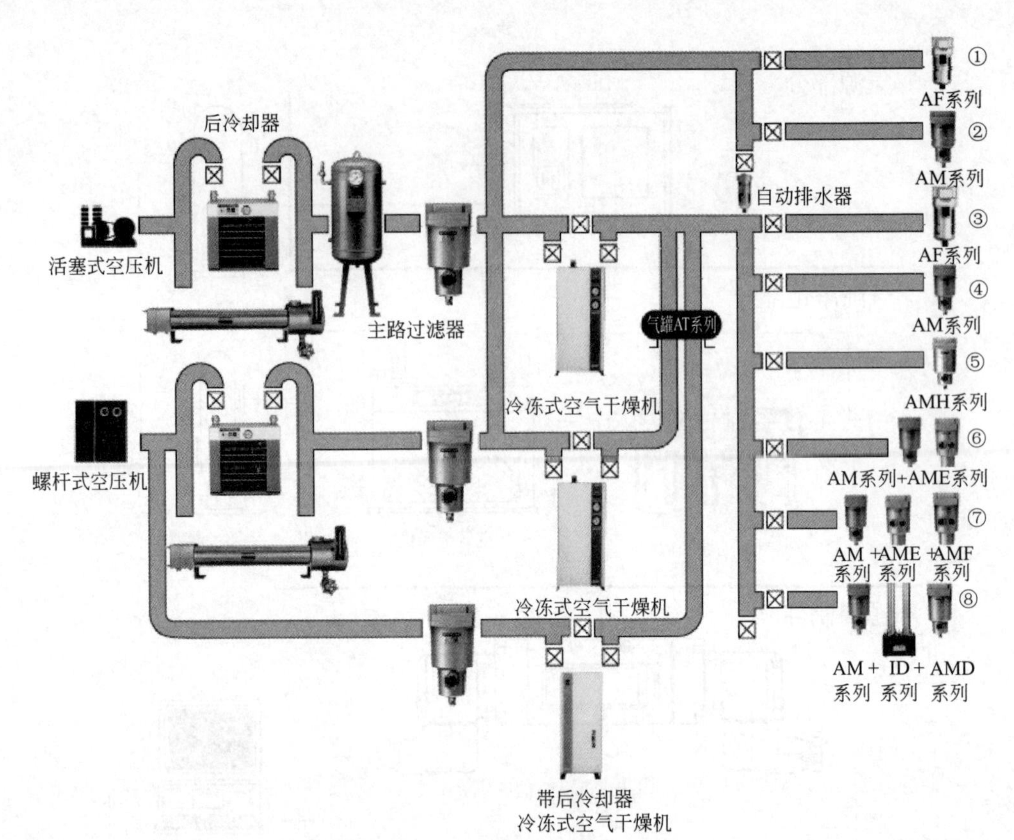

图 3-2　空气净化管路系统

表 3-2　空气的品质定义和应用

系统	组合	压缩空气质量	压缩空气中的不纯物			应用
			水气	微粒	油	
1	空气过滤器	有微量灰尘、水分和油存在	湿度 100%	5μm	5mg/m³ (ANR)	•一般工业机械设备 •夹具和工具(气动台钳、卡盘、气锤等) •一般清理(风枪等)
2	油雾分离器	系统水分未彻底除净,但去除水滴、灰尘和油	湿度 100%	0.3μm	1mg/m³ (ANR)	•工业机械(驱动器的金属密封部分)
3	空气过滤器	有微量灰尘和油,但不含水气	大气压露点 −17℃以下	5μm	5mg/m³ (ANR)	•能适应系统终端温度急降的配管设备
4	油雾分离器	不含灰尘、水气和油	大气压露点 −17℃以下	0.3μm	1mg/m³ (ANR)	•测试设备(过程) •高级喷涂设备 •冷却设备 •一般干燥设备
5	带前置过滤微雾分离器	几乎所有灰尘、水气和油都被去除	大气压露点 −17℃以下	0.01μm	0.1mg/m³ (ANR)	•气动测试仪器(高精度仪器适用) •干燥和清理设备

续表

系统	组合	压缩空气质量	压缩空气中的不纯物			应用
			水气	微粒	油	
6	油雾分离器 超小油雾分离器	几乎所有灰尘、水气和油都被去除	大气压露点 −17℃以下	0.01μm	0.01mg/m³ (ANR)	•静电喷涂 •高级喷涂 •空气轴承
7	油雾分离器 超小油雾分离器 除臭过滤器	去除所有的气味及水气、灰尘、油,近乎干纯净	大气压露点 −17℃以下	0.01μm	0.004mg/m³ (ANR)	•汲取、传送、包装和药品配制及食品灌装工业 •灌装 •包装系统的除湿装置 •洁净室
8	油雾分离器 无热式空气干燥器 微雾分离器	低露点,不含灰尘及油	大气压露点 −50℃以下	0.01μm	0.1mg/m³ (ANR)	•干燥电子元件 •医药产品存储 •干燥装料罐 •粉末输送系统 •船舶测试设备

3.2 气罐

气罐是储存压缩空气的元件,由钢板焊接而成。

(1)功能

气罐具有以下功能。

① 平抑压缩机输出的脉动空气压力。

② 防止在短时间内大量消耗空气,导致压力急剧下降。

③ 因停电空压机不能工作时,紧急提供短时间的压缩空气。

④ 由于气罐被周围空气冷却,可分离冷凝水。

(2)组成

气罐的组成如图 3-3 所示。

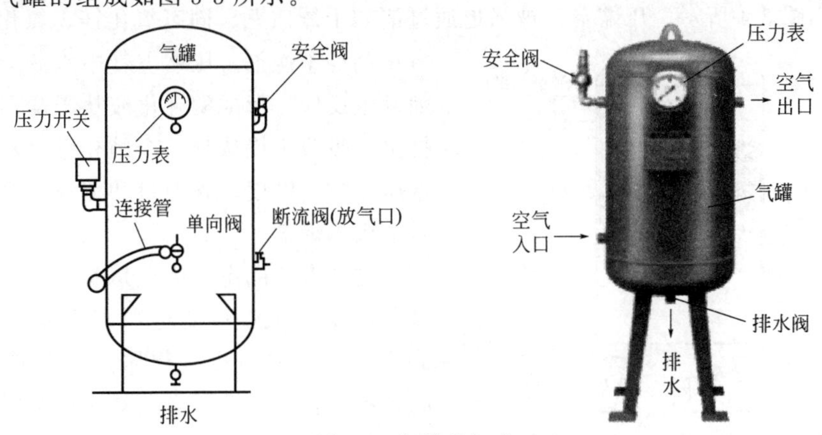

图 3-3 气罐的组成

（3）使用注意事项

① 气罐属于压力容器，应遵守压力容器的有关规定。必须有产品耐压合格证明书（压力低于 0.1MPa、真空度小于 0.02MPa、容积内径小于 150mm 和公称容积小于 25L 的容器，可不按压力容器处理）。

② 气罐上必须装有安全阀、压力表，且安全阀与气罐之间不得再装其他阀等。最低处应设有排水阀，每天排水一次。

③ 尽量少使用弯头，以免降低压力。

④ 接口一定要低进高出，与空压机连接的一端一定要是低的一端，其目的是降低气体中的含水量。

⑤ 开车前检查一切防护装置和安全附件应处于完好状态，检查各处的润滑油油面是否符合标准，不符要求不得开车。

⑥ 气罐、导管接头内外部检查每年一次，全部定期检验和水压强度试验每三年一次，并要做好详细的记录，未经检定合格的气罐不得使用。

⑦ 当检查修理时，应注意避免木屑、铁屑、拭布等掉入气罐及导管内。

⑧ 机器在运转中或设备有压力的情况下，不得进行任何修理工作。

⑨ 压力表每年应校验、铅封、保存完好。使用中如果发现指针不能回零位，表盘刻度不清或破碎等，应立即更换。工作时在运转中若有不正常的声响、气味、振动或出现其他故障，应立即停车，检修好后才允许使用。

3.3 干燥器

使用空气干燥器的目的是降低露点，到了这个降低的露点温度，空气完全使湿气达到饱和（即 100%相对湿度），露点越低，留在压缩空气中的水分就越少。

3.3.1 吸收式干燥器的结构原理

如图 3-4 所示，压缩空气被强迫通过诸如干燥白垩、固态氧化镁、氯化锂或氯化钙等干燥剂，压缩空气中水分与干燥剂发生反应，形成的乳化液从干燥器底部排出，吸收干燥法是一个纯化学过程，根据压缩空气温度、含湿量和流速，必须及时填满干燥剂。

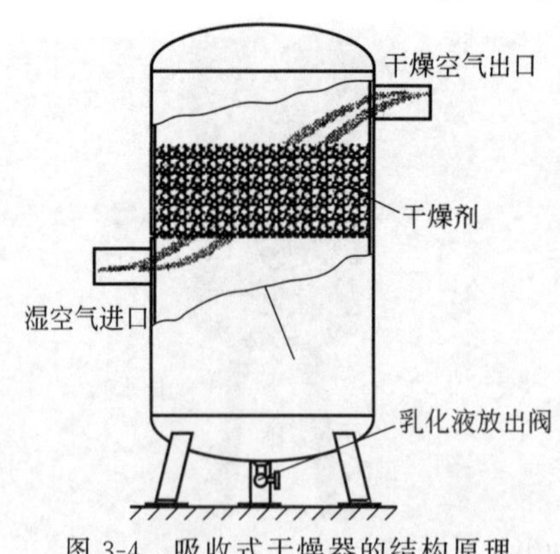

图 3-4 吸收式干燥器的结构原理

这种方法的主要优点是基本建设和操作费用都较低，但是进口温度不得超过 30℃，且其中的化学物质是强烈腐蚀性的，必须仔细检查滤清，防止腐蚀性气体进入气动系统中。

3.3.2 吸附式干燥器的结构原理

如图 3-5 所示，干燥器中的吸附剂（如活性氧化铝、分子筛、硅胶等）对水分具有高压吸附、低压脱附的特性。为利用这个特性，干燥器设置两个充填了吸附剂的相同吸附筒 T_1 和 T_2。除去水分的压缩空气，通过二位五通阀 3 右位，从吸附筒 T_1 的下部流入，通过吸附筒 4 的吸附剂层流到上部，空气中的水分在加压条件下被吸附剂吸收。干燥后的空气，通过单向阀 11-1，大部分从出口输出，供气动系统使用。同时占 10%～15%的干燥空气，经过固定节流孔 12-2，从吸附筒 T_2 的顶部进入。因吸附筒 T_2 通过二位五通阀和二位二通阀与大气相通，故这部分干燥的压缩空气迅速减压，流过 T_2 中原来吸收水分已达饱和状态的吸附剂层，吸附剂中的水分在低压下脱附，脱附出来的水分随空气从湿空气出口排至大气，实现了不需要外加热源而吸附再生的目的。由定时器周期性对二位五通阀和二位二通阀进行切换（通常约 5～10min 切换一次），使 T_1 和 T_2 定期交换工作，使两吸附筒中吸附剂轮流吸附和再生，便可得到连续输出的干燥压缩空气。在干燥压缩空气的出口处，装有湿度显示器 10，可显示压缩空气的露点温度。

露点特别低的空气，如－40℃，可用此方法干燥。

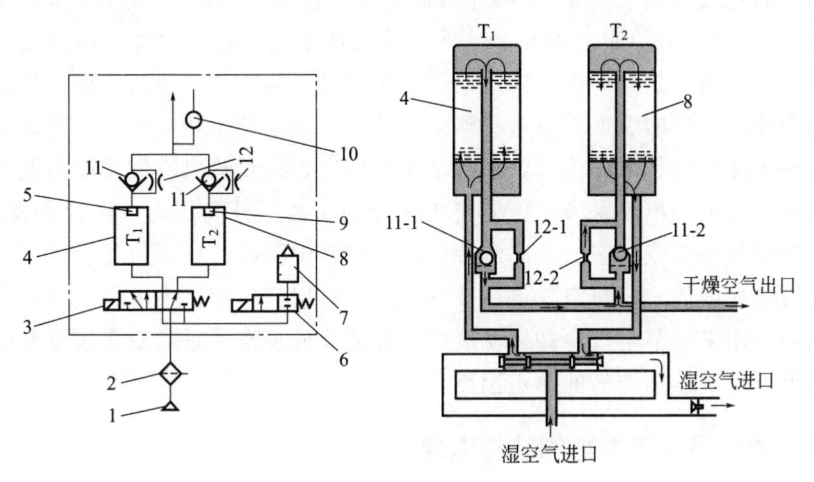

图 3-5 吸附式干燥器的结构原理

1—空气源；2—油雾分离器；3,6—电磁阀；4,8—吸附筒；5,9—固定节流过滤器；7—消声器；10—湿度显示器；11—单向阀；12—固定节流阀

3.3.3 冷冻式干燥器的结构原理

冷冻式干燥器的工作原理是，使湿空气冷却到其露点温度以下，使空气中水蒸气凝结成水滴并予以清除，然后再将压缩空气加热至环境温度输送出去。

（1）普通冷冻式干燥器

普通冷冻式干燥器的结构原理如图 3-6 所示。从空压机输出的湿热的压缩空气由后冷却器进行预冷，通过预冷器除湿后进一步进行预冷，然后在蒸发器中进一步由制冷剂的挥发而冷却到设定温度。水蒸气因冷却而液化为水滴（冷凝水），积留在自动排水器中，自动向外排出。冷却及除湿后的压缩空气又回到预冷器中，由湿热空气烘暖，成为不会在配管中有发汗作用的干燥空气后，由空气出口输出。蒸发器的冷却温度，可用容量调整阀来调整，防止蒸发器冻结。

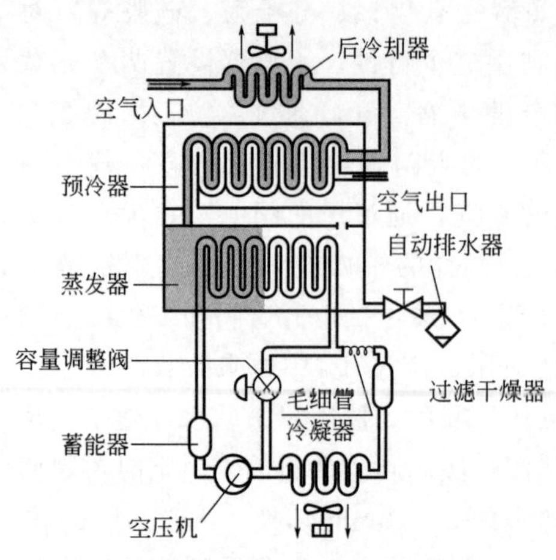

图 3-6　普通冷冻式干燥器的结构原理

冷冻式干燥器由于维护简单，露点稳定，因而得到了广泛的使用。

（2）IDU 系列冷冻式干燥器

IDU 系列冷冻式干燥器如图 3-7 所示。潮湿的热压缩空气，经风冷式后冷却器 1 冷却后，进入热交换器 13 的外筒被预冷。再流入内筒被空气冷却器冷却到压力露点 2～10℃，在此过程中，水蒸气冷凝成水滴，经自动排水器排出。除湿后的冷空气，通过热交换器外筒的内侧，吸收进口侧空气的热量，使空气温度上升。提高输出空气的温度，可避免输出口结霜，并降低了相对湿度。把处于不饱和状态的干燥空气从出口输出，供气动系统使用。只要输出空气温度不低于压力露点温度，就不会出现水滴。压缩机将制冷剂压缩以升高压力，经冷凝器冷却，使制冷剂由气态变成液态。液态制冷剂在毛细管中膨胀汽化，汽化后的制冷剂进入热交换器的内筒，对热空气进行冷却，然后再回到压缩机中进行循环压缩。容量控制阀是用来调节空气冷却器温度的，以适应处理空气量的变化或改变压力露点。温度计显示压缩空气的露点温度。

3.3.4　中空膜式干燥器的结构原理

中空膜式干燥器的工作原理如图 3-8 所示，图 3-9 所示为其外观与结构。它主要采用中空高分子膜，能使水蒸气很容易透过，而空气很难透过。当中空膜的内外水蒸气分压不同时，水分子即可随分压差通过膜移动。当湿空气从中空膜通过时，膜外与大气相通，故水蒸气被除去，从而在干燥器的出口处获得干燥空气。

将此干燥空气的一部分经可调节流阀降压后，作为清洗空气，使之流过中空膜外部以保持膜内外水蒸气分压差，使膜内侧的水蒸气可不断向外侧透过，调节节流阀开度可调节输出干空气的湿度。

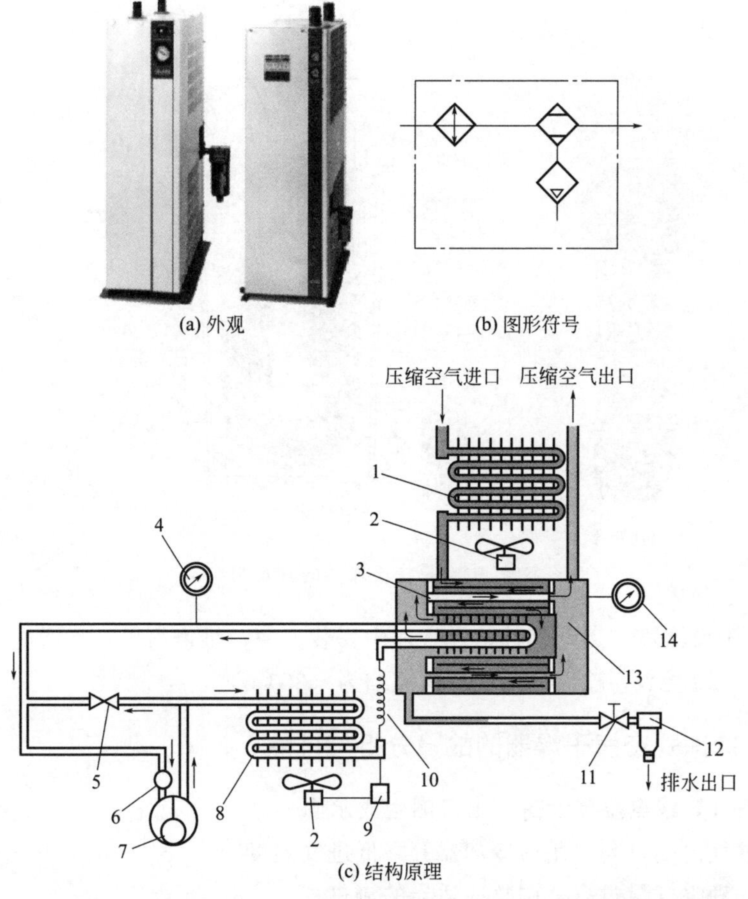

图 3-7 IDU6D 型和 IDU8D 型冷冻式干燥器的外观、图形符号与结构原理

1—后冷却器；2—冷却风扇；3—空气冷却器；4—温度计；5—容量调整阀；6—抽吸储气罐；7—压缩机；8—冷凝器；9—压力开关；10—毛细管节流器；11—截止阀；12—自动排水器；13—热交换器；14—出口压力表

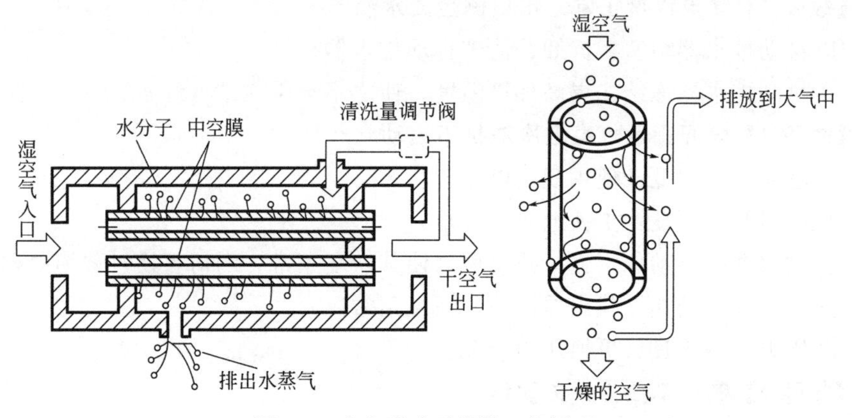

图 3-8 中空膜式干燥器工作原理

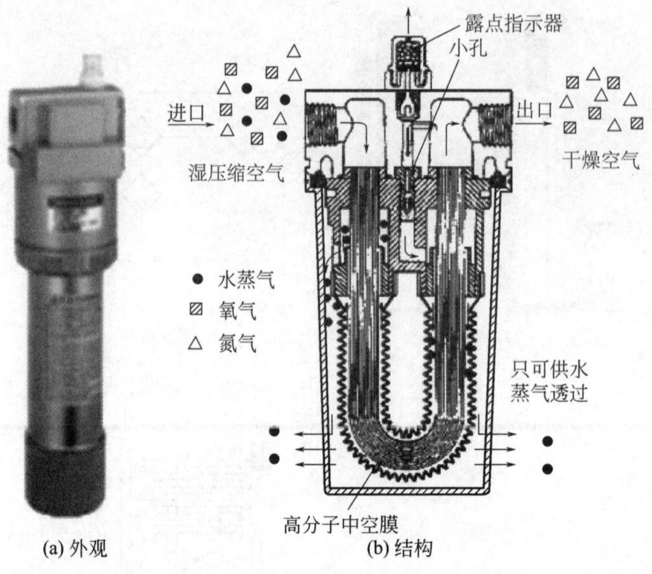

(a) 外观　　(b) 结构

图 3-9　中空膜式干燥器的外观与结构

这种干燥器没有运动部件，在管道中安装方便，维修简单，无需电源，工作时不会产生冷凝水，输出口大气压露点约为－20℃。

3.3.5　冷冻式空气干燥器的故障分析与排除

【故障 1】露点温度太高，出口侧生成水滴

① 进气温度过高：用后冷却器等降低进气温度。

② 处理空气量过多：调整成适当的流量。

③ 冷却能力降低：检查制冷剂是否泄漏，适当采取防漏措施并填充；调整冷凝器的通风状态；清扫冷凝器风扇。

④ 环境温度太高：降低环境温度（40℃以下）。

【故障 2】露点温度正常，出口侧生成水滴

① 自动排水器堵塞：拆卸、清理自动排水器。

② 自动排水器冻结：提高环境温度，使之不至于冻结（约 5℃）。

【故障 3】电源指示灯亮但冷冻机不启动

① 电源电压太低：使用规定电压。

② 电磁开关不良：更换电磁开关。

③ 过载继电器动作不良：找出原因使其恢复正常，酌情更换过载继电器。

④ 压力开关动作：找出原因使其恢复正常。

⑤ 压力开关不良：更换压力开关。

【故障 4】制冷剂压力开关动作

① 冷凝器不通风：移至通风良好的场所。

② 冷凝器风扇脏污：清扫。

③ 环境温度过高：降低环境温度（40℃以下）。

④ 进气温度过高：用后冷却器等降低进气温度。

【故障 5】冷冻机频繁地开、关机

① 电磁开关不良：更换电磁开关。

② 环境温度异常：将环境温度调整到 5～40℃的范围内。

③ 进气温度过高：用后冷却器等降低进气温度。

④ 电压异常：调整至规定电压。

3.4 后冷却器

后冷却器直接设置在空压机的后面，强制性地冷却压缩空气。空压机输出的压缩空气温度往往高达 120～180℃，在此温度下，空气中的水分完全呈气态。后冷却器的作用就是将空压机出口的高温压缩空气冷却到 40℃以下，并使其中的水蒸气和油雾冷凝成水滴和油滴，以便将其清除，去掉 60%以上的混入的水蒸气，实现干燥空气的目的。后冷却器有风冷式和水冷式两大类。

3.4.1 风冷式后冷却器的结构原理

风冷式后冷却器是靠风扇产生的冷空气吹向带散热片的热空气管道，通过风扇对流过压缩空气的配管进行冷却来降低压缩空气的温度的，其热交换量比水冷式后冷却器小。一般将冷却空气和排出空气的温度差设计成 7℃左右。压缩空气在后冷却器中的压降约为 0.03MPa。额定流量为 150～30000L/min（ANR）。

（1）工作原理

如图 3-10(a) 所示，从压缩机输出的压缩空气进入后冷却器后，经过热交换器较长的散热管道，由风扇电机带动的风扇将冷空气吹向管道，进行热交换使压缩空气冷却，使其中的水蒸气和油雾冷凝成水滴和油滴，以便将其清除。通常，风冷式后冷却器的出口温度在 40℃左右，随进气温度和室温而有所差异。

图 3-10(b) 所示的风冷式后冷却器，热空气在冷却管内走，风机吹的冷风在管外走，两者之间进行热交换，使热油降温。图 3-10(c) 所示的风冷式后冷却器，板翅可以增大散热面积，提高冷却效果。

风冷式后冷却器因不需要冷却水设备，故无需考虑断水问题，体积小，安装维修容易。其结构紧凑，重量较轻，可装设出口温度计以监测使用情况。用于入口空气温度低于 100℃，且处理空气量较少的场合时冷却效果明显。用户的总投资费用低。有时与冷冻式干燥器做在一起，节省配管。

（2）外观与结构

风冷式后冷却器的外观与结构如图 3-11 所示。

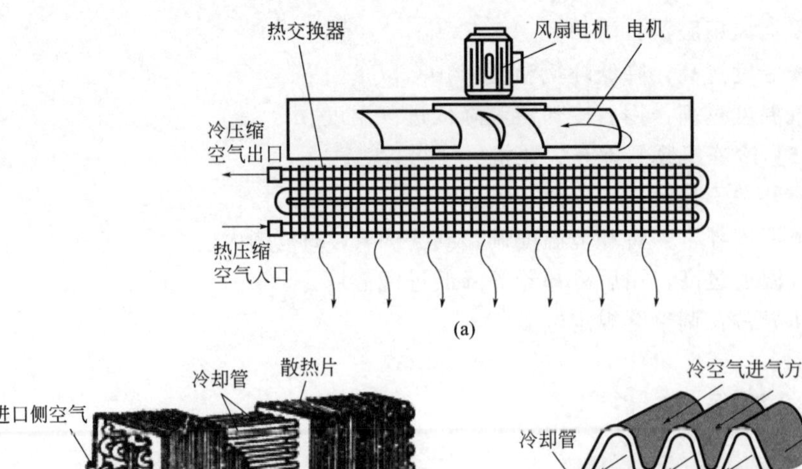

图 3-10　风冷式后冷却器的工作原理

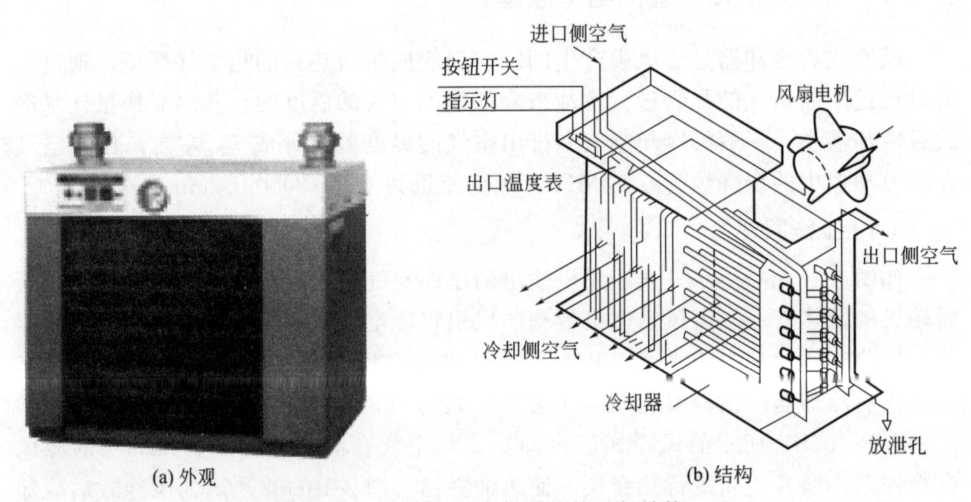

图 3-11　风冷式后冷却器的外观与结构

3.4.2　水冷式后冷却器的结构原理

(1) 工作原理

图 3-12 所示为水冷式（列管式）后冷却器的工作原理，因冷却介质为水，其冷却效率高，常用于中型和大型压缩机。在工作时，一般是水在管内流动，空气在管间流动。管内流动的冷却水多为单程或双程流动，管间空气可自由流动，

也可在管间配置折流隔板［图 3-12(a)］使压缩空气曲折前进，或在冷却水管外表设置散热翅片（换热片）以增加热量交换［图 3-12(b)］。

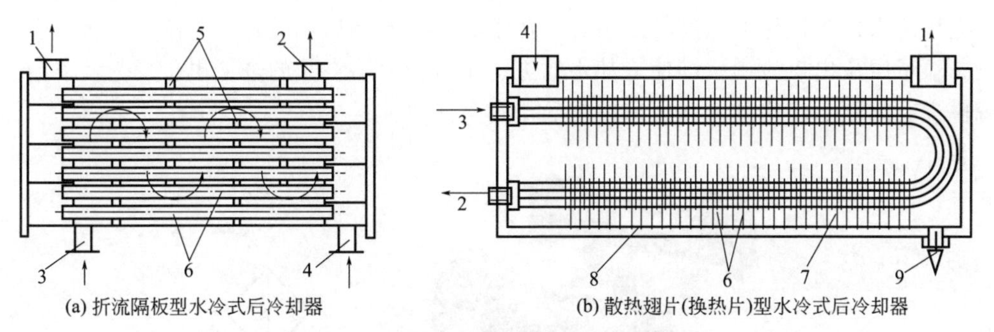

(a) 折流隔板型水冷式后冷却器　(b) 散热翅片(换热片)型水冷式后冷却器

图 3-12　水冷式后冷却器的工作原理

1—冷空气出口；2—冷却水出口；3—冷却水入口；4—热空气进口；5—折流板；6—冷却管；7—散热翅片（换热片）；8—外壳；9—自动排水器

水冷式后冷却器的入口空气温度低于 200℃。水冷式后冷却器必须保证输出空气的温度比冷却水的温度高 10℃左右，通常要有一侧自动排水器和后冷却器连接或做成一体以除去凝结物。后冷却器应装上安全阀、压力表，并装入水和空气的温度计。

（2）结构

① 散热翅片型水冷式后冷却器　外观与结构如图 3-13 所示。

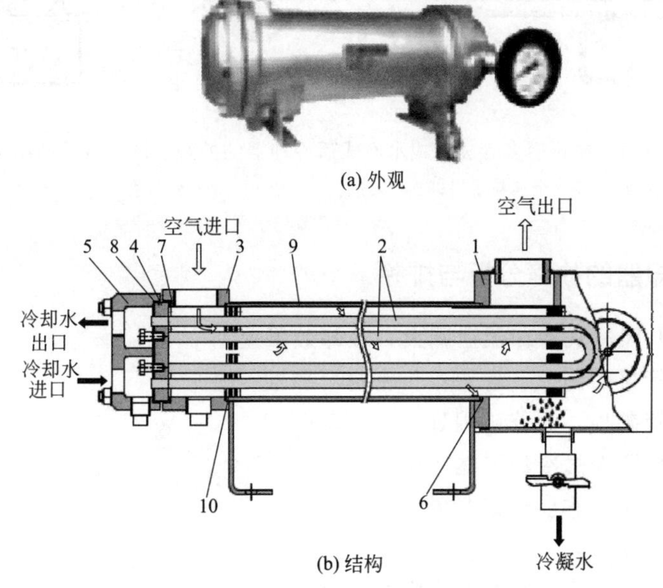

(a) 外观

(b) 结构

图 3-13　水冷式后冷却器的外观与结构

1—右盖；2—传热体组件；3—壳体；4—水室盖；5—左盖；6—密封垫圈；7,8—密封；9—外筒；10—散热翅片

② 铁粒型多管圆筒式水冷式后冷却器　如图 3-14 所示，传热管环状排列，传热管之间为多孔的金属粒子层。冷却水在传热管内流动，压缩空气从壳体上的进口流入传热管外的金属粒子层，到达中心的空洞部后，沿轴方向流动，再经金属粒子层从出口流出。即使冷却水的进、出口和压缩空气的进、出口变为反方向也没有问题，但冷却水和压缩空气的流路不能对换。

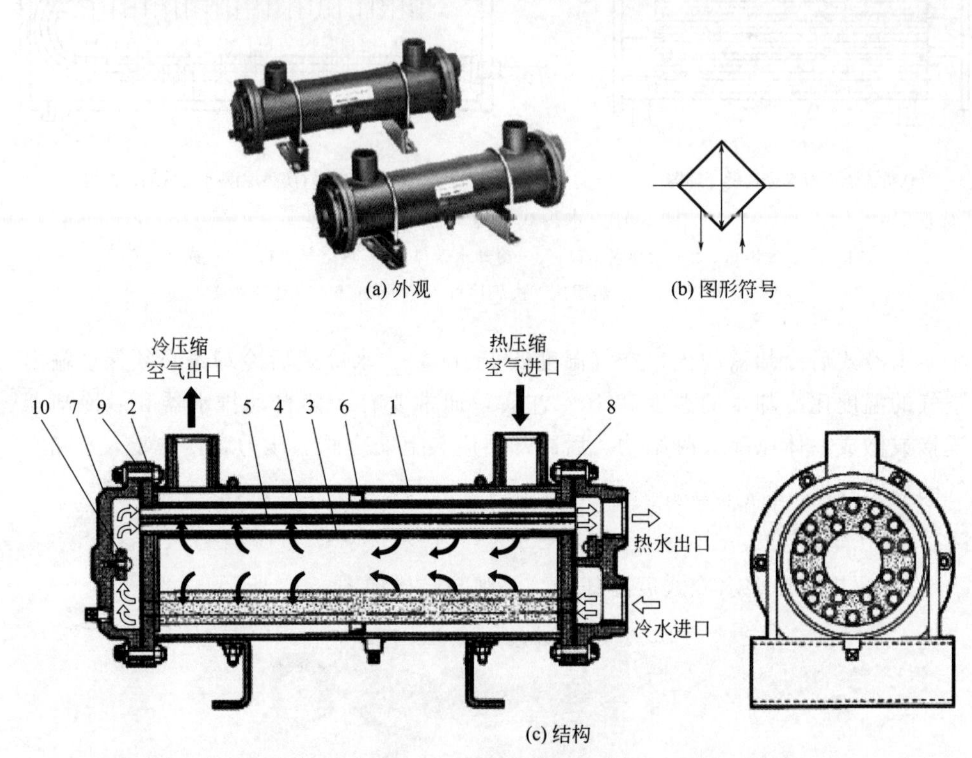

图 3-14　铁粒型多管圆筒式水冷式后冷却器的外观、图形符号与结构

1—壳体；2—管板；3,5—金属粒子层；4—传热管；6—挡板；7—水室盖；8,9—密封；10—传感器

3.4.3　冷却器的故障分析与排除

【故障 1】风冷式冷却器泄漏大，冷却效果差

① 冷却管接头漏气：检查接头密封可靠性。

② 冷却管破损：焊修破损处。

【故障 2】风冷式冷却器噪声大

① 底座安装不牢：予以紧固。

② 散热片松脱：予以处置。

【故障 3】水冷式冷却器产生腐蚀

水冷式冷却器产生腐蚀的主要原因是材料、环境（水质、气体）以及电化学反应。

选用耐腐蚀性的材料，是防止腐蚀的重要措施，而目前列管式油冷却器多用散热性好的铜管制作，其离子化倾向较强，会因与不同种金属接触产生接触性腐蚀（电位差不同），例如在定孔盘、动孔盘及冷却铜管管口处往往产生严重腐蚀的现象，解决办法一是提高冷却水的水质，二是选用铝合金的冷却管。

冷却器的使用环境包含溶存的氧、冷却水的水质（pH 值）、温度、流速及异物等。水中溶存的氧越多，腐蚀反应越激烈；在酸性范围内，pH 值降低，腐蚀越严重，在碱性范围内，对铝等两性金属，随 pH 值的增加腐蚀的可能性增加；温度越高，腐蚀越快；流速的增大，一方面增加了金属表面的供氧量，另一方面会产生紊流涡流，导致汽蚀性腐蚀；水中的砂石、微小贝类、细菌附着在冷却管上，也往往产生局部侵蚀。

氯离子的存在增加了使用液体的导电性，使电化学反应引起的腐蚀增大。特别是氯离子吸附在不锈钢、铝合金上会局部破坏保护膜，引起孔蚀和应力腐蚀。一般温度增高腐蚀增强。

综上所述，为防止腐蚀，在冷却器选材和水质处理等方面应引起重视，前者往往难以改变，后者用户可想办法。对安装在水冷式冷却器中用来防止电蚀作用的锌棒要及时检查和更换。

【故障 4】水冷式冷却器冷却性能下降

故障的原因主要是堵塞及沉积物滞留在冷却管的管壁上，结成硬块与管垢使换热功能降低。另外，冷却水量不足也会造成冷却性能下降。

解决办法是首先从设计上就应采用难以堵塞和易于清洗的结构，而目前似乎办法不多；在选用冷却器的冷却能力时，应尽量以实践为依据，并留有较大的余地（增加 10%～25%容量）；不得已时采用机械的方法（如刷子、压力水、蒸汽等擦洗与冲洗）或化学的方法（如用 Na_3CO_3 溶液及清洗剂等）进行清理；增加进水量或用温度较低的水进行冷却；拧下螺塞排气。

【故障 5】水冷式冷却器破损

由于两流体的温度差，冷却器材料受热膨胀的影响，产生热应力，另外，在寒冷地区或冬季，晚间停机时，管内结冰膨胀使冷却水管炸裂。所以要尽量选用热膨胀小的材料，并采用浮动头之类的变形补偿结构，在寒冷季节每晚都要排净冷却器中的水。

3.5 过滤器

3.5.1 过滤器的滤芯

过滤器最重要的是滤芯，滤芯按网眼的大小来分类，范围为 0.01μm～50μm。一般常用的是网眼尺寸在 0.01～5μm 之间的滤芯。

用于分离冷凝水的过滤器中，网眼为 5μm 的较多，种类有毛毡、滤纸、金属滤芯等。

对于油分、碳、焦油等，由于其粒子在 3μm 以下，因此用普通的滤芯无法进行过滤。此时需要使用 0.01～3μm 的滤芯。这些滤芯无法重新使用。

(1) 材质、过滤方式与过滤精度

过滤器滤芯的材质与过滤方式见表 3-3，过滤器滤芯的种类与过滤精度见表 3-4。

表 3-3 过滤器滤芯的材质与过滤方式

滤芯材质	过滤方式	网眼
毛毡、滤纸	(外部过滤+内部过滤方式)	网眼小(5μm)
金属	(内部过滤方式)	网眼小～中
钢丝网	(外部过滤方式)	网眼大(未产品化)

表 3-4 过滤器滤芯的种类与过滤精度

滤芯种类	过滤精度	功 能
标准型空气过滤器滤芯	5μm	用于普通的空气配管中，清除配管中的异物及冷凝水
纺织物吸收滤芯(X 滤芯)	3μm	清除油分
亚微型空气过滤器滤芯(Y 滤芯)	0.3μm	清除压缩空气中的碳、焦油
精密过滤器滤芯	—	清除压缩空气中的油分
精密过滤器滤芯(定制)	—	清除压缩空气中的异味

(2) 过滤原理

空气过滤器的过滤原理如图 3-15 所示。

① 直接拦截：当杂质粒子比过滤纤维大时被直接拦截。

② 惯性碰撞拦截：当带油雾的气流撞向纤维时，空气绕过纤维，而油雾粒子被纤维黏着。

③ 布朗运动拦截：带油雾的压缩空气通过滤芯时会产生布朗运动，且油雾粒子越小，布朗运动越剧烈，越容易被纤维黏着。

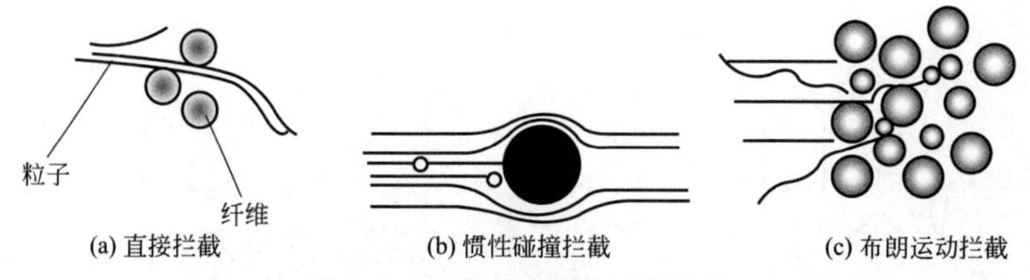

图 3-15　空气过滤器的过滤原理

3.5.2　过滤器的作用类型与筒体防护

(1) 作用类型

过滤器的作用类型见表 3-5。

表 3-5　过滤器的作用类型

离心力分离	预过滤	精密过滤	活性炭过滤	消毒过滤
LF 水分子，灰尘 ＞50μm	LF 水分子，灰尘 5～40μm	LFMA/LFM 水分子，灰尘，油 0.01～1μm	LFX 气味	细菌，病毒

(2) 筒体防护

筒体（外壳）由透明的聚碳酸酯树脂构成，由于会受部分化学药品的侵蚀而带有保护外壳（筒体防护）。这是考虑到万一筒体发生破损时也不会有飞溅，从而不会对人体造成伤害。但是，在某些特殊环境下使用时，必须选用尼龙或金属制的筒体。

3.5.3　过滤器的过滤层次安排

按图 3-16 所示不同用途，需要不同层次的清洁空气，所以根据不同使用工况应设置不同层次的过滤器。

空气从压缩机通过带自动排水器的后冷却器，除去冷凝水和污物。随着空气进一步在气罐中冷却，更多的冷凝水从自动排水器排出。所以要在管道的所有下流点，按不同用途，安装额外的过滤器。

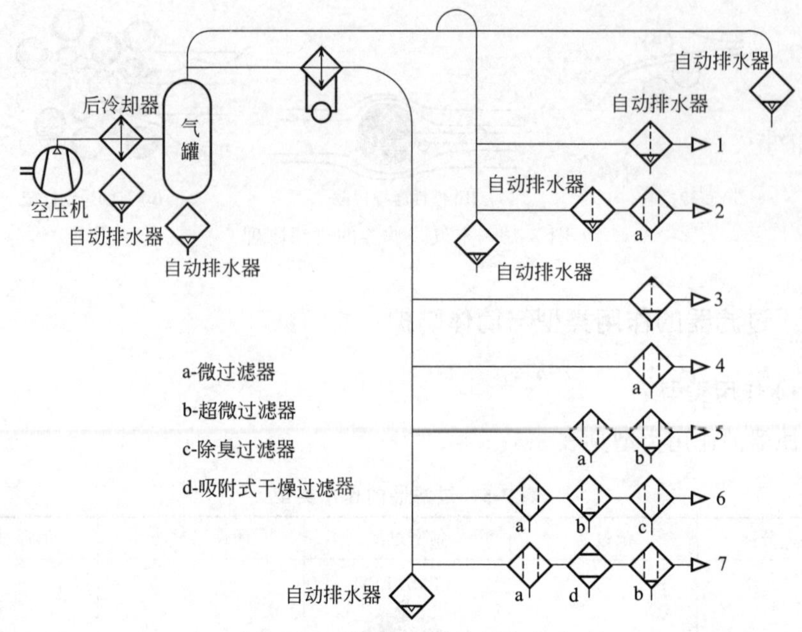

图 3-16 过滤器的过滤层次安排

此系统分中支路 1 与 2 用于空气直接从气罐中供给，支路 3～7 空气经过冷冻式干燥器供给，支路 7 再经过额外的吸附式干燥过滤器。

在支路 1 和 2 中，装有自动排水器去除冷凝水，一般用于气动夹具、气动工具、气枪等。

在支路 2 中，因有微过滤器 a，所以空气有较高的清洁度，一般用于气动元件，驱动部分为间隙密封。

支路 3 应用分水过滤器，支路 4 无预过滤器，支路 5 用一个微过滤器 a 和一个超微过滤器 b，一般用于气动仪表、计量测试设备、高质量的喷涂。

在支路 6 中增加一除臭过滤器 c，一般用于制药、食品包装、啤酒制造及空气呼吸。

在支路 7 中，吸附式干燥过滤器 d 能达到更低的露点干燥程度，排除了冷凝水存在的危险。一般用于气动测量精密仪表、电子元器件的干燥、粉末输送、药品储存。

3.5.4 空气过滤器的结构原理

空气过滤器的作用是：空压机送来的空气中含有水分和杂质等，空气过滤器过滤这些水分和杂质，防止它们给气动元件带来各种不良影响。

(1) 主管初过滤器

图 3-17 所示为一种主管初过滤器，气流由 A 口进入筒内，在离心力的作用

下分离出液滴，由C口排出，然后气体由下而上通过多片硅胶、焦炭、滤网等过滤吸附材料，干燥清洁的空气从筒顶B口输出。

（2）主管过滤器

主管过滤器的作用主要是除去压缩空气中的粉尘、水滴和油污，提高装在后面的干燥器效率，延长支管过滤器的使用时间。

图3-18所示为一种主管过滤器。滤芯的材料常用棉纸，用不锈钢在两边夹紧，其过滤面积比支管过滤器大10倍，空气流经滤芯后分离出来的水、油和灰尘，流到过滤器底部，工作时由视窗可看到外壳中积存的污水，当看到液面到达限位后可由手动排水阀排出。

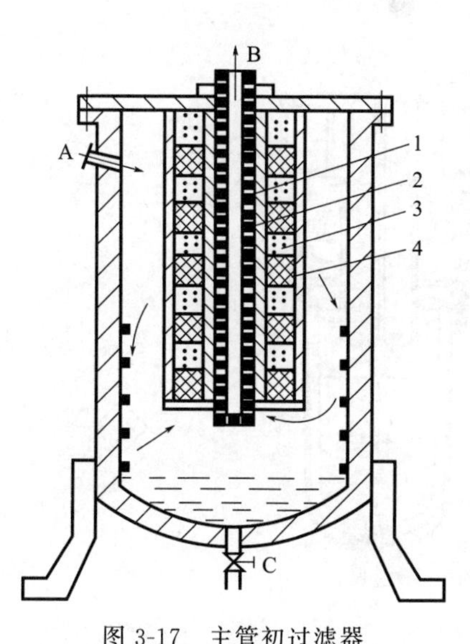

图3-17　主管初过滤器

1—密孔网；2—细目钢丝网；3—焦炭；4—硅胶等

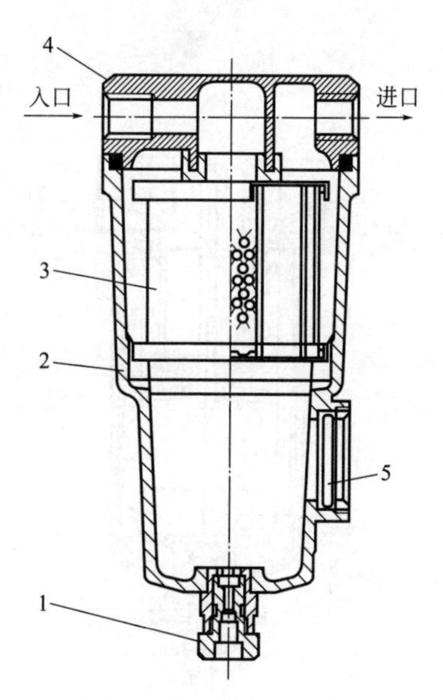

图3-18　主管过滤器

1—手动排水器；2—外罩；3—过滤件；4—本体；5—视孔玻璃

主管过滤器安装在主管路中，它必须具有最小的压力降和一定的油雾分离能力。这种过滤器的滤芯一般是快速更换型滤芯，过滤精度一般为3～5μm。

（3）分水过滤器

分水过滤器（分水滤气器）如图3-19所示。

当压缩空气从过滤器的进口流入后，作用在导流板（旋风叶轮）上，导流板上开有螺旋槽，压缩空气进入槽内，使其作旋转运动，在离心力的作用下分离出较大的水滴和杂质，被分离出的水滴和杂质被甩到滤水杯3的内壁上，落在滤水杯底部并沉积下来。导流板（旋风叶轮）不能分离5μm以上的异物，压缩空气流过滤芯5，过滤掉微小的异物后，洁净的空气从输出口排出。

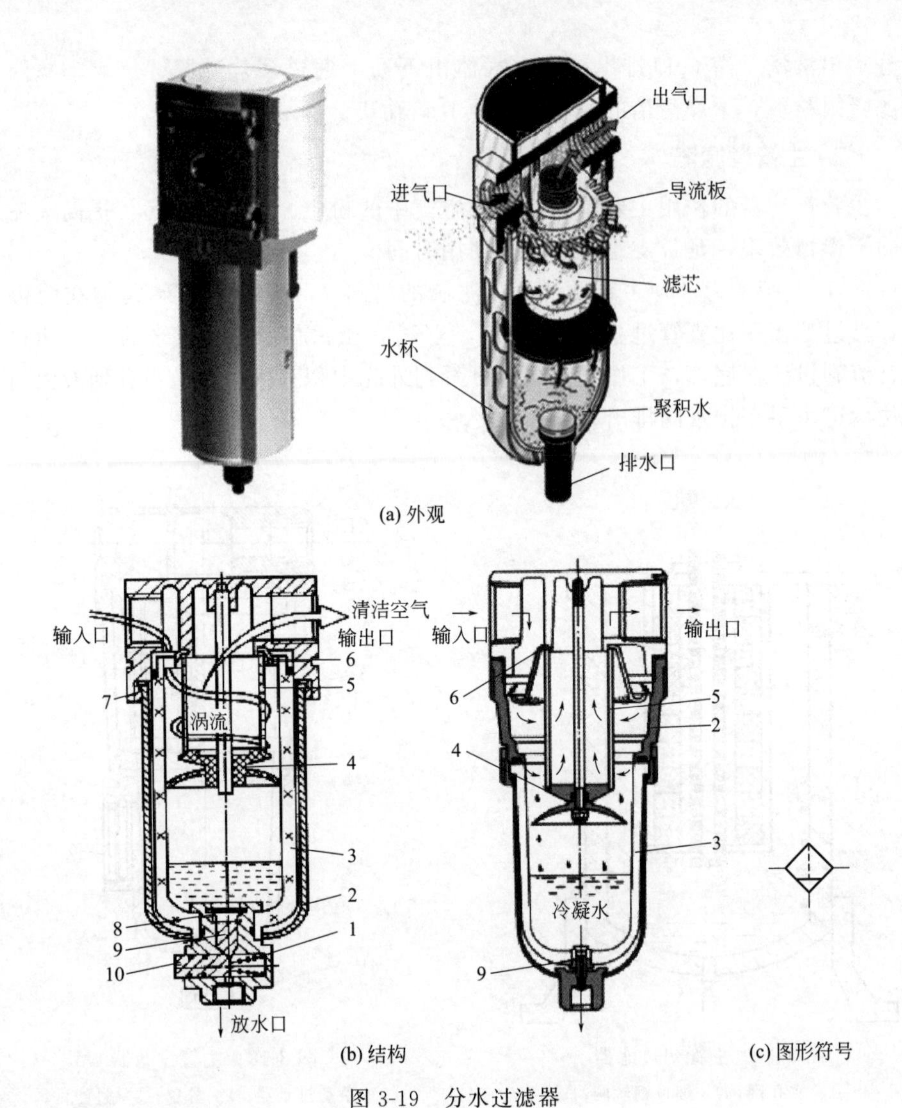

(a) 外观

(b) 结构　　(c) 图形符号

图 3-19　分水过滤器

1—复位弹簧；2—保护罩；3—滤水杯；4—挡水板；5—滤芯；6—导流板；
7—卡圈；8—锥形弹簧；9—放水阀阀芯；10—手动放水阀

挡水板 4 的作用是防止分离出的冷凝水回吸。同时，被分离出的水滴和杂质等由安装在滤水杯下部的手动放水阀排放到外部。

定期人工排放积存的油、水和杂质，滤水杯中的积水不得超过挡水板，否则水分将被气流带出，失去了分水过滤器的作用。应定期清洗或更换滤芯。

(4) 微过滤器

微过滤器只起过滤作用，所以没有导流板。空气流从输入口进入到过滤器滤芯的内侧中央，随后向外通过滤芯至输出口。

微过滤器如图 3-20 所示，两层不锈钢滤网之间夹有过滤精度达 0.3μm 的纤维纸，过滤精度高。杂质被拦截在精密滤芯内。油蒸气和水蒸气变成液体，凝聚在过滤材料里，在滤芯内形成小滴，再收集到杯子的底部。

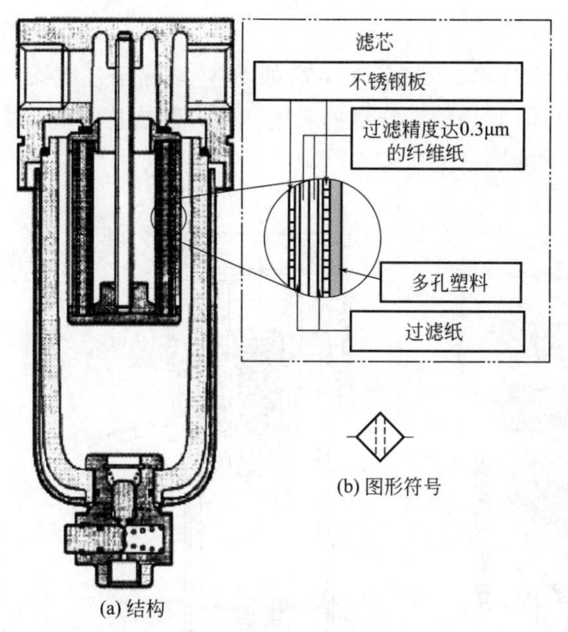

(a) 结构　(b) 图形符号

图 3-20　微过滤器

(5) 超微过滤器

图 3-21 所示为日本 SMC 公司生产的 AME 型超微过滤器。超微过滤器（超微油雾分离器）的滤芯由玻璃纤维和丁腈橡胶制成，能有效去除油、水和小到 0.01μm 的微小颗粒，对 0.01μm 颗粒的捕捉率达 95%。用于精密气动仪表设

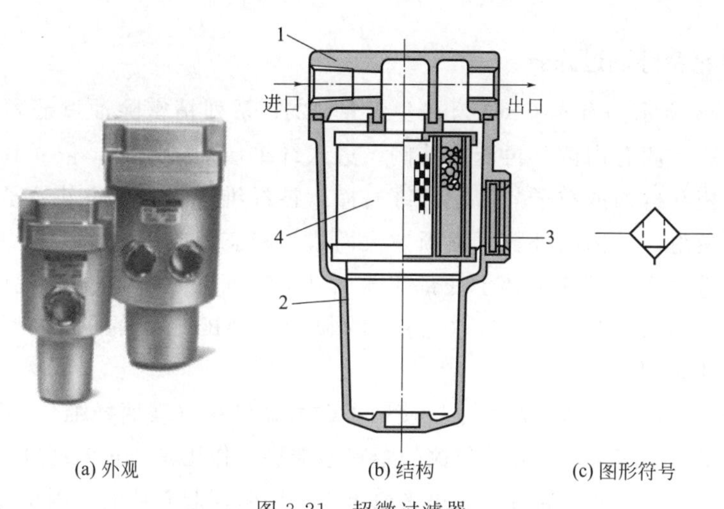

(a) 外观　(b) 结构　(c) 图形符号

图 3-21　超微过滤器

1—盖；2—外壳；3—观察孔；4—滤芯组件

备、静电喷涂、清洁和干燥电子器件等。其结构原理与微过滤器相同，只是滤芯有额外的高效过滤层。

（6）除菌过滤器

图 3-22 所示为日本 SMC 公司生产的 SFC 型除菌过滤器。滤芯使用吸附面积很大的碳素纤维，利用碳素纤维的吸附作用，除去压缩空气中的气味及有害气体等，获得洁净室所要求的压缩空气。

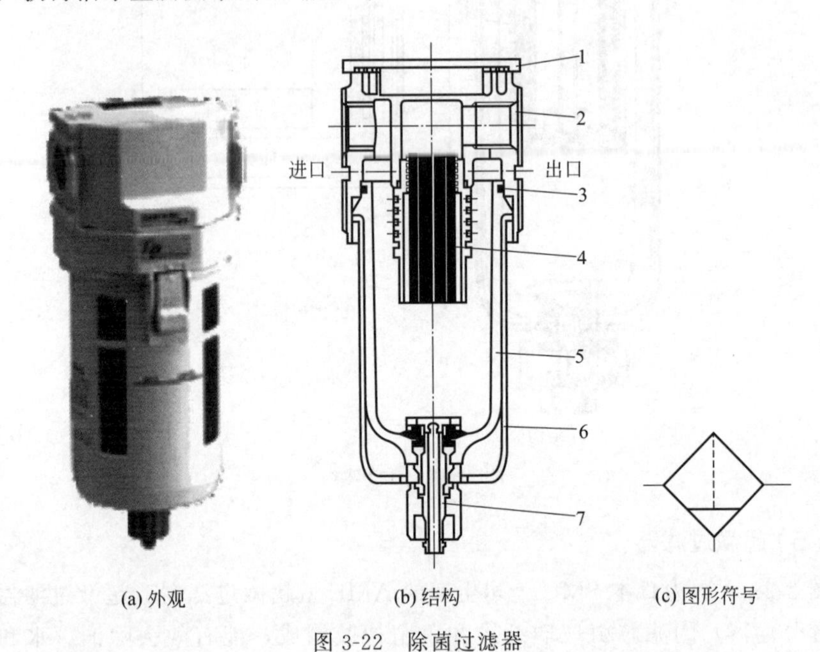

(a) 外观　(b) 结构　(c) 图形符号

图 3-22　除菌过滤器

1—盖板；2—盖；3—密封圈；4—碳素纤维滤芯；5—杯；6—罩壳；7—排水组合件

（7）精密除油过滤器

图 3-23 所示为日本 CKD 公司生产的 1219 系列精密除油过滤器。压缩空气从进口流入滤芯内侧，再流向外侧。进入纤维层的油粒子，依靠其运动惯性被拦截并相互碰撞或粒子与多层纤维碰撞，被纤维吸附；更小的粒子因布朗运动被纤维吸附。从内向外粒子逐渐增大而成为液态，凝聚在特殊的泡沫塑料层表面，在重力作用下落至杯子底部再被排出，从而滤掉了压缩空气中的油分。精密除油过滤器可滤除 0.01～0.8μm 的粒子。SMC 公司的 AFM 型油雾分离器结构与此相同。

如图 3-23(d) 所示，微纤维层使用了硅酸盐纤维（玻璃纤维），可以捕获油颗粒，并使其小滴化。表壳的外侧的塑料泡沫层，作用是防止微纤维层内捕获的油粒子凝结成的大液滴通过气流再飞散出去，同时还起着使液滴因重力而沉降的作用。

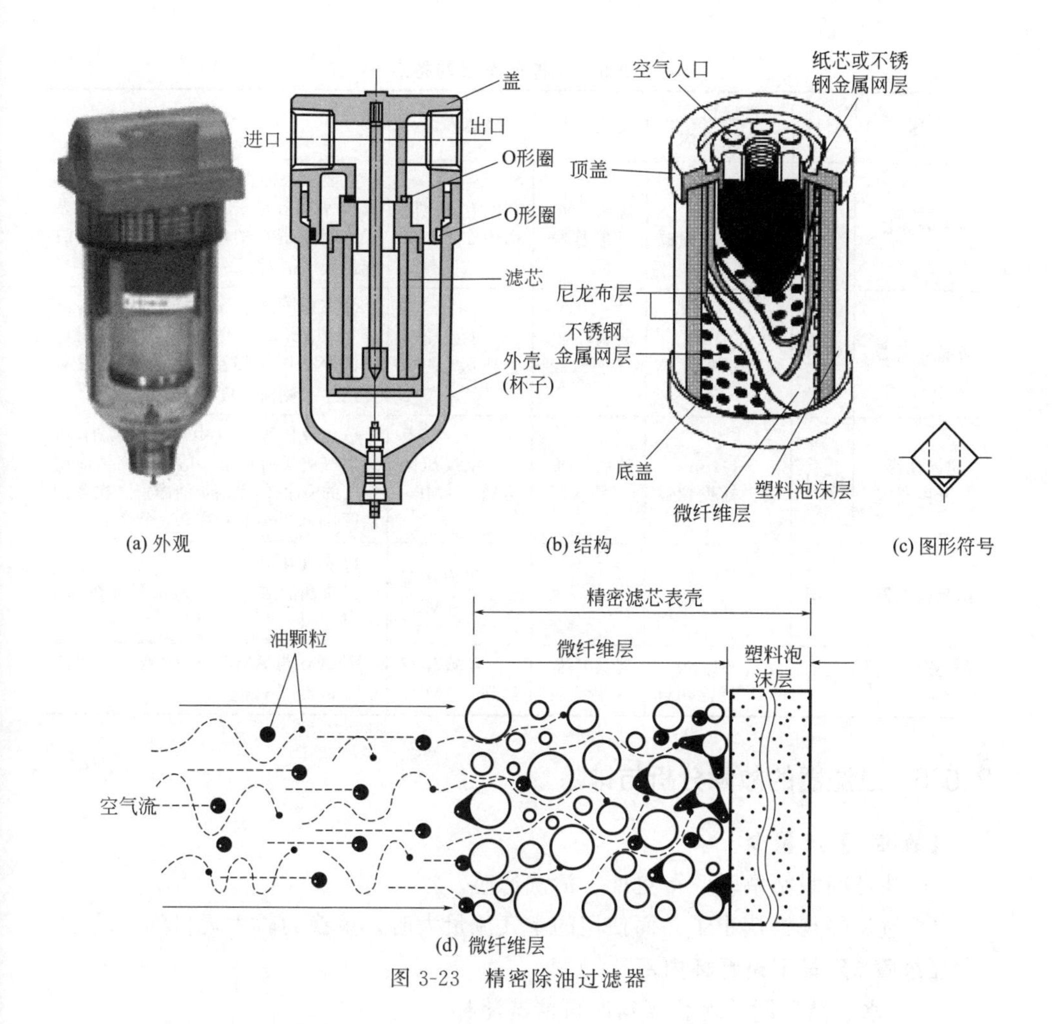

(a) 外观　(b) 结构　(c) 图形符号

(d) 微纤维层

图 3-23　精密除油过滤器

（8）凝聚式过滤器

凝聚式过滤器除采用图 3-24 所示玻璃纤维或聚丙烯纤维和泡沫塑料组成的多孔凝聚式滤芯外，外观及其总体结构与前述过滤器相同。进入纤维层的空气悬浮物由于惯性相互碰撞或与纤维碰撞，被纤维吸附。更小的粒子因气体分子无规则的热运动（布朗运动）而引起相互碰撞，这样一来，粒子便逐渐变大而进入泡沫塑料层，在重力作用下沉淀在杯子底部，继而被清除。

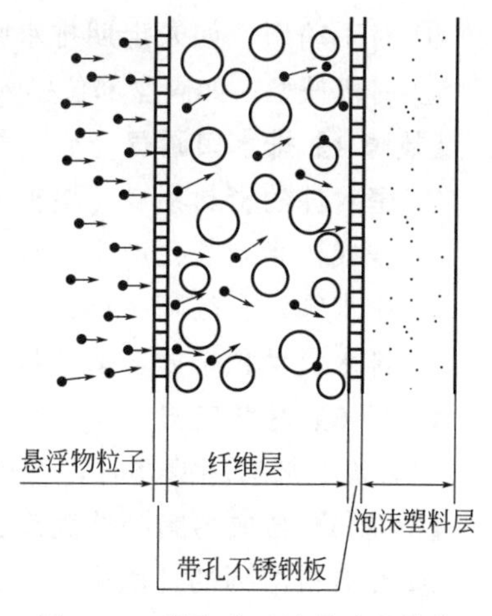

图 3-24　凝聚式过滤器滤芯结构

3.5.5　各种过滤器的特点

各种过滤器的特点见表 3-6。

表 3-6 各种过滤器的特点

名称	型号	过滤精度及除水率	滤芯材质	滤芯寿命	功用
油雾分离器	AM	0.3μm 95%捕捉颗粒	玻璃纤维/丁腈橡胶	2年或压降达到0.1MPa	主要除去油雾，以及0.3μm以上的锈末等固态粒子。适合于驱动先导式和间隙密封的电磁阀二次侧清洁度最大1mg/m^3
微雾分离器	AMD	0.01μm 95%捕捉颗粒	玻璃纤维/丁腈橡胶	2年或压降达到0.1MPa	分离掉压缩空气中悬浮油粒子，以及0.01μm以上的灰尘等固态颗粒，作洁净室用压缩空气的前置过滤器使用二次侧清洁度最大0.1mg/m^3
超微油雾分离器	AME	0.01μm 95%捕捉颗粒	玻璃纤维/丁腈橡胶	2年或压降达到0.1MPa	分离掉压缩空气中悬浮油粒子，压缩空气成无油状态。适用于高洁净度空气的喷涂线，也用于洁净室二次侧清洁度：>0.3μm颗粒在3.5个/L以下
除臭过滤器	AMF	0.01μm 95%捕捉颗粒	碳素纤维	2年或压降达到0.1MPa	除去气味 二次侧清洁度：>0.3μm颗粒在3.5个/L以下
带前置过滤器的微雾分离器	AMH	0.01μm 95%捕捉颗粒	玻璃纤维/丁腈橡胶	2年或压降达到0.1MPa	是AM与AMD的一体型二次侧清洁度最大0.1mg/m^3

3.5.6 过滤器的故障分析与排除

【故障1】流量少

① 滤芯筛眼堵塞时，可更换、清洗滤芯。

② 过滤器规格选小了，而使用的空气流量大时，更换为较大规格的产品。

【故障2】看不见滤杯内部

冷凝水、杂质附着遮住视窗时可清洗滤杯。

【故障3】冷凝水、杂质堆积，超出标准以上

① 对手动型，如未定期排水则出现这一故障，可手动排出冷凝水。

② 对机械型，如阀座部位楔入杂质则出现这一故障，可去除杂质并进行清洗。

【故障4】排水口漏气

① 密封件的密封不良：更换密封件。

② 合成树脂制外壳产生裂纹：更换外壳。

③ 排水阀发生故障：拆卸、清理并维修排水阀。

④ 排水口堆积杂质：清洗排水口。

【故障5】滤杯破损

因有机溶剂损坏滤杯时，可将滤杯更换为金属滤杯。

【故障6】合成树脂制外壳产生裂纹、破损

① 在有机溶剂的环境中使用：在有机溶剂的环境中应使用金属外壳。

② 空压机润滑油中的特殊添加剂的影响：更换别的空压机润滑油。

③ 用有机溶剂清洗外壳：清洗时使用中性洗涤剂。

【故障 7】压力降增大

① 过滤器中过滤元件阻塞：清洗或更换元件。

② 通过过滤器的流量增大，超过允许范围：使流量降到适当范围内或改用大容量的过滤器。

3.5.7 空气过滤器拆装与检查

以图 3-25 所示的 F3000 型空气过滤器为例说明对空气过滤器进行拆装与检查的方法。

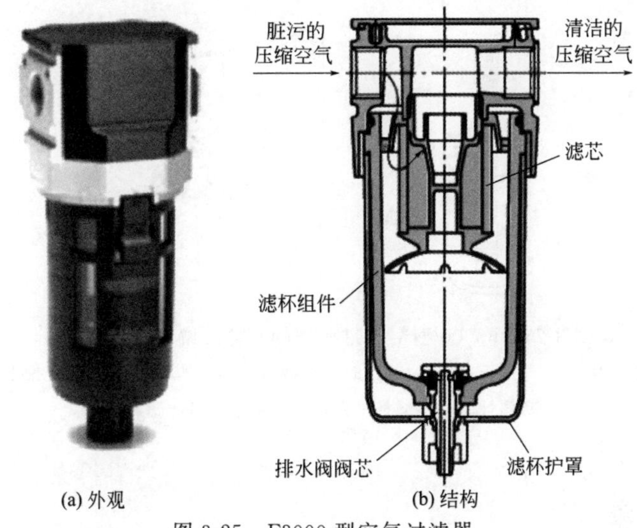

图 3-25 F3000 型空气过滤器

(1) 拆卸

① 先确认过滤器中气体是否已排出。

② 用手指按下滤杯护罩的锁卡，使其旋转，就可以卸下滤杯组件。

③ 旋松旋风叶轮，就可以卸下滤芯。

(2) 组装

① 洗干净各零件：滤杯组件需用中性清洗剂清洗，其他零件使用中性清洗剂或煤油清洗。

② 洗干净后，按与拆卸相反的顺序小心组装。

③ 在各密封圈上涂敷高级锂皂基润滑脂。

(3) 检查

缓慢加压，确认是否有泄漏。

拆卸与组装参考图 3-26 所示的 F3000 型空气过滤器的立体分解图（爆炸图）。

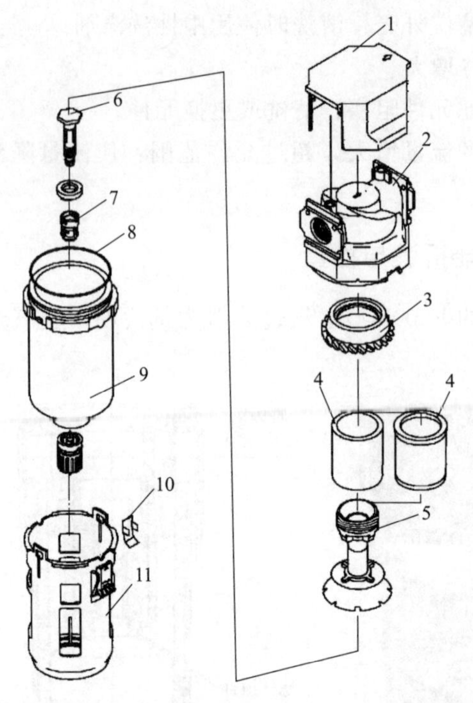

图 3-26　F3000 型空气过滤器的立体分解图（爆炸图）

1—罩；2—盖；3—导流板；4—滤芯；5—旋风叶轮；6—排水阀阀芯；7—排水阀阀套；8—密封圈；9—滤杯组件；10—锁卡；11—滤杯护罩

3.6　排水器

自动排水器在整个空气净化系统中的作用，是将液态水从管路中排掉。无论在气罐、冷却器、主管过滤器、冷冻式干燥器还是油雾分离器，都能找到自动排水器。

（1）带手动操作装置的自动排水器

如图 3-27 所示为 AD600 型浮子式自动排水器。浮子 3 由喷管 2 导向上下运动，管子经过滤器 4、溢流阀 8、弹簧 6 压着的活塞 9 并沿着手动操作杆 7 的孔与大气连通。凝结物在水杯的底部聚集，当凝结物上升到足以使浮子 3 从浮子座上移开时，杯中的压力使活塞向右移动，打开排水阀座 5 放水，浮子 3 下降而切断作用在活塞 9 左端面上的输入空气，活塞左移，又关闭排水阀座 5。溢流阀 8 在浮子关闭喷嘴时限制滞于活塞的压力，当空气通过溢流阀起作用的泄漏口泄漏时，设定的值保证了恒定的活塞复位时间。

进一步说明带手动操作的浮子式自动排水器结构原理如下。

当壳体 10 内无气压时，弹簧 6 使活塞 9 复左位，排水口被关闭。若需排水，可用手拉动操作杆，克服弹簧的弹力使活塞右移，便可手动排放冷凝水。

当壳体 10 内有气压，但作用在活塞 9 小头端面上的气压不足以克服弹簧的弹力时，不排水。随着水位的不断升高，浮子 3 的浮力大于浮子重力和作用在喷嘴盖板 1 上的气压之和时，喷嘴开启，这时，活塞大头的左端面也受气压的作用，当作用于活塞 9 上的气压大于弹簧 6 的弹力时，使活塞 9 右移而排水。

排水至一定量，浮子落下，封住喷嘴，活塞大头左腔气压从溢流孔释放，活塞复位，这个延时时间可使水基本排完。

（2）不带手动操作装置的自动排水器

日本 SMC 公司生产的 AD402 型浮子式自动排水器如图 3-28 所示。当水杯内无气压时，浮子靠自重落下，压块关闭上节流孔，活塞靠弹簧的弹力压下，活塞杆与 O 形圈脱开，冷凝水通过排水口排出。当水杯内气压大于最低动作压力（0.1MPa）时，活塞受气压作用，克服弹簧的弹力及摩擦阻力上移，排水口被关闭。当水杯内的水位升高到一定位置，浮子浮力使压块与上节流孔脱离，气体进入活塞上腔，活塞下移，排水口被打开排水。水位下降到一定位置，上节流孔又被关闭。活塞上腔气压通过下节流孔释放，活塞上移，排水口再次被关闭，这时水已基本排完。

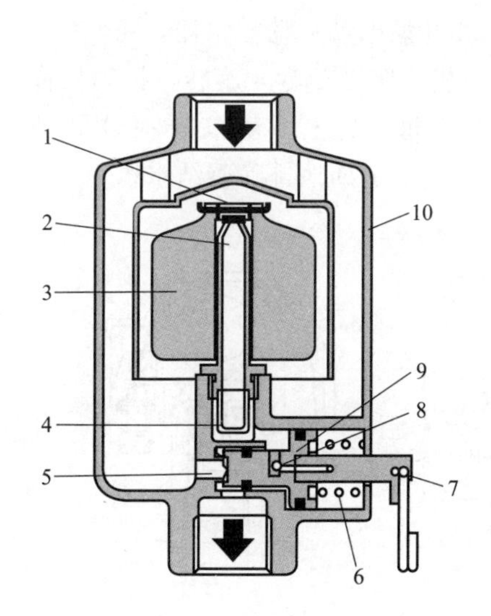

图 3-27　AD600 型浮子式自动排水器

1—喷嘴盖板；2—喷管；3—浮子；4—烧结铜过滤器；5—排水阀座；6—弹簧；7—手动操作杆；8—溢流阀；9—活塞；10—壳体

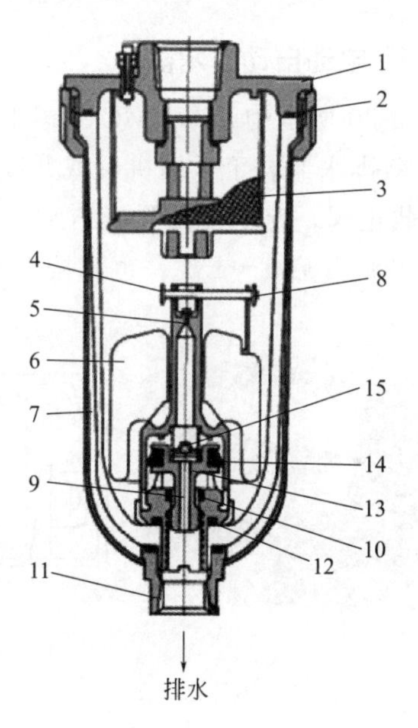

图 3-28　AD402 型浮子式自动排水器

1—盖；2,10—O 形圈；3—纱网；4—压块；5—上节流孔；6—浮子；7—水杯；8—控制杆；9—排水口；11—排水管；12—下节流孔；13—活塞；14—活塞密封圈；15—弹簧

（3）自动分水排水器

图 3-29 所示为日本 SMC 公司生产的 AD402 型自动分水排水器，原理与上述浮子式相似。

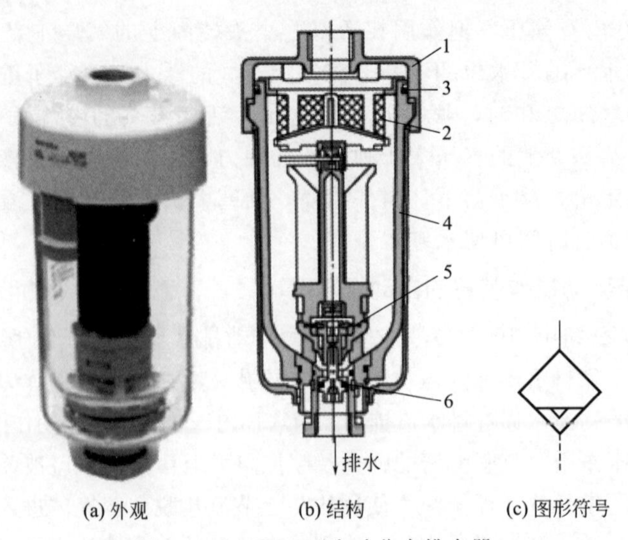

(a) 外观　　(b) 结构　　(c) 图形符号

图 3-29　AD402 型自动分水排水器

1—盖；2—滤芯；3—O 形圈；4—杯；5—膜片；6—主阀

(4) 电动自动排水器

图 3-30 所示为日本 SMC 公司生产的 ADM200 型电动自动排水器。

自动排水器装于压缩机后或并联于气罐。电机 1 带动凸轮 4 旋转，拨动杠杆 9 压下截止阀，定期地排除凝结水。一般使阀芯 7 每分钟上下动作 1～4 次，即排水阀开口开启 1～4 次。也可按下手动按钮 8，可不定期地排除凝结水。

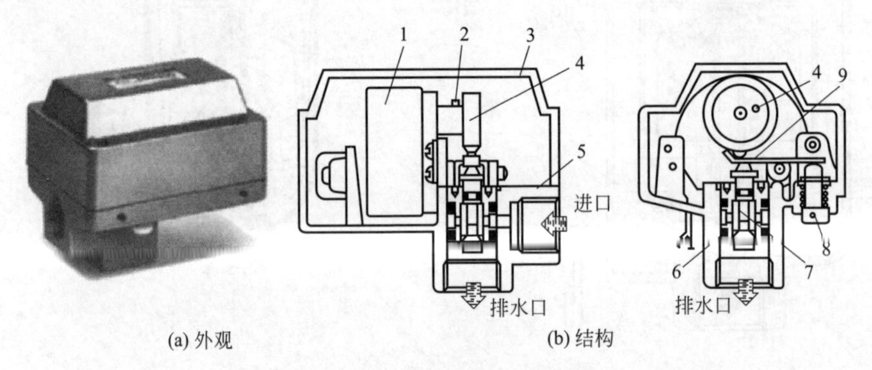

(a) 外观　　(b) 结构

图 3-30　ADM200 型电动自动排水器

1—电机；2—定位螺钉；3—外罩；4—凸轮；5—截止阀组件；

6—O 形圈；7—阀芯；8—手动按钮；9—杠杆

(5) 大型自动排水器

图 3-31 所示为日本 SMC 公司生产的 ADH4000 型大型自动排水器，原理与上述浮子式相似，可用于空压机与气罐的自动排水。ADH4000 型大型自动排水器的使用实例如图 3-32 所示。

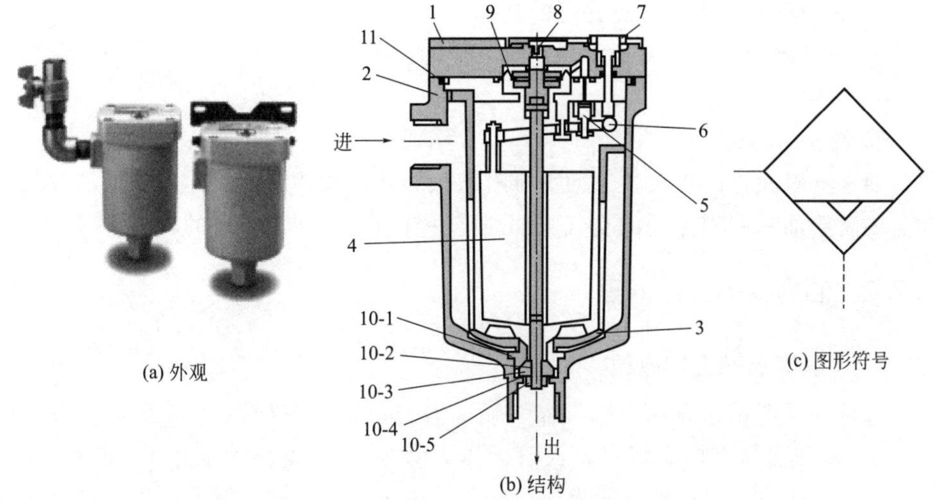

图 3-31　ADH4000 型大型自动排水器

1—盖；2—壳体；3—储水套；4—浮子；5—先导阀；6—杠杆；7—按钮；8—阻尼孔；9—膜片；10—排水阀组件；11—O 形圈

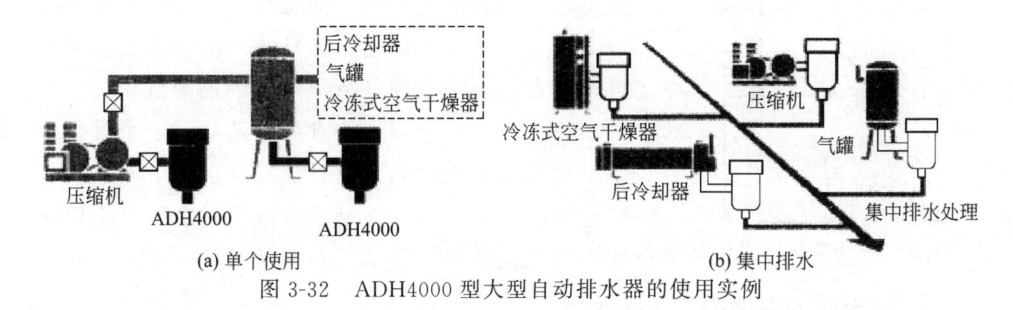

图 3-32　ADH4000 型大型自动排水器的使用实例

3.7　油雾器

3.7.1　油雾器的作用

在气动元件中，操作部分的执行元件和控制部分的方向控制阀、流量控制阀等的内部有频繁动作的滑动部分，为使其能长期稳定地发挥性能，必须在这些滑动部位适当地涂抹润滑油。油雾器的作用就是把油滴变成油雾，让油雾随气体一起进入气缸等需润滑的气动元件进行润滑。

油雾器是气动系统中专用的注油装置。它以压缩空气为动力，将特定的润滑油喷射成雾状混合于压缩空气中，并随压缩空气进入需要润滑的部位，达到润滑的目的。

对气动元件进行润滑的目的如下。

① 在相对运动的固体间形成油膜，防止磨损，提高耐久性。

② 减少滑动阻力，提高元件的动作效率。

③ 减轻密封材料的磨损，防止空气泄漏。

④ 防锈、防腐蚀。

⑤ 清洗、冷却。

油雾器对元件的耐久性、效率都有很大影响，发挥着重要作用。给油方法有在需要时给油和利用流动的空气吸油喷雾一直给油，使用后者的较多。

3.7.2 油雾器的工作原理

(1) 喷雾器的工作原理

每种油雾器都包含一个喷雾器，喷雾器的工作原理如图 3-33 所示。假设压力为 p_1 的气流从左向右流经文氏管后压力降为 p_2，当输入压力 p_1 和 p_2 的压差 Δp 大于把油吸到排出口所需压力时，油被压到喷雾器上部，在排出口形成油雾并随压缩空气输送到需要润滑的部位。在工作过程中，喷雾器油杯中润滑油的油位应始终保持在油杯上、下限刻度线之间。油位过低会导致油管露出液面吸不上油；油位过高会导致气流与油液直接接触，带走过多润滑油，造成管道内油液沉积。

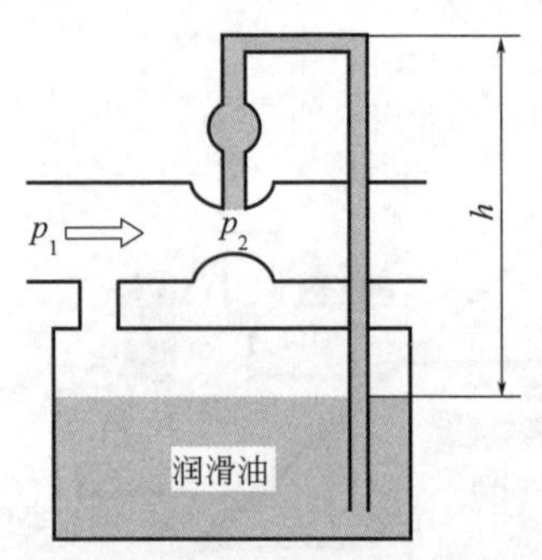

图 3-33 喷雾器的工作原理

许多气动应用领域如食品、药品、电子等行业是不允许油雾润滑的，而且油雾还会影响测量仪的测量准确度，并对人体健康造成危害，所以不给油润滑（无油润滑）技术正在普及。

(2) 普通油雾器的工作原理

图 3-34 所示为普通油雾器（也称均衡式油雾器）的工作原理。

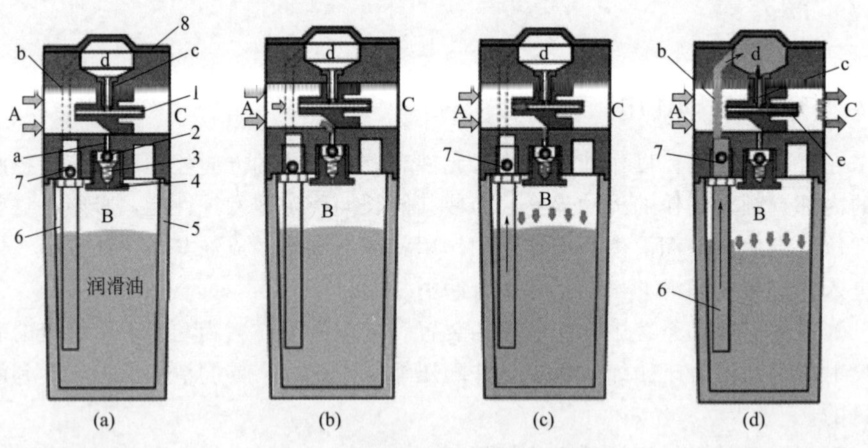

图 3-34 普通油雾器的工作原理

1—喷雾器；2—钢球；3—弹簧；4—阀座；5—存油杯；6—吸油管；7—单向阀；8—视油器

压缩空气从输入口 A 进入油雾器后，绝大部分经主管道 C 输出，一小部分气流经过小孔 a→单向阀（钢球 2 与弹簧 3 组成）进入存油杯 5 的上腔 B 中[图 3-34(b)→图 3-34(c)]，使润滑油油面受压。由于气流高速流动，根据伯努利方程，流速快处压力低，这样造成油雾杯附近 c 处的压力低于 B 腔气流的压力，产生压差（A 腔压力>c 处压力），润滑油在此压差作用下，B 腔油液沿吸油管 6 上升，单向阀 7 打开，油液经吸油管单向阀 7→流道 b→滴落到透明视油器 8 腔 d 内→流道 c→喷雾器 1 的 e 口喷出[图 3-34(d)]，并顺着油路被主管道中的高速气流从出口 C 引射出来，雾化后随空气一同输出。油雾的粒径约为 20μm。

本油雾器可在不停气情况下补油。

(3) 可变节流油雾器的工作原理

图 3-35 所示可变节流油雾器的工作原理与普通油雾器相同，不同之处是它的油雾生成不是依靠固定喷嘴（节流孔），而是依靠可变节流阀，这样油雾粒径大小和滴油量可变化，即使空气流量发生变化也能充分供应润滑油。

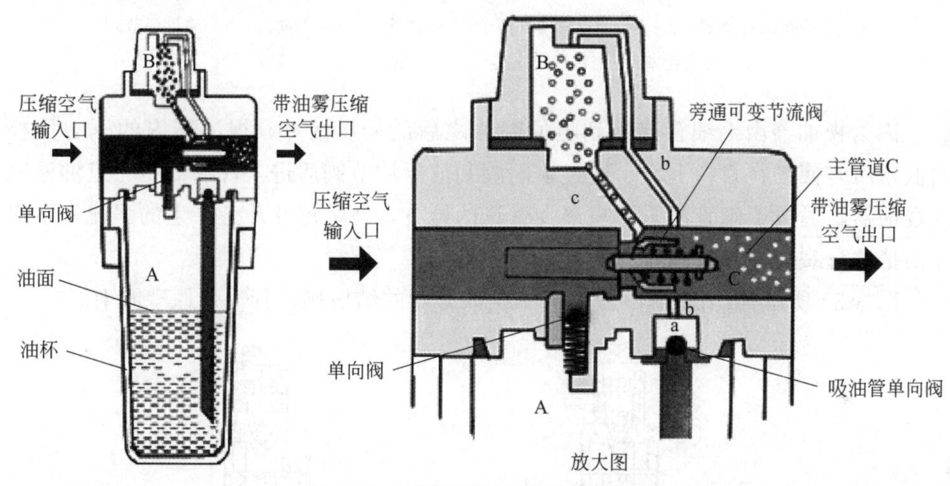

图 3-35　可变节流油雾器工作原理

3.7.3　油雾器的结构

(1) 均衡式油雾器

均衡式油雾器如图 3-36 所示，当空气进入均衡式油雾器，大部分越过阻尼叶片 11 的小孔从输出口输出，同时也经过一个单向阀进入油雾器内。当没有流量时，同样压力存在于杯内油的表面、油管和视油器内，不会产生油液的流动。

当空气流入油雾器时，由于阻尼叶片限制，导致输入与输出压力降，流量越高压力降越大。当节流阀的大小固定，大量地增加流量会引起过量的压力降，由此产生油气混合，从而能使油大量地进入到气动系统中去。

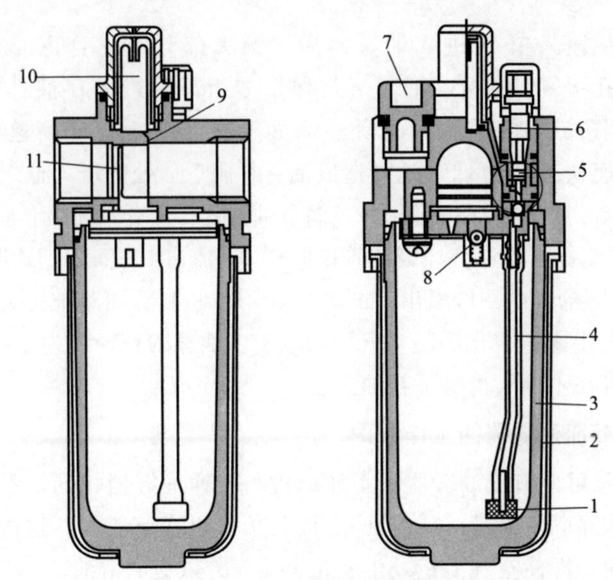

图 3-36 均衡式油雾器

1—青铜烧结过滤器；2—杯子护套；3—杯子；4—油管；5,8—单向阀；6—油量调节阀；7—加油孔塞；9—毛细管连接孔；10—视油器；11—阻尼叶片

因为视油器由毛细管连接到阻尼叶片之后的低压区域，视油器内的压力比杯内低，压差使油在管内上升，通过单向阀和油量调节阀后进入视油器。一旦油液进入视油器，通过毛细管渗入到在最大气流的地方，在阻尼叶片旁产生的涡流靠紊流作用把油分裂成极小的颗粒并雾化，均匀地与空气混合。

图 3-37 所示为国产 QIU 型普通一次油雾器的结构例，其工作原理同上。

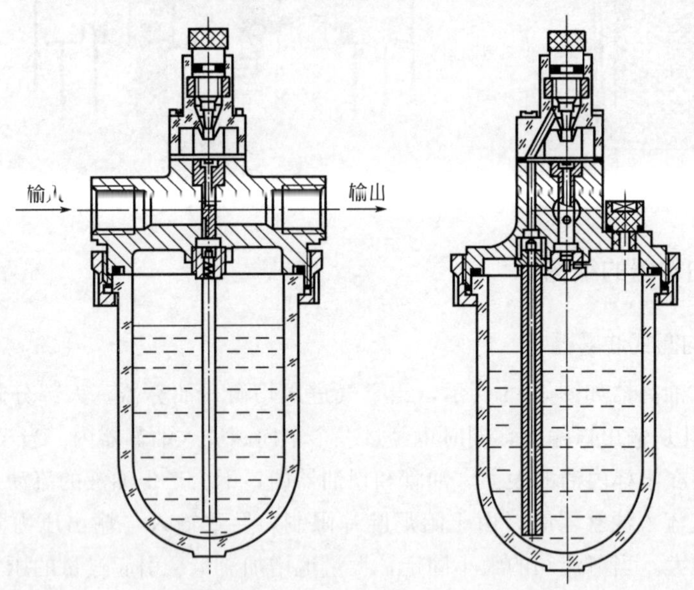

图 3-37 QIU 型普通一次油雾器

（2）脉冲式油雾器

如图 3-38 所示，先导空气从进气口 A 进入，经 B 腔→流道 c→流道 d，作用在活塞的进口侧（右侧）右端面上，产生向左的压力以克服活塞弹簧向右的弹力，挤压泵室内的油液，泵室内的油液压力升高，下压钢球，关闭了油的进口通路，泵室的油体积＝伸入泵室的活塞断面积×活塞行程，泵室内产生的油液压力向左推开单向阀，于是在油的出口通路便有油液输出。一旦泵室的油输出完了，单向阀在单向阀弹簧的作用下，关闭出口通路，停止输油。先导空气一旦停止供应，由于活塞弹簧的作用，活塞向右复位，此时泵室内容积增大形成负压，钢球被吸至上侧，新油重新在大气压的作用下从进口通路进入泵室。

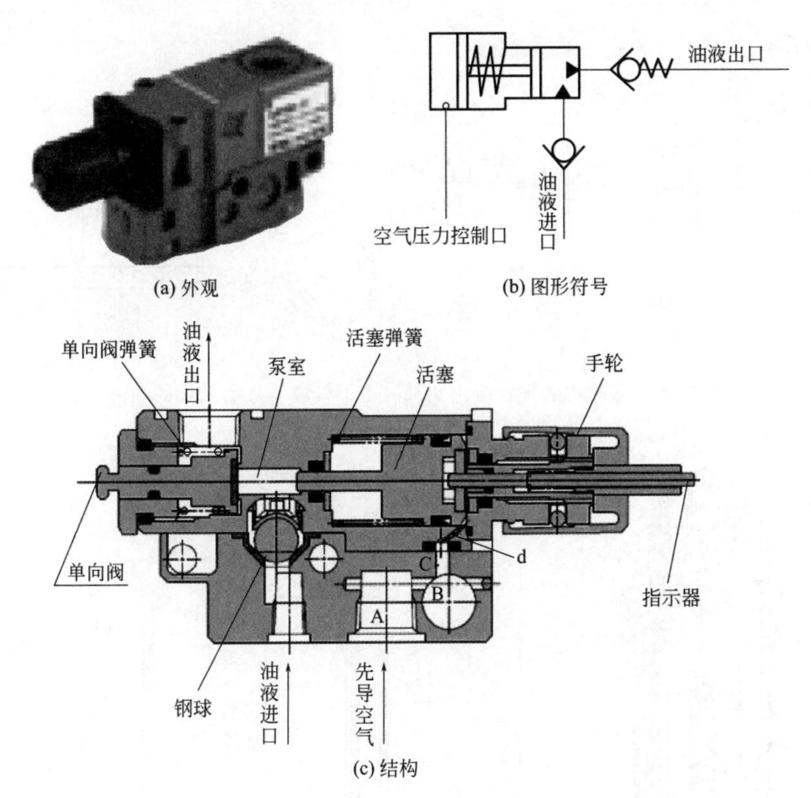

(a) 外观　　(b) 图形符号

(c) 结构

图 3-38　脉冲式油雾器

输出油量的调整依靠旋转手轮，改变活塞的行程进行。手轮逆时针旋转，输出最变多；顺时针旋转，输出量变少。活塞的动作可用指示器目视确认。

图 3-39 所示为脉冲式油雾器应用于气缸等气动元件的润滑实例。

（3）自动补油油罐与油雾器

自动补油油罐与油雾器的动作原理如图 3-40 所示，凸轮手轮 8 顺时针旋转 90°，进气阀 10 开启，压缩空气进入油罐。油罐内的油液受到压缩空气的作用，经

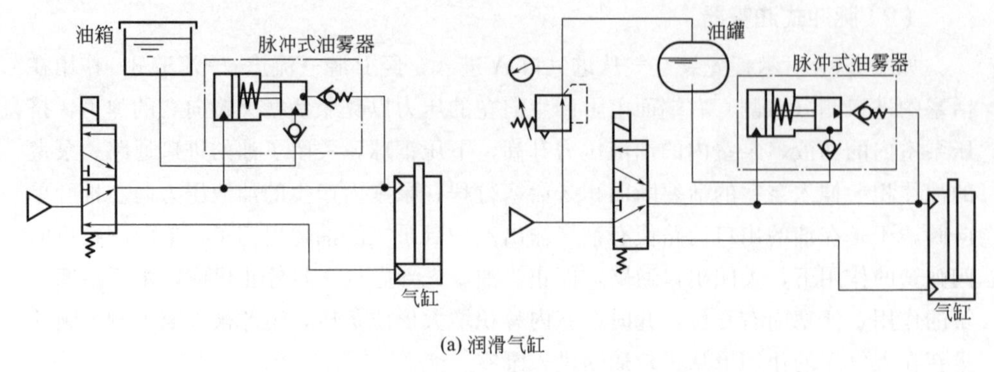

(a) 润滑气缸

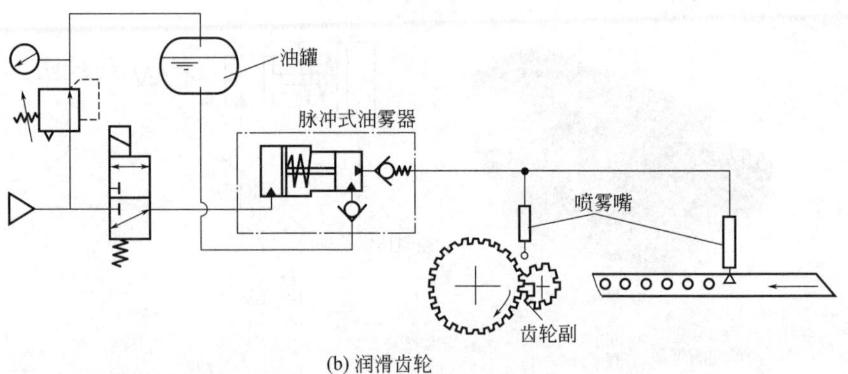

(b) 润滑齿轮

图 3-39　脉冲式油雾器应用实例（用于气缸等气动元件的润滑）

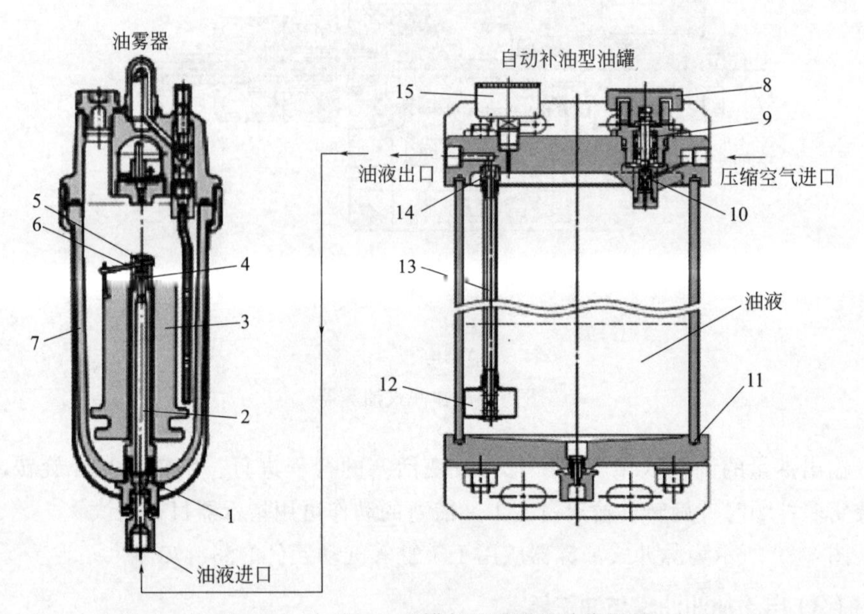

图 3-40　自动补油油罐与油雾器的动作原理

1—过滤片；2—导油管（油雾器）；3—浮子；4—喷嘴；5—挡板；6—杠杆；7—油杯；8—凸轮手轮；9,10—进气阀；11—密封；12—过滤网；13—导油管（自动补油油罐）；14—单向阀；15—压力表

过滤网 12 压入，油液沿导油管 13 上升，推开单向阀 14 由出口排出。排出的油从油雾器底部的油液进口进入，经过滤片 1 过滤后进入油雾器的油杯 7 内，当油杯 7 内油量增至一定高度时，浮子 3 升起，通过杠杆 6 使挡板 5 下降，封住喷嘴 4，停止供油，当油液减少到一定高度，挡板又上升自动补油。

若凸轮手轮 8 逆时针旋转 90°，则关闭压缩空气进口侧来的空气，油罐停止供油。

(4) 差压油雾器

图 3-41 是以 ALD600 型差压油雾器为例的工作回路，图 3-42 是其结构原理。顺时针旋转差压调整阀的调节螺杆，阀芯开度变小，可形成进口与出口间 0.03～0.1MPa 的压力差，以保证进口侧单向阀关闭，出口侧单内阀开启。旋转给油塞，将二位二通阀

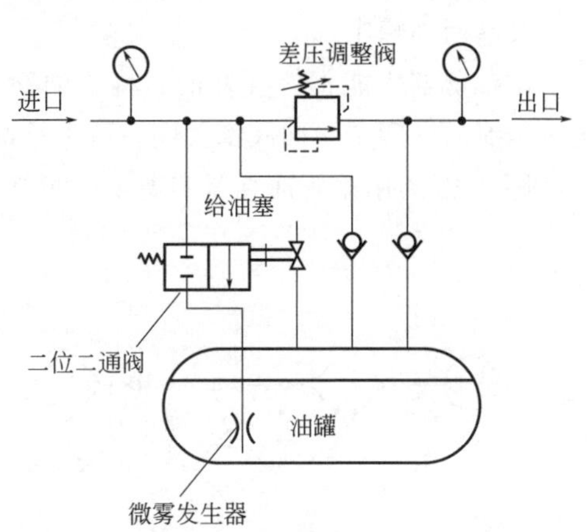

图 3-41 ALD600 型差压油雾器的工作回路

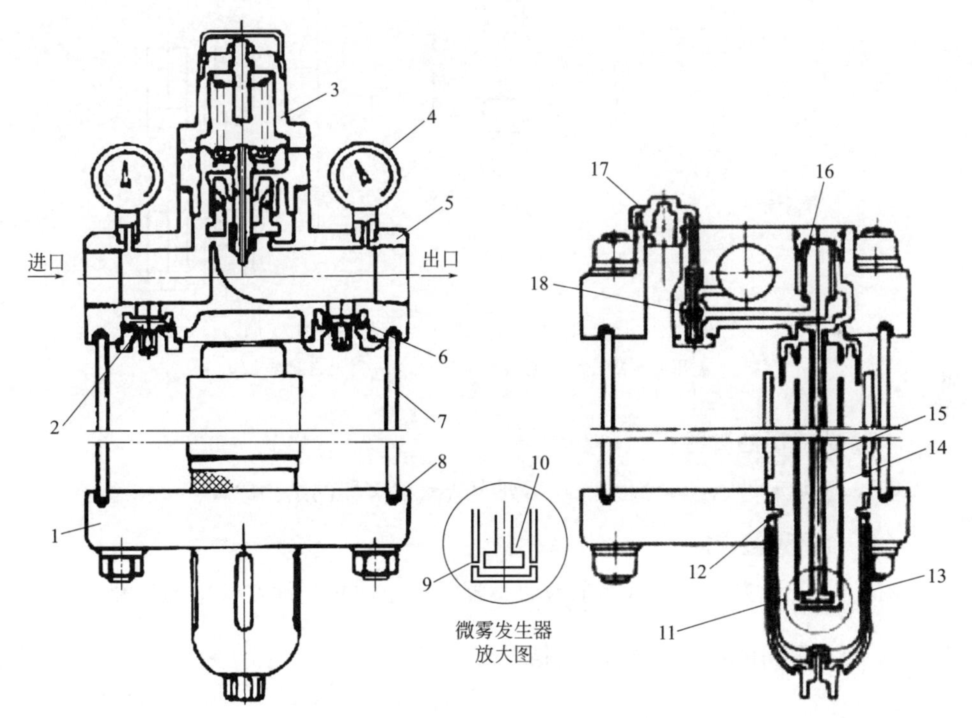

图 3-42 ALD600 型差压油雾器的结构原理

1—油箱下盖；2—进口侧单向阀；3—差压调整阀；4—压力表；5—阀主体；6—出口侧单向阀；7—油箱；8—密封垫；9—吸油口；10—喷口；11—微雾发生器；12—O 形圈；13—油杯；14—气室；15—微雾通道；16—滤芯；17—给油塞；18—二位二通阀

的阀杆压下，阀开启，油雾器进口有压气体通过阀芯进入油杯内的气室，气室内的压力与油面上的压力有一定压力差，故气体从喷口以高速喷出，从吸油口将油杯中的油卷吸进来，再利用高速气流带出雾化。大量较小雾粒飘浮至油箱油面上，然后从开启的出口侧单向阀被引射至油雾器出口，形成微雾与主气流一起输出。较大油粒子又落回油箱中。

本油雾器也能不停气补油。将给油塞旋松两圈半，关断二位二通阀，油箱内气压全泄后，两个单向阀都关闭，取下给油塞，便可补油。

图 3-43 为用差压油雾器实现多点润滑的应用实例。

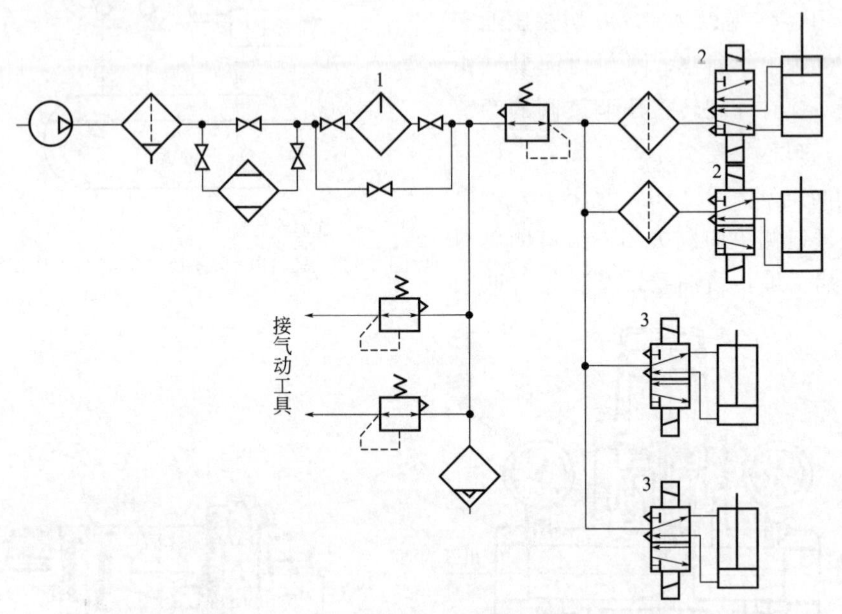

图 3-43　用差压油雾器实现多点润滑的应用实例

1—差压油雾器；2—间隙密封电磁阀；3—弹性密封电磁阀

（5）大流量油雾器

图 3-44 所示为 AL800、AL900 系列大流量油雾器的结构原理。

（6）油液收集器

图 3-45 所示为 AEP100 型油液收集器，用于收集压缩空气中的油液。

3.7.4　油雾器的故障分析与排除

【故障 1】不滴油

① 使用了不适当的油：应分解、清洗后使用符合 ISO VG32 标准的合适的润滑油。

② 有污物等杂质堵塞油路：拆卸、清洗油路。

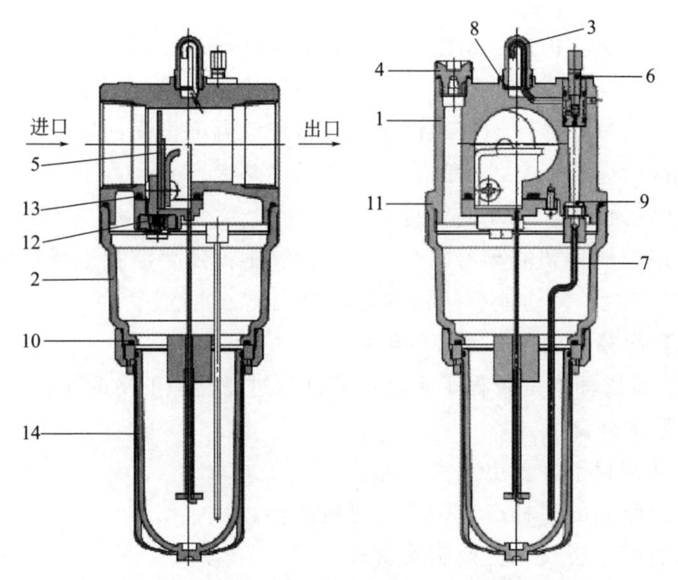

图 3-44　AL800、AL900 系列大流量油雾器的结构原理

1—主体；2—器身；3—滴液窗；4—给油塞组件；5—舌状活门组件；6—针阀组件；7—导油管组件；8—滴液窗密封圈；9—导油管螺母；10,11—O 形圈；12—舌状活门压板组件；13—舌状活门压板密封件；14—杯组件

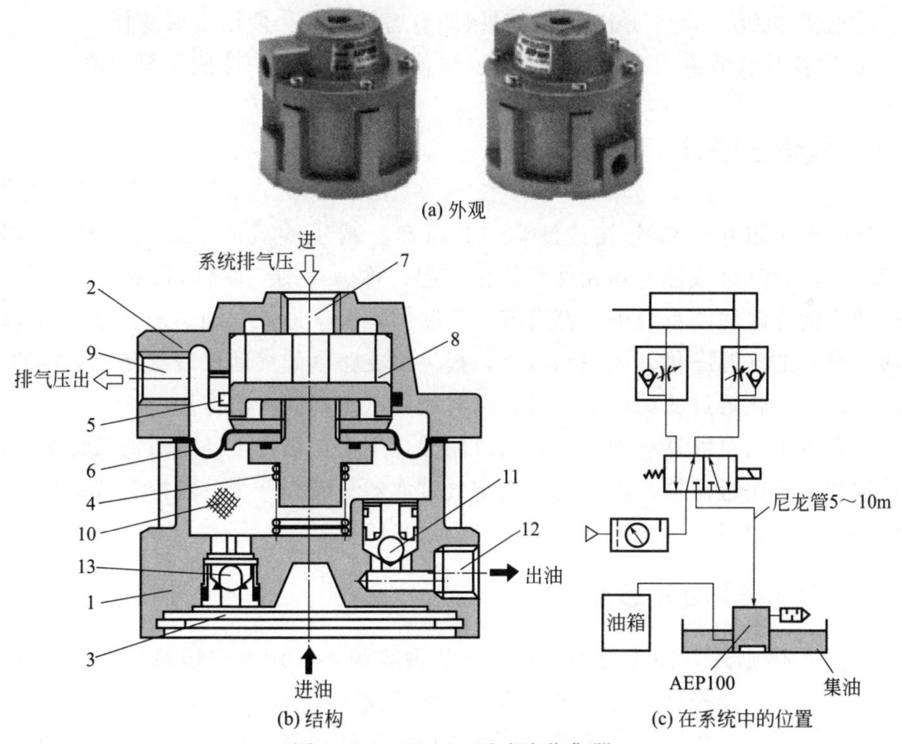

图 3-45　AEP100 型油液收集器

1—壳体；2—盖；3—金属网（40 目）；4—弹簧；5—O 形圈；6—膜片；7—系统回气口；8—柱塞；9—排气门；10—膜片腔；11,13—单向阀；12—排油门

③ 油面未加压：拆卸、清洗通向外壳的空气导入部位。

④ 油老化，导致流动性差：拆卸、清洗后注入新油。

⑤ 环境温度过低导致油液黏性增大：将环境温度提高到适当温度。

⑥ 油量调整螺钉不良：拆卸、清洗油量调整螺钉。

⑦ 油雾器安装反了：改变安装方向。

⑧ 流量还不能达到油雾器的最小滴油量：根据需要流量选择油雾器并更换，追加安装空转气缸，使之能够达到油雾器的最小滴油量。

【故障 2】冷凝水混入了滤杯的油中

检查过滤器滤杯中是否积了水，定期排放过滤器中的冷凝水。

【故障 3】向外漏气

① 密封件密封不好：更换密封件。

② 合成树脂制的滤杯产生裂纹：更换滤杯。

③ 滴液窗产生裂纹：更换滴液窗。

【故障 4】合成树脂滤杯及滴液窗破损

① 在有机溶剂环境中使用：使用金属及玻璃制滴液窗。

② 空压机润滑油中特殊物质影响：更换为别的空压机润滑油。

③ 空压机吸入的空气中，含有对树脂有害的物质：使用金属滤杯。

④ 滤杯及滴液窗用有机溶剂清洗：更换滤杯（使用中性洗涤剂清洗）。

3.8 气动三联件

在气动技术中，将空气过滤器（Filter）、减压阀（Regulator）和油雾器（Lubricator）三种气源处理元件组装在一起，称为气动三联件（FRL）。一般在每个独立的支路回路系统中，都有气动三联件，用于进入气动系统支路（如气动仪表支路）的气源净化、过滤和减压，提供给支路（如气动仪表支路）额定的气源压力，经净化再过滤的压缩空气，同时还可以起到润滑的作用。

此装置上的过滤器有别于主管路过滤器，无论在结构上还是过滤效能上，都不能取代主管路过滤器。该组合上的空气过滤器只能起一个后备应急或提供回路系统的进一步保障作用。

3.8.1 气源净化处理装置简介

如图 3-46 所示，净化处理装置包括的内容很多，例如空压机出口的压缩空气温度较高，先要经后冷却器进行冷却，然后储存在气罐中，经主管路过滤器进行总过滤，再经冷冻式空气干燥器进行干燥，可能还经油雾分离器、微雾分离器与除臭过滤器进一步净化，才能进入后续的应用支路。进入应用支路的压缩空气，还需再经气动三联件进一步处理才能使用。

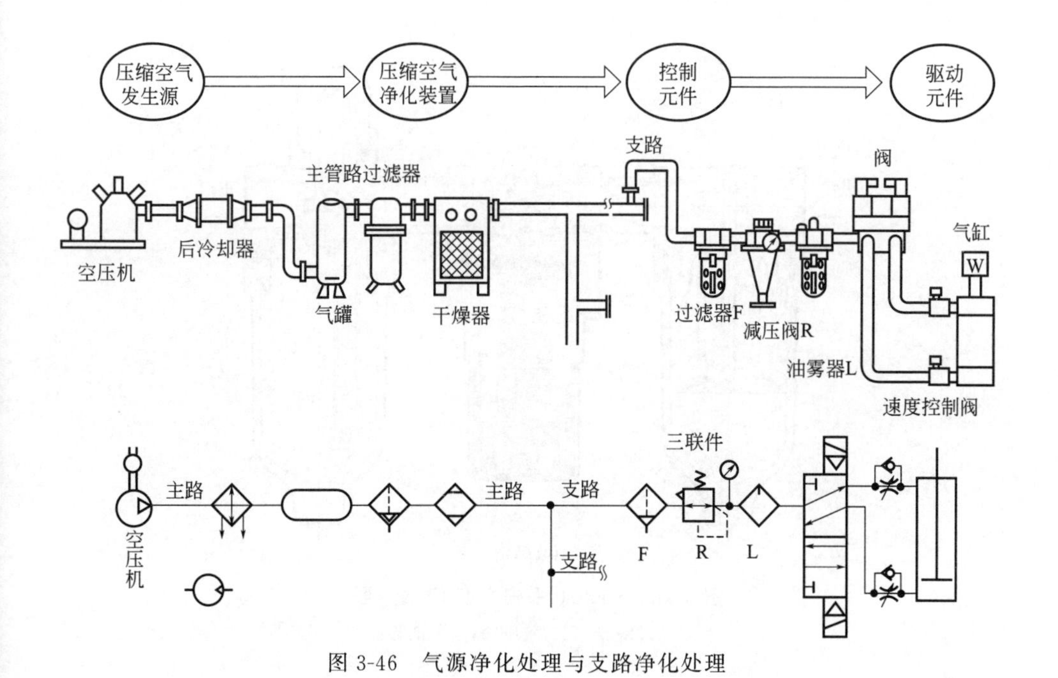

图 3-46　气源净化处理与支路净化处理

3.8.2　模块式 FRL 元件的组合方式

气动三联件（FRL）是气动系统不可缺少的辅助元件，包括空气过滤器、减压阀、油雾器，具有过滤、减压和油雾润滑功能。油雾器在使用中一定要垂直安装，不能颠倒，安装时气源调节装置应尽量靠近气动设备，距离不应大于 5m。模块式 FRL 组合元件的组合方式有下述几种。

（1）“空气过滤器 + 减压阀 + 油雾器” 支路净化处理系统

图 3-47 所示为 K60570 系列小型 FRL 三联件，由空气过滤器＋减压阀＋油雾器组成，对支路系统的压缩空气进行净化处理，这是支路净化处理的标配组合。

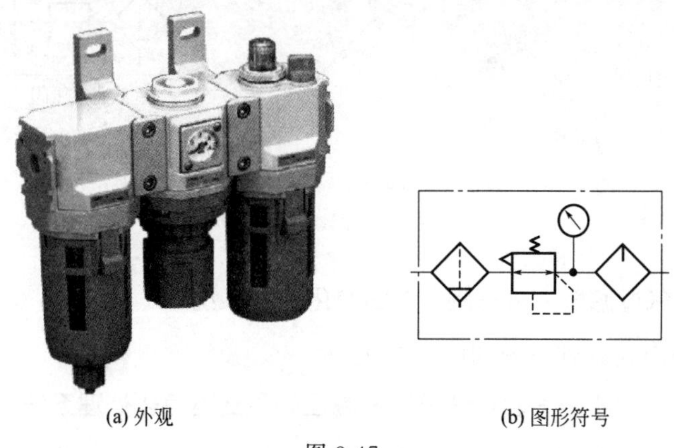

(a) 外观　　(b) 图形符号

图 3-47

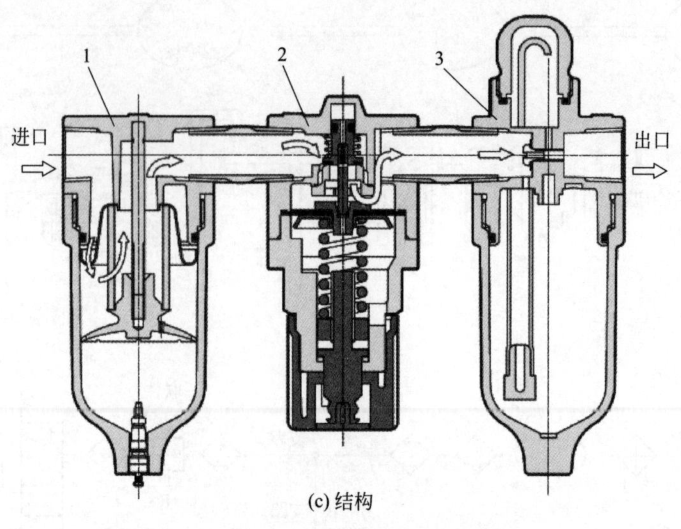

(c) 结构

图 3-47　K60570 系列小型 FRL 三联件

1—过滤器；2—减压阀；3—油雾器

(2)“过滤减压阀+油雾器”支路净化处理系统

图 3-48 所示的支路净化处理系统，减压阀为过滤型，故省去了过滤器。

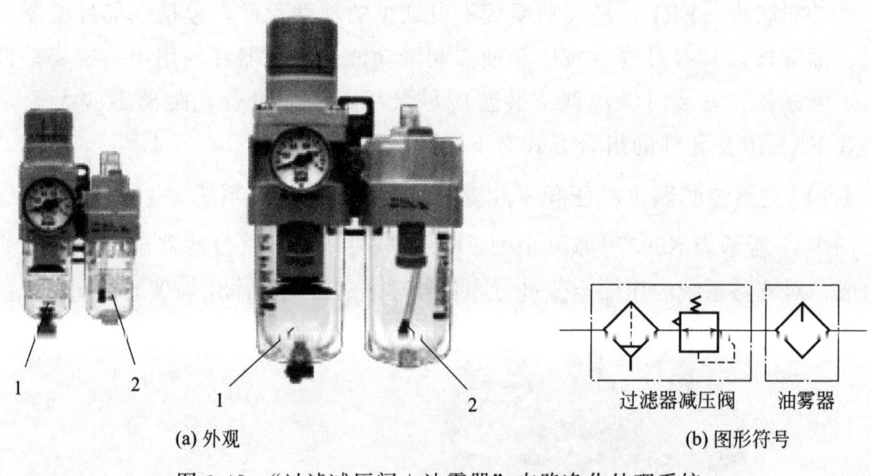

(a) 外观　　(b) 图形符号

图 3-48　“过滤减压阀+油雾器”支路净化处理系统

1—过滤减压阀；2—油雾器

(3)“空气过滤器+减压阀”支路净化处理系统

这种支路净化处理系统如图 3-49 所示。

(4)“空气过滤器+油雾分离器+减压阀”支路净化处理系统

这种支路净化处理系统如图 3-50 所示。

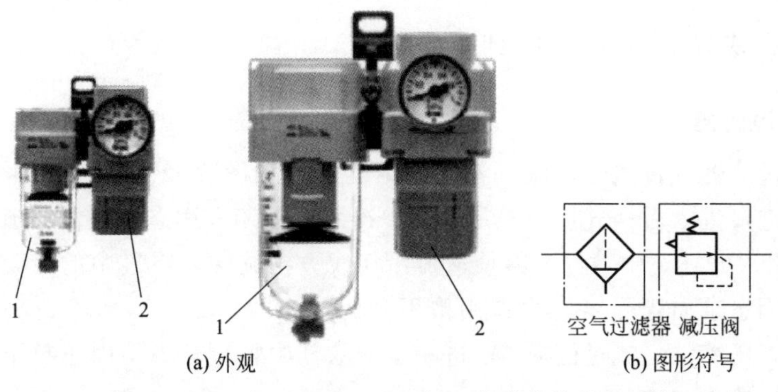

图 3-49 “空气过滤器＋减压阀”支路净化处理系统

1—空气过滤器；2—减压阀

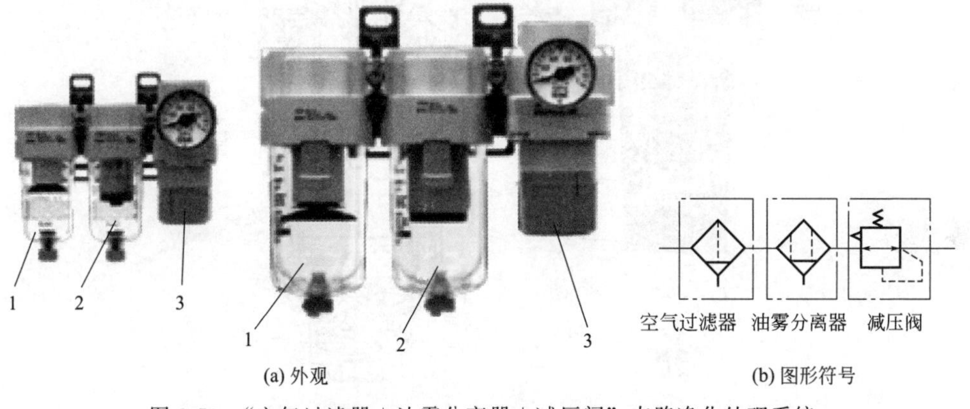

图 3-50 “空气过滤器＋油雾分离器＋减压阀”支路净化处理系统

1—空气过滤器；2—油雾分离器；3—减压阀

(5)“空气过滤器＋减压阀＋油雾分离器＋残压排放阀”支路净化处理系统

这种支路净化处理系统如图 3-51 所示。

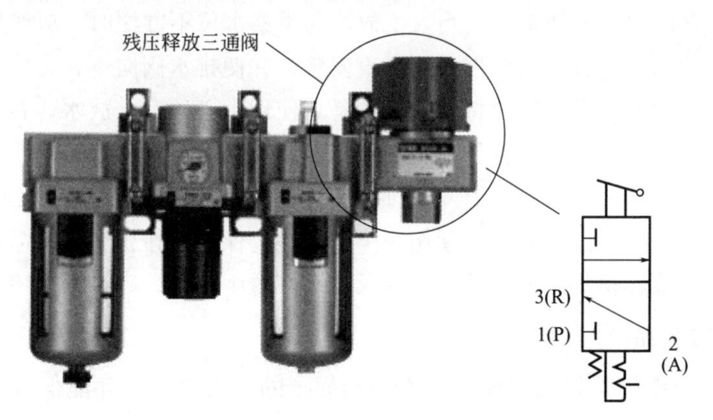

图 3-51 “空气过滤器＋减压阀＋油雾分离器＋残压排放阀”支路净化处理系统

3.8.3 模块式 FRL 组件的结构原理

(1)过滤器

分水过滤器（普通分水滤气器）的结构原理如图 3-52 所示。当压缩空气从过滤器的进口流入后，气体及其所含的冷凝水、油滴和固态杂质由导流板（旋风挡板）6 引入滤杯 3 中，导流板使气流沿切线方向旋转，空气中的冷凝水、油滴和大颗粒固态杂质等受离心力作用被甩到滤杯 3 的内壁上，并流到底部沉积起来，然后，压缩空气流过滤芯 5，进一步清除其中颗粒较小的固态粒子，洁净的空气从出口输出。

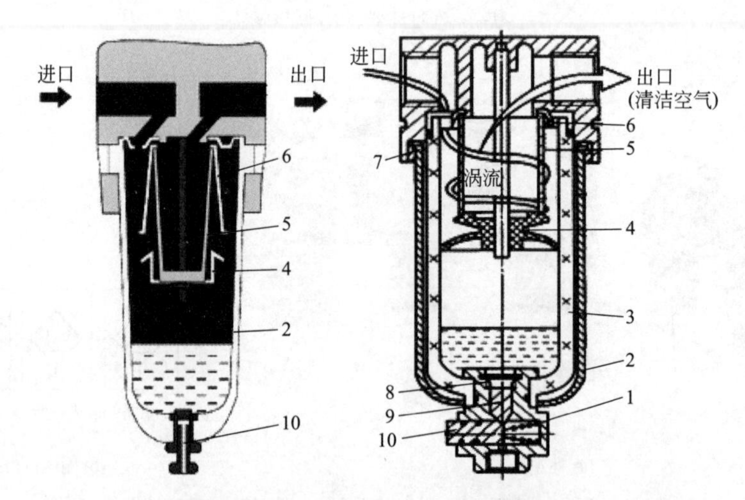

图 3-52　普通分水滤气器的结构原理

1—复位弹簧；2—保护罩；3—滤杯；4—挡水板；5—滤芯；6—导流板；7—卡圈；8—锥形弹簧；9—阀芯；10—手动放水阀

挡水板 4 的作用是防止已积存的冷凝水再混入气流中。定期打开手动放水阀 10，放掉积存的油、水和杂质。当人工放水和观察水位不方便时，应使用自动排水式过滤器。使用时，分水过滤器必须垂直安装，并使排水阀向下，壳体上箭头所指为气流方向，切勿装反。需要特别强调的是，使用中必须经常放水，存水杯中的积水不得超过挡水板，否则水分仍将被气流带出，失去了分水过滤器的作用。

当滤芯因阻塞而造成严重压力降时，便清洗或更换。滤杯通常由聚碳酸酯材料制成，为了安全，这种滤杯必须用一个金属护套保护。在化学危险品的环境中必须使用专门的滤杯材料。若在受热、有火花等环境中使用，则必须使用金属滤杯。

(2)减压阀

减压阀的作用是将高的输入压力调到规定的压力输出，并能保持输出压力稳定（即减压与稳压），不受空气流量变化及气源压力波动的影响。

减压阀的外观与结构原理如图 3-53 所示，其功能是调节回路的压力。过高的压力会造成不必要的能源浪费，也会令气动元件耗损增加，过低的压力却会造成回路系统操作不稳定，所以压力的调节是必需的。通过旋转调压手柄 12 进行调压，顺时针方向旋转调压手柄升压，逆时针方向旋转调压手柄降压。先导式减压阀为膜片结构，调整调压弹簧的压力时，将阀 7 推下，气源压力 p_1 输出到压力 p_2，另外一部分空气通过流量补偿连接管 6 进入流量补偿腔 5 内，作用在膜片 4 下端面上，产生向上的作用力，与调压弹簧向下的压着膜片 4 的弹簧的弹力相平衡，输出一定的压力 p_2。当 p_2 增大，作用在膜片 4 下端面上产生向上的作用力也增大，膜片 4 向上变形，溢流座 3 向上开启溢流口，压力 p_2 因此下降，反之则上升。通过溢流座 3 的调节，可以达到压力和流量的平衡，稳定出口压力不变。

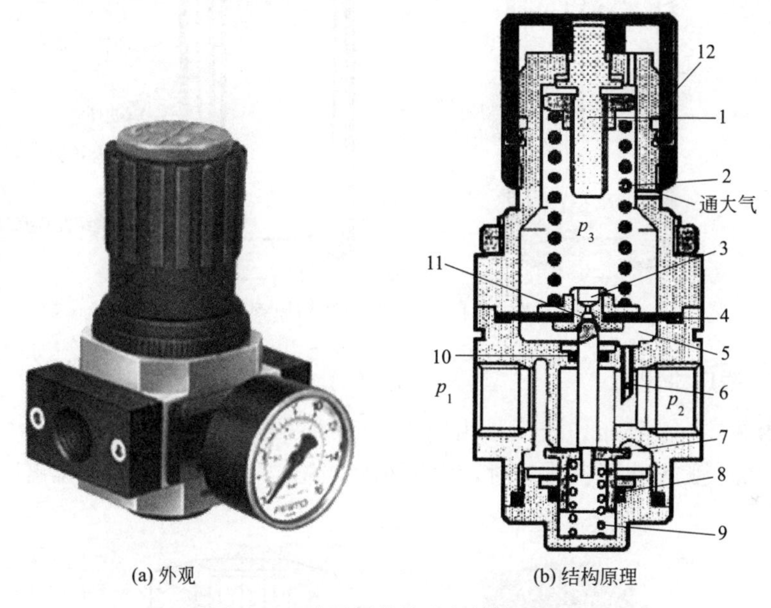

(a) 外观　　(b) 结构原理

图 3-53　减压阀的外观与结构原理

1—调整杆；2—调压弹簧；3—溢流座；4—膜片；5—流量补偿腔；6—流量补偿连接管；7—阀；8—压力补偿的 O 形圈；9—阀弹簧；10—流量补偿的 O 形圈；11—溢流口；12—调压手柄

(3) 油雾器

油雾器的结构原理如图 3-54 所示。压缩空气从输入口进入油雾器后，大部分经主管道输出，一小部分气流进入油杯的上腔，使油面受压。由于气流高速流动，造成油杯附近的压力低于气流压力，产生压差，润滑油在此压差作用下，经油单向阀和油量调节阀滴落到透明的视油器内，并顺着油路被主管道中的高速气流引射出来，雾化后随空气一同输出。油雾粒径约为 20μm。阻尼叶片由柔性材料制成，当流量增加时可弯曲使流道加宽，自动地调节压力降和保持恒定的混合效果。在给定的压力降下，油量调节阀可允许调节油量。即使空气流暂时中断，油单向阀仍保持油管上部的油量，空气单向阀使不切断输入空气流时也可以进行加油。正确的给油量由操作状态所决定，但是一般原则上是在机器每个循环中允许1～2滴油。推荐使用透平1号油ISO VG32。

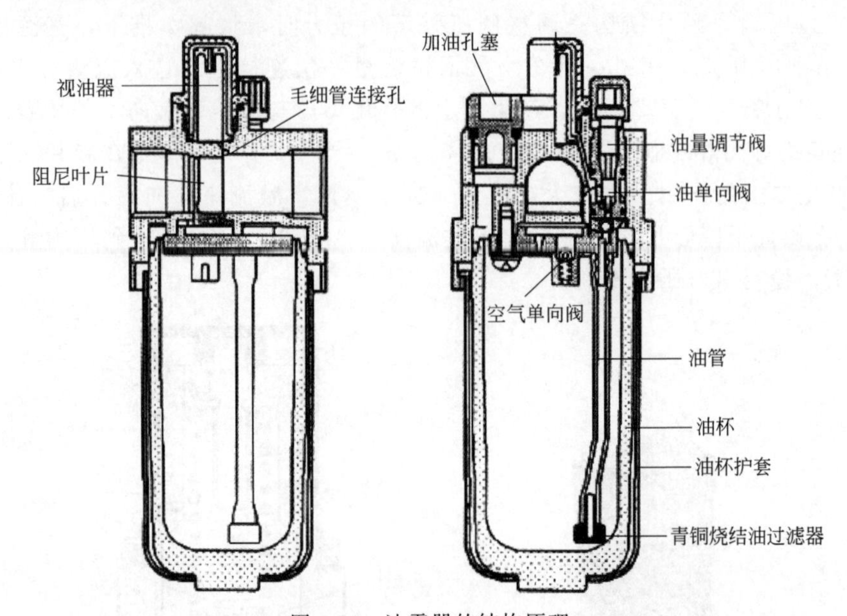

图 3-54　油雾器的结构原理

(4) 残压排出阀

如图3-55(a) 所示，残压排出阀为一手动三通换向阀，在图3-55(b) 所示的回路中的气缸与电磁阀维修时，为了安全，先操作残压排出阀，排出回路内的余压。

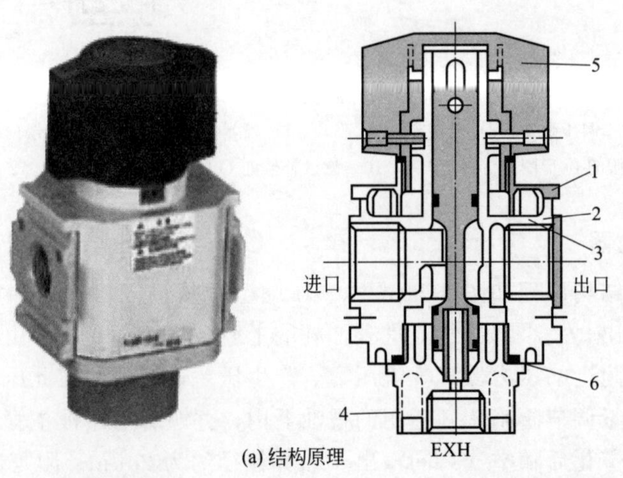

(a) 结构原理

1—盖板；2—阀体；3—阀芯组件；4—底塞；5—手柄；6—O形圈

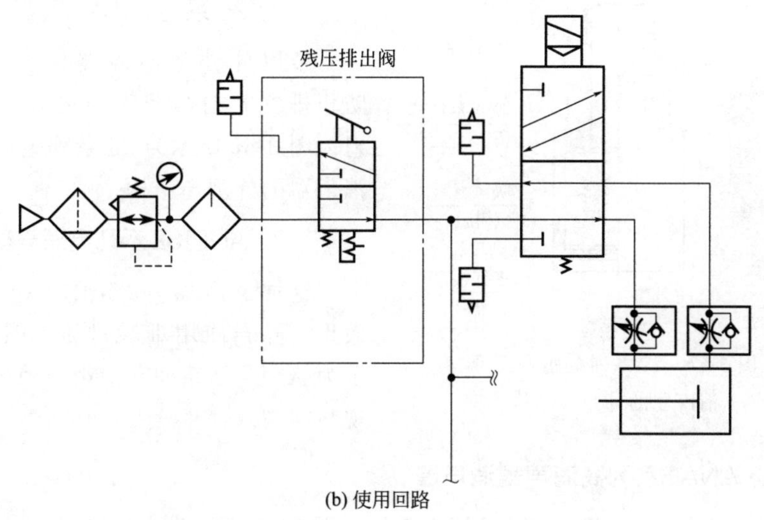

(b) 使用回路

图 3-55 残压排出阀结构原理及其使用回路

3.9 其他辅助元件

3.9.1 消声器

(1) AN□00 系列金属主体型消声器

这种消声器的消声效果好［30dB（A）］，通气阻力小，体积小，安装简单。图 3-56 所示为 AN□00 系列金属主体型消声器的外观与结构。

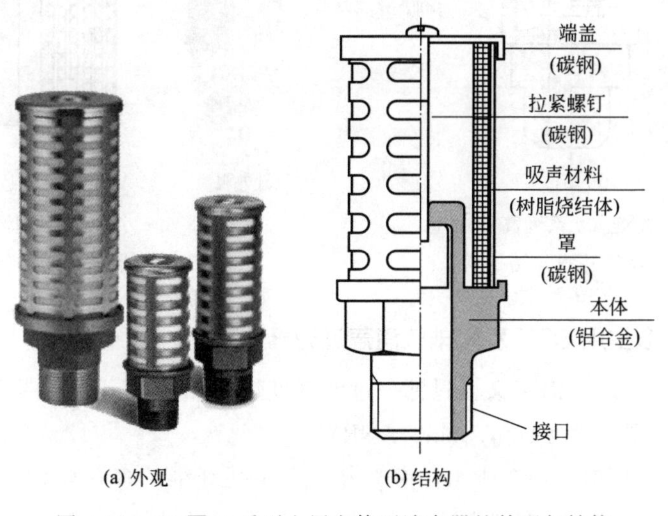

(a) 外观　(b) 结构

图 3-56 AN□00 系列金属主体型消声器的外观与结构

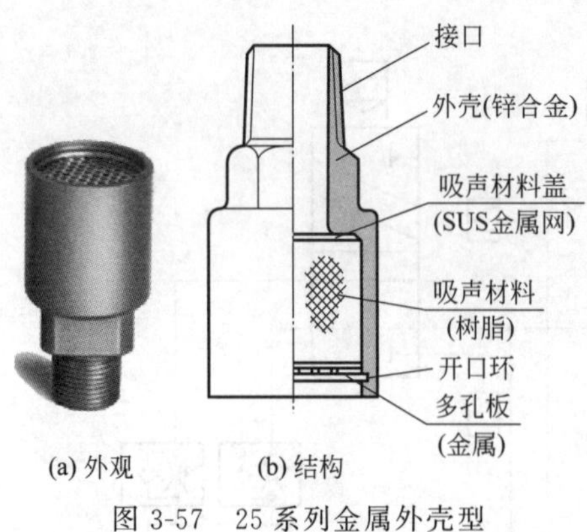

图 3-57　25 系列金属外壳型消声器的外观与结构

(2) 25系列金属外壳型消声器

金属外壳型消声器仅轴向排气，防止排气时粉尘及噪声向各个方向散射。图 3-57 所示为 25 系列金属外壳型消声器的外观与结构。

(3) AN□02系列高消声型消声器

这种消声器有 35dB（A）的消声效果，外壳使用难燃材质。图 3-58 所示为 AN□02 系列高消声型消声器的外观与结构。

(4) ANA1系列高消声型消声器

这种消声器有 40dB（A）的消声效果。图 3-59 所示为 ANA1 系列高消声型消声器的外观与结构。

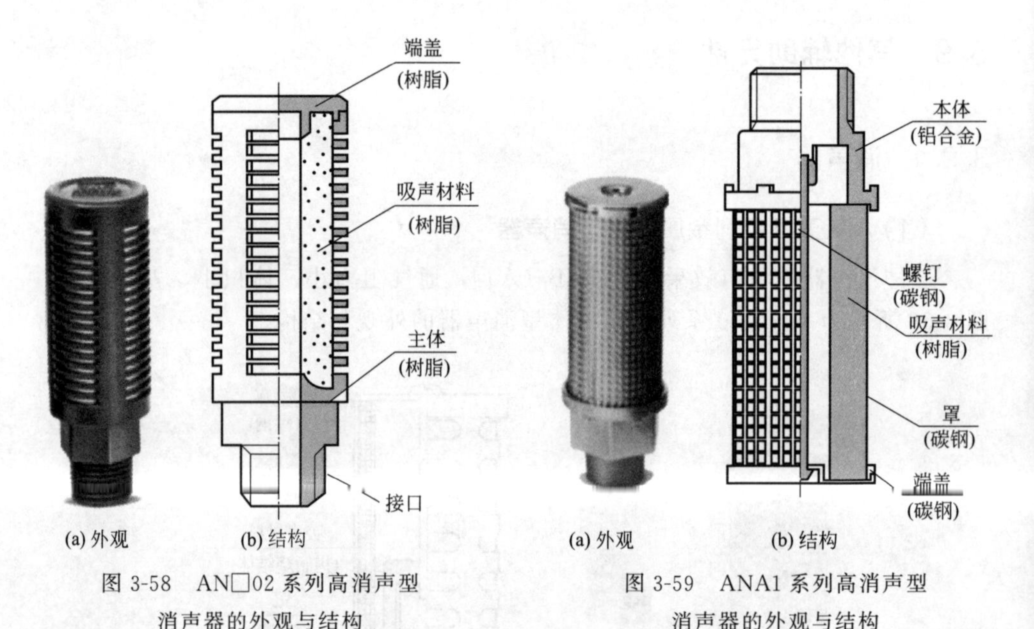

图 3-58　AN□02 系列高消声型消声器的外观与结构

图 3-59　ANA1 系列高消声型消声器的外观与结构

(5) 洁净室用 SFE 系列排气消声过滤器

这种消声器既可消声又可过滤。过滤精度达 0.01μm，消声效果达 30dB（A）以上，最大处理流量为 200L/min（ANR）。

其过滤原理如图 3-60 所示，由麦秆状带小孔纤维的多孔质构造的中空纤维膜，中空纤维过滤，是指通过多层纤维孔，捕捉/过滤压缩空气中的杂质。

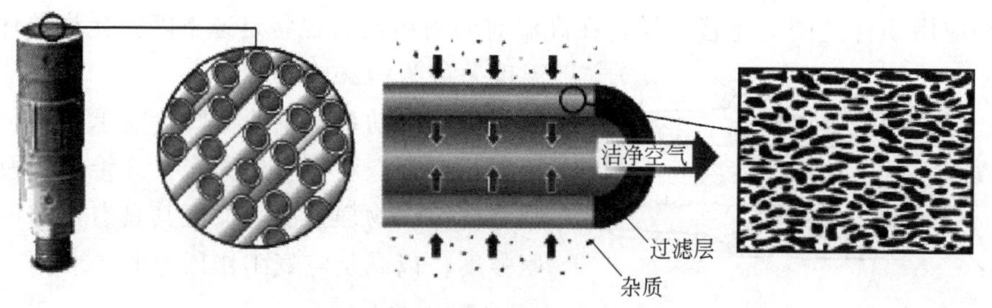

图 3-60　洁净室用 SFE 系列排气消声过滤器

3.9.2　管件

管件在气动系统中起着连接各元件的重要作用，其质量的好坏往往影响整个系统的工作状况。如设计、施工中不注意管件的密封，结果将造成管路、装置的泄漏，这不但浪费了能源，而且使气源压力降低，影响气动阀、气缸等元件的正常动作。

管件材料有金属和非金属之分，金属管件多用于车间气源管道和大型气动设备；非金属管件多用于中小型气动系统元件之间的连接以及需要经常移动的元件之间的连接（如气动工具）。

管件包括管道与各种管接头。

（1）管道

用于气动系统的管道有钢管、铜管及各种软管等。

① 钢管　有低压流体输送用钢管、焊接钢管、无缝钢管和不锈钢管，都可用作空气管道。其中低压流体输送用钢管适用于水、煤气和空气管路。在测量装置、试验台等应用场合，对于管道质量要求严格，此时常采用不锈钢管，但价格昂贵。

② 铜管　在以往气动装置中用得较普遍，铜管常用在特殊的场合下，如环境温度高、使用软管易受损伤的地方。但铜管价格较高。

③ 软管　目前由于软管材料性能的进步，逐步取代铜管。常用的有尼龙管、聚氨酯管、橡胶管等。

尼龙管可随意弯曲，具有良好的接管工艺性，但当弯曲半径小于最小允许半径时，则会发生折曲并堵塞气流；使用中具有良好的耐磨损性能，且变形较小，耐压性能良好，足以满足气动系统的要求。但在高温时的耐压能力将迅速下降，允许的环境温度一般为－20～60℃。国产尼龙管有尼龙 11 管和尼龙 12 管两种。常用的是尼龙 11 管，可在许多场合使用，包括食品、医药、润滑系统、航空及航海工程等。尼龙 12 管能耐高强度紫外线，特别适于室外使用。在低压液压系统、真空系统、空调及振动隔离器等场合，推荐使用尼龙 12 管。

聚氨酯管尼龙管更柔软，弹性类似橡胶，弯曲半径非常小，具有很好的耐弯曲疲劳特性。这种软管在－20℃的温度下还能耐机床油，重量轻而坚韧，适用于各种应用场合。同尼龙管一样，在高温时的耐压能力也将迅速下降。允许的环境温度一般为－20～60℃。

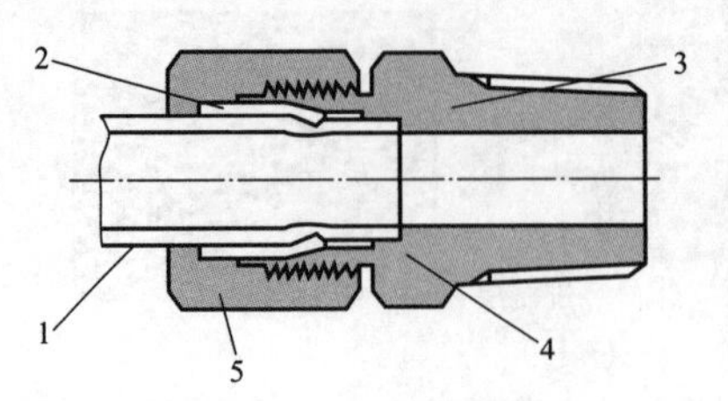

图 3-61　卡套式管接头

1—管子；2—管夹；3—接头体；4—喇叭扩张部；5—锁母

用于气动系统中的橡胶管需承受一定的压力，通常橡胶管里用夹布、纤维编织及纤维缠绕等织物加强层来保证其具有足够的耐压强度，以满足空气工作压力的要求。

（2）管接头

① 卡套式管接头　如图 3-61 所示。

② 嵌入式管接头　如图 3-62 所示。

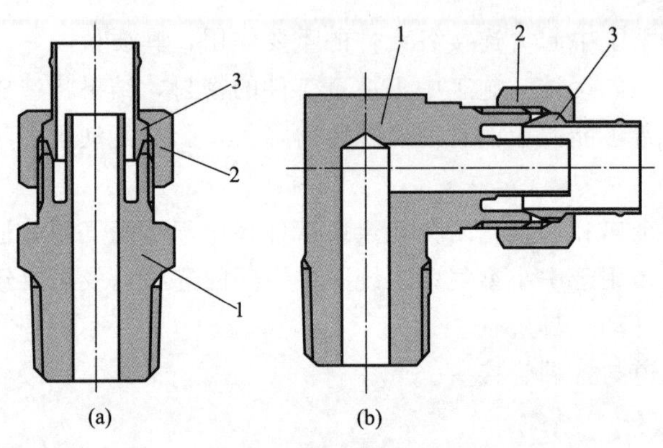

图 3-62　嵌入式管接头

1—接头体；2—连接螺母；3—管夹

③ 快插式管接头　常用于气动控制回路中尼龙管和聚氨酯管的连接，其结构如图 3-63 所示。使用时将管子插入后，管接头中的弹性卡环将其自行咬合固定，并由 O 形密封圈密封。卸管时只需将弹性卡环压下，即可方便拔出管子。快插式

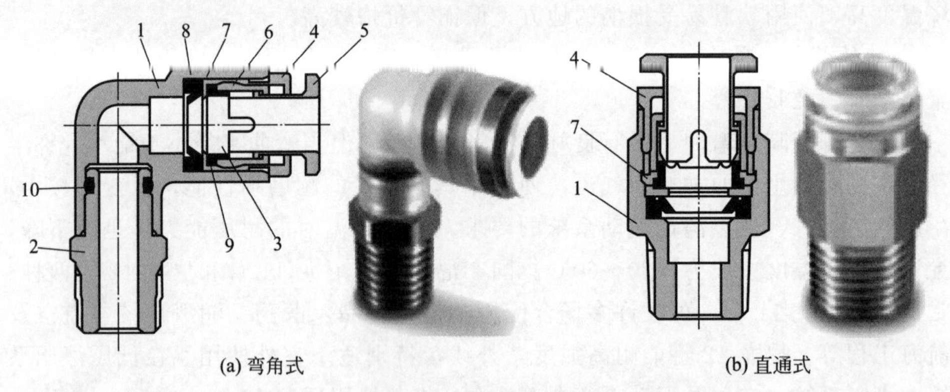

图 3-63　快插式管接头

1—接头体；2—压入接头；3—夹头；4—导向套；5—释放套；6—弹簧夹；7—限位环；8—密封；9—缓冲圈；10—O 形圈

管接头种类繁多，尺寸系列也十分齐全，是软管接头中应用最广泛的一种。

④ 自封式快换接头　图 3-64 所示为 KC 系列自封式快换接头，工作原理同上。

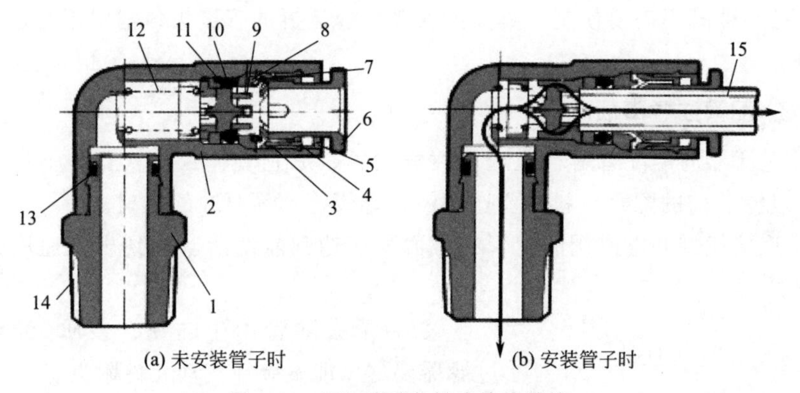

图 3-64　KC 系列自封式快换接头

1—压入接头；2—接头体；3—夹头；4—弹簧夹；5—导向套；6—释放套；7—缓冲垫环；8—止动环；9—单向阀芯；10,13—O 形圈；11—挡圈；12—弹簧；14—带密封剂；15—管子

⑤ 内置单向阀连接器（快换接头）　图 3-65 所示为带单向元件的 KK130 系列快换接头，插头单体与插座单体均内装有单向元件。插头与插座未接上时，单向元件均将各自管道封闭；当其相互连接时，单向元件互相顶开连通管道，两侧气路接通，且此时插座上的钢球 10 落在插座主体 1 的凹槽内，套筒 2 实现钢球定位并锁住插头单体与插座单体的连接。

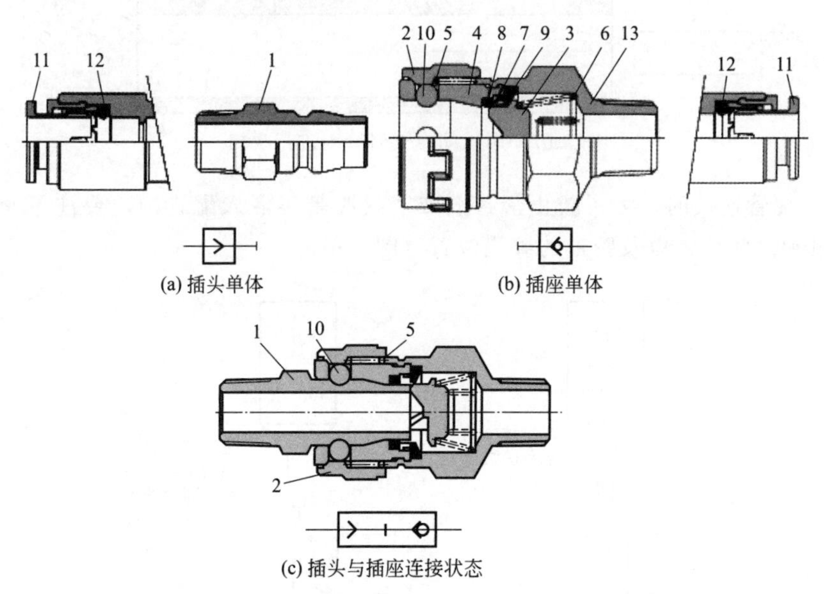

图 3-65　快换接头

1—插座主体；2—套筒；3—阀芯；4—主体；5—套筒弹簧；6—阀弹簧；7—止动环；8—插头 O 形圈；9,12—密封件；10—钢珠；11—卡座；13—接头

当往右拨动套筒 2，压缩套筒弹簧 5，钢球 10 露出接头，此时可断开插头单体与插座单体的连接，气路即断开连通。不再需要安装气源开关。

这是一种既不需要使用工具又能实现快速装拆的管接头，常用于经常拆装的管路中。

（3）配管注意事项

① 过滤器后的配管材料应选用镀锌钢管、尼龙管、橡胶软管等不易腐蚀的管材。过滤器前的配管材料也要选用镀锌钢管等不易腐蚀的管材。

② 连接气缸和电磁阀的配管的截面积应达到能使活塞达到规定速度的有效截面积。

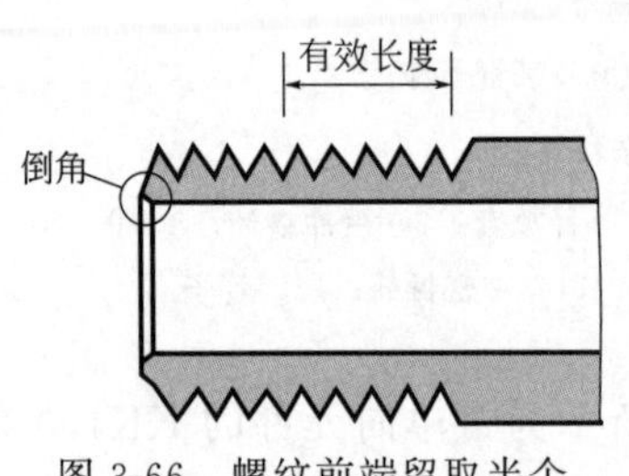

图 3-66 螺纹前端留取半个螺距进行倒角加工

③ 为了去除管内生的锈、杂质及冷凝水，过滤器要尽可能安装在气动元件附近。

④ 钢管的螺纹长度必须是规定的有效螺纹长度。而且，要在螺纹前端留取半个螺距进行倒角加工（图 3-66）。

⑤ 配管连接前，为了彻底清除管内的杂质、切屑等，要以超过 0.3MPa 气压的压缩空气对管内进行吹扫（图 3-67）。配管之前应充分吹净或洗净管内的切屑、切削油、灰尘等。

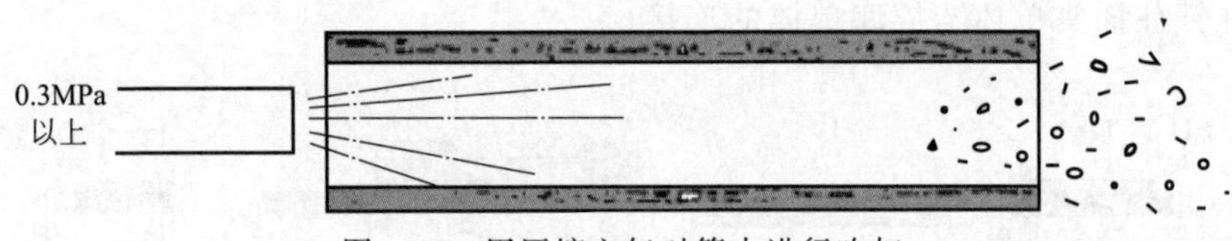

图 3-67 用压缩空气对管内进行吹扫

⑥ 配管连接时，为了防止密封剂或密封胶带等混入配管内，要注意密封剂的用量和涂敷位置以及胶带的缠绕位置（图 3-68）。

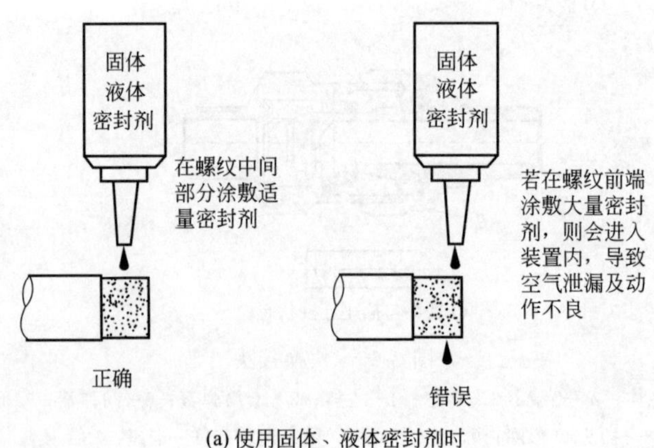

(a) 使用固体、液体密封剂时

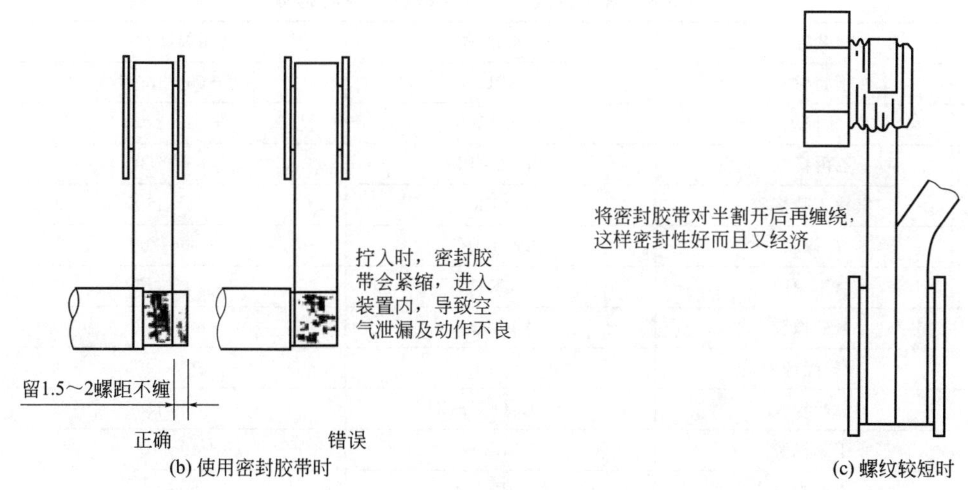

图 3-68 配管连接时固体、液体密封剂与密封胶带的使用注意事项

⑦ 按图 3-69 所示，注意密封带正确的卷绕方向。卷绕方向不正确，容易将密封带挤入配管内部，难以清洗。使用密封带时，螺纹前端应留出 1.5～2 个螺距不缠绕密封带。

⑧ 配管连接后，用肥皂水等确认连接部位是否漏气。确认完毕后要擦净肥皂水。

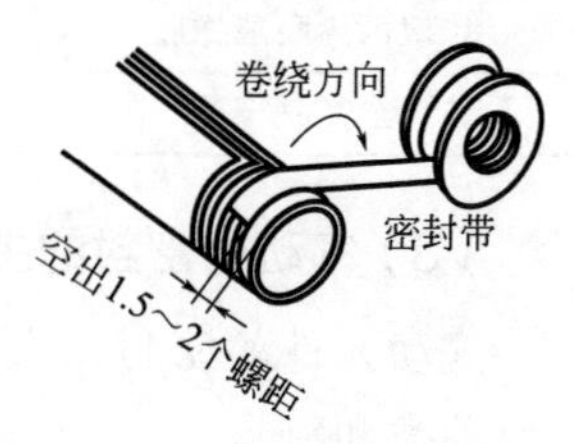

图 3-69 密封带的卷绕方向

3.9.3 密封

(1) 密封的分类

密封的分类见表 3-7。

表 3-7 密封的分类

静密封	非金属密封(包括橡胶、塑料密封圈)	
	半金属密封	
	金属密封	
动密封	接触型密封	成形密封(即软质密封,包括 O 形圈、Y 形圈、V 形圈及特种形式密封圈)
		机械密封
		其他
	非接触型密封	迷宫式密封
		间隙密封

(2) 常用橡胶密封材料的适用温度范围

常用橡胶密封材料的适用温度范围见表 3-8。

表 3-8 常用橡胶密封材料的适用温度范围

名称	国际标准缩写	适用温度/℃
丁腈橡胶	NBR	−55～150
氟橡胶	FKM	−44～275
乙丙橡胶	EPDM/EPM	−55～150
氢化丁腈橡胶	HNBR	−55～150
硅橡胶	VMQ	−100～300
氯丁橡胶	CR	−40～125
氟硅橡胶	FVMQ	−60～232
聚氨酯橡胶	AU/EU	−80～100
氯醇橡胶	CO/ECO/GECO	−40～135
丁苯橡胶	SBR	−40～70
丁基橡胶	IIR	−55～100
天然橡胶	NR	−50～100
聚丙烯酸酯橡胶	ACM	−25～175
全氟醚橡胶	FFKM	−25～327

(3)气动用密封的主要种类和特点

气动元件的密封，大多采用成形密封圈的软质密封。表 3-9 为气动用密封的主要种类和特点。

表 3-9 气动用密封的主要种类和特点

项目	种类	截面形状	材料	主要用途	特点
双向密封	O 形圈		橡胶	各种静密封、动密封	通用，结构紧凑、尺寸小，成本低
	X 形圈		橡胶	各种静密封、动密封	结构紧凑、尺寸小(可与O形圈更换)，摩擦力低，防扭转、滚动
	特殊形状密封圈		橡胶	各种气动活塞、控制阀密封	结构紧凑、尺寸小，防扭转、滚动，寿命长
	滑动密封用密封圈		橡胶＋聚四氟乙烯	各种气缸活塞密封	结构紧凑、尺寸小，摩擦力低，不会与密封零件黏着
单向密封	Y 形圈(RSY 型)		橡胶	各种气缸活塞、控制阀的动密封	摩擦力低，不受放置时间影响，密封性好，寿命长
	Y 形圈(MY 型)		橡胶	小型气缸、控制阀的动密封	摩擦力、始动摩擦力低，尺寸小，沟槽尺寸与O形圈通用

续表

项目	种类	截面形状	材料	主要用途	特点
单向密封	Y 形圈（QY 型）		橡胶	各种气缸、控制阀的动密封	摩擦力低，稳定性好
	V 形圈		橡胶 皮革 聚四氟乙烯	各种气缸活塞、活塞杆的特殊密封	寿命长
	L 形圈		橡胶 皮革	各种气缸活塞、特殊用途密封	
	J 形圈		橡胶 皮革	各种气缸活塞杆特殊用途密封	
防尘	防尘圈		橡胶	各种气缸活塞杆的防尘	通用型
	组合防尘圈		橡胶	各种气缸活塞杆的防尘	防止润滑油溢出
缓冲密封圈			橡胶＋金属环	各种气缸缓冲密封	通用型

（4）密封圈的漏气故障分析与排除

气动密封种类较多，其中 O 形密封圈结构简单，成本低，在气动密封中使用最广泛。此处仅以 O 形密封圈为例予以说明，其他密封圈的漏气故障分析与排除可参考进行。

① 压缩变形量选择不好造成漏气　O 形圈动密封与静密封的压缩变形量按图 3-70 与图 3-71 进行正确选取，以减少漏气故障。

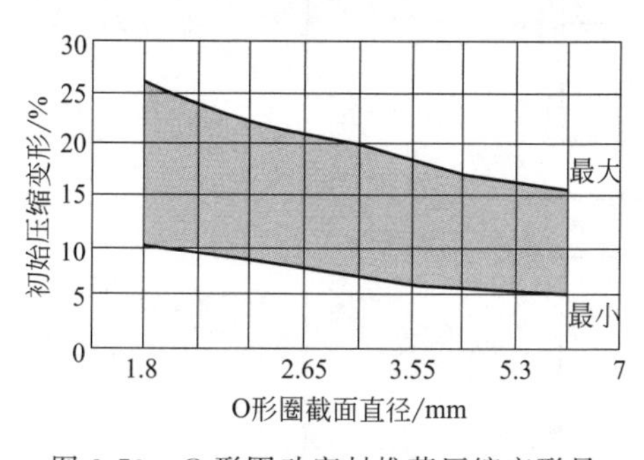

图 3-70　O 形圈动密封推荐压缩变形量

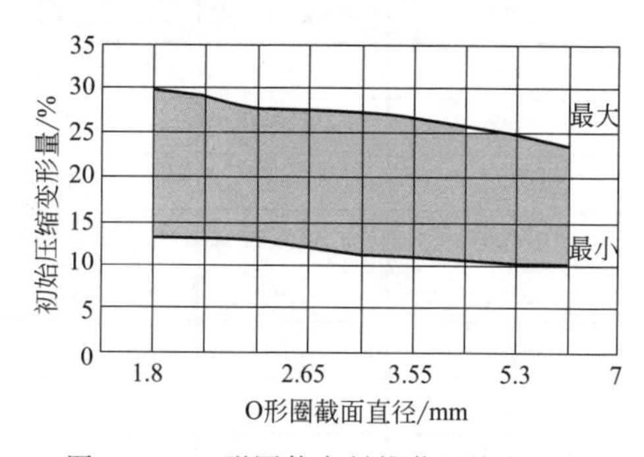

图 3-71　O 形圈静密封推荐压缩变形量

② O形圈沟槽设计不正确及加工不良造成漏气　用于气动密封的沟槽与液压密封有所区别，O形圈端面静密封的沟槽设计应按图 3-72、表 3-10 与表 3-11 选取，否则可能产生漏气。

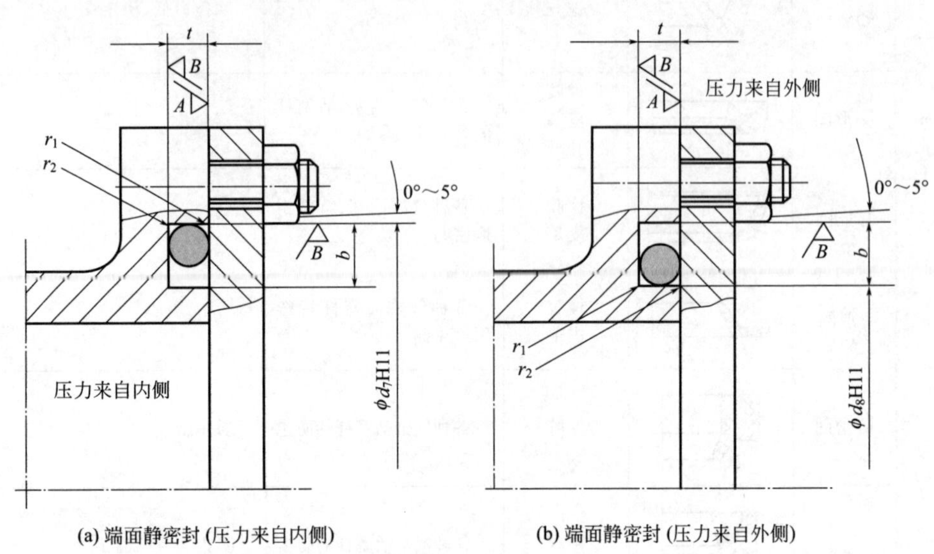

(a) 端面静密封 (压力来自内侧)　　(b) 端面静密封 (压力来自外侧)

图 3-72　O形圈端面静密封的沟槽设计

表 3-10　静密封沟槽尺寸（轴向压缩）　　mm

<table>
<tr><th>d_2(线径)</th><th>t(槽深)</th><th>b＋0.20(槽宽)</th><th>r_1</th><th>r_2</th></tr>
<tr><td>1.50</td><td>1.10</td><td>1.90</td><td rowspan="5">0.2～0.4</td><td rowspan="16">0.2～0.24</td></tr>
<tr><td>1.80</td><td>1.30</td><td>2.40</td></tr>
<tr><td>2.00</td><td>1.50</td><td>2.60</td></tr>
<tr><td>2.50</td><td>2.00</td><td>3.20</td></tr>
<tr><td>2.65</td><td>2.10</td><td>3.60</td></tr>
<tr><td>3.00</td><td>2.30</td><td>3.90</td><td rowspan="6">0.4～0.8</td></tr>
<tr><td>3.55</td><td>2.80</td><td>4.80</td></tr>
<tr><td>4.00</td><td>3.25</td><td>5.20</td></tr>
<tr><td>5.00</td><td>4.00</td><td>6.50</td></tr>
<tr><td>5.30</td><td>4.35</td><td>7.20</td></tr>
<tr><td>6.00</td><td>5.00</td><td>7.80</td></tr>
<tr><td>7.00</td><td>5.75</td><td>9.60</td><td rowspan="5">0.8～1.2</td></tr>
<tr><td>8.00</td><td>6.80</td><td>10.40</td></tr>
<tr><td>9.00</td><td>7.70</td><td>11.70</td></tr>
<tr><td>10.00</td><td>8.70</td><td>13.00</td></tr>
<tr><td>12.00</td><td>10.60</td><td>15.60</td></tr>
</table>

表 3-11　静密封沟槽尺寸（径向压缩）　mm

d_2(线径)	t(槽深)	$b+0.20$(槽宽)	r_1	r_2
1.50	1.10	1.90	0.2～0.4	0.1～0.3
1.80	1.40	2.40		
2.00	1.50	2.60		
2.50	2.00	3.20		
2.65	2.10	3.60		
3.00	2.30	3.90	0.4～0.8	
3.55	2.90	4.80		
4.00	3.25	5.20		
5.00	4.10	6.50		
5.30	4.50	7.20		
6.00	5.00	7.80		
7.00	5.90	9.60	0.8～1.2	
8.00	6.80	10.40		
9.00	7.70	11.70		
10.00	8.70	13.00		
12.00	10.60	15.60		

③ 真空静密封设计加工不好导致泄漏　真空密封是一种特殊情况下的 O 形圈密封，被密封的系统压力低于 1 个标准大气压（$p_{\rm atm}=101.325$kpa）。真空密封安装沟槽尺寸应按图 3-73 与表 3-12 进行选取。

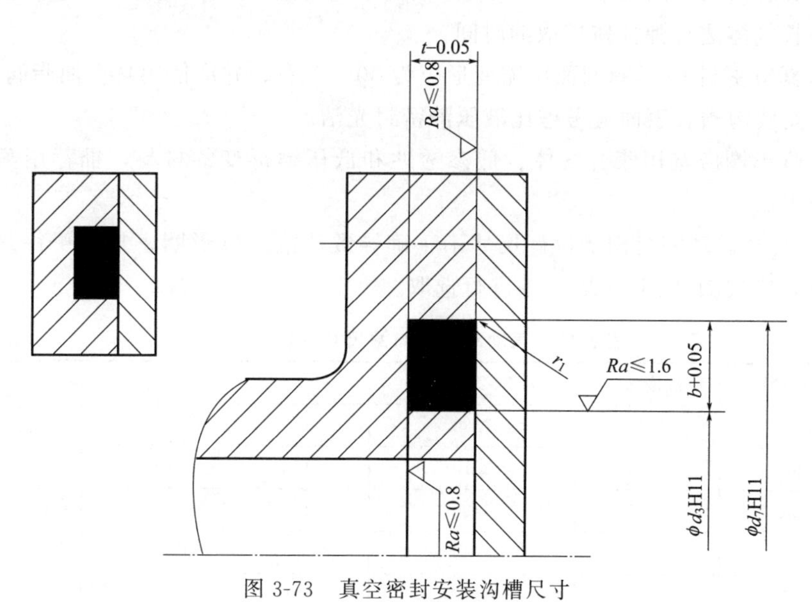

图 3-73　真空密封安装沟槽尺寸

表 3-12 真空密封安装沟槽尺寸 mm

d_2(线径)	$t-0.05$(槽深)	$b+0.05$(槽宽)	r_1	d_2(线径)	$t-0.05$(槽深)	$b+0.05$(槽宽)	r_1
1.5	1.05	1.8	0.1	4.5	3.15	5.3	0.2
1.78	1.25	2.1	0.1	5	3.5	5.9	0.2
1.8	1.25	2.1	0.1	5.3	3.7	6.3	0.2
2	1.4	2.3	0.1	5.33	3.7	6.3	0.2
2.5	1.75	2.9	0.1	5.5	3.8	6.6	0.2
2.6	1.8	3	0.1	5.7	4	6.7	0.2
2.62	1.85	3.1	0.1	6	4.2	7.1	0.2
2.65	1.85	3.1	0.1	6.5	4.6	7.6	0.2
2.7	1.9	3.15	0.1	6.99	4.9	8.2	0.3
2.8	1.95	3.2	0.1	7	4.9	8.2	0.3
3	2.1	3.5	0.1	7.5	5.3	8.7	0.3
3.1	2.2	3.6	0.1	8	5.6	9.4	0.3
3.35	2.5	4.1	0.2	8.4	5.9	9.9	0.3
3.55	2.5	4.15	0.2	8.5	6	10	0.3
3.6	2.5	4.2	0.2	9	6.4	10.5	0.3
3.7	2.6	4.3	0.2	9.5	6.7	11.2	0.3
4	2.8	4.7	0.2	10	7.1	11.7	0.3

a. 安装沟槽空间几乎100%被变形后的O形圈所充满，这样，可增加接触面积和延长气体透过弹性体扩散的时间。

b. 真空密封O形圈截面压缩变形应为30%左右，并应使用真空油脂润滑。

c. 安装沟槽各表面应考虑比液压静密封光洁。

d. O形圈应选用兼容气体、低渗透性和低压缩形变的材料，推荐用氟橡胶或全氟橡胶。

④ 往复运动密封沟槽设计尺寸不正确导致泄漏 O形圈密封用于往复运动密封时，应按图3-74与表3-13进行选取。

表 3-13 气动动密封沟槽尺寸（径向压缩） mm

d_2(线径)	t(槽深)	$b+0.20$(槽宽)	z	r_1	r_2
1.80	1.55	2.30	1.5	0.2～0.4	0.1～0.3
2.65	2.35	3.10	1.5		
3.55	3.15	4.20	1.8	0.4～1.2	
5.30	4.85	6.40	2.7		
7.00	6.40	8.40	3.6		

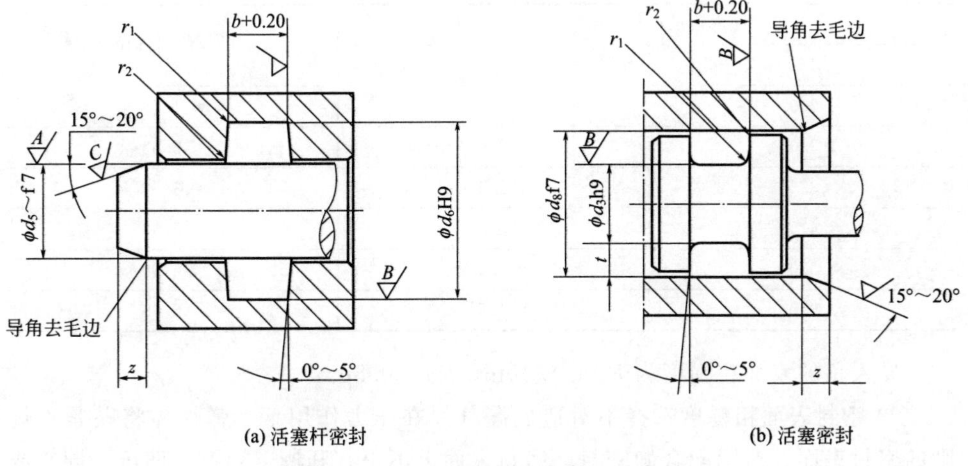

图 3-74　O 形圈密封用于往复运动密封

⑤ 安装时切破 O 形圈造成漏气　安装 O 形圈时，必须按图 3-75 的方法进行处理，否则会因切破 O 形圈造成漏气。

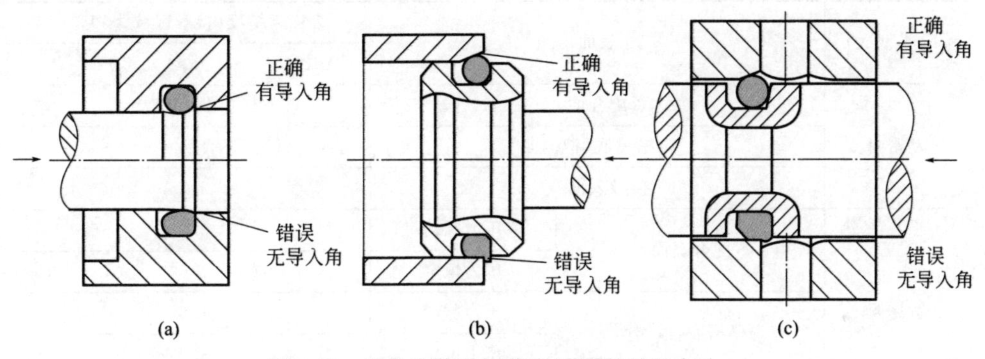

图 3-75　避免安装时切破 O 形圈的处理方法

为了避免 O 形圈安装时被切破，在设计 O 形圈导入过程中接触的零件时，必须遵守图 3-76 与图 3-77 以及表 3-14 的规定进行处理。

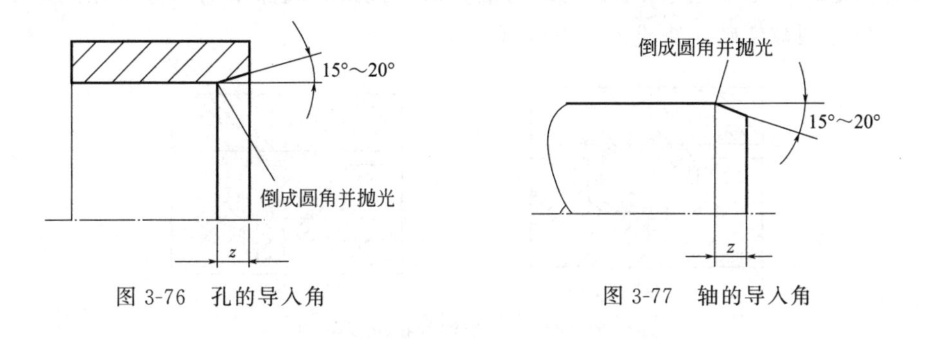

图 3-76　孔的导入角　　　　图 3-77　轴的导入角

表 3-14　导入角　　mm

导入角最小长度(z_{min})		O形圈截面直径 d_2
15°	20°	
2.5	1.5	≤1.78
3.0	2.0	≤2.62
3.5	2.5	≤3.53
4.5	3.5	≤5.33
5.0	4.0	≤6.99
6.0	4.5	>6.99

导入角的表面粗糙度为 $Rz \leqslant 4.0\mu m$，$Ra \leqslant 0.8\mu m$。

⑥ 密封表面粗糙度选择不对造成漏气　在压力作用下，弹性体将贴紧不规则的密封表面。对紧配合静密封，密封表面上不得有开槽、划痕、凹坑、同心或螺旋状的加工痕迹。对于动密封，配合面的粗糙度要求更高。密封沟槽表面粗糙度推荐值见表 3-15。

表 3-15　密封沟槽表面粗糙度推荐值

类型	表面		表面粗糙度(接触区域>50%) Ra
动密封	配合面		0.1～0.4
	沟槽槽底,槽侧面		1.6
	导入面		3.2
静密封	配合表面	压力脉动	0.8
		压力恒定	1.6
	沟槽槽底、槽侧面	压力脉动	1.6
		压力恒定	3.2
	导入面	压力脉动	3.2

⑦ 挤出现象造成密封切破产生的漏气　O 形圈在沟槽中受介质压力作用，会发生变形，被挤入间隙中，当压力消失后，被挤入间隙中的部分留在间隙中，于是 O 形圈被切破，造成密封失效（图 3-78）。

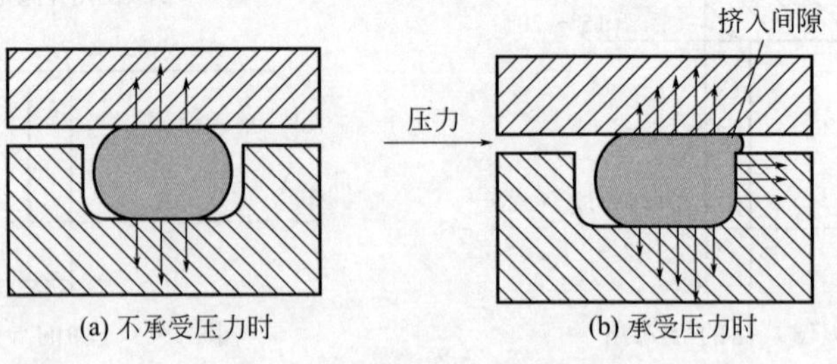

图 3-78　O 形圈的挤出现象

建议使用高硬度抗挤出材料的挡圈，如聚四氟乙烯或硬橡胶材料。在静密封的应用中，可以通过修改沟槽设计来达到不使用挡圈即可承受更高压力的效果。设计时应注意使间隙尽可能小。

挤出极限的大小取决于O形圈的硬度、工作压力及沟槽间隙大小（表3-16）。O形圈沟槽的径向间隙必须保持在图3-79中给出的最大径向间隙范围内。若误差太大，会导致O形圈挤入间隙中。允许的径向间隙取决于系统压力、O形圈截面直径和O形圈的硬度。图3-79所推荐的最大径向间隙是O形圈截面直径和硬度的函数。除聚氨酯和FEP封装O形圈外，图3-79可应用于其他所有橡胶材料O形圈。

表3-16　不同硬度、尺寸对应间隙参考值

O形圈截面直径 d_2/mm	≤2	2～3	3～5	5～7	>7
70邵氏硬度(A)的O形圈					
压力/MPa	径向间隙/mm				
≤3.5	0.08	0.09	0.10	0.13	0.15
≤7.0	0.05	0.07	0.08	0.09	0.10
≤10.5	0.03	0.04	0.05	0.07	0.08
90邵氏硬度(A)的O形圈					
压力/MPa	径向间隙/mm				
≤3.5	0.13	0.15	0.20	0.23	0.25
≤7.0	0.10	0.13	0.15	0.18	0.20
≤10.5	0.07	0.09	0.10	0.13	0.15
≤14	0.05	0.07	0.08	0.09	0.10
≤17.5	0.04	0.05	0.07	0.08	0.09
≤21	0.03	0.04	0.05	0.07	0.08
≤35	0.02	0.03	0.03	0.04	0.04

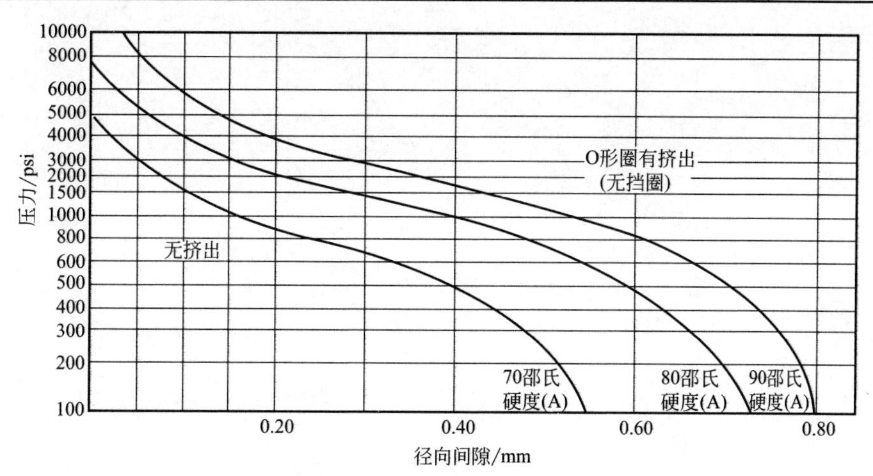

图3-79　O形圈挤出极限（1psi=6894.76Pa）

值得注意的是，图 3-79 的数据基于以下假设：各零件完全同心，且受到压力作用不发生膨胀。若实际情况与该假设不符，则该间隙值应更小。

对于静密封，推荐使用 H8/g7 的公差配合。聚氨酯材料 O 形圈由于具备优异的抗挤出能力和较好的尺寸稳定性，可以采用较大的间隙。

（5）O 形圈的安装注意事项

① 安装前的注意事项

a. 引入角是否按图纸加工。

b. 内径是否去除毛刺，锐边是否倒圆。

c. 加工残余如碎屑、脏物、外来颗粒等，是否已去除。

d. 螺纹尖端是否已遮盖。

e. 密封件和零件表面是否已涂润滑油脂（要保证与弹性体材质兼容，推荐用所密封的流体来润滑）。

f. 不得使用含固体添加剂的润滑脂，如二硫化钼、硫化锌。

② 安装时的注意事项

a. 使用无锐边的工具。

b. 保证 O 形圈装配时不产生扭曲现象，使用辅助工具保证正确定位。

c. 尽量使用安装辅助工具。

d. 不得过量拉伸 O 形圈。

e. 对于用密封条粘接成的 O 形圈，不得在连接处拉伸。

第4章 气动执行元件的故障诊断与维修

4.1 气动执行元件简介

(1) 气动执行元件的分类

气动执行元件是向外做功的元件，气动执行元件分为往复直线运动式气动执行元件（气缸）、摆动式气动执行元件（摆动气缸）与连续旋转运动式气动执行元件（气马达）三大类，如图 4-1 所示。

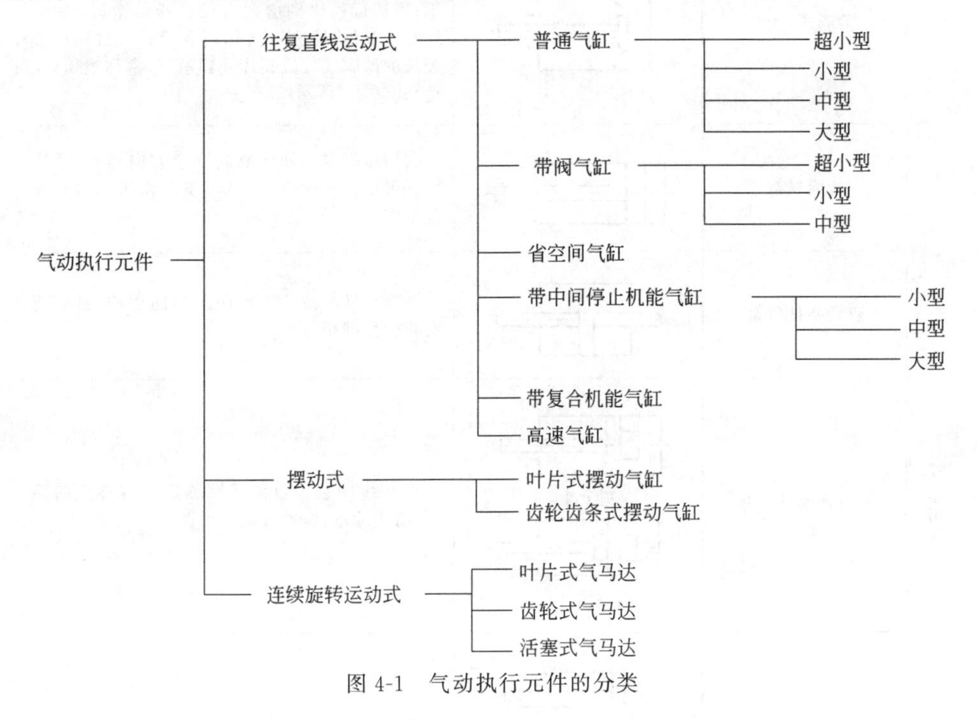

图 4-1　气动执行元件的分类

(2) 气缸的分类

气缸是将空气的压力能转换为往复直线运动的元件，在气动执行元件中其用途最为广泛。

气缸的种类很多，按活塞端面的受压状态分为单作用气缸与双作用气缸，按结构特征可分为活塞式气缸、柱塞式气缸、薄膜式气缸等；按功能分为普通气缸和特殊气缸。气缸的分类见表 4-1。

表 4-1　气缸的分类

类别	名称	简图	特点
单作用气缸	柱塞式气缸	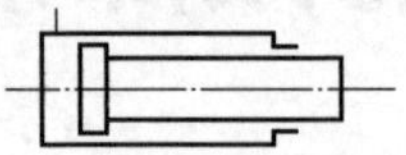	压缩空气只能使柱塞向一个方向运动；借助外力或重力复位
	活塞式气缸	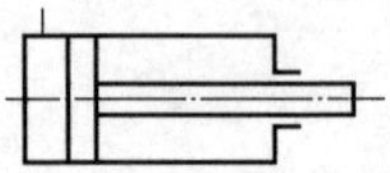	压缩空气只能使活塞向一个方向运动；借助外力或重力复位
		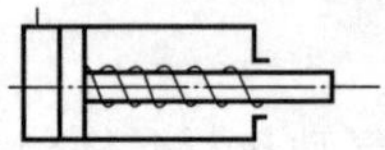	压缩空气只能使活塞向一个方向运动；借助弹簧力复位；用于行程较短的场合
	薄膜式气缸	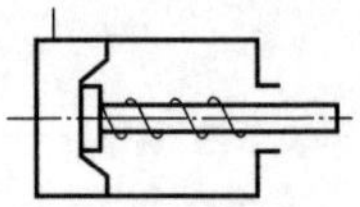	以膜片代替活塞的气缸。单向作用：借助弹簧力复位；行程短；结构简单，缸体内壁不需加工；需按行程比例增大直径。若无弹簧，用压缩空气复位，即为双向作用薄膜式气缸。行程较长的薄膜式气缸膜片受到滚压，常称滚压（风箱）式气缸
双作用气缸	普通气缸	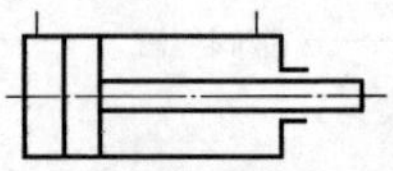	利用压缩空气使活塞向两个方向运动，活塞行程可根据实际需要选定，双向作用的力和速度不同
	双活塞杆气缸	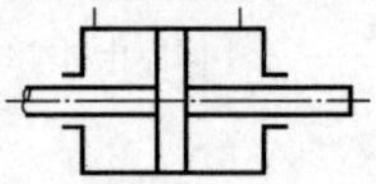	压缩空气可使活塞向两个方向运动，且其速度和行程都相等
	不可调缓冲气缸	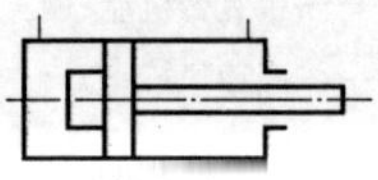 一侧缓冲 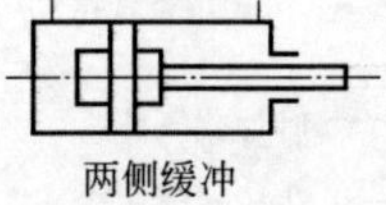 两侧缓冲	设有缓冲装置以使活塞临近行程终点时减速，防止冲击，缓冲效果不可调整
	可调缓冲气缸	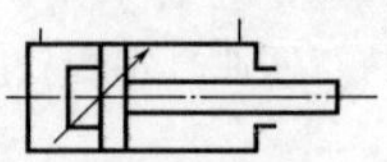 一侧可调缓冲 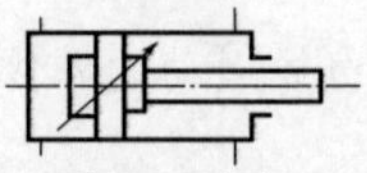 两侧可调缓冲	缓冲装置的减速和缓冲效果可根据需要调整

4.2 气缸

4.2.1 气缸的工作原理与结构

（1）单作用气缸

单作用气缸一个方向上的输出力是由压缩空气产生的，另一个方向上的运动由弹簧或外力来实现。只在一个方向上需要输出力而另一个方向上的运动无负载的场合都可使用单作用气缸，它只有一个主气口。现以弹簧复位的单作用气缸为例进行工作原理的说明。

弹簧复位的单作用气缸的工作原理如图 4-2 所示，当压缩空气从主气口（P 口）进入时，压缩空气推动活塞 1 与活塞杆 4（压缩弹簧 2）向左运动并输出力，此时气缸左腔需设置吸排气口（A 口）将弹簧腔的空气排入大气，否则气缸运动不会正常；反之当气缸右腔的主气口（P 口）泄压，复位弹簧 2 的弹簧力使活塞 1 与活塞杆 4 右行，气缸左腔从吸排气口（A 口）从大气吸入空气，否则气缸向右运动也不会正常。

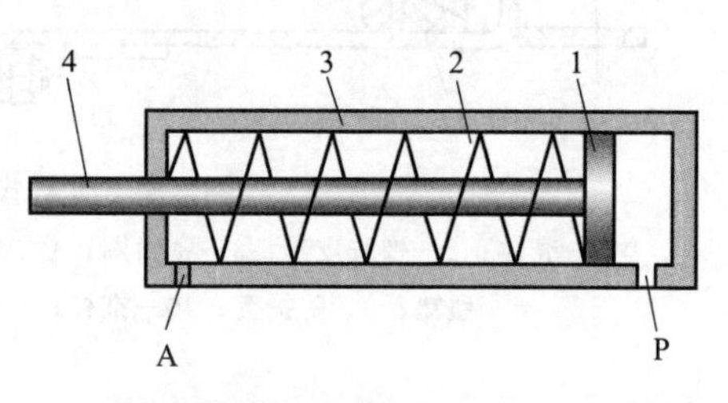

图 4-2 弹簧复位的单作用气缸的工作原理

1—活塞；2—复位弹簧；3—缸体；4—活塞杆；P—主气口；A—吸排气口

有弹簧装在有杆端与弹簧装在无杆端两种，其结构分别如图 4-3(a) 与图 4-3(b) 所示。

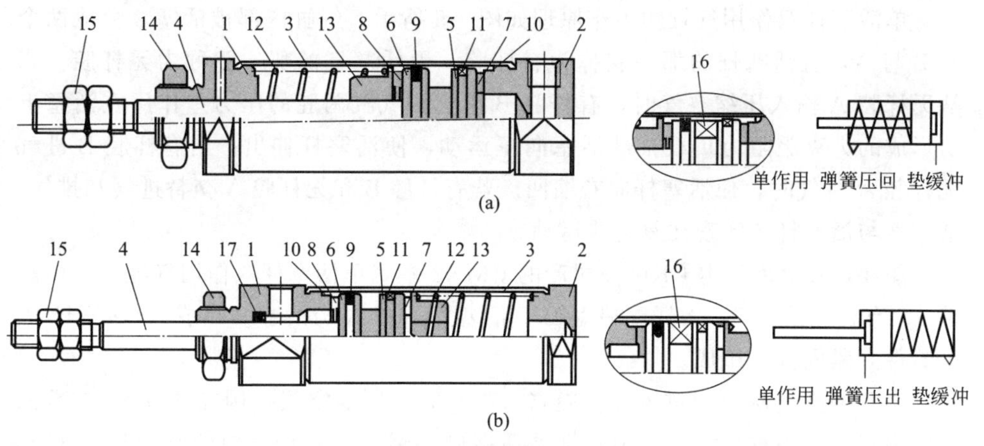

图 4-3 单作用气缸的结构

1—有杆侧缸盖；2—无杆侧缸盖；3—缸筒；4—活塞杆；5—活塞 A；6—活塞 B；7—缓冲垫 A；8—缓冲垫 B；9—活塞密封圈；10—缸筒静密封圈；11—耐磨环；12—复位弹簧；13—弹簧座；14—安装用螺母；15—杆端螺母；16—磁环；17—杆密封圈

图 4-4 所示为东风汽车中用的活塞式制动气缸的结构，这是一个单作用气缸。

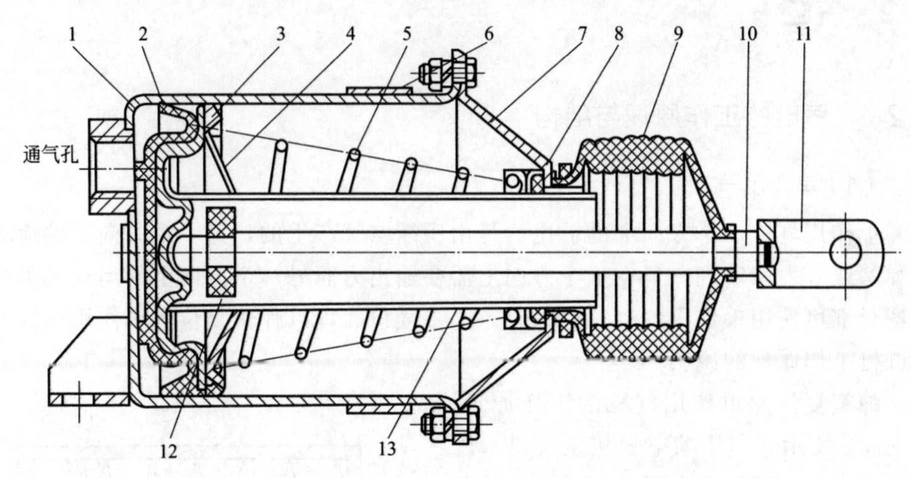

图 4-4 活塞式制动气缸的结构

1—壳体；2—橡胶皮碗；3—密封圈；4—弹簧座；5—弹簧；6—气室固定卡箍；7—盖；8—毡垫；9—防护套；10—推杆；11—连接叉；12—密封垫；13—导向套筒

(2) 双作用气缸

双作用气缸在两个方向上都有输出力，且两个方向上的运动都是通过压缩空气的推动来实现的，因而双作用气缸有进、出两个主气口 A 与 B，分为单活塞杆缸与双活塞杆缸两类。

① 单活塞杆双作用气缸　气动系统中最常使用的是单活塞杆双作用气缸，它由后端盖 1、活塞 2、密封件 3、缸筒 4、前端盖 5 及活塞杆 6 等组成。

单活塞杆双作用气缸的工作原理如图 4-5 所示。气缸内部被活塞 2 分成两个腔 B 与 A，有活塞杆的那一腔称为有杆腔，无活塞杆的那一腔称为无杆腔。当从无杆腔 A 输入压缩空气时，有杆腔 B 排气，气缸两腔的压力差作用在活塞上所形成的力克服阻力负载推动活塞向左运动，使活塞杆伸出，当有杆腔 B 进气无杆腔 A 排气时，使活塞杆向右缩回。若有杆腔 B 和无杆腔 A 交替进气和排气，活塞 2 与活塞杆 6 实现往复直线运动。

图 4-6 所示为日本 CKD 公司产的 CMK2 系列单活塞杆双作用气缸，它由缸筒 6、有杆侧端盖 5、无杆侧端盖 13、活塞（活塞 A 与活塞 B 组成）、活塞杆 2、密封件和紧固件等组成。

当压缩空气从 B 口进入无杆腔（右腔）时，压缩空气作用在活塞 12 右端面上的力将克服各种反向作用力，推动活塞向左运动，有杆腔内的空气从 A 口排入大气，使活塞杆向左伸出；反之，当压缩空气从 A 口进入有杆腔时，活塞便向右运动，B 口排气，活塞杆缩回。气缸无杆腔和有杆腔的交替进气和排气，使活塞杆伸出和退回，气缸便实现往复直线运动。

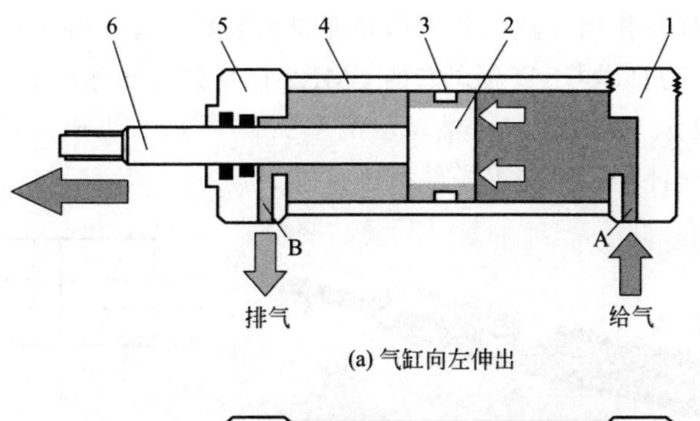

(a) 气缸向左伸出

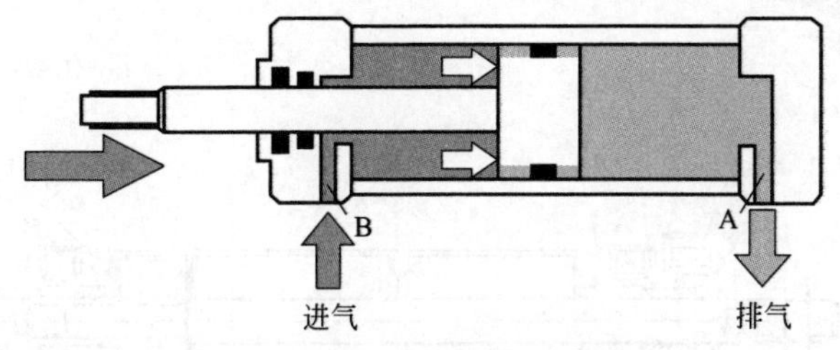

(b) 气缸向右缩回

图 4-5　双作用气缸的工作原理

1—后端盖；2—活塞；3—密封件；4—缸筒；5—前端盖；6—活塞杆

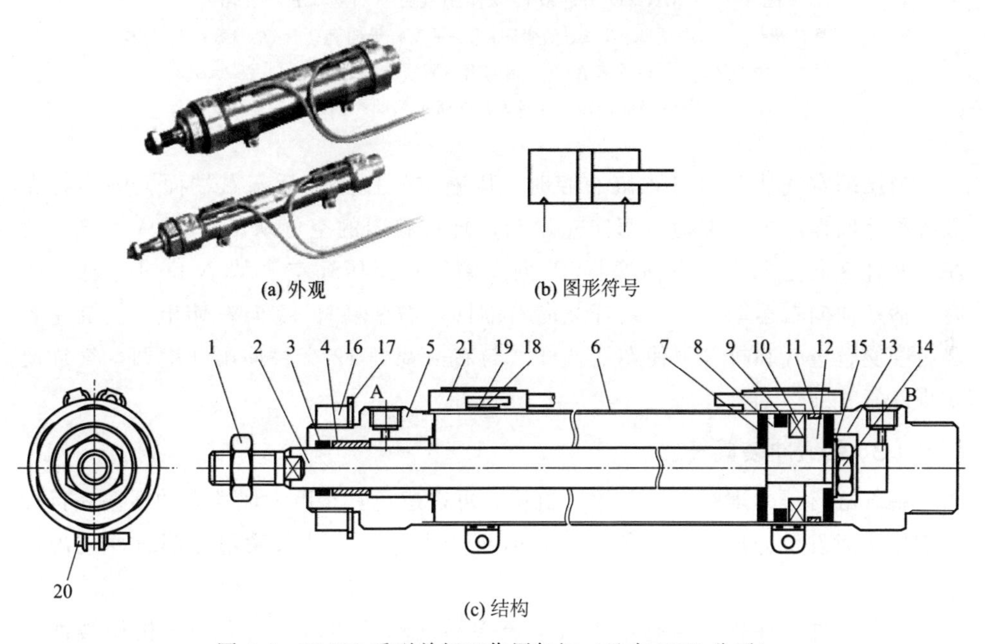

(a) 外观　　(b) 图形符号

(c) 结构

图 4-6　CMK2 系列单杆双作用气缸（日本 CKD 公司）

1—活塞杆螺母；2—活塞杆；3—防尘圈；4—活塞杆导向套；5—有杆侧端盖；6—缸筒；
7—缓冲橡胶；8—活塞 A；9—活塞密封圈；10—磁铁；11—支承环；12—活塞 B；
13—无杆侧端盖；14—内六角螺钉；15—垫圈；16—锁母；17—带齿垫圈；
18—舌簧开关；19—外套；20—小螺钉；21—行程开关导轨

② 双活塞杆双作用气缸　其工作原理同单活塞杆双作用气缸。

图 4-7 所示为日本 CKD 公司产的 CMK2-D 系列双活塞杆双作用气缸，它由缸筒 6、左端盖 5、右端盖 15、活塞（活塞 A 与活塞 B 组成）、左活塞杆 2、右活塞杆 12、密封件和紧固件等零件组成。

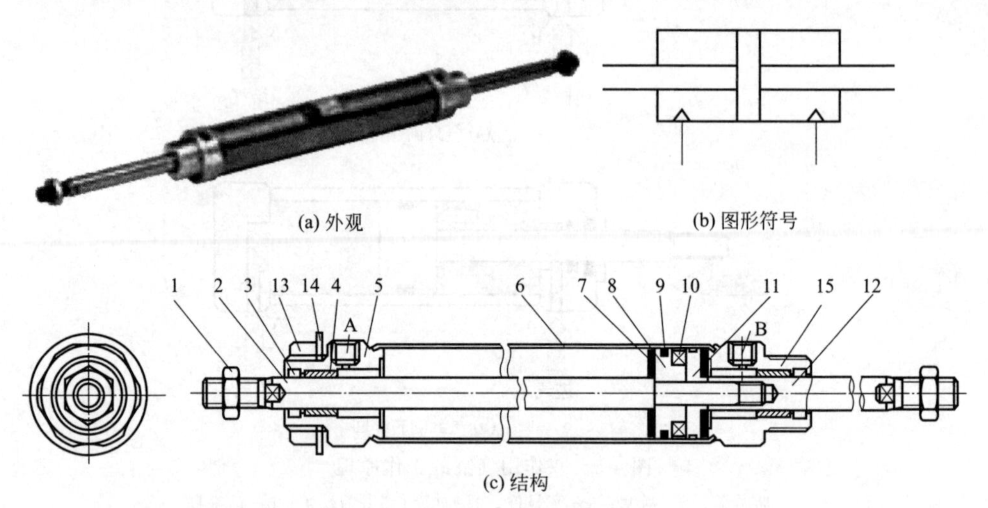

(a) 外观　(b) 图形符号

(c) 结构

图 4-7　CMK2-D 系列双杆双作用气缸（日本 CKD 公司）

1—活塞杆螺母；2—左活塞杆；3—防尘圈；4—活塞杆导向套；5—左端盖；6—缸筒；7—缓冲橡胶；8—活塞 A；9—活塞密封圈；10—磁铁；11—活塞 B；12—右活塞杆；13—锁母；14—带齿垫圈；15—右端盖

当压缩空气从 B 口进入缸右腔时，压缩空气作用在活塞右端面上的力将克服各种反向作用力，推动活塞向左运动，缸左腔内的空气从 A 口排入大气，使左活塞杆 2 向左伸出，右活塞杆 12 向左缩回；当压缩空气从 A 口进入缸左腔时，活塞便向右运动，左活塞杆 2 向右缩回，右活塞杆 12 向右伸出。气缸左腔和右腔交替进气和排气，使左活塞杆 2 与右活塞杆 12 交替伸出和缩回，气缸便实现往复直线运动。

（3）带缓冲装置气缸

在气缸行程的末端，设置缓冲机构，可以避免具有巨大惯性力的活塞在行程末端停止时发生冲撞。为使气缸停止时不产生冲击，可以采用外部缓冲或内部缓冲。

外部缓冲是在排气回路中串入节流阀的气动缓冲形式，借助于机械缓冲元件，如液压缓冲器、定位装置与节流阀等起到缓冲的作用。

内部缓冲是通过装于缸内气缸行程末端的缓冲装置，如缓冲柱塞所封闭的活塞容腔中建立起一定的压力来实现缓冲的，节流口的大小及活塞速度的快慢影响着这个压力的高低以及缓冲的效果。

内部缓冲机构的工作原理如图 4-8 与图 4-9 所示。在气缸向右运动的行程未进入行程末端［图 4-8(a)］时，从 b→d→B 口排气畅通无阻，气缸向右快速运动；当气缸向右运动进入行程末端时，缓冲柱塞 2 被缓冲密封关闭 b→d 通路，b 腔排气通路只能是 b→a→缓冲节流调节阀 4 调节的节流小通道 c→B 口排气［图 4-8(b)］，排气受阻而使气缸向右运动的速度变慢，实现缓冲。

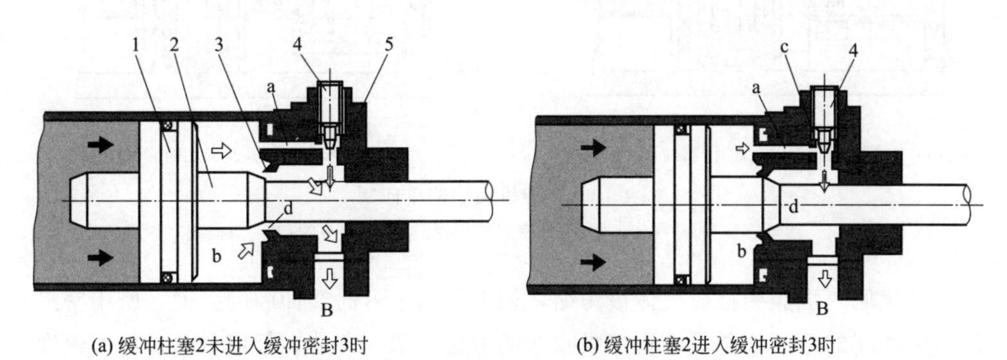

(a) 缓冲柱塞2未进入缓冲密封3时　　(b) 缓冲柱塞2进入缓冲密封3时

图 4-8　可调缓冲机构的工作原理（一）

1—活塞；2—缓冲柱塞；3—缓冲密封；4—缓冲节流调节阀；5—缸盖

气缸向左运动时的缓冲工作原理，与气缸向右运动时的缓冲工作原理相同（图 4-9）。两个方向都有可调缓冲机构的气缸称为双向可调缓冲气缸。

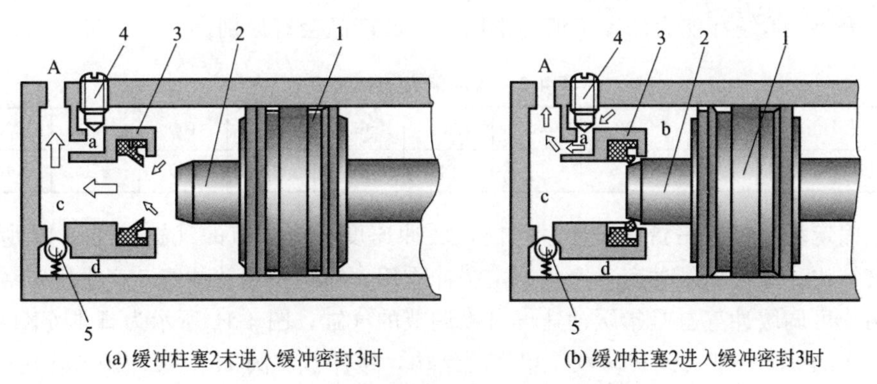

(a) 缓冲柱塞2未进入缓冲密封3时　　(b) 缓冲柱塞2进入缓冲密封3时

图 4-9　可调缓冲机构的工作原理（二）

1—活塞；2—缓冲柱塞；3—缓冲密封；4—缓冲节流调节阀；5—单向阀

注意：当气缸反向运动（从 A 口进气）时，在气缸缓冲段内，缓冲柱塞未退出时，气流只能经 A 口→狭小通道 a→b，启动速度很慢，一直要到缓冲柱塞完全退出为止，活塞运动速度才能变快［图 4-10(a)］，为此常在缓冲机构中装入一个单向阀，A 口来的压缩空气推开单向阀，气流可以无阻碍地经打开的单向阀的大通道，再经通道 d 作用在活塞 1 的左端面上，推动活塞 1 右行，保持启动时快速［图 4-10(b)］运动。

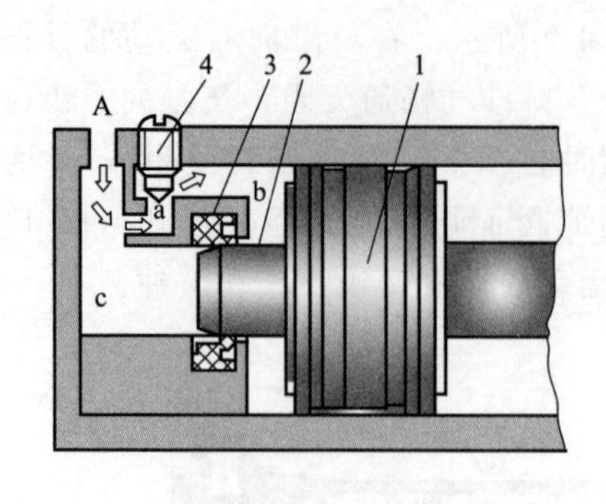

(a) 未装单向阀反向运动开始时启动慢

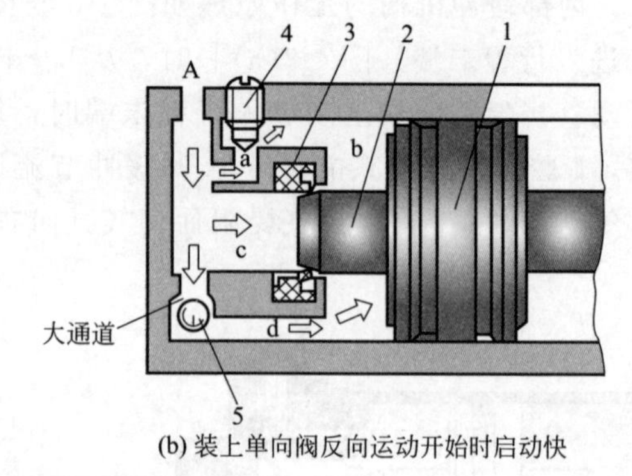

(b) 装上单向阀反向运动开始时启动快

图 4-10　缓冲机构中的单向阀

1—活塞；2—缓冲柱塞；3—缓冲密封；4—缓冲节流调节阀；5—单向阀

排气侧气缸腔中排放气体被压缩，根据压力上升时缓冲腔的强度、所用密封的耐久性能的不同，靠缓冲所能吸收的能量也有限。并非在任何负载、任何速度下都可得到预期的效果，因此必须在充分了解缓冲能力的前提下正确使用。

缓冲时，动能如果过大，无法用缓冲完全吸收，在气缸的行程末端会产生大的冲击力，这种冲击如果反复发生，会使气缸破损。运动能量可用以下公式求得：

$$运动能量(\mathrm{J})=\frac{1}{2}\times 负荷质量(\mathrm{kg})\times[速度(\mathrm{m/s})]^2$$

表 4-2 是缓冲能力的参考值，不同厂家的产品会有区别。

表 4-2　缓冲能力的参考值

缸径/mm	25	32	40	50	63	80	100	160	200
缓冲能力/J	0.8	2.6	7	14	36	60	100	270	440

固定缓冲气缸是指在缓冲行程内，缓冲速度不可调节的气缸，图 4-11 所示为其结构。左边由缓冲套 4 产生固定缓冲作用，右边由缓冲柱塞 5 产生固定缓冲作用。可调缓冲气缸是指缓冲速度可以调节的气缸，图 4-12 所示为日本 CKD 公司生产的 SCS2 型可调缓冲双作用气缸结构，缓冲节流阀 17 起缓冲调节作用。

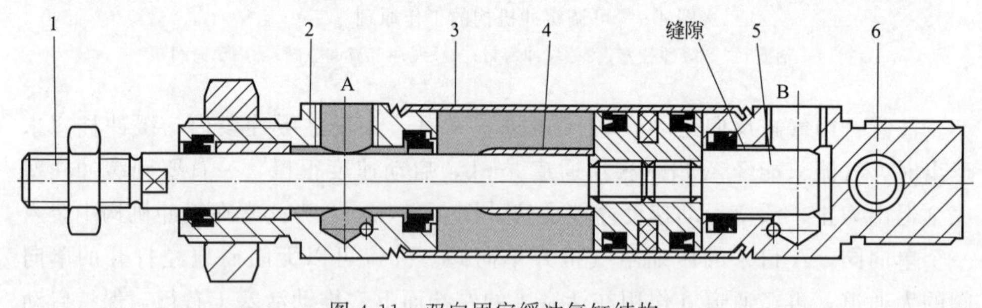

图 4-11　双向固定缓冲气缸结构

1—活塞杆；2—导向端盖；3—缸体；4—缓冲套；5—缓冲柱塞；6—端盖

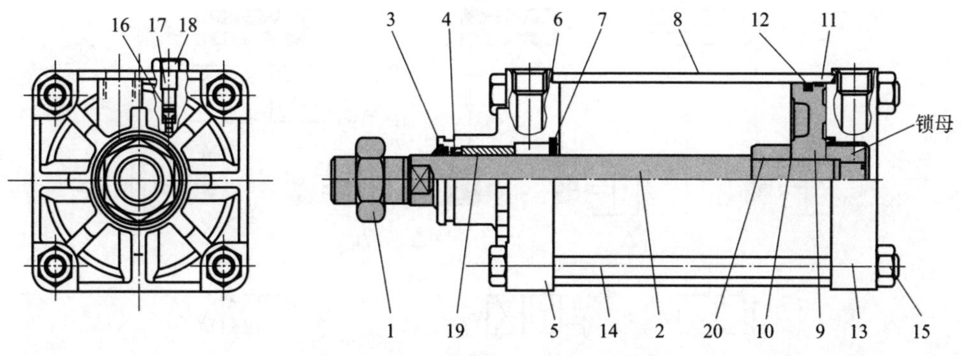

图 4-12　可调缓冲双作用气缸结构

1—活塞杆螺母；2—活塞杆；3—防尘圈；4—活塞杆密封圈；5—前端盖；6—气缸密封垫；7—缓冲密封圈；8—缸筒；9—活塞；10—活塞密封垫；11—活塞磁环；12—支承环；13—后端盖；14—拉杆；15—圆形螺母；16—缓冲节流阀密封圈；17—缓冲节流阀；18—螺母；19—导向套；20—缓冲套

（4）增压缸

希望用小口径的气缸获得高输出时，必须提高气缸压力。但是，在工厂末端得到的气压是有限的，因此出现了增压元件，分为用气压使液压增压的单作用增压缸（气液增压器）和利用气缸连续产生增大气压的气动双作用增压缸（增压器）。

① 单作用增压缸　如图 4-13 所示，活塞杆两端大、小活塞面积不相等，当从气缸 1 通入压缩空气时，利用压力和面积乘积不变原理，可使液压缸 2 小活塞腔输出单位压力增大，实现增压。

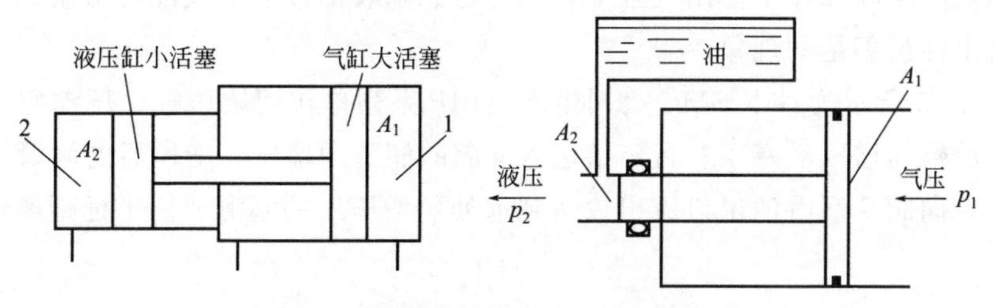

图 4-13　单作用气液增压缸的工作原理

1—气缸；2—液压缸

图 4-14 所示为气液增压缸控制回路。图 4-14(a) 中的工作缸无杆腔充油液，另一侧有杆腔充空气，气液增压缸使工作缸获得高压输出，工作缸的进退动作由手动换向阀控制。图 4-14(b) 中的回路增加了一个气液转换器，工作缸的两个腔室都进油，是个液压缸。图 4-14(c) 中的回路采用了两个气液增压缸，使工作缸在进退两个方向上都能产生高压输出，且进退动作速度可调。

气液增压器是气缸和液压压头组合的构造，是将气缸产生的推力通过压头转换为液压的元件。此时产生的液压，可以根据气缸的活塞截面积、压头的截面积及活塞承受的气压，用下面的公式求得：

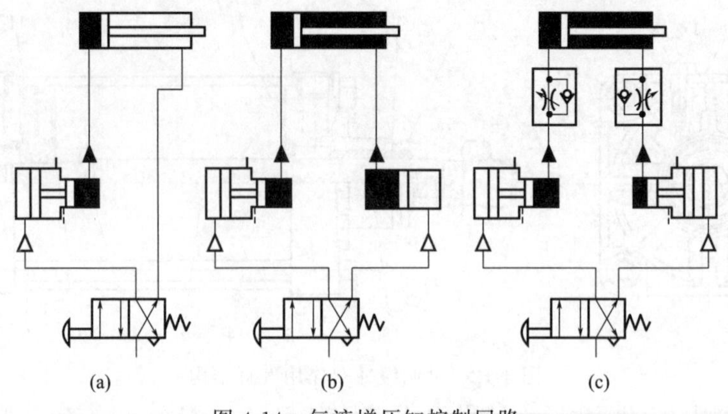

图 4-14　气液增压缸控制回路

$$p_2 = A_1 p_1 / A_2$$

式中　p_2——产生的液压，MPa；

p_1——活塞承受的气压，MPa；

A_1——气缸的活塞截面积，mm^2；

A_2——液压压头的截面积，mm^2。

一般增压比在 10～25 的元件比较多。气压为 0.5MPa 时，产生的液压是 5～12.5MPa。

排出油量是压头的受压面积与气缸行程的乘积，增压比高，排出油量相对减少。因高液压施加在单作用气缸上，要考虑到随着油液泄漏或配管膨胀，可能会出现排出油量不足的现象。

图 4-15 所示为日本 SMC 公司生产 ALIP 系列单作用增压缸，压缩空气从入口进入后推动增压活塞 4 左行，给进入 a 腔的润滑油增压，增压后的润滑油推开出油口单向阀从润滑油出口流出输送到远处。增压后的润滑油便于远距离输送。

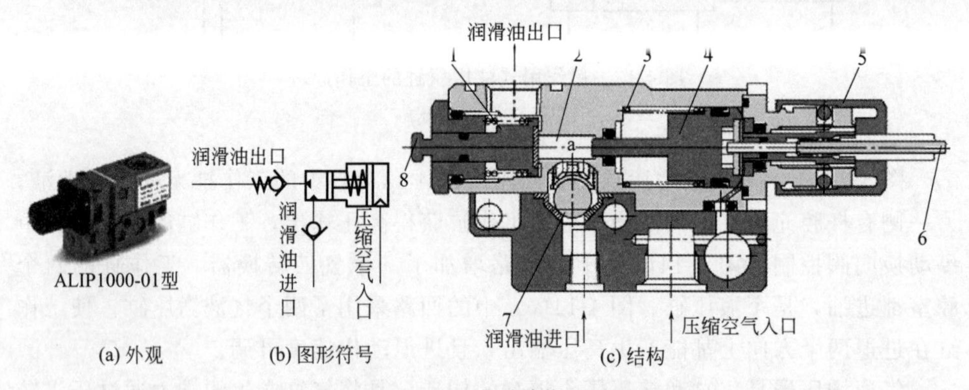

图 4-15　ALIP 系列单作压增压缸

1—出油口单向阀弹簧；2—增压腔；3—活塞复位弹簧；4—活塞；5—手柄；6—指示器；7—进油口单向阀阀芯（钢球）；8—出油口单向阀阀芯

② 双作用增压缸　如图 4-16 所示，进气口来的压缩空气经单向阀 3 与 4 可分别进入增压腔 A 与 B，进气口来的压缩空气经减压阀调压后再经换向阀左位可进入驱动腔 B，经换向阀右位可进入驱动腔 A，即若换向阀左位（图示位）工作，经减压阀调压后的压缩空气进入驱动腔 B，推动活塞与活塞杆左行，由于作用面积差，给增压腔 B 增压，增压后的压缩空气推开单向阀 2 由出气口流出，反之若换向阀右位工作，经减压阀调压后的压缩空气进入驱动腔 A，推动左边的活塞与活塞杆右行，由于作用面积差，给增压腔 A 增压，增压后的压缩空气推开单向阀 1 由出气口流出。

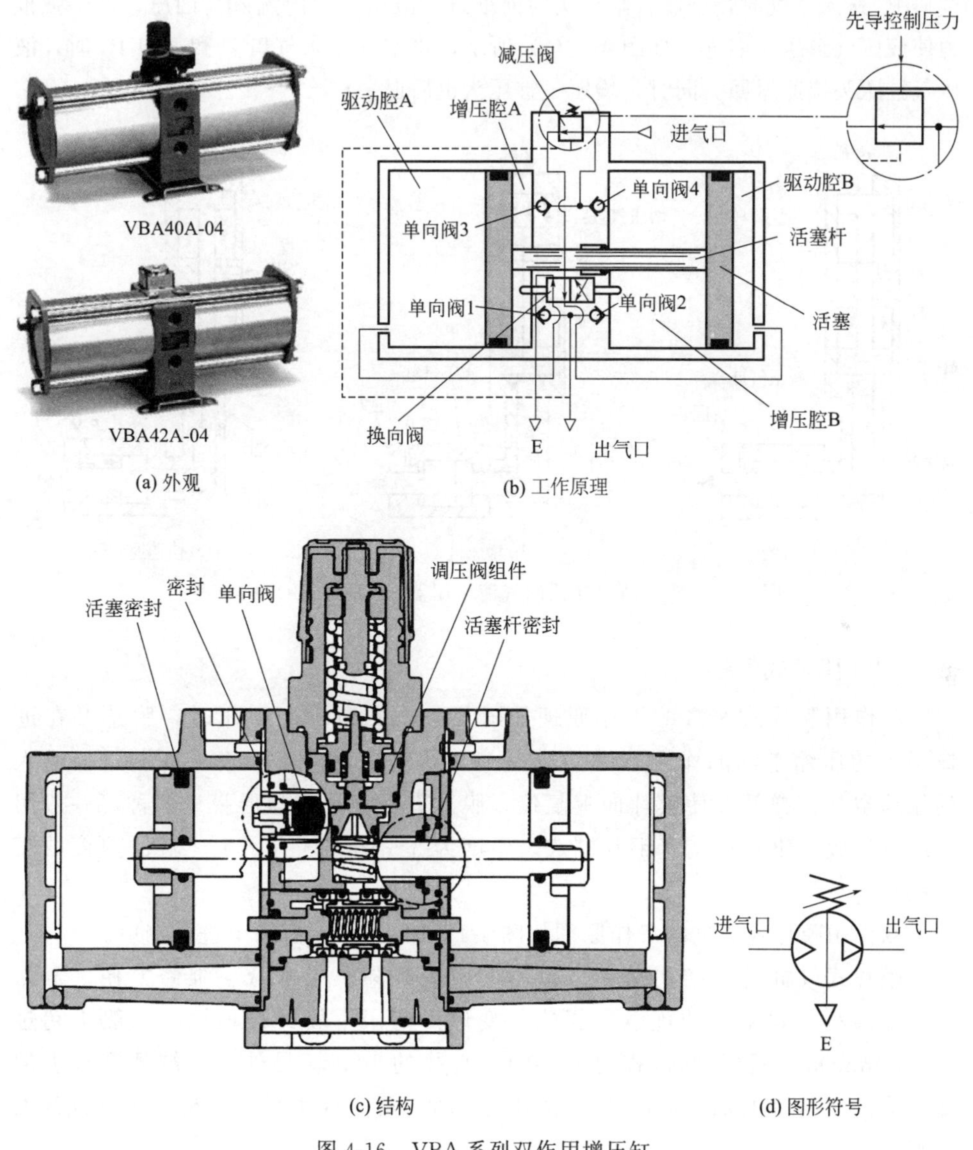

图 4-16　VBA 系列双作用增压缸

这样只要机动换向阀不断换向（工作过程中可以这样），就可以从出气口连续不断地输出经增压的较高压力的压缩空气。

③ 带气液转换器的气液增压器 一般使用液压缸时，不是全行程都需要高输出（如快进），不需要高输出的行程中以低液压进给，而需要高输出的行程中则产生高液压，可采用带气液转换器的气液增压器。

图 4-17 所示为带气液转换器的气液增压器的结构原理图。如图 4-17(a) 所示，从气口 P_3 送入空气时，油箱内的液压油使液压气缸（气液转换器）压头（活塞）快速向前推进。推力与气压相等，但流入的油量是大容量。如图 4-17(b) 所示，从气口 P_1 送入空气时，增压气缸压头向前推进，液压气缸内流入高油压，产生强推力使液压气缸压头前进。如图 4-17(c) 所示，将空气送入气口 P 和气口 P_2 时，液压气缸压头快速返回。同时，增压气缸压头也后退。

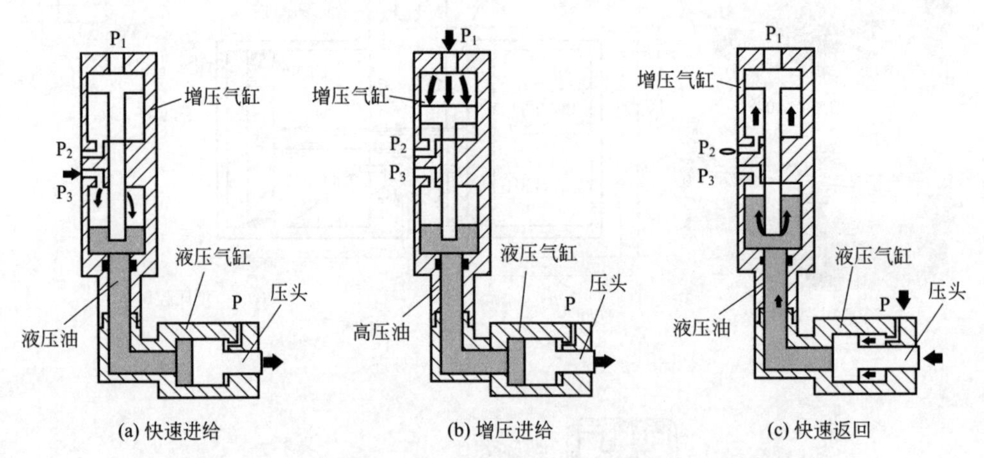

图 4-17 带气液转换器的气液增压器（AHB）的结构原理

（5）膜片式气缸

单作用膜片式气缸的工作原理如图 4-18(a) 所示。工作时，膜片 2 在进口通入的压缩空气的作用下推动膜盘 3 与活塞杆 4 向下运动；切断进口通入的压缩空气，弹簧 5 使膜片向上复位。膜片有平膜片和盘形膜片两种，一般用夹织物橡胶、钢片或磷青铜片制成，厚度为 5～6mm（有用 1～2mm 厚度的膜片的）。

双作用膜片式气缸的工作原理如图 4-18(b) 所示，有两个进出油口。

膜片式气缸具有结构简单、紧凑、制造容易、成本低、维修方便、寿命长、泄漏小、效率高的优点。膜片的变形量有限，故其行程短（一般不超过 40～50mm），平膜片的行程更短，约为直径的 1/10。另外，气缸活塞杆上的输出力随着行程的加大而减小。常用于气动夹具、自动调节阀及其他短行程工作场合。

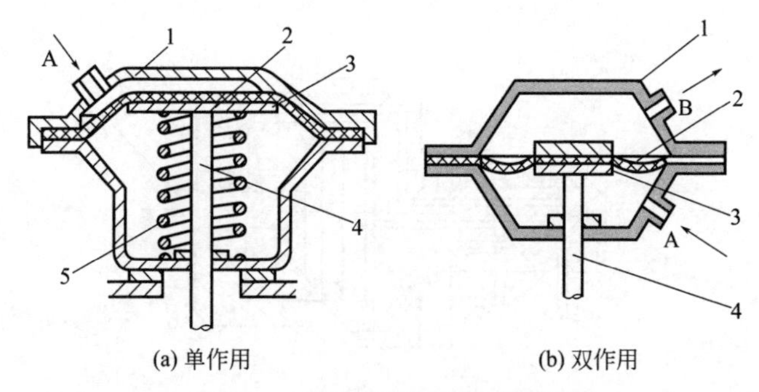

图 4-18 膜片式气缸的工作原理

1—缸体；2—膜片；3—膜盘；4—活塞杆；5—复位弹簧

图 4-19 所示为单作用膜片式气缸的结构，常作制动气缸用。

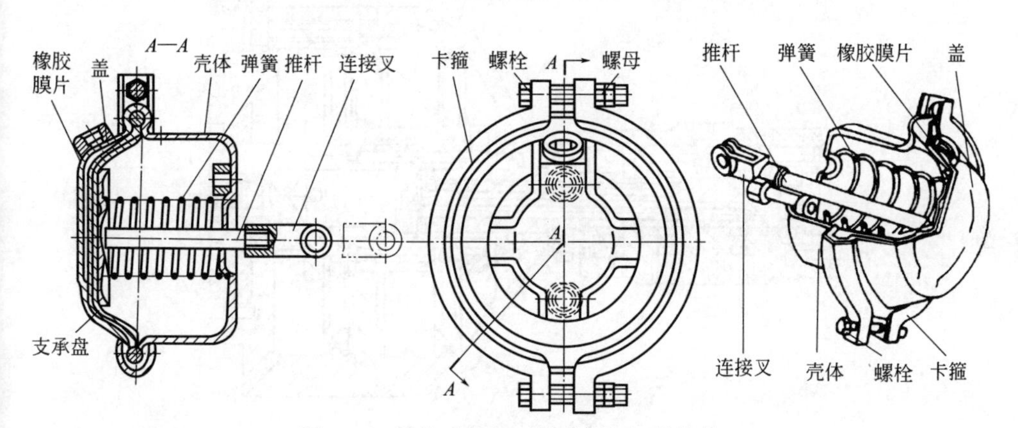

图 4-19 膜片式气缸（制动气缸）的结构

(6) 回转气缸

回转气缸的工作原理如图 4-20(a) 所示，主要由导气头、缸体、活塞、活塞杆组成。这种气缸的缸体 3 连同缸盖 6 及导气头芯 10 被其他动力（如车床主轴）携带回转，活塞 4 及活塞杆 1 只能作往复直线运动，导气头体 9 外接管路，固定不动。从 A 口进入压缩空气，再经内流道进入气缸右腔 a，推动活塞向左运动，气缸左腔 b 回气经内流道从 B 口排出，带动连接在缸体上的液压卡盘夹紧工件；从 B 口进入压缩空气，再经内流道进入气缸左腔 b，推动活塞向右运动，气缸右腔 a 回气经内流道从 A 口排出，带动连接在缸体上的液压卡盘松开工件。

回转气缸的结构如图 4-20(b) 所示。为增大其输出力，采用两个活塞串联在一根活塞杆上，这样其输出力比单活塞也增大约一倍，且可减小气缸尺寸，导气头体与导气头芯因需相对转动，装有滚动轴承，并以研配间隙密封，应设油杯润滑以减少摩擦，避免烧损或卡死。

回转气缸主要用于机床夹具和线材卷曲等装置上。

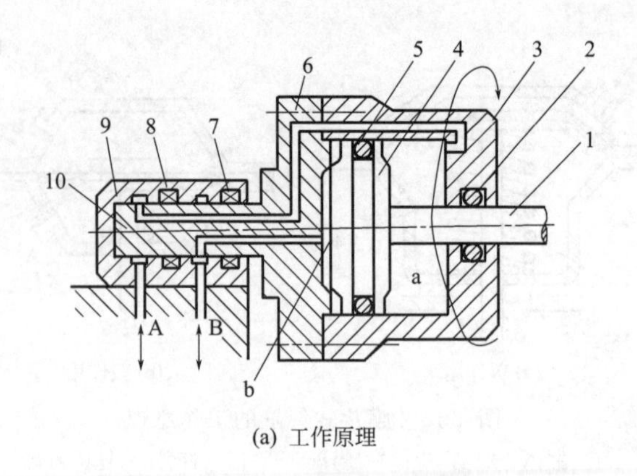

(a) 工作原理

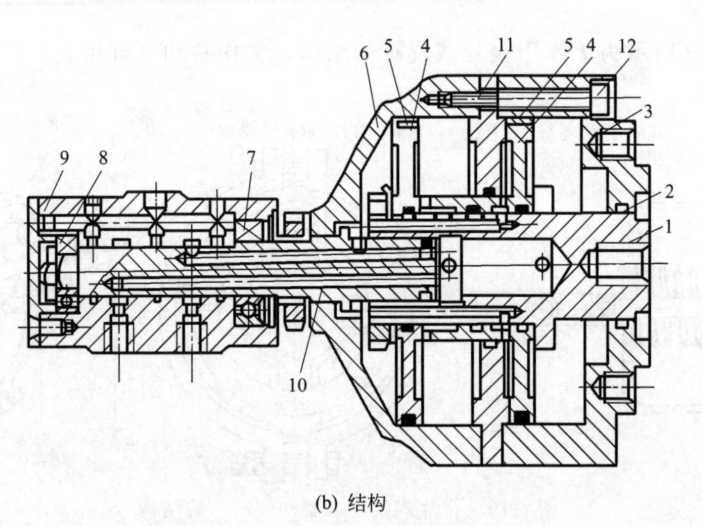

(b) 结构

图 4-20 回转气缸工作原理与结构

1—活塞杆；2,5—密封圈；3—缸体；4—活塞；6—缸盖；7,8—轴承；9—导气头体；10—导气头芯；11—中盖；12—螺栓

（7）带制动装置的气缸

气体作为气缸的工作流体，由于有压缩性，如果想使气缸准确停止在需要的位置，就要使用外部挡块或气液转换器。不用这些功能元件与部件，而在气缸主体内装设制动功能的装置，也能使气缸停止，这种气缸称为带制动装置的气缸。

制动装置多数都是以夹持活塞杆的方法实现制动。为确保夹持力可靠，夹持力需增力，增力机构多采用锥形楔子增力式、偏心套式、气压和气液增压式的构造。

① 带偏心套式制动装置的气缸 制动装置锁紧的工作原理如图 4-21 所示。图 4-21(a) 所示为解除制动的情况，从气口 A 进气，锁紧活塞被压下，制动杆张开，直接与制动杆连接的偏心套各自朝箭头方向旋转，活塞杆解除制动；

图 4-21(b) 所示为锁紧制动的情况，从气口 A 排气，弹簧力使锁紧活塞上行，弹簧力使偏心套各自向箭头方向旋转，活塞杆上产生偏心负载，从而锁紧活塞杆。

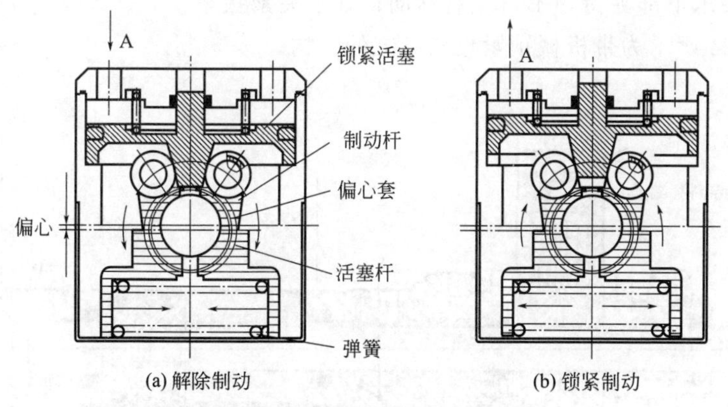

图 4-21　制动装置的工作原理

图 4-22 所示为采用以偏心套夹持活塞杆的制动气缸结构。

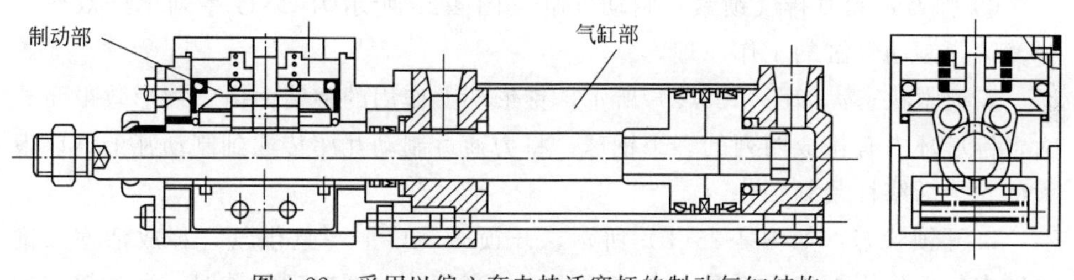

图 4-22　采用以偏心套夹持活塞杆的制动气缸结构

② 带机械锁紧机构制动气缸　机械锁紧机构可使气缸准确地停止在某个中间位置。如图 4-23(a) 所示，当从气口 C 通入压缩空气时，活塞下行，左、右

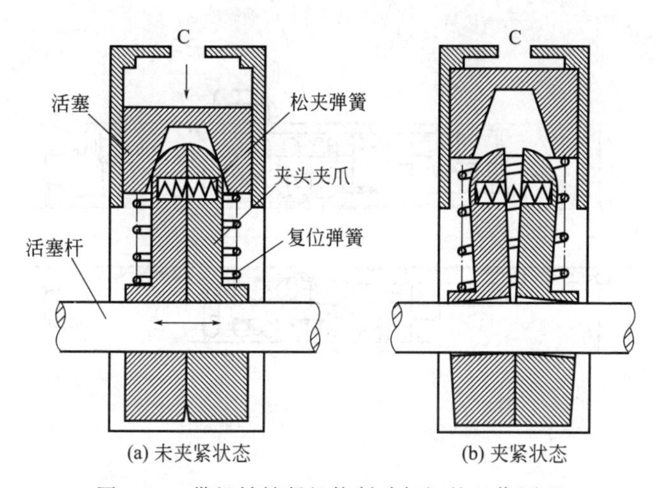

图 4-23　带机械锁紧机构制动气缸的工作原理

夹头夹爪收拢，活塞杆松夹，可左右移动。如图 4-23(b) 所示，当从气口 C 未通入压缩空气时，复位弹簧上推活塞，左、右夹头夹爪被松夹弹簧推开，活塞杆 4 被夹头夹爪下部夹持，不可左右移动，处于夹紧状态。

图 4-24 所示为带机械锁紧机构气缸的结构。

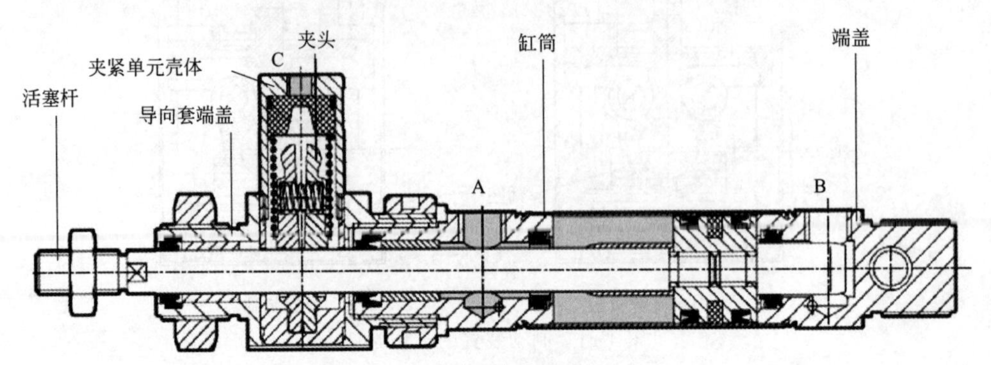

图 4-24　带机械锁紧机构气缸的结构

③ 弹簧锁紧（排气锁紧）制动气缸　图 4-25 所示为 CNG 系列单杆双作用弹簧锁紧制动气缸的工作原理。

a. 锁紧状态：如图 4-25(a) 所示，锥形环上作用的弹簧力由于楔形效果而放大，锥形环内有排成两列的多个钢球，将力通过制动瓦座传递到制动瓦上，以很大的力把活塞杆紧紧锁住。

b. 开锁状态：如图 4-25(b) 所示，开锁通气口上一旦供气，释放活塞。锥形环在气压作用下克服弹簧力向右侧移动。当钢球护圈碰到缸盖时，通过钢球护圈使钢球脱离锥形环，则制动力解除。

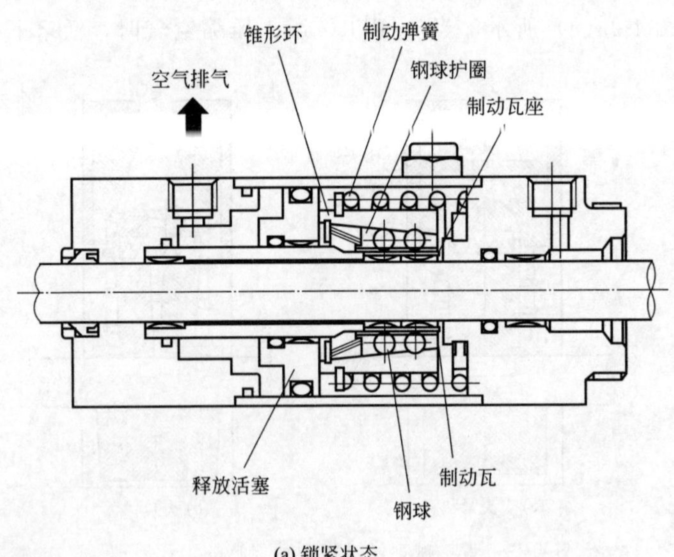

(a) 锁紧状态

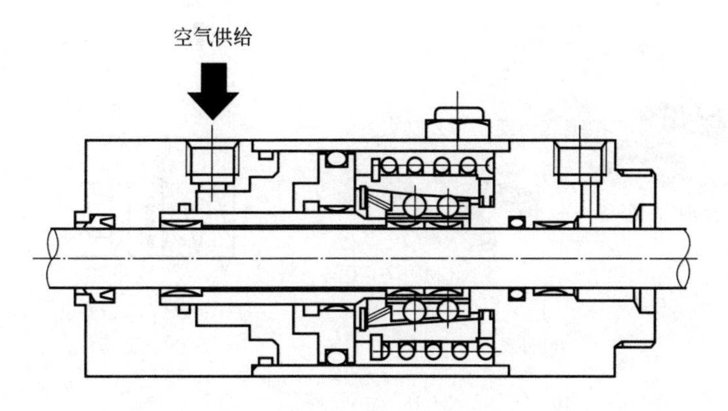

(b) 开锁状态

图 4-25　CNG 系列单杆双作用弹簧锁紧制动气缸的工作原理

图 4-26 所示为 CNG 系列单杆双作用弹簧锁紧制动气缸的结构。

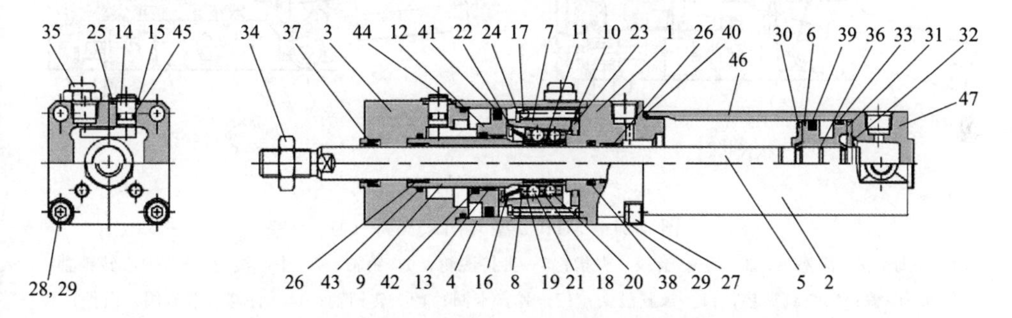

图 4-26　CNG 系列单杆双作用弹簧锁紧制动气缸的结构

1—杆侧缸盖；2—缸筒；3—端盖；4—中盖；5—活塞杆；6—活塞；7—锥形环；8—钢球护圈；9—活塞导套；10—制动瓦座；11—制动瓦；12—释放活塞；13—释放活塞导向套；14—开锁用凸轮；15—垫圈；16—护圈预压用弹簧；17—制动弹簧；18—夹子 A；19—夹子 B；20—钢球 A；21—钢球 B；22—耳环；23—缓冲垫；24—锥形环用 C 形弹性挡圈；25—开放凸轮用轴用 C 形弹性挡圈；26—导向套；27，28—内六角螺钉；29—内六角螺钉用弹簧垫圈；30—缓冲垫 A；31—缓冲垫 B；32—弹性挡圈；33—耐磨环；34—杆端螺母；35—BC 滤芯；36—活塞静密封圈；37—杆密封圈 A；38—杆密封圈 B；39—活塞密封圈；40—缸筒静密封圈；41—释放活塞密封圈；42—杆密封圈 C；43—活塞导套静密封圈；44—中盖静密封圈；45—开锁用凸轮用静密封圈；46—缸筒；47—无杆侧缸盖

（8）可夹持工件装置气缸

气缸自带夹持装置，用以夹持工件。

① 开闭式夹持气缸Ⅰ　图 4-27 所示为日本 SMC 公司生产的 MHC2 型开闭式夹持气缸，开闭角度为 30°～－10°。若 A 腔进气，活塞 A 与活塞 B 组件向左运动，带动两夹指 4 向外张开而放松对工件的夹持；若 B 腔进气，活塞 A 与活塞 B 组件向右运动，带动两夹指 4 向内收缩而对工件进行夹持。

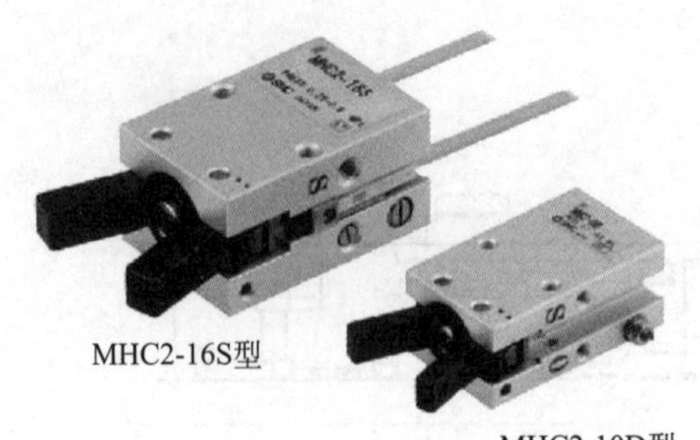

(a) 外观

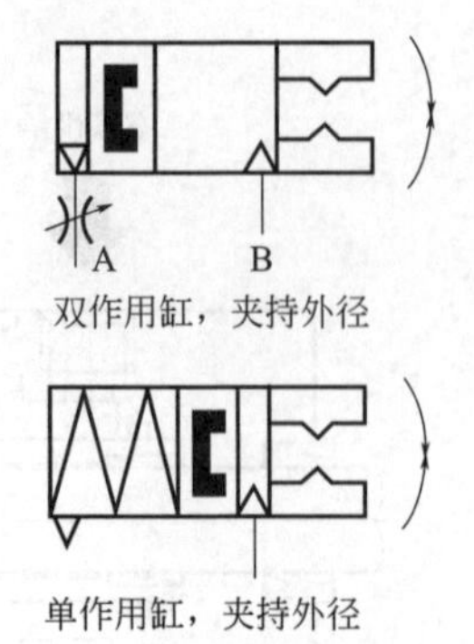

(b) 图形符号

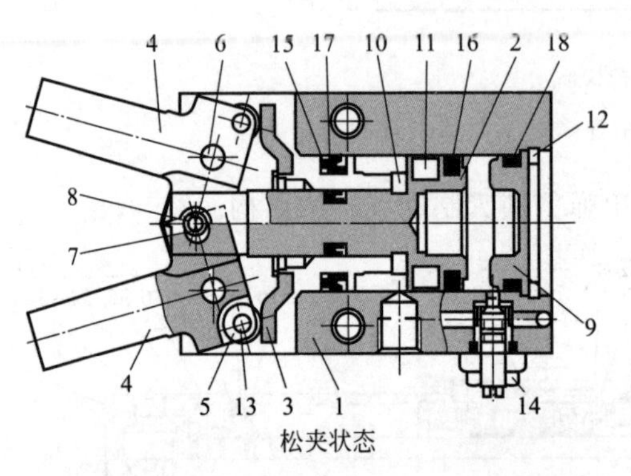

夹持状态

(c) 结构

图 4-27　MHC2 型开闭式夹持气缸

1—缸体；2—活塞 A；3—活塞 B；4—夹指；5—夹持滚轮；6—销轴；7—中心滚轮；8—中心转销轴；9—闷盖；10—减振垫；11—橡胶磁铁；12—弹簧卡圈；13—转销轴；14—针阀（节流阀）组件；15—活塞 B 密封；16—活塞 A 密封；17—活塞杆密封；18—阀盖密封

② 开闭式夹持气缸Ⅱ　图 4-28 所示为 MHY2 型开闭式夹持气缸。压缩空气由 A 口进入气缸 a 腔，活塞 2 连同活塞杆 3 向右运动牵动两夹指 4 收缩夹持工件，气缸 b 腔中的空气经 B 口排出；压缩空气由 B 口进入气缸 b 腔，活塞 2 连同活塞杆 3 向左运动牵动两夹指 4 张开，松开所夹持工件，气缸 a 腔中的空气经 A 口排出。

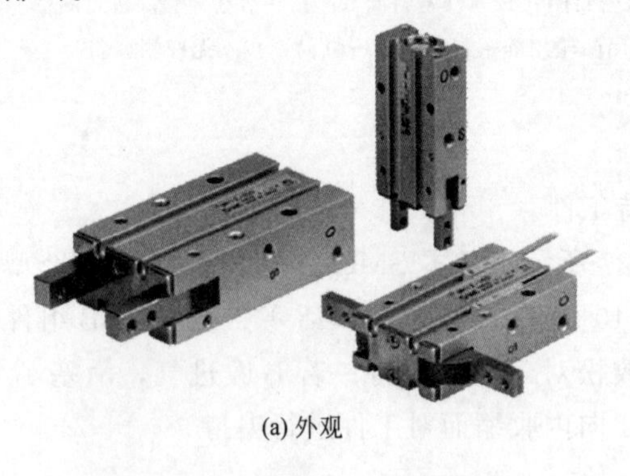

(a) 外观

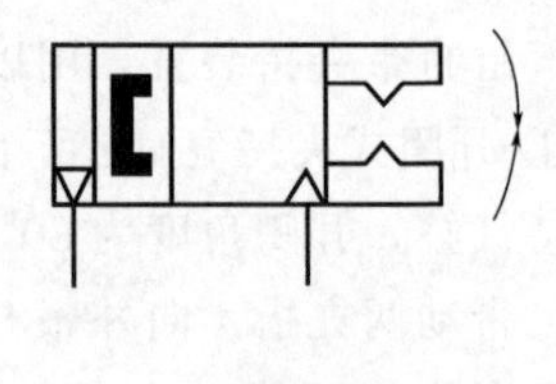

(b) 图形符号

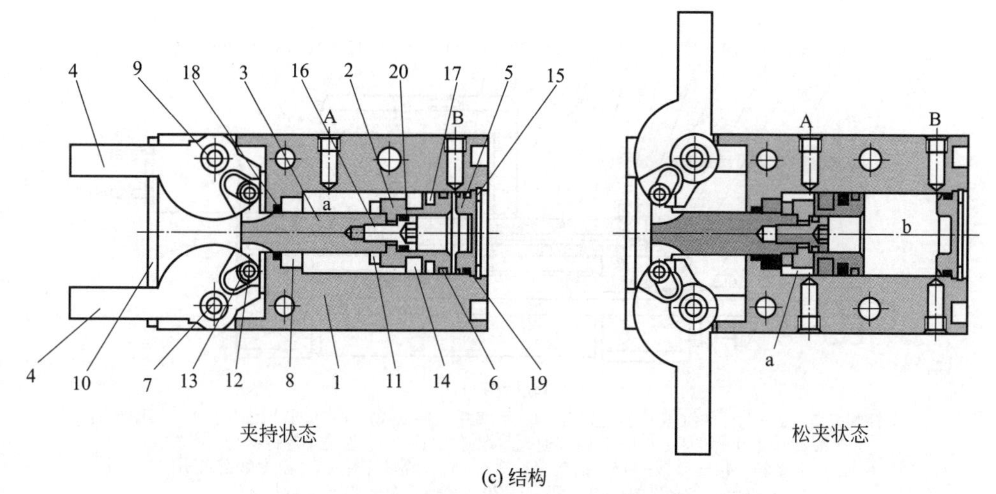

(c) 结构

图 4-28 MHY2 型开闭式夹持气缸

1—缸体；2—活塞；3—活塞杆；4—夹指；5—盖；6—支承环（磨损修正圈）；7—小轴；8—轴衬 A；9—轴衬 B；10—端盖；11—减振垫；12—针状转销轴；13—滚轮；14—橡胶磁铁；15—弹簧卡圈；16—活塞与活塞杆联轴器；17—活塞密封；18—活塞杆密封；19—密封；20—O 形圈

（9）带阀气缸

带阀气缸是气缸上安装换向阀及速度控制阀等的组合式气动执行元件，如图 4-29 所示。它省去了连接管道和管接头，减少了能量损耗，具有结构紧凑、安装方便等优点。带阀气缸上的阀有电控、气控、机控和手控等各种控制方式。阀的安装形式有安装在气缸尾部、上部等几种。

如图 4-29(a) 所示，电磁换向阀 4 安装在气缸上部。当电磁换向阀 4 的电磁铁通电时，电磁阀被切换为右位工作，压缩空气从 P 口进入，经电磁换向阀 4 右位进入气缸 2 右腔，气缸 2 左腔经电磁换向阀 R_1 口排气，气缸 2 左行；当电磁换向阀 4 的电磁铁断电时，电磁阀被切换为左位工作，压缩空气从 P 口进入，经电磁换向阀 4 左位进入气缸 2 左腔，气缸 2 右腔经电磁换向阀 R_2 口排气，气缸 2 右行。带阀气缸的结构如图 4-29(c) 所示。

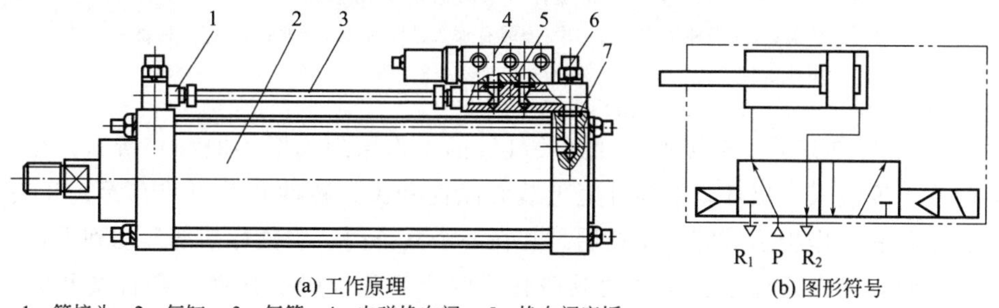

(a) 工作原理

1—管接头；2—气缸；3—气管；4—电磁换向阀；5—换向阀底板；6—单向节流阀组合件；7—密封圈

(b) 图形符号

图 4-29

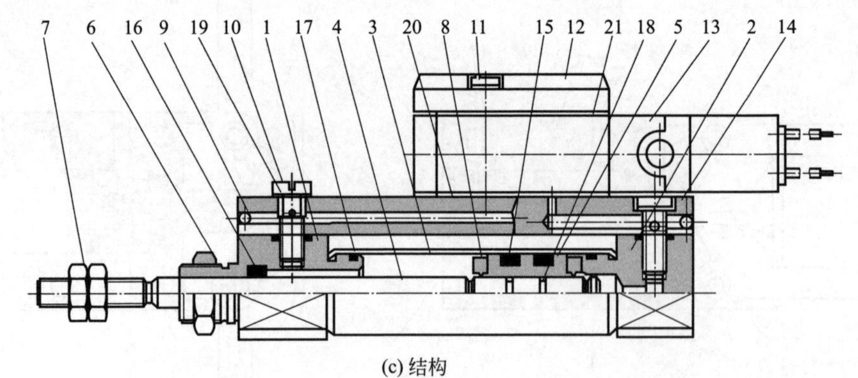

(c) 结构

1—有杆侧缸盖；2—无杆侧缸盖；3—缸筒；4—活塞杆；5—活塞；6—安装用螺母；7—杆端螺母；8—缓冲垫；9—钢球；10—带内部通孔的螺钉；11—十字盘头小螺钉；12—平板；13—电磁阀；14—导管；15—活塞密封圈；16—杆密封圈；17—缸筒静密封圈；18—活塞密封圈；19—垫圈；20—导管垫圈；21—平板垫圈

图 4-29　带阀气缸

（10）带磁性开关气缸

带磁性开关气缸的结构原理如图 4-30 所示，气缸活塞上装有永久磁环，磁性活塞不接近磁性开关时开关不动作，磁性活塞接近磁性开关时，因磁场发生变化，开关动作。这种方式中若活塞是磁性体、缸筒是非磁性体，可在气缸设置后再根据需要安装磁性开关。

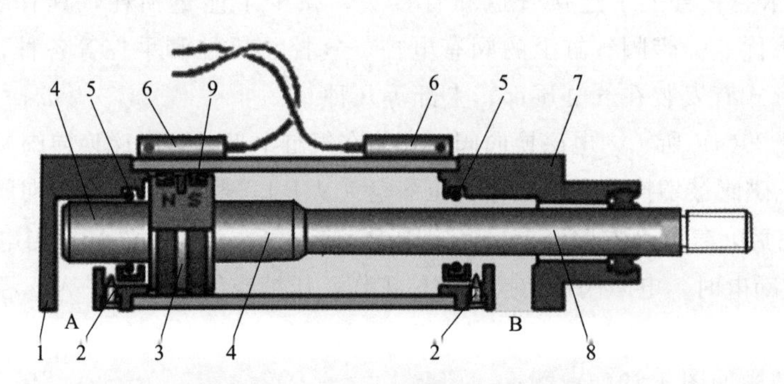

图 4-30　带磁性开关气缸的结构原理

1—缸后盖；2—缓冲调节螺钉；3—安装有永久磁环的气缸活塞；4—缓冲柱塞；5—缓冲密封圈；6—磁性开关；7—缸前盖；8—活塞杆；9—气缸活塞密封

① 有接点开关　有接点磁性开关气缸的工作原理如图 4-31(a) 所示，在气缸活塞上安装永久磁环，缸筒外壳上装有磁性开关。磁性开关内装有舌簧开关、保护电路和动作指示灯等，用树脂封装在一个盒子内。当磁性活塞运动到舌簧开关附近时，磁力线通过舌簧片使其磁化，两个簧片被吸引接触，则舌簧开关接通。当磁性活塞离开时，磁场减弱，两簧片弹开，则舌簧开关断开。舌簧开关的接通和断开使电磁阀换向，从而实现气缸的往复运动。

磁性开关用来检测气缸活塞的位置，控制气缸往复运动，因此不需要在缸筒上安装行程阀或行程开关，也不需要在活塞杆上设置挡块。

作为检测元件的舌簧开关的构造如图 4-31(b) 所示。舌簧开关的接点是用磁性体制成的，惰性气体和接点密封在玻璃管中，磁性活塞中的磁场对接点产生磁化作用时产生吸引力使接点闭合发出信号。

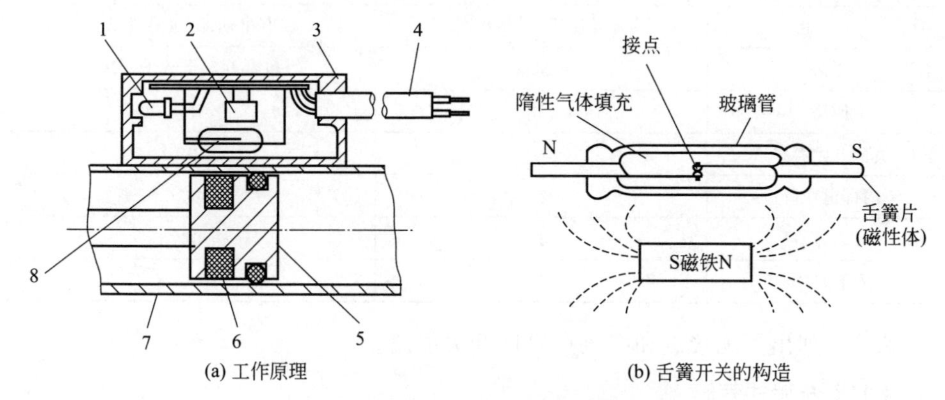

(a) 工作原理　　(b) 舌簧开关的构造

图 4-31　有接点磁性开关气缸的结构原理

1—动作指示灯；2—保护电路；3—开关外壳；4—导线；5—活塞；6—磁环；7—缸筒；8—舌簧开关

② 无接点开关　检测元件使用霍尔元件、磁阻元件等半导体或使用强磁性合金薄膜制成的磁电变换元件，内藏放大回路。

无接点磁性开关气缸的工作原理如图 4-32(a) 所示。装入活塞内的永久磁铁随着与开关的接近，使开关受磁场的影响。磁阻元件的输出电压如图 4-32(b) 所示。磁阻元件一般用比半导体温度系数小、磁性感应度高的合金薄膜制成。

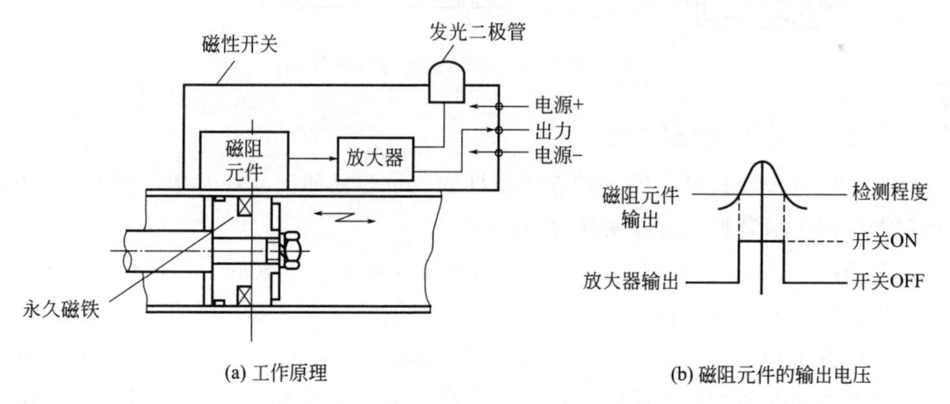

(a) 工作原理　　(b) 磁阻元件的输出电压

图 4-32　无接点磁性开关气缸的结构原理

无接点和有接点磁性开关的比较见表 4-3，有接点式因是机械接点，所以在某些方面有优点，如动作原理简单、配线简单、低成本等。随着自动化技术的发展，要求气缸小型化、高可靠性、长寿命，以及放大回路 IC（混合集成电路）

的推广可以实现低成本，目前无接点式磁性开关是主流。无接点式磁性开关具有如下优点：负荷选择范围广；不需要振荡消除回路；外形小，可装配在小型气缸和短行程气缸上；可靠性高，不必担心误动作；寿命长，不必更换等。

表 4-3　无接点和有接点磁性开关的比较

项目	无接点磁性开关	有接点磁性开关
可靠性	无可动部、可靠性高	有可动部、可靠性低
寿命	半永久	数百万次至数千万次
振荡	无	有
负荷开闭容量	大	小
内部电压降	小	大
误差	小	大
安装空间	小	大

表 4-4 列出了无接点和有接点磁性开关电路。

（11）伸缩式气缸

伸缩式气缸由多个互相套在一起的套筒组成（图 4-33）。轴向空间受限制但工作行程要求又较长的场合常使用伸缩式气缸，这种情况在气动系统中比较少见。

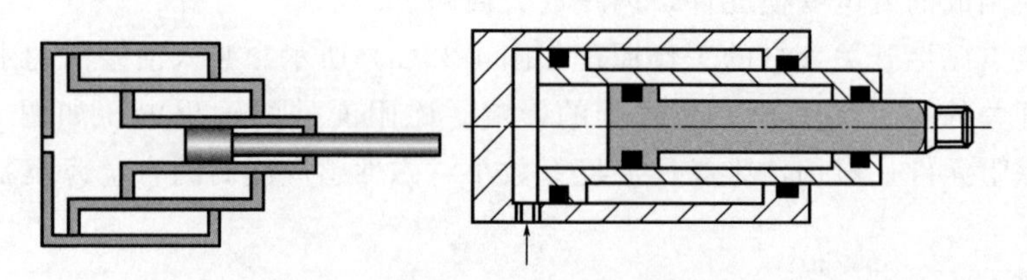

图 4-33　伸缩式气缸结构原理（单作用）

（12）无活塞杆气缸

当气缸行程较长时，使用带有活塞杆的气缸容易使活塞杆发生弯曲变形，因此常常利用无活塞杆气缸来解决这种问题。

① 钢索式气缸　如图 4-34 所示，钢索式气缸是以柔软的、弯曲性大的钢丝绳代替刚性活塞杆的一种气缸。活塞 1 与钢丝绳 2 连在一起，活塞 1 在压缩空气推动下往复运动。A 口进气，活塞 1 向右运动，滑轮 3、4 均逆时针方向转动，牵引负载 5 向左运动；B 口进气，活塞 1 向左运动，滑轮 3、4 场顺时针方向转动，牵引负载 5 向右运动。这样安装两个滑轮，可使活塞与负载的运动方向相反。

这种气缸的特点是行程可以很长，例如制成直径为 25mm、行程 6m 左右的气缸也不困难。钢索与导向套间易产生泄漏。

表 4-4　无接点和有接点的磁性开关电路

项目	指示灯	最佳安装范围的表示功能	位置偏差检测功能	使用磁性环境	导线数	开关电路	特点
无接点	1 色	无	无	一般用	2	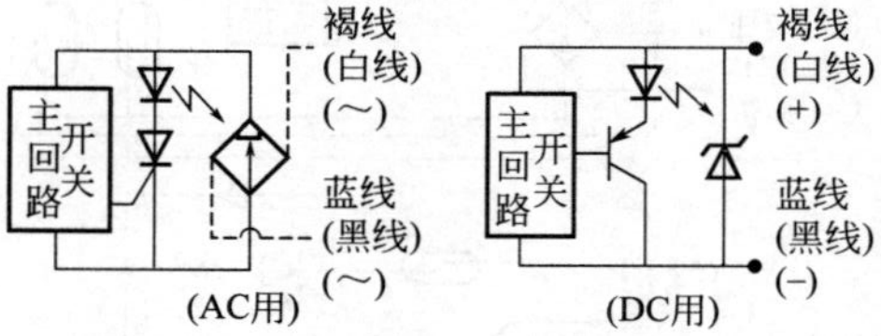 主开关回路；褐线(白线)(～)；蓝线(黑线)(～)；(AC用) 主开关回路；褐线(白线)(+)；蓝线(黑线)(−)；(DC用)	• 二线制配线方便 • 可用于共发射极输入 PC 和共集电极输入 PC • 也有 AC 型
					3	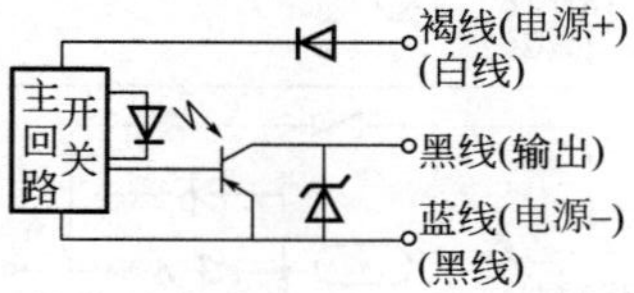 主开关回路；褐线(电源+)(白线)；黑线(输出)；蓝线(电源−)(黑线)	• 可用于 PC、继电器、IC 回路、电磁阀 • 漏电流、内部电压降小 • 负荷开闭容量大
	2 色	有	无	一般用	2	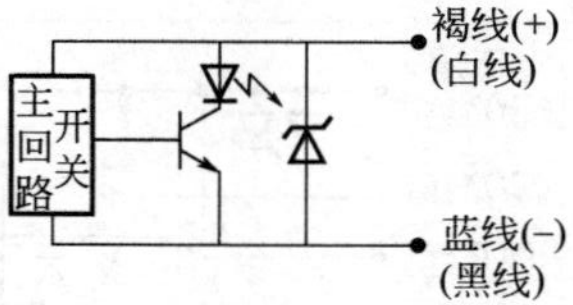 主开关回路；褐线(+)(白线)；蓝线(−)(黑线)	• 安装调整容易 • 无设定错误 • 二线制配线方便 • 可用于共发射极输入 PC 和共集电极输入 PC
				强磁场用	2	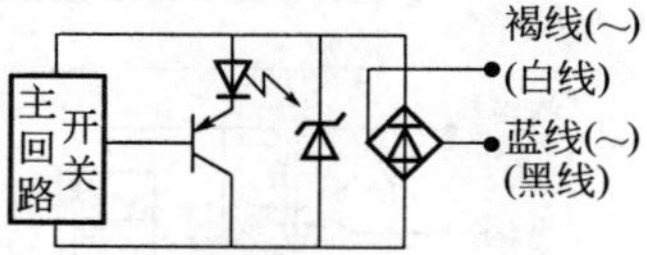 主开关回路；褐线(～)(白线)；蓝线(～)(黑线)	• 安装调整容易 • 无设定错误 • 可在 AC 强磁场中使用 • 可安装在多种气缸上
				一般用	3	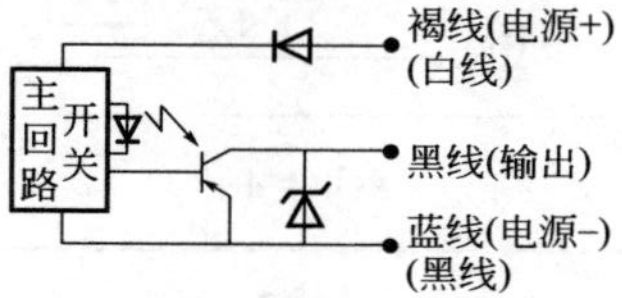 主开关回路；褐线(电源+)(白线)；黑线(输出)；蓝线(电源−)(黑线)	• 安装调整容易 • 无设定错误 • 可用于 PC、继电器、IC 回路、电磁阀 • 漏电流、内部电压降小

续表

项目	指示灯	最佳安装范围的表示功能	位置偏差检测功能	使用磁性环境	导线数	开关电路	特点
无接点	2色	有	有	一般用	3	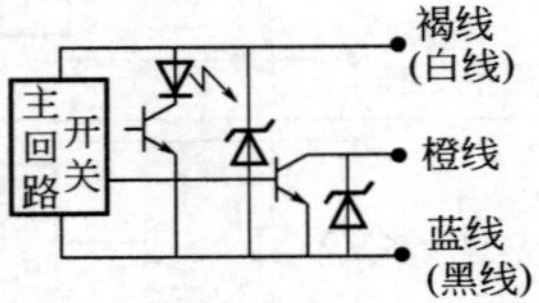主回路 开关 褐线 (白线) 橙线 蓝线 (黑线)	• 带位置偏差检测(危险信号)输出 • 安装调整容易 • 无设定错误
无接点	2色	有	有	一般用	4	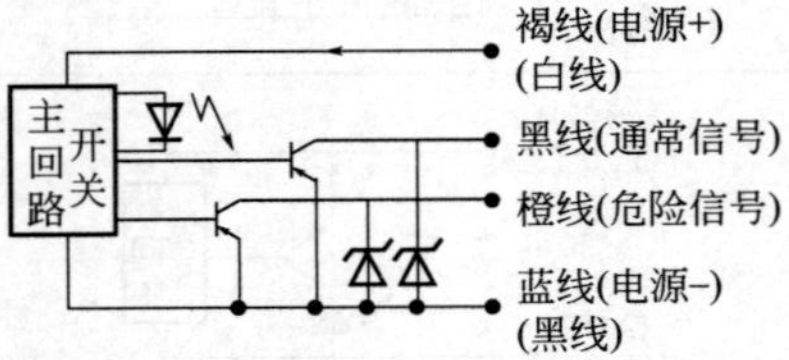主回路 开关 褐线(电源+) (白线) 黑线(通常信号) 橙线(危险信号) 蓝线(电源-) (黑线)	• 带位置偏差检测(危险信号)输出 • 安装调整容易 • 无设定错误 • 可用于 PC、继电器、IC 回路 • 漏电流、内部电压降小
有接点	1色	无	无	一般用	2	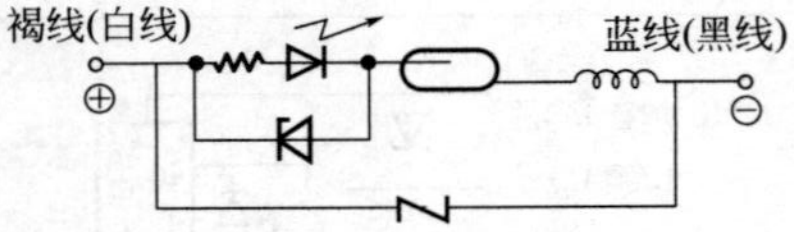褐线(白线) ⊕ 蓝线(黑线) ⊖	• AC/DC 兼用 • 可用于 PC(可编程控制器)、继电器 • 价格低
有接点	1色	无	无	强磁场用	2	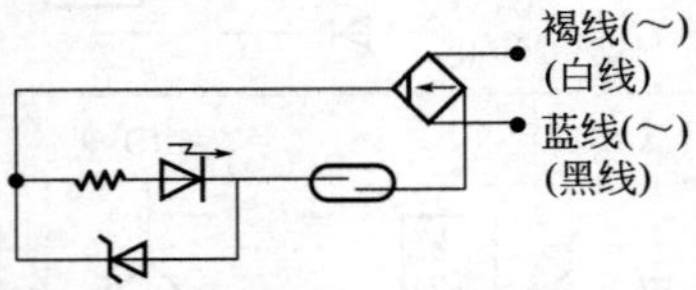褐线(～) (白线) 蓝线(～) (黑线)	• 可在强磁场中使用 • AC/DC 兼用 • 可用于 PC、继电器 • 都有极性
有接点	2色	有	无	强磁场用	2	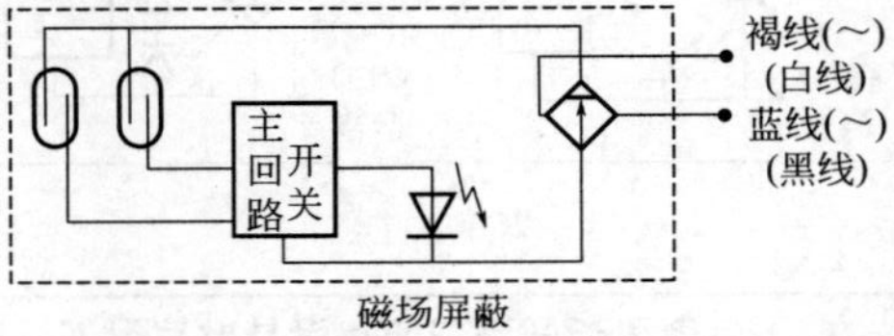主回路 开关 褐线(～) (白线) 蓝线(～) (黑线) 磁场屏蔽	

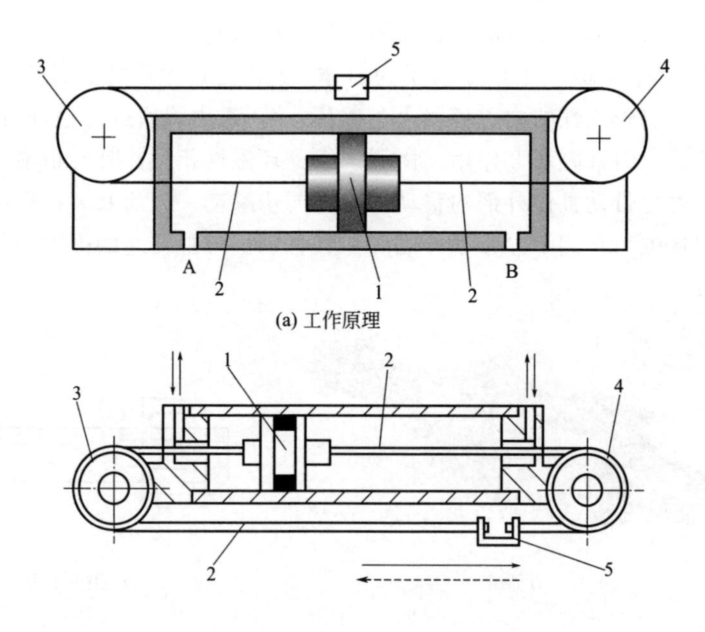

图 4-34 钢索式气缸

1—活塞；2—钢丝绳；3—左滑轮；4—右滑轮；5—移动连接件（装工件负载）

② 机械接触式无杆气缸　如图 4-35 所示，在气缸缸筒轴向开一条槽，活塞与滑块在槽上部移动。为了防漏及防尘，在开口部位用聚氨酯密封带和不锈钢防尘带固定在两端缸盖上，活塞架穿过槽，把活塞与滑块连成一体。活塞与滑块连接在一起，带动固定在滑块上的执行机构实现往复运动。

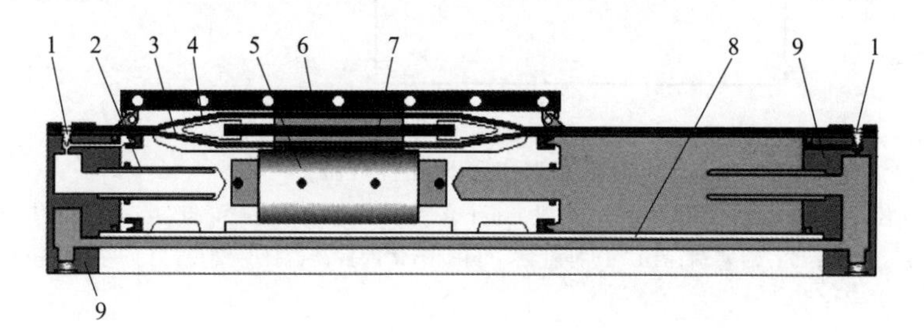

图 4-35 机械接触式无杆气缸

1—节流阀；2—缓冲柱塞；3—聚氨酯密封带；4—不锈钢防尘带；5—活塞；6—滑块；7—活塞架；8—铝质缸筒；9—缸盖

这种气缸与普通气缸相比优点是，在同样行程下可缩小一半的安装空间；不需设置防转机构；适用于缸径 ϕ10～80mm，最大行程在缸径 ϕ40mm 时可达 7m；速度高，标准型可达 0.1～0.5m/s，高速型可达到 0.3～3.0m/s。其缺点是密封性能差，容易产生外泄漏，在使用三位方向阀时，中位必须采用中压式；

承载能力小，为了增加承载能力，必须增加导向机构。

③ 磁性无杆气缸　图 4-36 所示为日本 SMC 公司生产的磁性无杆气缸，在活塞上安装一组强磁性的内磁环（永久磁环）4，磁力线通过薄壁缸筒 11 与套在缸筒外面的另一组外磁环 2 作用，由于两组磁环磁性相反，其有很强的吸力，活塞 8 便通过磁力带动缸体外部的移动体 1 作同步移动。当活塞 8 在缸筒内被气压推动时，则在磁力作用下，带动外磁环一起移动。气缸活塞的推力必须与磁环的吸力相适应。

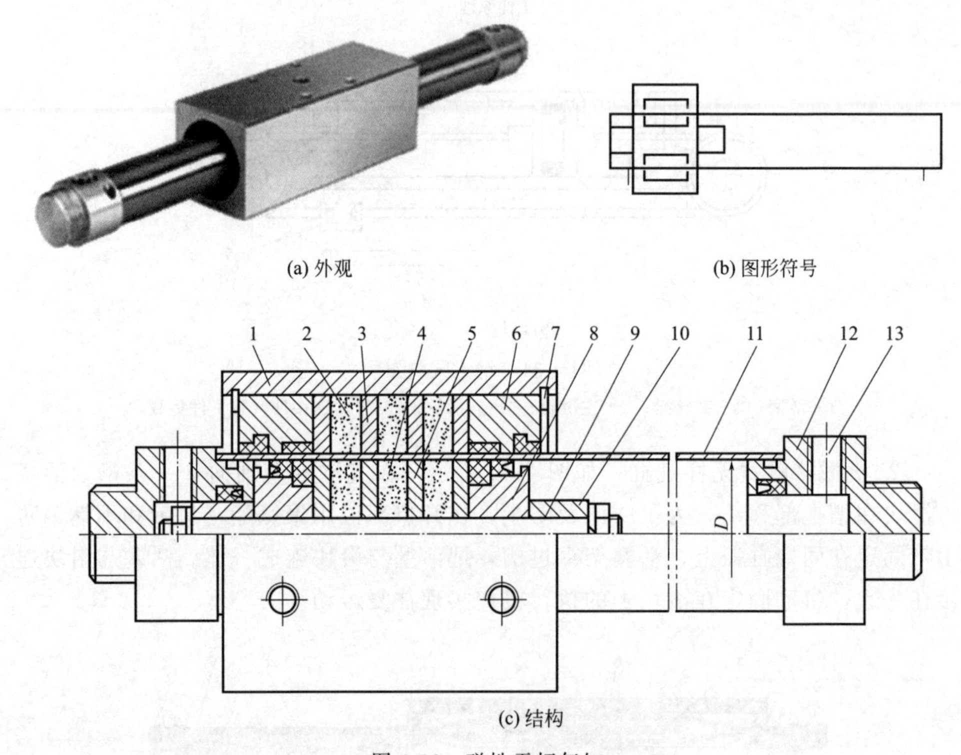

图 4-36　磁性无杆气缸

1—移动体（套筒）；2—外磁环；3—外磁导板；4—内磁环；5—内磁导板；6—压盖；7—卡环；8—活塞；9—活塞轴；10—缓冲柱塞；11—不锈钢缸筒；12—端盖；13—进排气口

（13）其他气缸

① 数字气缸　如图 4-37 所示，数字气缸由活塞 1、缸体 2、活塞杆 3 等组成。活塞的右端有 T 字头，活塞的左端有凹形孔，后面活塞的 T 字头装入前面活塞的凹形孔内，由于缸体的限制，T 字头只能在凹形孔内沿缸轴向运动，而两者不能脱开，若干活塞如此顺序串联置于缸体内，T 字头在凹形孔中左右可移动的范围就是此活塞的行程。不同的进气孔 $A_1 \sim A_i$（可能是 A_1，或是 A_1 和 A_2，或是 A_1、A_2 和 A_3，还可能是 A_1 和 A_3，或 A_2 和 A_3 等）输入压缩空气（0.4～0.8MPa）时，相应的活塞就会向右移动，每个活塞的向右移动都可推

动活塞杆向右移动，因此活塞杆每次向右移动的总距离等于各活塞行程的总和。这里B孔始终与低压气源相通（0.05～0.1MPa），当 A_1～A_i 孔排气时，在低压作用下，活塞会自动退回原位。各活塞的行程大小，可根据需要的总行程 s 按几何级数由小到大排列选取。设 $s=35$mm，采用3个活塞，则各活塞的行程分别取 $a_1=5$mm、$a_2=10$mm、$a_3=20$mm。如 $s=31.5$mm，可用6个活塞，则 a_1、a_2、a_3、a_4、a_5、a_6 分别设计为0.5mm、1mm、2mm、4mm、8mm、16mm，由这些数值组合起来，就可在0.5～31.5mm范围内得到0.5mm整数倍的任意输出位移量。这里的 a_1、a_2、a_3、…、a_i 可以根据需要设计成不同数列，可以得到各种所需的行程。

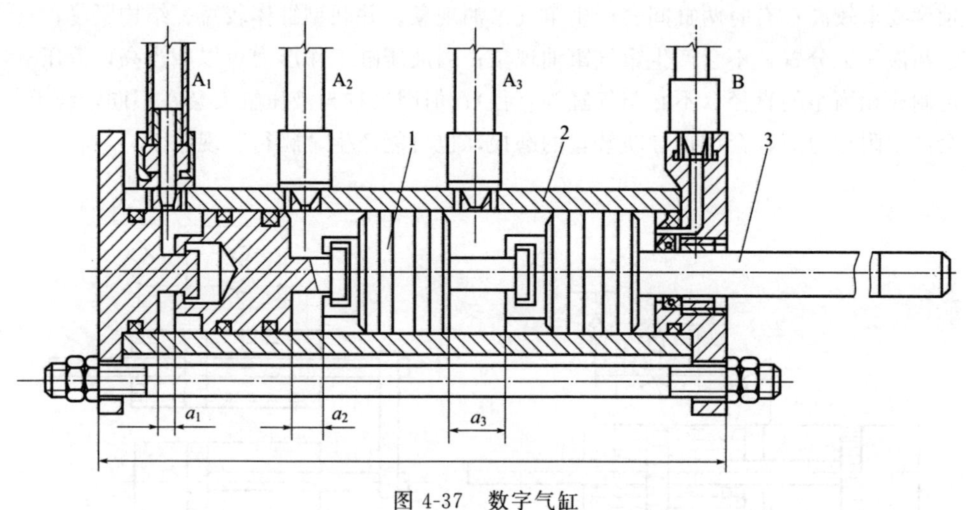

图4-37　数字气缸

1—活塞；2—缸体；3—活塞杆

② 气液阻尼缸　通常气缸采用的工作介质是压缩空气，其特点是动作快，但速度不易控制，当载荷变化较大时，容易产生“爬行”或“自走”现象；而液压缸采用的工作介质是通常认为不可压缩的液压油，其特点是动作不如气缸快，但速度易于控制，当载荷变化较大时，采取措施得当，一般不会产生“爬行”和“自走”现象。把气缸与液压缸巧妙地组合起来，取长补短，利用油液的不可压缩性和控制油液排量来获得活塞的平稳运动和调节活塞的运动速度，即成为气动系统中普遍采用的气液阻尼缸，按气缸与液压缸的连接方式，可分为串联型与并联型两种。

图4-38(a)所示为一种气缸与液压缸串联而成的气液阻尼缸，两活塞固定在同一活塞杆上。液压缸不用泵供油，只要充满油即可，其进、出口间装有单向阀、节流阀及补油杯。当气缸右端供气时，气缸克服载荷带动液压缸活塞向左运动（气缸左端排气），此时液压缸左端排油，单向阀关闭，油只能通过节流阀流入液压缸右腔及油杯内，这时若将节流阀阀口开大，则液压缸左腔排油通畅，两

活塞运动速度就快，若将节流阀阀口关小，液压缸左腔排油受阻，两活塞运动速度会减慢，调节节流阀开口大小，就能控制活塞的运动速度。可以看出，气液阻尼缸的输出力应是气缸中压缩空气产生的力（推力或拉力）与液压缸中油的阻尼力之差。

串联型气液阻尼缸还有液压缸在前或在后之分。液压缸在后，液压缸活塞两端作用面积不等，工作过程中需要储油或补油，油杯较大。液压缸在前，则液压缸两端都有活塞杆，两端作用面积相等，除补充泄漏之外就不存在储油、补油问题，油杯可以很小。

图 4-38(b) 所示为并联型气液阻尼缸。串联型缸体较长；加工与安装时对同轴度要求较高；有时两缸间会产生窜气窜油现象。并联型缸体较短、结构紧凑；气缸与液压缸分置，不会产生窜气窜油现象；因液压缸工作压力可以相当高，液压缸可制成相当小的直径（不必与气缸等直径）；但因气缸与液压缸安装在不同轴线上，会产生附加力矩，会增加导轨装置的磨损，也可能产生“爬行”现象。

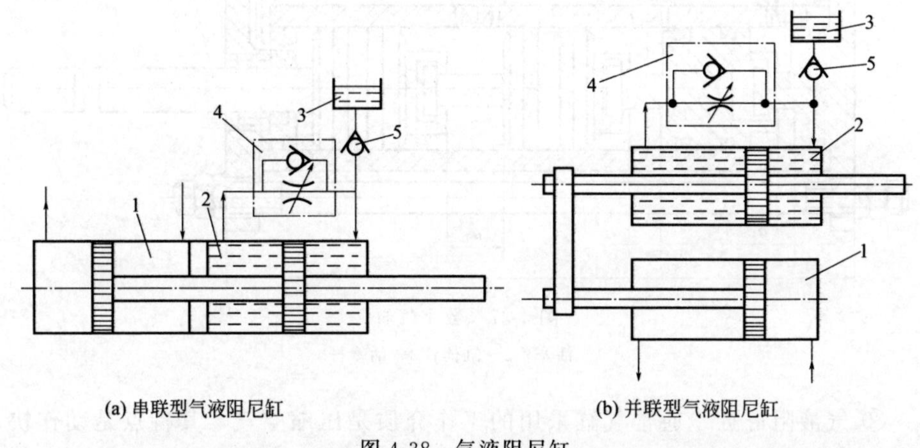

图 4-38　气液阻尼缸

1—气缸；2—液压缸；3—油杯；4—单向节流阀；5—单向阀

③ 冲击气缸　是把压缩空气的压力能转换为活塞和活塞杆的高速运动，输出动能，产生较大的冲击力，打击工件做功的一种气缸。

冲击气缸结构简单，成本低，耗气功率小，但能产生相当大的冲击力。可用于锻造、冲压、下料、破碎等多种场合。

冲击气缸的工作原理如图 4-39 所示。

第一阶段（复位段）：压缩空气由孔 A 输入冲击气缸的下腔，蓄能腔经孔 B 排气，活塞上升并由密封垫封住中盖喷嘴，蓄能腔被密封，为储蓄能量做准备。

第二阶段（蓄能段）：压缩空气改由孔 B 进气，输入蓄能腔，冲击气缸下腔经孔 A 排气。由于活塞上端气压作用在喷嘴上的面积较小（通常为活塞面积的 1/9)，而活塞下端受力面积较大，此时活塞下端向上的作用力仍然大于活塞上端向下的作用力，喷嘴依然被关闭，不能开启，故使蓄能腔储存很高的能量。

第三阶段（冲击段）：蓄能腔压力继续增大，下腔压力继续降低，当活塞下端向上的作用力小于活塞上端向下的作用力时，活塞向下移动，喷嘴打开，蓄能腔内的高压气体迅速充入活塞与中盖之间的空间，活塞上端受力面积突然增加，活塞以极大的加速度向下运动，产生极大的冲击力。

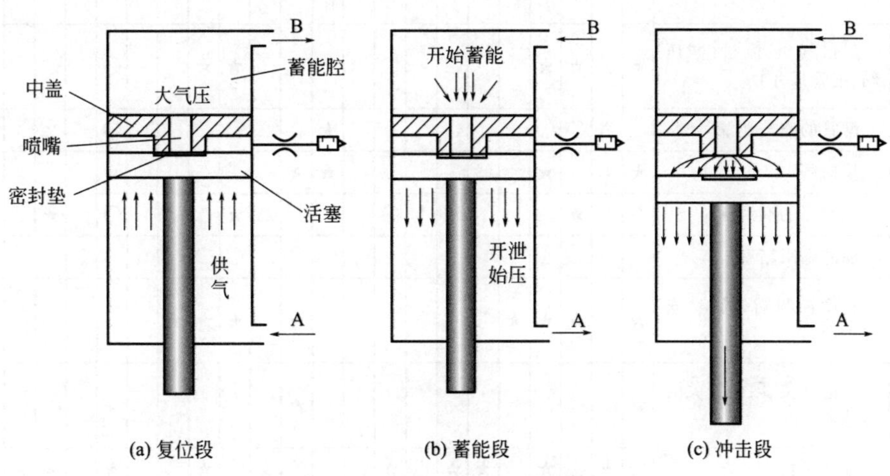

图 4-39　冲击气缸的工作原理

冲击气缸的外接气路如图 4-40 所示。

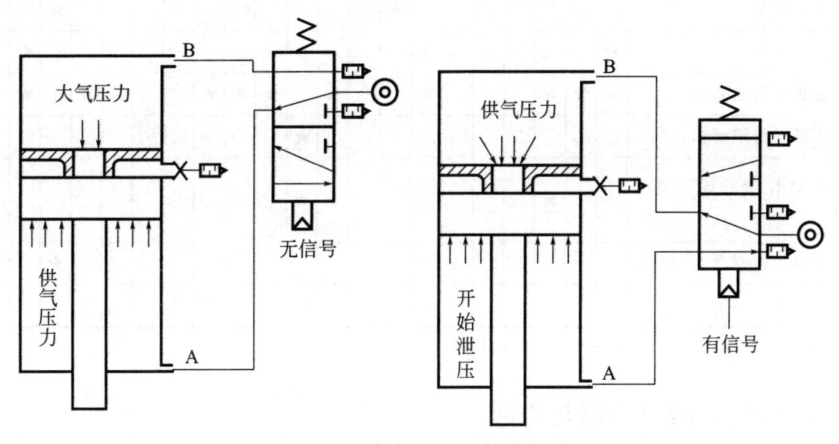

图 4-40　冲击气缸的外接气路

4.2.2　气缸的故障现象与故障原因

气缸的故障现象与故障原因见表 4-5。

表 4-5 气缸的故障现象与故障原因

项目		安装、调整时故障现象											使用时故障现象										
		不动作	在行程途中停止	爬行现象	速度太慢	速度太快	跳出现象	启动缓慢	缓冲不起作用	声音异常	活塞杆漏气	中间停止状态时进行动作	不动作	在行程途中停止	爬行现象	速度太慢	速度太快	跳出现象	启动缓慢	缓冲不起作用	声音异常	活塞杆漏气	中间停止状态时进行动作
系统类故障原因	供给气压、流量（减压阀、配管尺寸）	★	○	★	★			○		○			★	○	★	★			○		○		
	配管的空气泄漏	△	△	○	○			○		△		★	△	△	○	○			○		△		★
	换向阀	★			★		○	○		△		★	★			△		○	★				★
	油雾器的润滑油	△	△	★	△			△		○			△	△	★	△			○		★	○	
	滤芯筛眼堵塞		△		△								○	△	○	○			○		△		
	速度控制阀（调整、安装方向）	★		★	★	★	○	△	○	△			★		★	★	★			○	△		
	气缸开关、限位开关的传感器	★											★										
	连杆机构	○	★	○	★	○	★	★	△	★	○		○	★	○	★	○	○	★	△	★	★	
	相对于使用条件输出不足（负荷太大）	★	○	★	★			★	★				△	△	△	△			○	○			
气缸类故障原因	缓冲针阀		○						★	△				○						★	△		
	缸筒变形	★	○	△	△		○	★		△		△	○	○	△	○		○	○		★		△
	活塞杆弯曲变形	★	★	★	○		○	★		△	★		★	★	★	○		○	★		★	★	
	活塞密封圈磨损、划伤	△	△	○	△			△				★	○	△	○	○			○				★
	活塞杆密封圈磨损、划伤		○	★	△			△			★	★	○	○	○	○			○			★	★
	缓冲密封圈磨损、划伤								○											★			
	拉杆安装不当	△	△	△	△		△	△		△		△	△	△	△	△		△	△	△	△		△

注：★—影响大；○—影响中等；△—影响不大。

4.2.3 气缸的故障分析与排除

【故障 1】气缸不动作

① 气源无压力或者压力不足：确保压力源正常工作，检查减压阀及全部管路。

② 缸前面的方向控制阀不动作：排除方向控制阀不动作的故障。

③ 活塞密封圈破损：更换密封圈。

④ 密封件黏着（初期突出）：考虑用低摩擦气缸。

⑤ 缸筒变形：更换气缸。

【故障2】输出力不足

① 气源压力不足：检查气源压力是否正常。

② 活塞密封圈破损：更换活塞密封圈。

【故障3】速度变慢

① 排气通路太小：检查阀、配管的尺寸。

② 进入气缸的气量偏小：提高气缸的进气量。

③ 负荷过大，活塞杆弯曲：更换活塞杆，消除导致弯曲的原因。

④ 润滑不良，供油不足，油脂用完：改善润滑，添加润滑油脂。

⑤ 密封圈变形：更换密封圈。

⑥ 活塞密封圈失效，导致气缸两腔窜通（窜气）：更换活塞密封圈。

【故障4】导轨引起的故障

① 导轨轴心偏离造成的活塞杆破损，气缸不能动作或活塞杆密封圈泄漏：更换活塞杆，检查活塞杆密封圈、导向套，检查导轨、气缸及接头等的安装方法。

② 导轨滑动阻力的变化变高，气缸动作变慢；导轨滑动阻力的变化变低，气缸动作便快：加导轨润滑脂，检查导轨安装状态（平行度等），并校正安装精度；检查导轨有否拉伤，若有则刮研修复。

【故障5】动作不平稳

① 特别是在低速界限以下的动作不平稳：减缓负荷的变动；研究是否使用低油压气缸；改变支撑形式和提高气缸的安装精度。

② 有横向载荷：设置导杆或采用带导向杆的气缸，改变支撑形式和提高气缸的安装精度，避免横向载荷。

③ 负荷过大：提高工作压力，增大缸筒内径。

④ 速度控制阀处为进气节流回路：速度控制阀处改为回气节流回路，改变速度控制阀的安装方向。

⑤ 混入了冷凝水、杂质：拆卸、检查并清洗过滤器。

⑥ 缸筒生锈、损伤：修理缸筒，损伤大时更换。

⑦ 发生爬行：速度低于50mm/s时要使用液压制动缸或气液转换器。

【故障6】气缸破损、变形

高速动作时的冲击力大：调节缓冲，使缓冲更有效；适当降低气缸运动速度，减小负荷；必要时设置外部缓冲机构。

【故障7】全行程完不成

① 缓冲部位脏污：清洗缓冲部位。

② 内部脏物堵塞：分解清洗。

③ 橡胶缓冲垫变形：更换橡胶缓冲垫。

【故障 8】缓冲失效

① 缓冲密封圈损伤：更换缓冲密封圈。

② 缸筒静密封圈泄漏：更换缸筒静密封圈。

③ 缓冲阀松动：重新调整后锁定；考虑在外部设置缓冲机构或减速回路。

④ 缓冲节流调节阀节流部位拉伤，调节失效：修理缓冲节流调节阀。

⑤ 缓冲套外径拉伤：修复缓冲套外径或更换缓冲套。

⑥ 配对的单向阀泄漏：修复单向阀。

【故障 9】磁性开关不能接通

① 因外力引起以及电压异常、电流异常与脉冲电压等原因引起磁性开关破损：检查电气回路，检查电气负载，考虑改变过电压吸收对策，缩短配线长度，必要时更换磁性开关。

② 高温造成磁环磁力减弱：更换磁环，调查环境因素的影响。

③ 电路断线：更换为其他类型的导线，改变导线环绕方向。

④ 外部磁力影响：安装消磁板，改善磁性开关安装面。

【故障 10】磁性开关不能断开

① 触点熔接（针对舌簧式磁性开关）：更换磁性开关，检查电气负荷，采取消除脉冲电压的策略。

② 外部磁力影响：安装消磁板，改善磁性开关安装面。

【故障 11】活塞杆和轴承部位漏气

① 活塞杆密封圈磨损：更换活塞杆密封圈。

② 活塞杆偏芯：调整气缸的安装方式，避免横向载荷。

③ 活塞杆有损伤：修补时损伤过大则更换。

④ 卡进了杂质：去除杂质，安装防尘罩。

【故障 12】带制动器的气缸停止时超程过长

① 配管距离过长：缩短配管距离来缩短响应时间，在制动器端口安装快速排气阀。

② 负荷过重：确认规格，将负荷减小到允许范围内。

③ 移动速度过快：确认规格，将速度降到允许范围内。

【故障 13】带制动器的气缸发生振动或飞出现象

① 负荷不平衡：设计回路时使其停止时负荷能保持平衡。

② 螺距过短，气缸启动时的速度经常不稳定：将螺距调到 50mm 以上或尽可能减速。

③ 制动器未开放：有开始移动信号的同时，向制动器端口供给设定压力以上的压缩空气。

【故障 14】外部泄漏

① 缸杆与缸盖密封圈损伤：更换密封圈。

② 缸杆横向负载大：提高缸杆安装精度。

③ 导轨轴心偏离：提高导轨安装精度。

4.2.4 气缸的定期维护

① 定期检查气缸安装螺钉及螺母是否松动。

② 定期检查气缸安装架是否松动或下弯。

③ 确认动作状态是否平稳，检查最低动作压力及动作是否正常。

④ 使用中注意观察气缸速度和循环时间是否变化。

⑤ 观察行程末端是否发生冲击现象。

⑥ 随时检查是否有外部泄漏，特别是活塞杆密封处。

⑦ 定期检查杆端连接件、拉杆、螺钉是否松动。

⑧ 定期检查行程上是否有异常状况。

⑨ 定期检查活塞杆上有无划痕、偏磨。

⑩ 确认磁性开关动作，检查是否发生位置偏移。

4.3 摆动气缸

4.3.1 齿轮齿条式摆动气缸的工作原理与结构

齿轮齿条式摆动气缸是通过连接在活塞上的齿条使齿轮回转的一种摆动气缸，把气缸活塞的往复直线运动通过齿条和齿轮转换成往复旋转运动。活塞仅作往复直线运动，摩擦损失小，齿轮传动的效率较高，这种摆动气缸效率可达到95%左右。

(1) 无锡市圣汉斯控制系统有限公司生产的齿轮齿条式摆动气缸

如图4-41所示，缸体4内的活塞1、1′分别与齿条2、2′连在一体。

如图4-41(a) 所示，当气源压力从气口A进入气缸两活塞之间的中腔时，使带齿条的左、右活塞1与1′向相反方向（气缸两端方向）运动，迫使两端的弹簧被压缩，两活塞外侧两腔的空气通过气口B向外排出，同时使两活塞齿条同

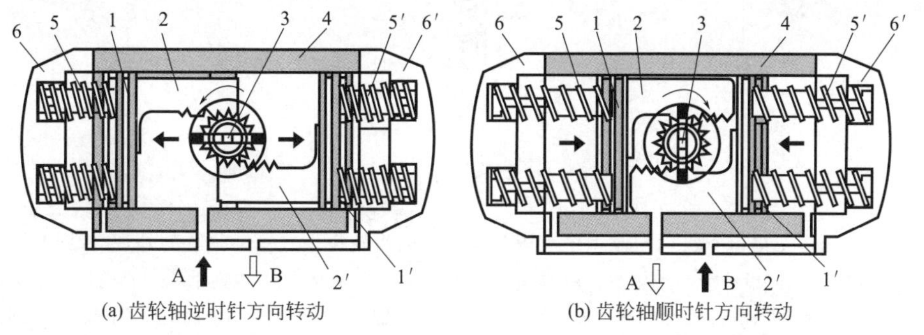

(a) 齿轮轴逆时针方向转动

(b) 齿轮轴顺时针方向转动

图4-41 无锡市圣汉斯控制系统有限公司生产的齿轮齿条式摆动气缸的工作原理

1,1′—左、右活塞；2,2′—齿条；3—输出轴（齿轮轴）4—缸体；5,5′—左、右复位弹簧；6,6′—左、右缸盖

步带动输出轴（齿轮轴）3 逆时针方向转动。

如图 4-41(b) 所示，在气源压力经过电磁阀换向后，两端的弹簧复位力使带齿条的左、右活塞 1 与 1′向中心方向运动，气口 A 排气，齿条带动输出轴（齿轮轴）3 也顺时针方向转动。此时两活塞外侧两腔形成了一定的真空度，空气由 B 口补入。

无锡市圣汉斯控制系统有限公司生产的齿轮齿条式摆动气缸外观与结构如图 4-42 所示。

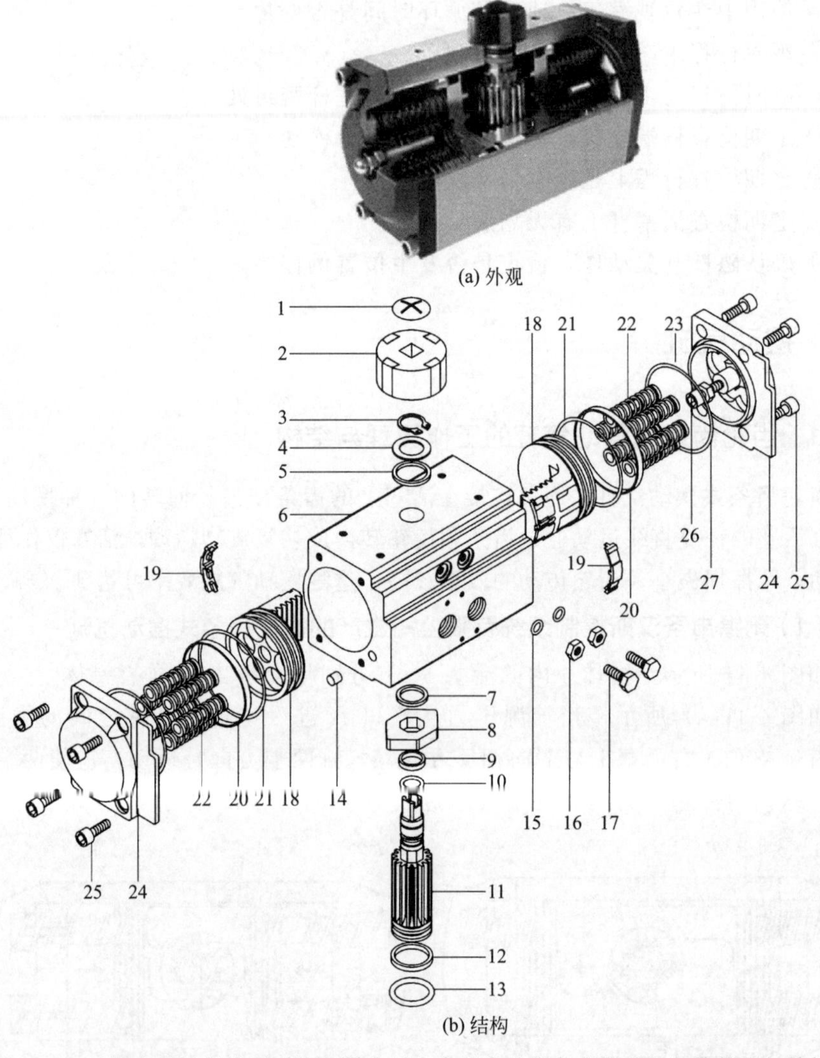

图 4-42　无锡市圣汉斯控制系统有限公司生产的齿轮齿条式摆动气缸的外观与结构

1—指示器螺钉；2—指示器；3—卡簧；4—垫圈；5—外垫片；6—缸体；7—内垫片；8—凸轮；9——上轴轴承；10—上轴 O 形圈；11—齿轮轴；12—下轴轴承；13—下轴 O 形圈；14—堵头；15—调节螺栓 O 形圈；16—调节螺栓螺母；17—调节螺栓；18—活塞（带齿条）；19—活塞导板；20—活塞轴承；21—活塞 O 形圈；22—复位弹簧；23—端盖 O 形圈；24—端盖；25—端盖螺栓；26—限位螺栓；27—限位螺母

（2）MSQ 系列齿轮齿条式摆动气缸

如图 4-43 所示，MSQ 系列齿轮齿条式摆动气缸是双作用的，没有了两侧的复位弹簧，同样缸体 4 内的活塞 1、1′分别与齿条 2、2′连在一体。

如图 4-43(a) 所示，压缩空气由 A 口输入，使带齿条的左、右活塞 1 与 1′向相反方向运动，齿条的移动带动输出轴 3 逆时针方向转动，两活塞外侧两腔的空气由 B 口排出。

如图 4-43(b) 所示，压缩空气由 B 口输入，使带齿条的左、右活塞 1 与 1′向中心方向运动，齿条的移动带动输出轴 3 顺时针方向转动，两活塞外侧两腔的空气由 A 口排出。

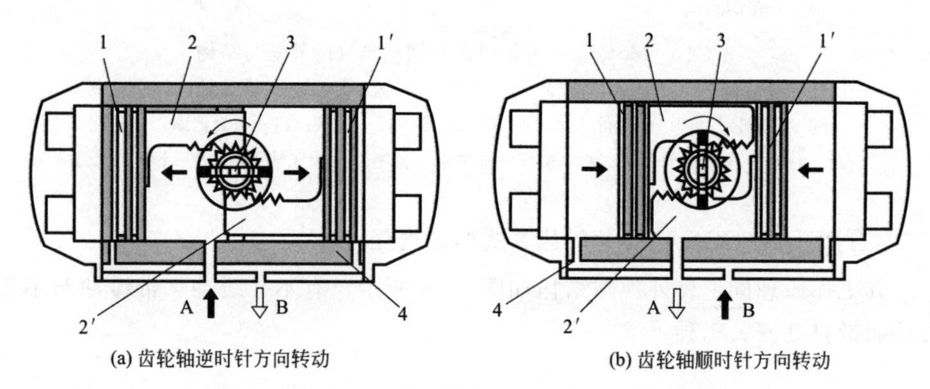

(a) 齿轮轴逆时针方向转动　　(b) 齿轮轴顺时针方向转动

图 4-43　MSQ 系列齿轮齿条式摆动气缸工作原理

1,1′—左、右活塞；2,2′—齿条；3—输出轴（齿轮轴）；4—缸体

图 4-44 所示为日本 SMC 公司生产的 MSQ 系列齿轮齿条式摆动气缸的外观与结构。

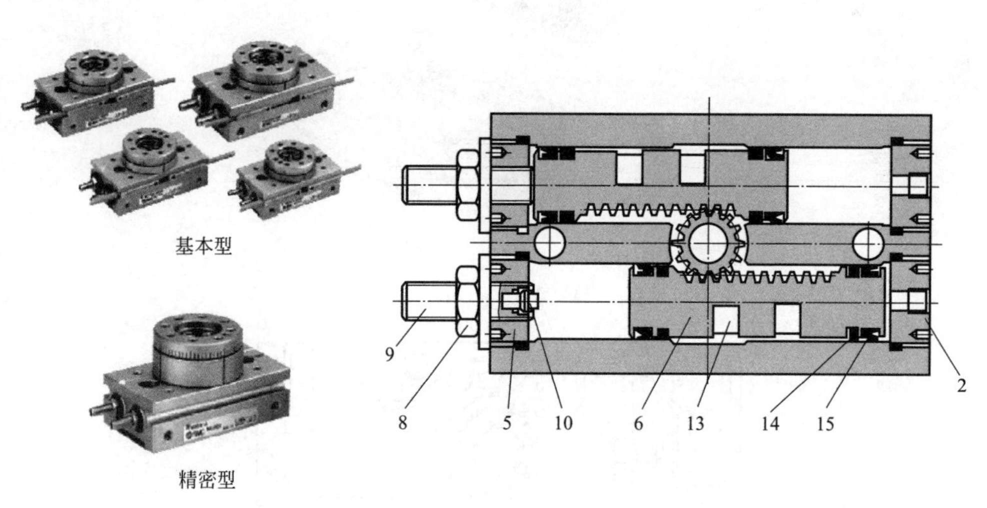

图 4-44

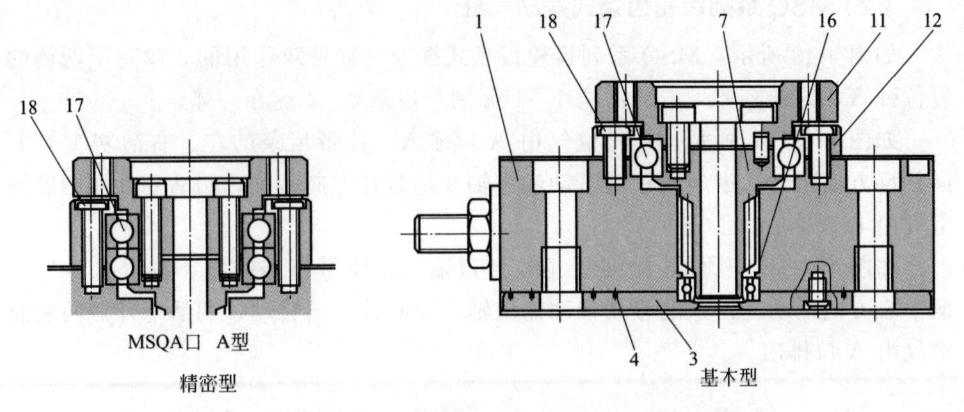

图 4-44 MSQ 系列齿轮齿条式摆动气缸的外观与结构

1—壳体；2—右盖；3—底板；4—密封；5—左盖；6—齿条柱塞；7—齿轮轴；8—六角螺母；9—行程调节螺钉；10—缓冲件；11,12—轴承压盖；13—磁铁；14—密封挡圈；15—柱塞密封；16—深沟球轴承；17—基本型深沟球轴承（精密型为特殊轴承）；18—十字头螺钉

（3）CRA1/CDRA1型齿轮齿条式摆动气缸

其工作原理同上。外观与结构如图 4-45 所示，有不带缓冲、带缓冲与不带缓冲而带自动开关三种。

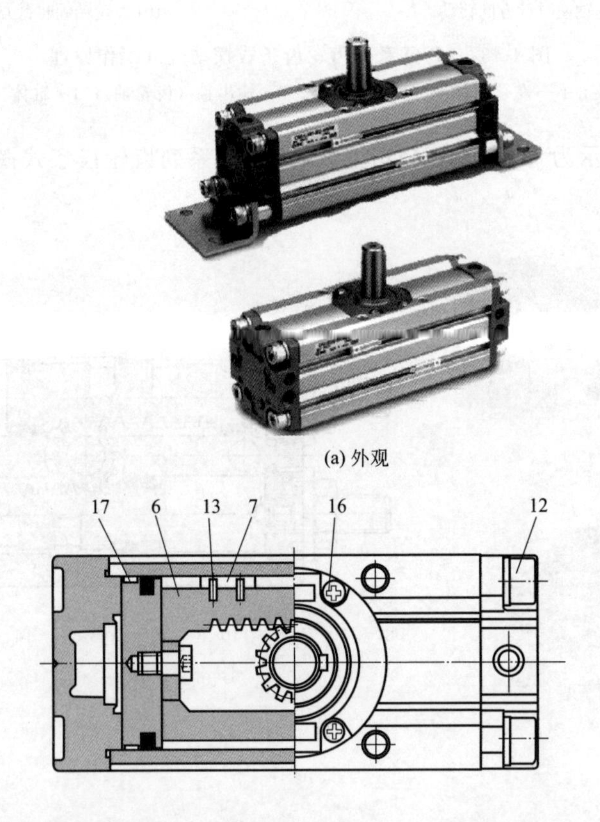

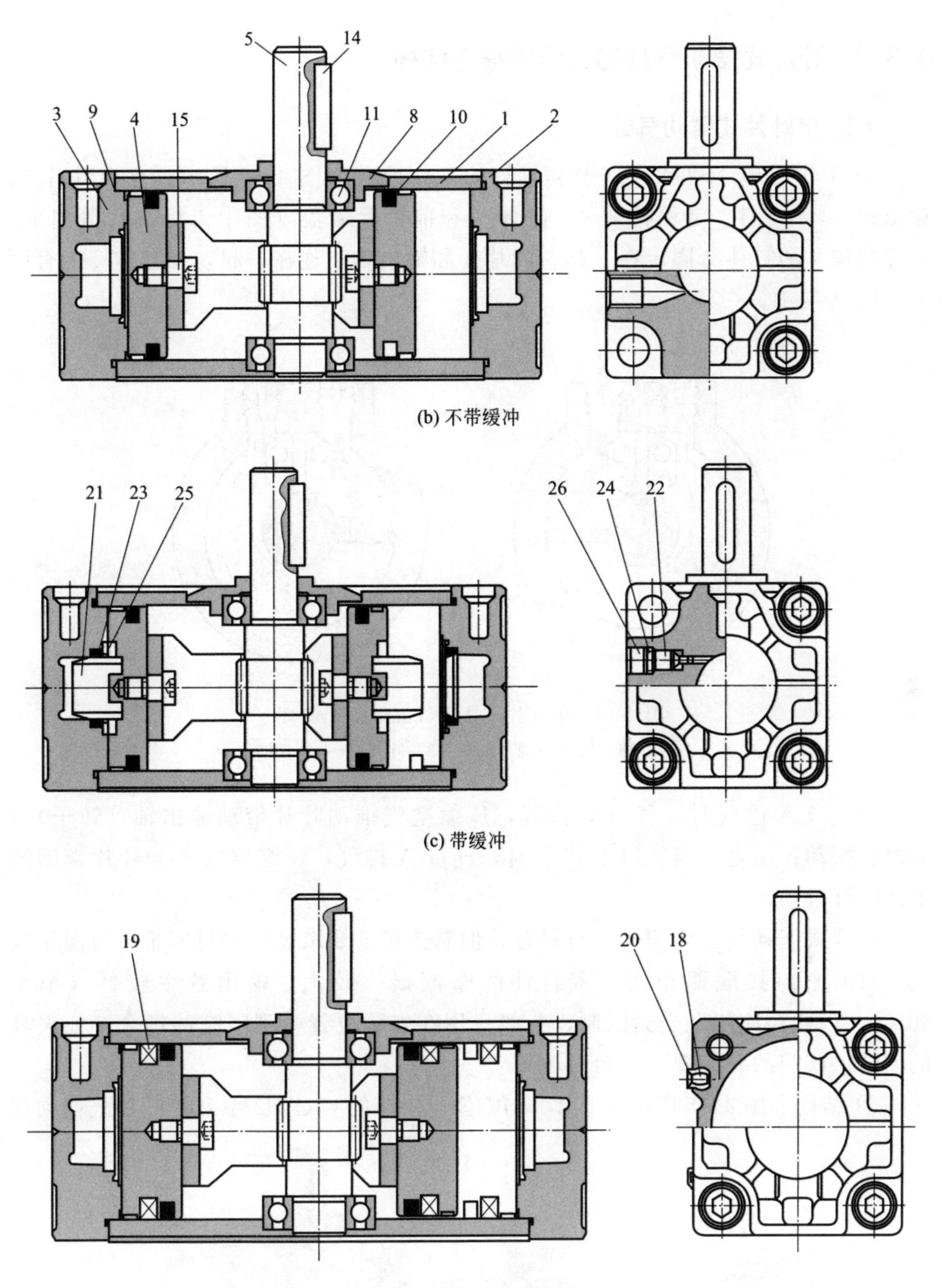

图 4-45　CRA1/CDRA1 型齿轮齿条式摆动气缸的外观与结构

1—壳体；2—右盖；3—左盖；4—活塞；5—输出轴；6—齿条；7—滑块；8—轴承压盖；9—密封垫；10—活塞密封；11—轴承；12—内六角螺钉；13—弹簧销；14—平键；15—连接螺钉；16—十字头螺钉；17—支承环；18—自动开关；19—磁铁；20—开关座；21—缓冲套；22—缓冲阀；23—缓冲密封；24—O 形圈；25—密封压板；26—挡圈

4.3.2 叶片式摆动气缸的工作原理与结构

(1) 单叶片式摆动气缸

① 工作原理　单叶片式摆动气缸的工作原理如图4-46所示。它由叶片3、输出轴(转子)1、定程挡块4、缸体2和前、后端盖(图中未标出)等组成。定程挡块4和缸体2固定在一起,叶片3和输出轴1连在一起,在缸体2上有两个气口A与B。

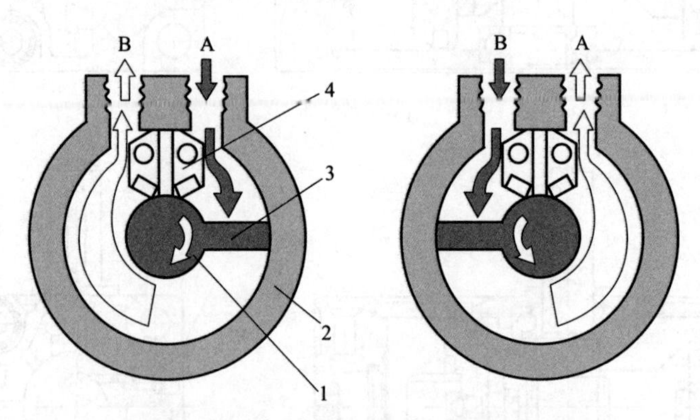

图4-46　单叶片式摆动气缸的工作原理

1—输出轴(转子);2—缸体;3—叶片;4—定程挡块

当气口A进气时,气口B排气,压缩空气推动叶片带动输出轴(转子)1顺时针摆动;反之,当气口B进气时,气口A排气,压缩空气推动叶片带动转子逆时针摆动。

叶片式摆动气缸体积小,重量轻,但制造精度要求高,密封困难,泄漏量较大,且动密封接触面积大,密封件的摩擦损失较大,输出效率较低(小于80%),因此在应用上受到限制,一般只用在安装位置受到限制的场合,如夹具的回转、阀门的开闭及工作台转位等。

② 结构　图4-47所示为日本SMC公司生产的CRBU2系列单叶片式摆动气

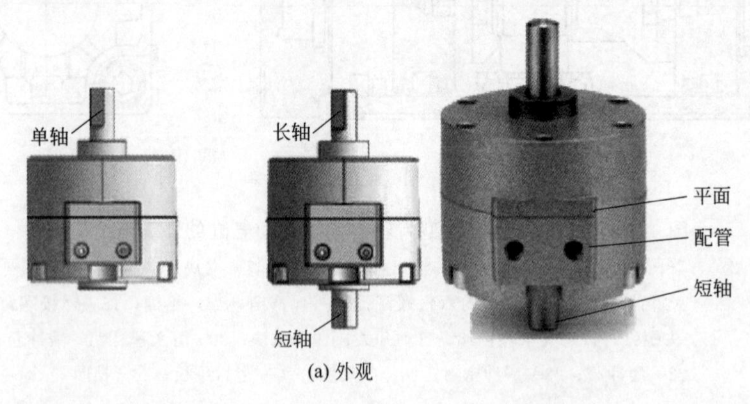

(a) 外观

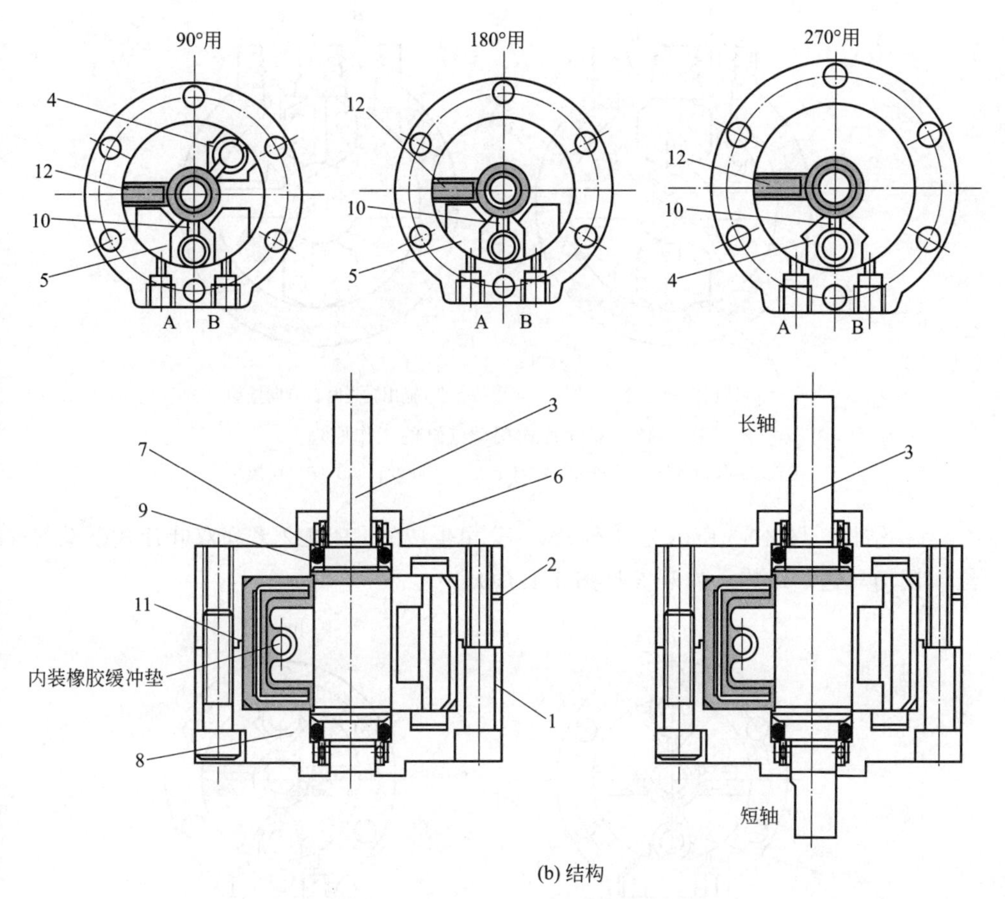

(b) 结构

图 4-47　CRBU2 系列单叶片式摆动气缸的外观与结构

1—下缸体；2—上缸体；3—输出轴；4,5—定程挡块；6—轴承；7—垫；8—后盖；9,11—O 形圈；10—密封圈；12—叶片

缸的外观与结构。它由输出轴及上、下缸体和定程挡块等组成。在下缸体 1 上有两条气路，当 A 口进气时，B 口排气，压缩空气推动叶片带动转子顺时针摆动，反之逆时针摆动。

(2) 双叶片式摆动气缸

① 工作原理　如图 4-48(a) 所示，当压缩空气从气口 A 进入 a 作用在叶片 3′上，再经输出轴 1 的内气道进入 a′作用在叶片 3 上，推动两叶片顺时针摆动，也就推动与叶片相连的输出轴 1 顺时针方向摆动，输出运动与转矩；反之，如图 4-48(b) 所示，当压缩空气从气口 B 进入 b′作用在叶片 3 上，再经输出轴 1 的内气道进入 b 作用在叶片 3′上，推动两叶片逆时针摆动，也就推动与叶片相连的输出轴 1 逆时针方向摆动，输出运动与转矩。

由于双叶片式摆动气缸中有两个叶片受力，能输出更大的转矩。

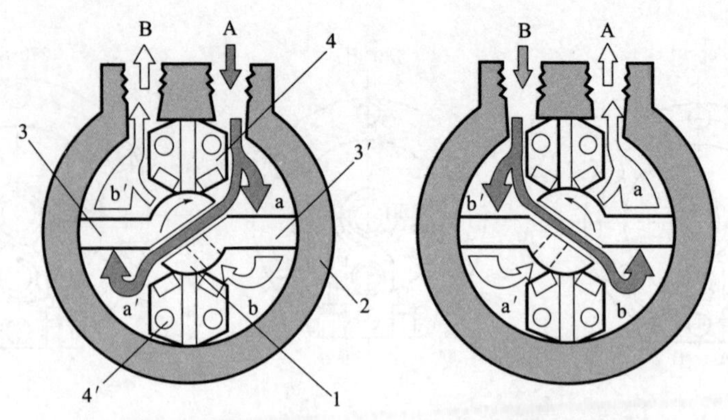

(a) 输出轴顺时针方向摆动　　(b) 输出轴逆时针方向摆动

图 4-48　双叶片式摆动气缸的工作原理

1—输出轴（摆动轴）；2—缸体；3,3′—叶片；4,4′—定程挡块

② 结构　图 4-49 所示为日本 SMC 公司生产的 CRBU2 系列双叶片式摆动气缸（摆动马达）结构，外观参见图 4-47(a)。

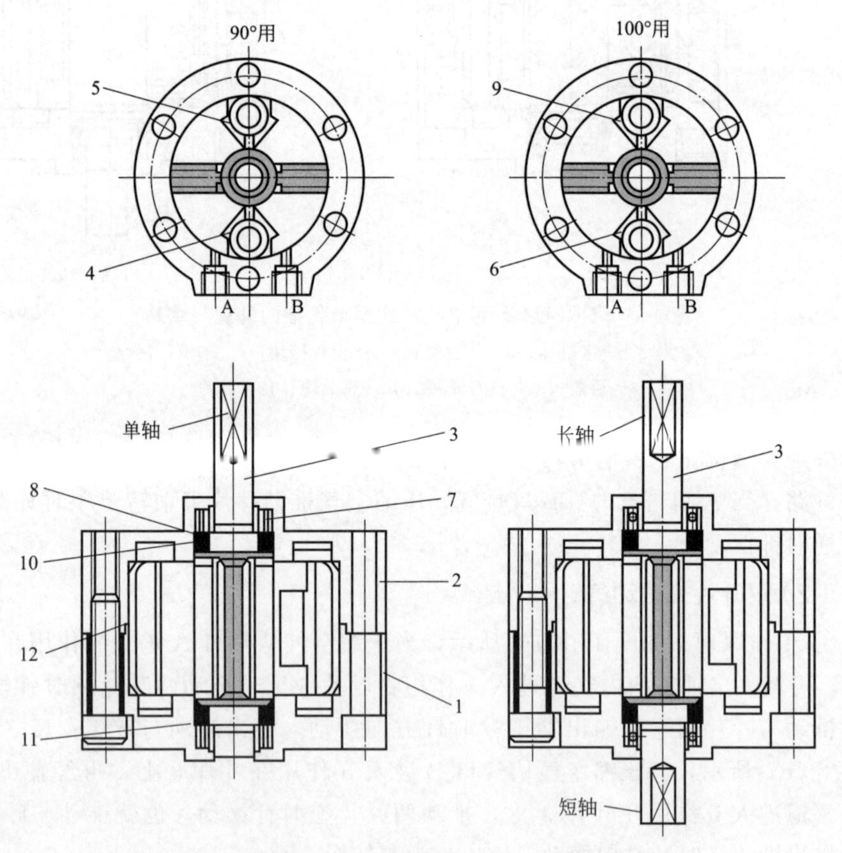

图 4-49　CRBU2 系列双叶片式摆动气缸的结构

1—下缸体；2—上缸体；3—输出轴；4～6,9—定程挡块；7—轴承；8—密封垫；10～12—O 形圈

4.3.3 摆动气缸的故障分析与排除

【故障 1】摆动速度慢

① 速度控制阀开口关闭太多：调整速度控制阀开口。

② 阀、配管容量过小：更换为大容量的部件。

③ 负载过大：更换为输出力大的部件。

④ 负载复杂化：调整安装的负载。

【故障 2】动作不平稳

① 摆动速度过慢：使用气液转换器，进行气动-液压控制，提高摆动速度。

② 密封圈漏气：更换密封圈。

③ 负载复杂化：调整安装的负载。

④ 在摆动过程中负载大小发生变化（受重力的影响等）：使用气液转换器。

【故障 3】输出轴部位漏气

① 轴部密封圈磨损（叶片式）：更换密封圈。

② 活塞密封圈磨损（齿条齿轮式）：更换密封圈。

4.4 气马达

气马达是一种作连续旋转运动的气动执行元件，是把压缩空气的压力能转换成回转机械能的能量转换装置，它输出的是转矩和转速，驱动执行机构实现旋转运动。

4.4.1 气马达的分类及特点

(1) 分类

最常见的气马达有叶片式、齿轮式和活塞式三种。

叶片式与活塞式气马达的应用范围见表 4-6。

表 4-6 叶片式与活塞式气马达的应用范围

类型	转矩	转速	功率/kW	每千瓦耗气量/(m^3/min)	应用范围
叶片式	低	高	≤3	小型:1.0～1.4 大型:1.8～2.3	要求低或中功率的机械,如手提工具、复合工具传送带、升降机、泵、拖拉机等
活塞式	中高	中低	≤17	小型:1.0～1.4 大型:1.9～2.3	要求低转速高转矩的机械,如起重机、绞车、绞盘、拉管机等

(2) 特点

① 优点

a. 功率范围及转速范围较宽。

b. 可以无级调速。

c. 具有较高的启动转矩。

d. 可实现瞬时换向。

e. 可长时间满载连续运转，温升较小。

f. 工作安全。

g. 有过载保护功能。

h. 结构简单，操纵方便，维护容易，成本低。

② 缺点

a. 难以控制稳定速度。

b. 耗气量大，效率低，噪声大。

4.4.2 叶片式气马达的工作原理与结构

压缩空气作用在叶片的表面上，产生一个使转子旋转的力，由于转子相对于外壳偏心设置，从而形成了多个镰刀形的工作容腔，在这些容腔中压缩空气产生一定膨胀，这部分膨胀功使转子旋转。叶片与外壳内表面之间的密封在工作过程中依靠其自身的离心力来保证，在启动阶段通过引入其底部的压缩空气或利用弹簧来实现。

叶片的数量直接影响气马达的效率、启动性能及运动的平稳性，通常为 3～5 个叶片，特殊情况下可达 10 个。转速范围为 200～80000r/min。

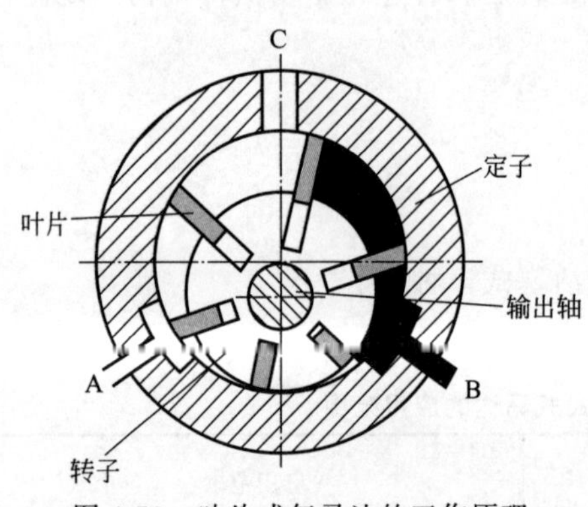

图 4-50 叶片式气马达的工作原理

① 工作原理 气马达多为双向的。叶片式气马达的工作原理如图 4-50 所示。当压缩空气从 A 口进入（此时 B 口接大气），小部分压缩空气进入叶片底部（图中未画出），将叶片推出，使其紧贴在定子内壁上；大部分空气进入相应的密封空间而作用在两个叶片上，由于两叶片伸出长度不等，产生转矩差，总转矩使叶片按顺时针方向旋转，叶片上产生的作用力同时也带动转子顺时针方向转动，与转子固连在一起的输出轴也一起顺时针方向转动，并输出转矩，压缩空气做完功压力能消耗完后从 C 口与 B 口排向大气。

反之，当压缩空气从 B 口进入（此时 A 口接大气），作用在叶片上产生的作用力带动转子逆时针方向转动，与转子固连在一起的输出轴也一起逆时针方向转动，并输出转矩，压缩空气做完功压力能消耗完后从 C 口与 A 口排向大气，从而实现双向旋转。

② 结构　叶片式气马达的结构如图 4-51 所示。

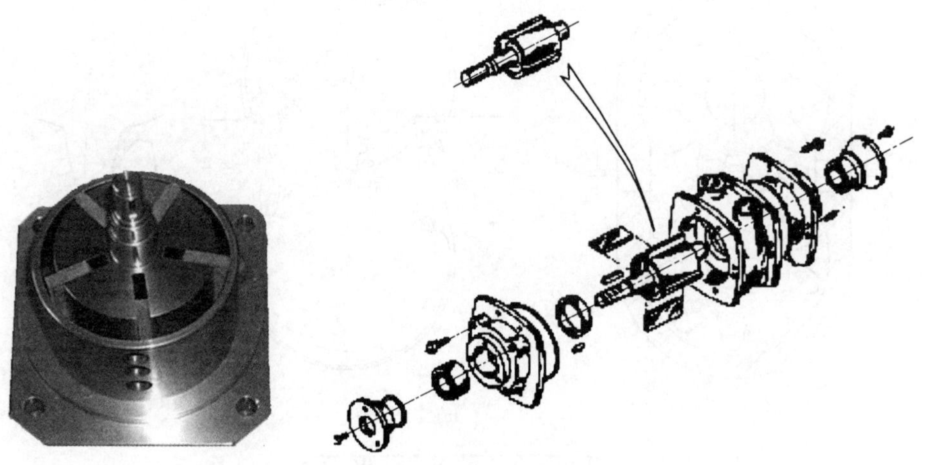

图 4-51　叶片式气马达的结构

4.4.3　齿轮式气马达的工作原理与结构

齿轮式气马达有双齿轮式和多齿轮式，以双齿轮式应用较多。齿轮可采用直齿、斜齿和人字齿。这种气马达的工作腔由一对齿轮构成，压缩空气由对称中心处输入，齿轮在压力的作用下回转。采用直齿轮的气马达可以正反转动，采用人字齿轮或斜齿轮的气马达则不能反转。

如果采用直齿轮的气马达，则供给的压缩空气通过齿轮时不膨胀，因此效率低。当采用人字齿轮或斜齿轮时，压缩空气膨胀 60%～70%，提高了效率。

齿轮式气马达与其他类型的气马达相比，具有体积小、重量轻、结构简单、对气源质量要求低、耐冲击及惯性小等优点，但转矩脉动较大，效率较低。小型齿轮式气马达转速高达 10000r/min，大型的能达到 1000r/min，功率可达 50kW，主要用于矿山工具。

如图 4-52 所示，两个相互啮合的齿轮中心分别为 O 和 O'，啮合点半径分别为 R_C 和 R'_C，中心为 O 的齿轮连接带负载的输出轴。

压缩空气从进气口进入进气腔，作用在进气腔两齿轮的齿面上，产生逆时针方向的输出转矩，低压空气作用在排气腔两齿轮的齿面上，产生顺时针方向的输出转矩，而 p_1 远大于 p_2，逆时针方向转矩远大于顺时针方向转矩，两齿轮在两转矩 T_1 与 T_2 的作用下，使气马达连续旋转。

4.4.4　活塞式气马达的工作原理与结构

活塞式气马达是依靠作用于气缸底部的气压推动气缸动作来实现气马达功能的。活塞式气马达一般有 4～6 个气缸，为达到力的平衡，气缸数目大多为双数。

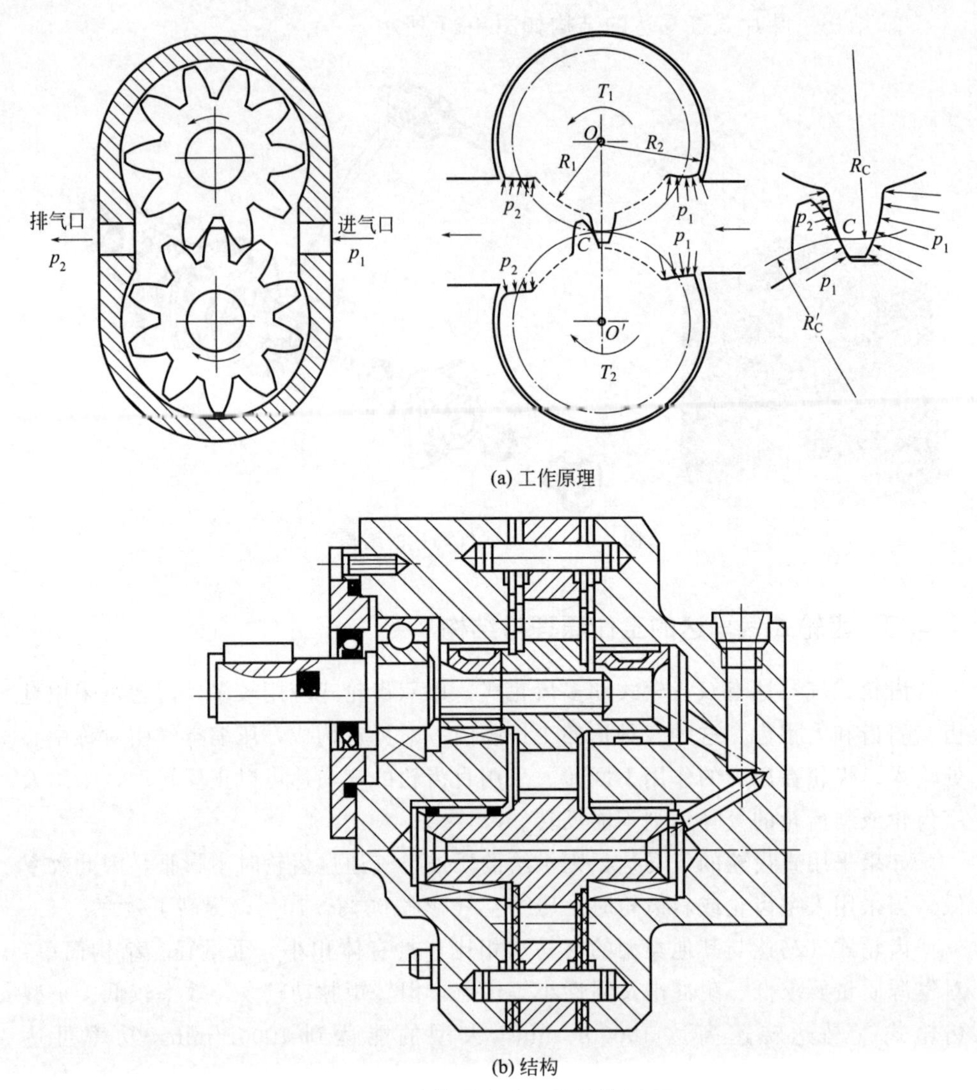

图 4-52 齿轮式气马达的结构原理

气缸可配置在径向和轴向位置上，构成径向活塞式气马达和轴向活塞式气马达两种。

图 4-53 所示为六缸径向活塞带连杆式气马达的结构。六个气缸均匀分布在气马达壳体的圆周上，六个连杆同装在曲轴的一个曲拐上。压缩空气顺序推动各活塞，从而带动曲轴连续旋转。必须指出的是，这种气缸无论如何设计，都存在一定量的力矩输出脉动和速度输出脉动，气马达输出轴按顺时针方向旋转时，压缩空气自 A 端经气管接头 1、空心螺栓 2、进排气阻塞 3、配气阀套 4 的第一排孔进入配气阀 5，经壳体 6 上的进气斜孔进入气缸 7，推动活塞 8 运动，通过连杆 9 带动曲柄 10 旋转。此时，相对应的活塞处于非工作行程或处于非工作行程

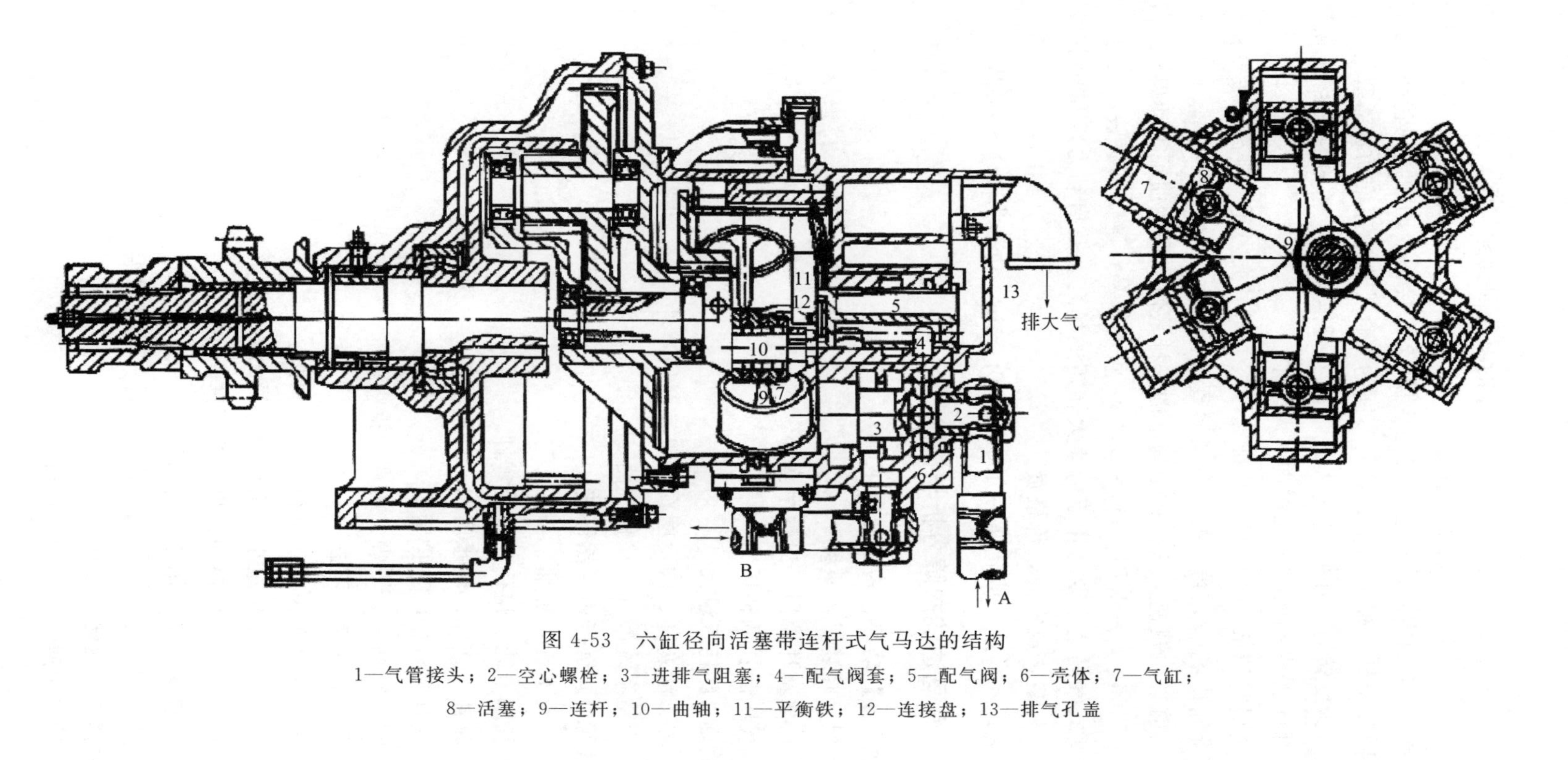

图 4-53　六缸径向活塞带连杆式气马达的结构

1—气管接头；2—空心螺栓；3—进排气阻塞；4—配气阀套；5—配气阀；6—壳体；7—气缸；8—活塞；9—连杆；10—曲轴；11—平衡铁；12—连接盘；13—排气孔盖

末端位置，准备做功。缸内废气经壳体的斜孔回到配气阀，经配气阀套的第二排孔进入壳体，经空心螺栓及气管接头，由 B 端排至操纵阀的排气孔而进入大气。

平衡铁 11 固定在曲轴上，与连接盘 12 衔接，带动配气阀转动，这样曲轴与配气阀同步旋转，使压缩空气进入不同的气缸孔内顺序推动各活塞工作。

气马达反转时，压缩空气从 B 端进入壳体，与上述的通气路线相反。废气自 A 端排至操纵阀的排气孔而进入大气中。

配气阀转到某一角度时，其排气口被关闭，缸内还未排净的废气由配气阀的通孔经排气孔盖 13，再经排气弯头而直接排到大气中。

输出前必须减速，这样在结构上的安排是使气马达曲轴带动齿轮，经两级减速（$i_1=5.66$，$i_2=4.81$，$i_{总}=27.23$）带动气马达输出轴旋转，进行工作。

活塞式气马达主要适用于低速大转矩的场合。其启动力矩和功率都比较大，但是结构复杂，成本高，价格贵。

活塞式气马达一般转速为 250～1500r/min，功率为 0.1～50kW。

4.4.5 气马达的故障分析与排除

【故障 1】功率、转速显著下降

① 配气阀装反：重装。

② 缸活塞环磨损：更换活塞环。

③ 气压低：调整压力。

【故障 2】耗气量大

① 缸、活塞环、阀套磨损：更换磨损零件。

② 管路系统漏气：检修气路。

【故障 3】运行中突然停转

① 润滑不良：加油。

② 气阀卡死、烧伤：更换零件。

③ 曲轴、连杆、轴承磨损：更换零件。

④ 气缸螺钉松旷：拧紧。

⑤ 配气阀堵塞、脱焊：清理、重焊。

【故障 4】转速上不去

① 速度控制阀关闭：调整速度控制阀。

② 阀、配管容量过小：更换为容量大的部件。

③ 负载过大：更换为输出大的部件。

④ 负载复杂化：调整安装的负载。

⑤ 排气配管冻结：用加热器等对排气配管保温、加热。

【故障 5】旋转不平稳

① 设定转速低：使用减速机。

② 内部磨损：设置油雾器，确认内部润滑油足够，更换磨损零件。

③ 负载复杂化：调整安装的负载。

【故障 6】中间停止精度参差不齐

① 转速过快：使用减速回路，降低使限位开关动作的速度。

② 马达和阀之间的距离太长：在马达附近设置阀。

③ 阀响应太慢：更换为响应快的阀。

④ 信号传递慢（全气压控制时）：变更控制回路，提高响应速度。

⑤ 限位开关的设置位置不当：变更为电控制，变更控制装置设置位置，提高响应速度。

【故障 7】无法保持中间停止位置

① 有推力：调整使压力平衡。

② 阀、配管漏气：调整使其不漏气。

③ 马达内部漏气：调整使其不漏气。

第5章 气动控制元件的故障诊断与维修

气动控制元件是指气动系统中，用来控制气流的压力、流量和流动方向，以保证气动系统按规定程序正常工作的各类气动元件，气动控制元件一般是指各种气动控制阀，利用它们可以组成各种气动回路。气动控制阀按功能分为气动方向控制阀、气动压力控制阀和气动流量控制阀。

5.1 气动方向控制阀

气动方向控制阀是用来控制压缩空气的流动方向和控制气流通断的气动元件，可分为单向型与换向型两大类。气动方向控制阀的控制方式见表 5-1。

表 5-1 气动方向控制阀的控制方式

控制类别	控制方式		
人力控制	按钮式	手柄式	脚踏板式
机械控制	柱塞式	滚轮杠杆式	
电气控制	直动式	先导式	
气压控制	直接控制	间接控制	

5.1.1 单向型方向控制阀

(1) 单向阀的工作原理与结构

单向阀的工作原理与图形符号如图 5-1 所示，其外观与结构如图 5-2 所示，阀芯和阀座之间靠密封垫进行密封。

图 5-2 所示为日本 CDK 公司生产的 CHV2 系列单向阀的外观与结构。

单向阀参数包括最低开启压力、关闭压降和流量特性等。在阀开启时必须满

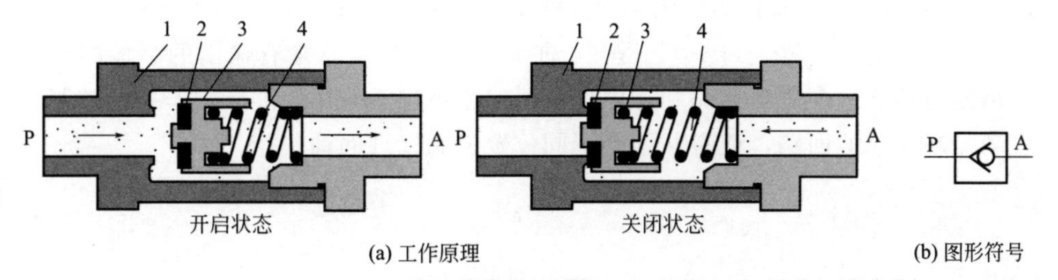

图 5-1　单向阀的工作原理与图形符号

1—阀体；2—密封垫；3—阀芯；4—弹簧

(a) 外观

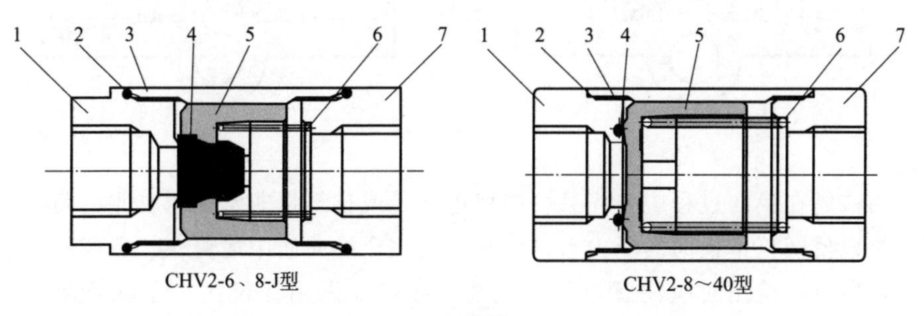

(b) 结构

图 5-2　CHV2 系列单向阀的外观与结构

1—左盖（兼阀座）；2—O 形圈；3—阀体；4—密封垫；5—阀芯；6—弹簧；7—右盖

足最低开启压力，否则不能开启，即使阀处在全开状态也会产生压降，因此在精密的压力调节系统中使用单向阀时，需预先了解阀的开启压力和关闭压降。一般最低开启压力为 $(0.1\sim0.4)\times10^5$ Pa，关闭压降为 $(0.06\sim0.1)\times10^5$ Pa。

（2）梭阀的工作原理与结构

这种阀相当于两个单向阀组合而成，共用一个阀芯。其工作原理与图形符号如图 5-3 所示：当 P_1 口压力＞P_2 口压力时，阀芯右移封住了 P_2→A 的通道，

P_1→A 导通；当 P_2 口压力＞P_1 口压力时，阀芯左移封住了 P_1→A 的通道，P_2→A 导通。无论是任何输入口 P_1 还是 P_2 进气，输出口 A 总是有输出的。梭阀具有逻辑或门功能，在逻辑回路和程序控制回路中被广泛采用，如应用于手动控制和自动控制并联的回路，或者从两个不同位置控制气缸的动作。

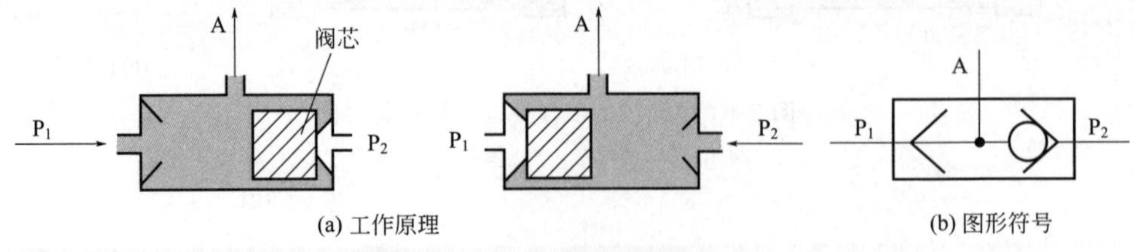

图 5-3　梭阀的工作原理与图形符号

图 5-4 所示为梭阀的结构。无论 P_1 和 P_2 哪条通路单独通气，都能导通其与 A 的通路；当 P_1 和 P_2 同时通气时，哪端压力高，A 就和哪端相通，另一端关闭。其逻辑关系为“或”，所以又称为或门型梭阀。

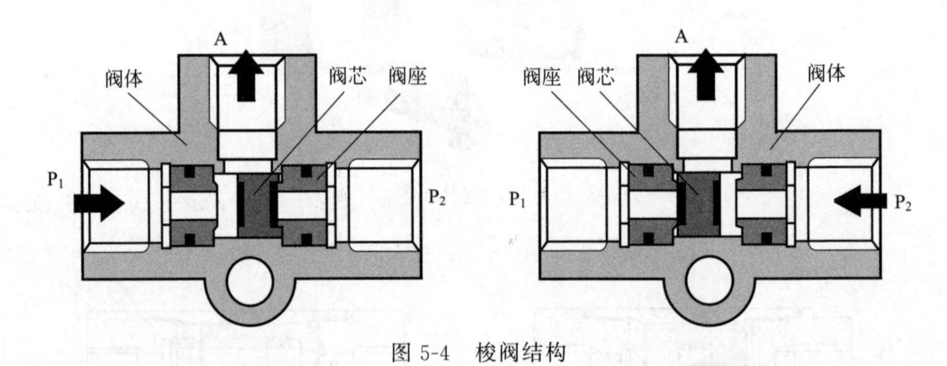

图 5-4　梭阀结构

因梭阀在换向过程中，当某一接口进气量或排气量非常小时，阀的前后不能产生足以使阀正常换向的压力差，使阀不能完全换向而中途停止，造成阀的动作失灵，所以在使用时应注意，不要在某一接口处采用变径接头，以防造成通路过小。

（3）气控单向阀的工作原理与结构

气控单向阀的工作原理与图形符号如图 5-5 所示，当在其控制口未通入压缩空气（控制信号）时，弹簧将阀芯推向左边，封住 A 与 B 之间的通路，这时气控单向阀只起单向阀的作用，即可以 A→B，不可以 B→A；当在其控制口通入压缩空气（控制信号）时，控制活塞右移，压缩弹簧顶开阀芯，打开 A 与 B 之间的通路，可以实现 A←→B，这样该阀可以有选择地在两个方向上导通。

图 5-6 所示为日本 SMC 公司生产的 AS 型气控单向阀的结构。

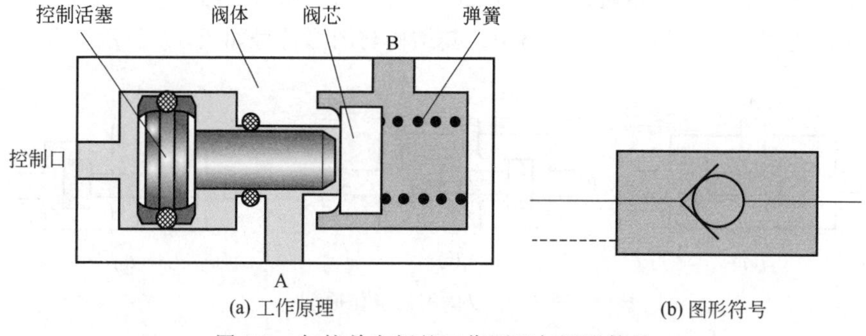

图 5-5　气控单向阀的工作原理与图形符号

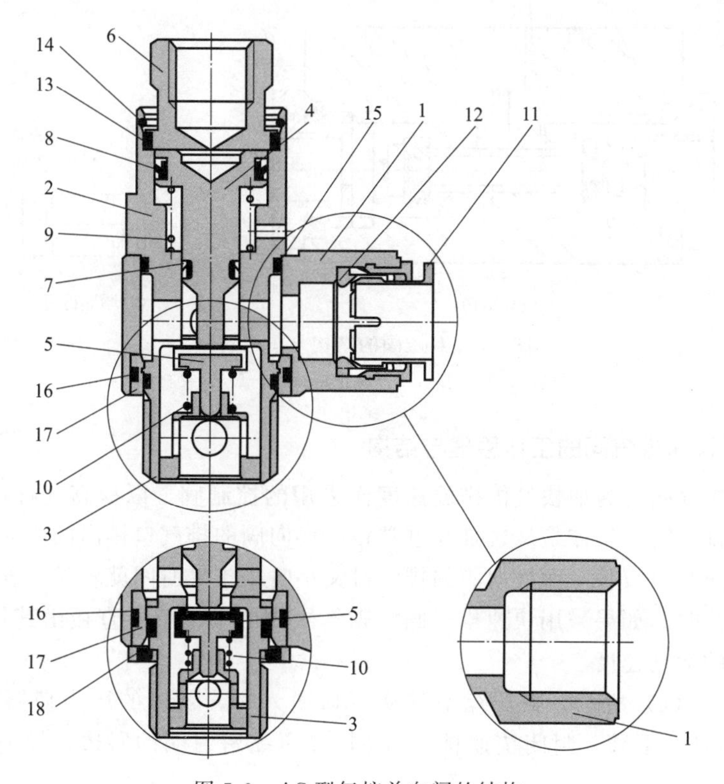

图 5-6　AS 型气控单向阀的结构

1,6—接头体；2—阀体；3—阀套；4—控制活塞；5—单向阀阀芯；7,8—DY 型密封圈；9—控制活塞回位弹簧；10—单向阀弹簧；11—接头；12 密封；13～16,18—O 形圈；17—套

(4) 双压阀的工作原理与结构

双压阀又称与门型梭阀，工作原理如图 5-7 所示：只有 P_1 口和 P_2 口同时供气，A 口才有输出；当 P_1 口或 P_2 口单独通气时，阀芯被推至相对端，封闭截止型阀口，A 口均无输出［图 5-7(a)、5-7(b)］；当 P_1 口和 P_2 口同时通气时，哪端

压力低，A 口就和哪端相通，另一端关闭，其逻辑关系为“与”[图 5-7(c)]。双压阀的应用也很广泛，如在互锁回路中。其结构与图形符号如图 5-8 所示。

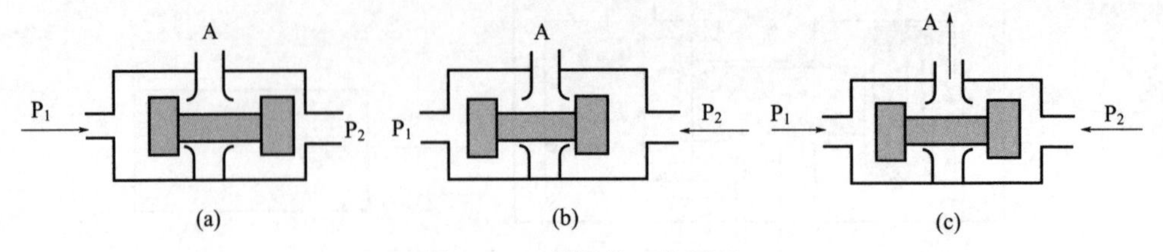

图 5-7 双压阀的工作原理

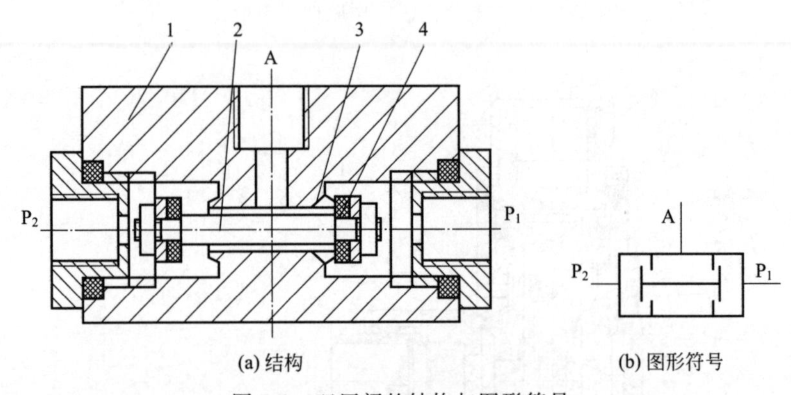

图 5-8 双压阀的结构与图形符号

1—阀体；2—阀芯；3—截止型阀口；4—密封材料

(5) 快速排气阀的工作原理与结构

快速排气阀是为加快气体排放速度而采用的控制阀，以提高气缸运动速度。通常气缸排气时，气体是从气缸经过管路由换向阀的排气口排出的。如果从气缸到换向阀的距离较长，而换向阀的排气口又小时，排气时间就较长，气缸动作速度较慢。此时，如果采用快速排气阀，则气缸内的气体就能直接由其排向大气，加速气缸的运动速度。

如图 5-9(a) 所示，当压缩空气从 1 口通入时，气体的压力使唇形密封圈（图中黑色件）下移，封闭快速排气口 3，并压缩密封圈的唇边，导通 1 口和 2

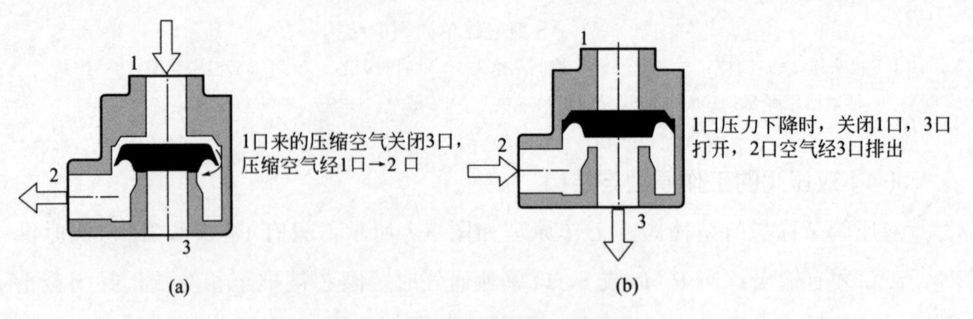

图 5-9 快速排气阀的工作原理

口；如图 5-9(b) 所示，当 1 口没有压缩空气时，密封圈的唇边张开，封闭 1 口和 2 口通道，2 口气体的压力使唇形密封圈上移，2 口与快速排气口 3 连通而快速排气（一般排到大气中）。

图 5-10 为日本 CKD 公司生产的 QEV2 型快速排气阀的外观、图形符号与结构。

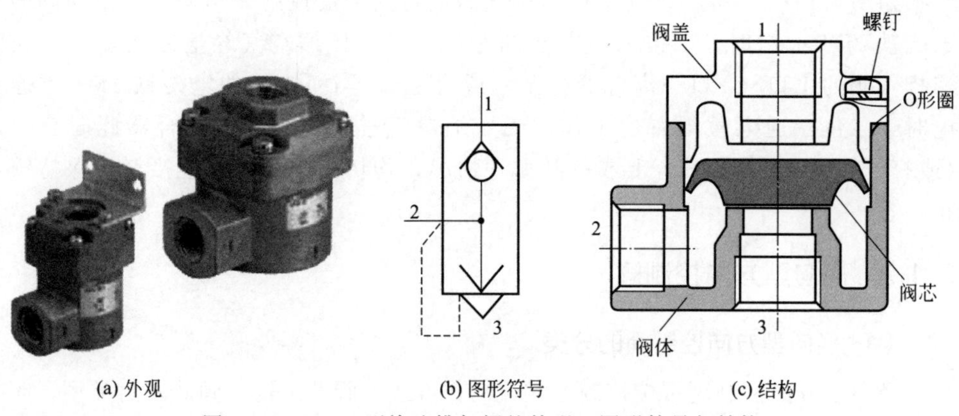

(a) 外观　　(b) 图形符号　　(c) 结构

图 5-10　QEV2 型快速排气阀的外观、图形符号与结构

图 5-11 所示为快速排气阀在回路中的应用。

如图 5-11(a) 所示，利用快速排气阀加快了气缸往复运动的速度。通常快速排气阀装在换向阀与气缸之间。当换向阀的电磁铁 1DT 不通电时，二位五通电磁阀右位工作，压缩空气经电磁阀右位→快速排气阀Ⅱ的 1 口→2 口→气缸右腔，气缸左行，气缸左腔回气→快速排气阀Ⅰ的 2 口→3 口→大气，这样使气缸

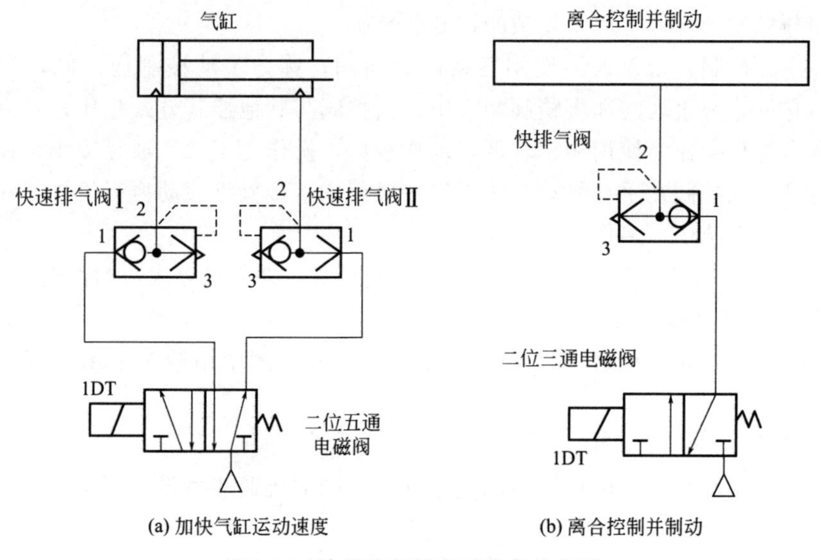

(a) 加快气缸运动速度　　(b) 离合控制并制动

图 5-11　快速排气阀在回路中的应用

的排气不需要通过换向阀而快速完成，从而加快了气缸向左运动的速度；反之当换向阀的电磁铁1DT通电时，二位五通电磁阀左位工作，压缩空气经电磁阀左位→快速排气阀Ⅰ的1口→2口→气缸左腔，气缸右行，气缸右腔回气→快速排气阀Ⅱ的2口→3口→大气，这样使气缸的排气也不需要通过换向阀而快速完成，从而加快了气缸向右运动的速度。往复运动的速度都得到加快。

如图5-11(b)所示，利用快速排气阀进行离合器控制并制动。当换向阀的电磁铁1DT通电时，二位三通电磁阀左位工作，压缩空气经电磁阀左位→快速排气阀的1口→2口→离合器打开（或合上）；当换向阀的电磁铁1DT不通电时，二位三通电磁阀右位工作，无压缩空气进入离合器，离合器此时合上（或打开）。无论离合器合上或打开哪种情况，均切断与3口的连接，均保持锁止状态。

5.1.2 换向型方向控制阀

（1）换向型方向控制阀的分类

换向型方向控制阀可按控制方式、动作方式、阀芯结构、阀芯密封类型、阀的切换通口数目、阀芯工作的位置数、连接方式进行分类。

① 按控制方式分类

a. 气压控制：靠空气压力使阀芯切换、气流换向。

b. 电磁控制：电磁线圈通电时，静铁芯对动铁芯产生电磁吸力，从而直接或间接使阀芯切换。

c. 机械控制：用凸轮、撞块或其他机械外力使阀切换的换向阀称为机械控制换向阀，简称机控阀。这种阀常用作信号阀使用。这种阀可用于湿度大、粉尘多、油分多的场合，宜用于复杂的控制装置中。

d. 人力控制：依靠人力使阀切换的换向阀，称为手动控制换向阀，简称人控阀。它可分为手动阀和脚踏阀两大类。人控阀与其他控制方式相比，具有可按人的意志进行操作，使用频率较低，动作较慢，操作力不大，通径较小，操作灵活等特点。人控阀在手动气动系统中，一般用来直接操纵气动执行机构。在半自动和全自动系统中，多作为信号阀使用。

② 按动作方式分类　可分为直动式和先导式（外部先导式与内部先导式）。

③ 按阀芯结构分类

a. 截止阀：阀口与阀芯的关系如图5-12所示，图中用箭头表示了阀口开启后气流的方向。

ⅰ. 特点：

• 用很小的移动量就可以使阀完全开启，阀的流通能力强，便于设计成结构紧凑的大口径阀。

• 一般采用软质材料（如橡胶等）密封，当阀口关闭后始终存在背压，密封性好，泄漏量小，不需借助弹簧也能关闭。

• 因背压的存在，换向力较大，冲击力也较大，不适合用于高灵敏度的场合。

• 比滑柱式方向控制阀阻力损失小，抗粉尘能力强，对气体的过滤精度要求不高。

• 阀芯运动阻力大，功耗大，需采用中间继电器控制，控制复杂，寿命短，可靠性差。

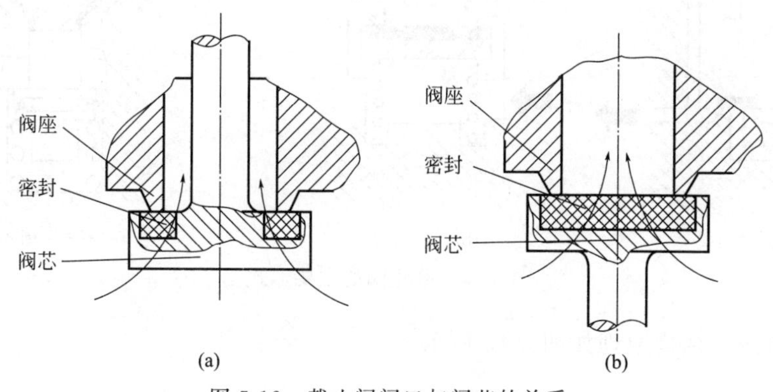

图 5-12　截止阀阀口与阀芯的关系

ⅱ. 工作原理：当控制口 12 未通入压缩空气控制信号时，阀芯在弹簧力作用下关闭阀口，1 口与 2 口不通［图 5-13(a)］；当控制口 12 通入压缩空气控制信号时，控制活塞下移，压缩弹簧，阀芯打开阀口，1 口与 2 口连通［图 5-13(b)］。

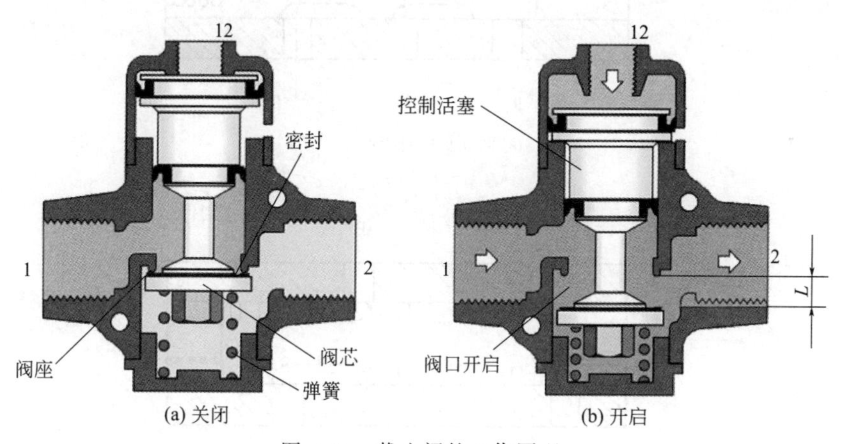

图 5-13　截止阀的工作原理

ⅲ. 主要形式：截止阀可以是二通或三通阀，要成为四通或五通阀，必须把两个或更多的截止阀组合成一个阀。如图 5-14(a) 所示的二通阀，输入压力会导致密封装置被顶离它的位置，需要有足够的力（如弹簧力）才能保持阀处于关闭状态；如图 5-14(b) 所示的二通阀，进气压力会协助复位弹簧保持阀关闭，但是由于进气压力是会改变的，因此会有不同的操作压力，如图 5-14(c) 所示的三通平衡阀，输入压力作用在相等的相对活塞面积上。

截止阀的优点是能常闭或常通，常通阀可用于较低压力的执行组件。

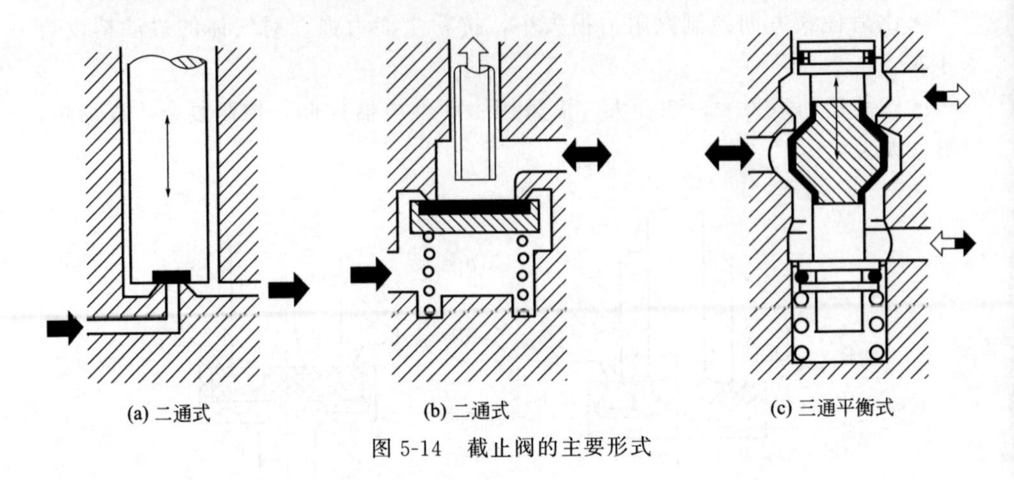

图 5-14　截止阀的主要形式

b. 滑阀：结构原理如图 5-15 所示。

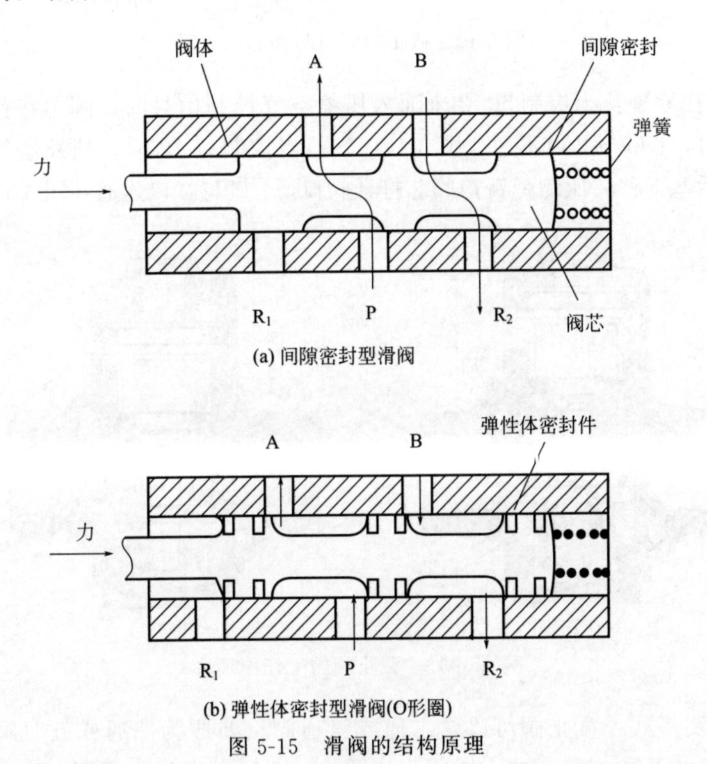

图 5-15　滑阀的结构原理

滑阀的特点如下。

• 阀芯较截止阀长，增大了阀的轴向尺寸，对动态性能有不利影响，大通径的阀一般不易采用滑阀式结构。

• 由于结构的对称性，阀芯处于静止状态时，气压对阀芯的轴向作用力保持平衡，容易设计成气动控制中比较常用的具有记忆功能的阀。

• 换向时由于不受截止阀密封结构所具有的背压阻力，换向力较小。

• 通用性强。同一基型阀只要调换少数零件便可变成不同控制方式、不同通路的阀；同一个阀，改变接管方式，可以作多种阀用。

• 阀芯对介质的杂质比较敏感，需对气动系统进行严格的过滤和润滑，对系统的维护要求高。

c. 滑块阀：图 5-16 所示为双气控 4/2 平面纵向滑板阀结构原理，利用滑柱的移动，带动滑板来接通或断开各通口。当 12 口有压缩空气控制信号（14 口无）时，滑柱左移，带动滑板也左移，4 口与 3 口通，1 口与 2 口通［图 5-16(a)］；当 14 口有压缩空气控制信号（12 口无）时，滑柱右移，带动滑板也右移，2 口与 3 口通，1 口与 4 口通［图 5-16(b)］。滑板靠气压或弹簧力压向阀座，能自动调节。这种阀的滑板即使产生磨耗，也能保证有效的密封。

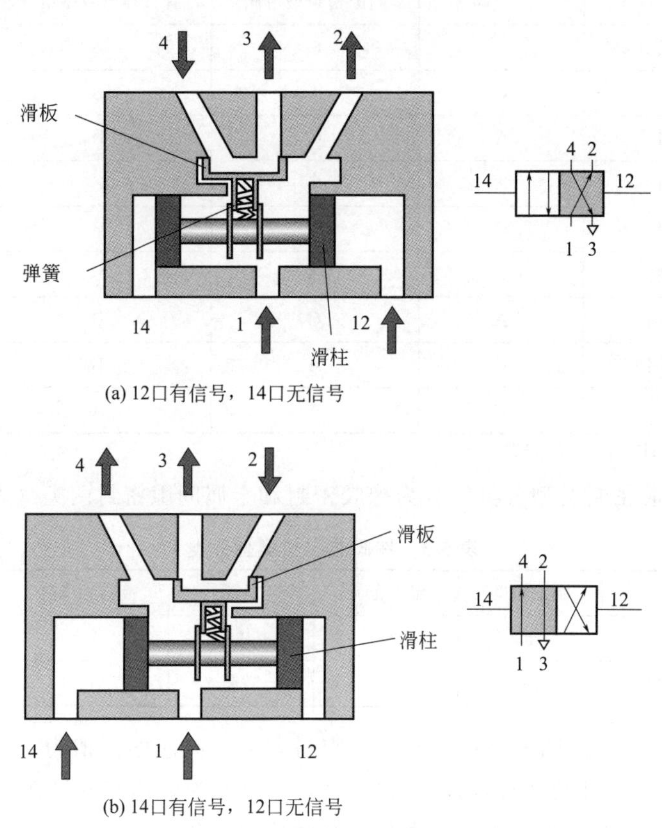

图 5-16　双气控 4/2 平面纵向滑块阀结构原理

图 5-17 所示为双气控 5/2 平面纵向滑板阀结构原理，工作原理同双气控 4/2 平面纵向滑板阀。滑块 3 用金属、尼龙或其他塑料制成。

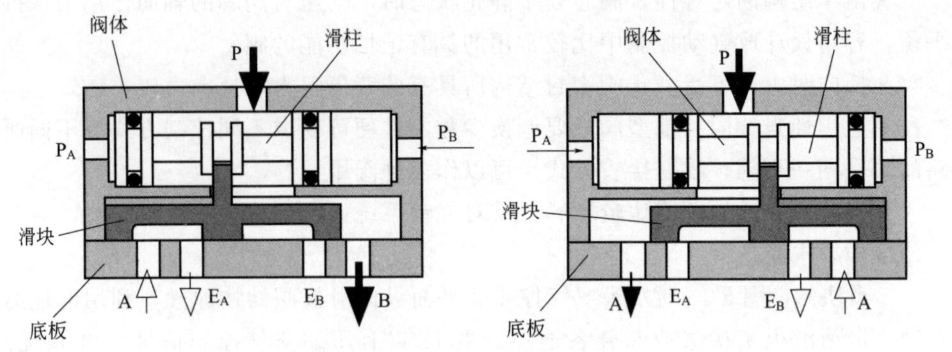

图 5-17　双气控 5/2 平面纵向滑块阀结构原理

截止阀、滑阀、滑块阀的特性对比见表 5-2。

表 5-2　截止阀、滑阀、滑块阀的特性对比

项目	截止阀	间隙密封型滑阀	弹性体密封型滑阀	滑块阀
阀座的漏气量	A	C	B	B
阀的寿命	C	A	B	A
杂气使用	A	C	B	A
无油使用	A	C	C	A
高压使用	C	A	B	B
保养难易度	C	A	B	B
低频率使用	A	C	B	A
高频率使用	C	A	B	A
低价格	C	A	A	A

注：A—优异；B—普通；C—较差。

④ 按阀芯密封类型分类　分为橡胶密封和金属间隙密封两类（表 5-3）。

表 5-3　按阀芯密封类型分类

类型	制造精度	温度范围	泄漏	换向频率	寿命
橡胶密封	低	窄	基本无	低	5000 万次
金属间隙密封	高	宽	微漏	高	2 亿次

a. 橡胶密封：如图 5-18(a) 所示，密封圈装在阀芯的沟槽内；如图 5-18(b) 所示，密封圈装在阀套的沟槽内；图 5-18(c) 所示为硫化着密封件的阀芯，这种设计提供无泄漏及最小摩擦力的密封，有极长的寿命。

b. 金属间隙密封：如图 5-19 所示。研配好的滑芯和阀套之间有极低的摩擦阻力，适应快速循环，有特别长的工作寿命，但是极小的间隙会产生微小的内泄漏。

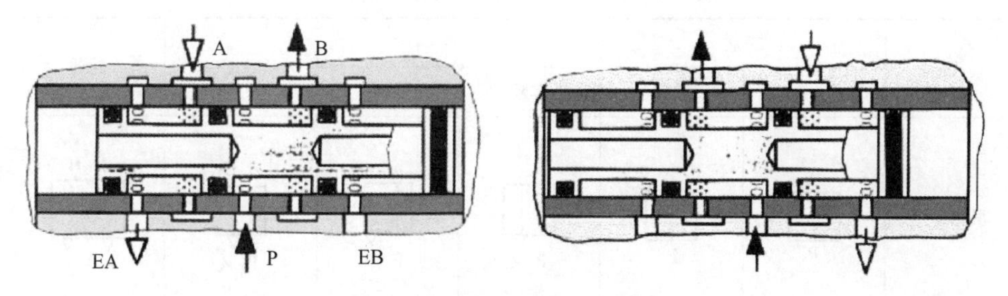

(a) O形密封圈装在阀芯的沟槽内

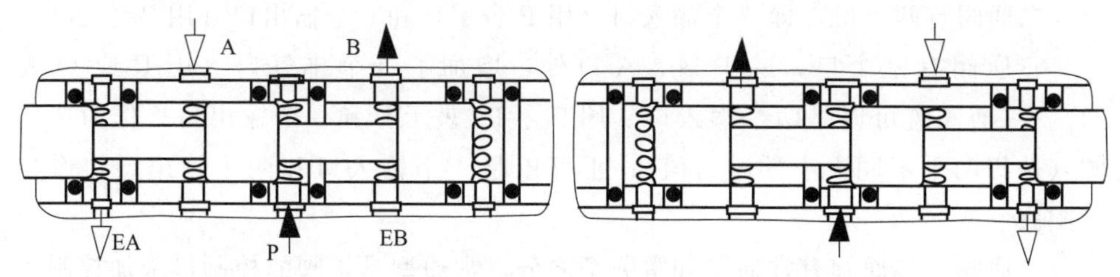

(b) O形密封圈装在阀套的沟槽内

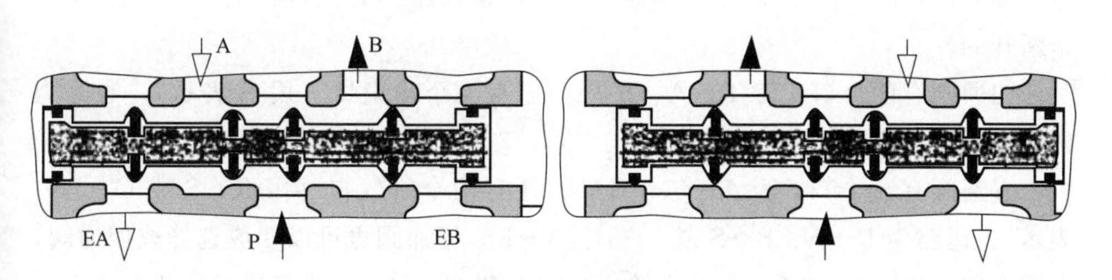

(c) 硫化着密封件的阀芯

图 5-18　滑阀采用橡胶密封

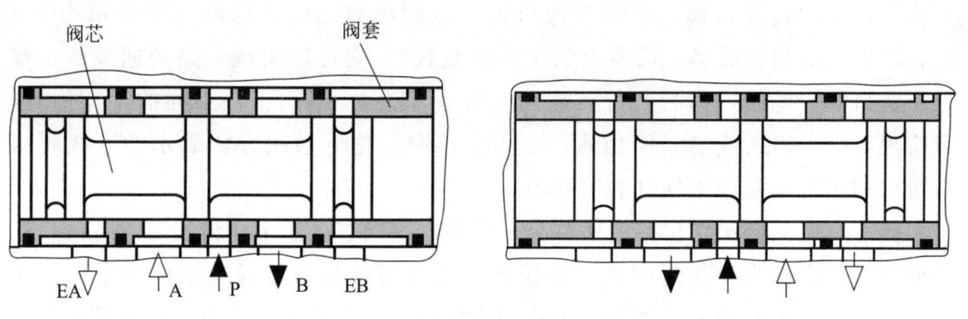

图 5-19　滑阀采用金属间隙密封

⑤ 按阀的切换通口数目分类　阀的通口数目包括输入口、输出口和排气口。按切换通口的数目分，有二通阀、三通阀、四通阀和五通阀等，表 5-4 为列出了换向阀的通口数目与职能符号。

表 5-4　换向阀的通口数目与职能符号

名称	二通		三通		四通	五通
	常断	常通	常断	常通		
职能符号	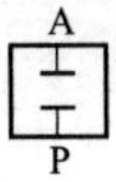 A P	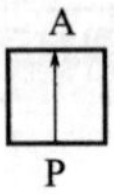 A P	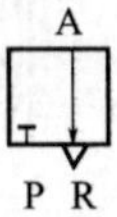 A P R	 A P R	 A B P R	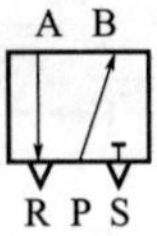 A B R P S

二通阀有两个口，即一个输入口（用 P 表示）和一个输出口（用 A 表示）。

三通阀有三个口，除 P 口、A 口外，增加了一个排气口（用 R 或 O 表示）。三通阀既可以是两个输入口（用 P_1、P_2 表示）和一个输出口，作为选择阀（选择两个不同大小的压力值）；也可以是一个输入口和两个输出口，作为分配阀。

二通阀、三通阀有常通型和常断型之分。常通型是指阀的控制口未加控制信号（即零位）时，P 口和 A 口相通。反之，常断型的阀在零位时，P 口和 A 口是断开的。

四通阀有四个口，除 P、A、R 外，还有一个输出口（用 B 表示），通路为 P→A、B→R 或 P→B、A→R。

五通阀有五个口，除 P、A、B 外，还有两个排气口（用 R、S 或 O_1、O_2 表示）。通路为 P→A、B→S 或 P→B、A→R。五通阀也可以变成选择式四通阀，即两个输入口（P_1 和 P_2）、两个输出口（A 和 B）和一个排气口 R。两个输入口供给不同压力的压缩空气。

⑥ 按阀芯工作的位置数分类　阀芯的切换工作位置简称“位”，阀芯有几个切换位置就称为几位阀。有两个通口的二位阀称为二位二通阀（常表示为 2/2 阀，前者表示通口数目，后者表示工作位置数），它可以实现气路的通或断。有三个通口的二位阀，称为二位三通阀（常表示为 3/2 阀）。在不同的工作位置，可实现 P、A 相通或 A、R 相通。常用的还有二位五通阀（常表示为 5/2 阀），它可以用于推动双作用气缸的回路中。

阀芯具有三个工作位置的阀称为三位阀。当阀芯处于中间位置时，各通口呈关断状态，则称为中位封闭式；若输出口全部与排气口接通，则称为中位泄压式；若输出口都与输入口接通，则称为中位加压式；若在中位泄压式阀的两个输出口都装上单向阀，则称为中位式止回阀。

换向阀处于不同工作位置时，各通口之间的通断状态是不同的。阀处于各切换位置时，各通口之间的通断状态分别表示在一个长方形的方块上，这样就构成了换向阀的职能符号。常见换向阀的名称和职能符号见表 5-5。

表 5-5 常见换向阀的名称和职能符号

符号	名称	正常位置
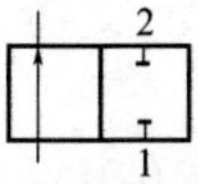	二位二通阀(2/2)	常断
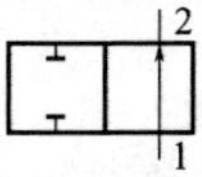	二位二通阀(2/2)	常通
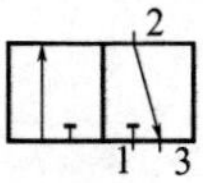	二位三通阀(3/2)	常断
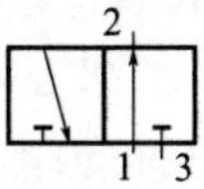	二位三通阀(3/2)	常通
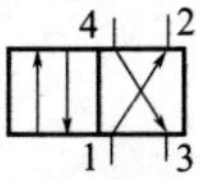	二位四通阀(4/2)	一条通路供气,另一条通路排气
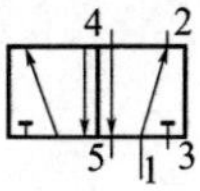	二位五通阀(5/2)	两个独立排气口
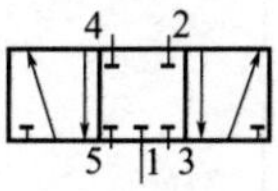	三位五通阀(5/3)	中位封闭
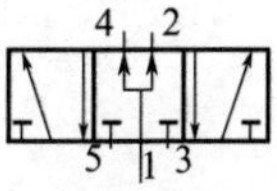	三位五通阀(5/3)	中位加压
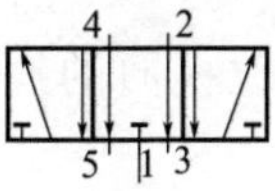	三位五通阀(5/3)	中位泄压

气动阀中，通口用数字和字母两种表示方法的对照见表 5-6。

表 5-6 数字和字母两种表示方法的对照（供参考）

通口	数字表示	字母表示	通口	数字表示	字母表示
输入口	1	P	排气口	5	R
输出口	2	B	控制口(1、2 口接通)	12	Y
排气口	3	S	控制口(1、4 口接通)	14	Z
输出口	4	A			

⑦ 按连接方式分类　阀的连接方式有管式连接、板式连接、集装式连接等几种。

管式连接有两种：一种是阀体上的螺纹孔直接与带螺纹的接管相连；另一种是阀体上装有快速接头，直接将管插入接头内。对不复杂的气路系统，管式连接简单，但维修时要先拆下配管。

板式连接需要配专用的过渡连接板，管路与连接板相连，阀固定在连接板上，装拆时不必拆卸管路，对复杂气动系统维修方便。

集装式连接是将多个板式连接的阀安装在集装块（又称汇流板）上，各阀的输入口或排气口可以共用，各阀的排气口也可单独排气。这种方式可以节省空间，减少配管，便于维修。

(2) 电控换向阀的工作原理与结构

电控换向阀由电磁铁与阀本体两部分组成。电控换向阀中均装有1～2个电磁铁，电磁铁有图5-20所示的两类，当线圈1未通电时，处于图示状态，当线圈通电时，产生磁场，活动铁芯被吸引，产生力压缩复位弹簧，去推动阀芯作上下运动或左右运动，从而使阀芯移动换位。

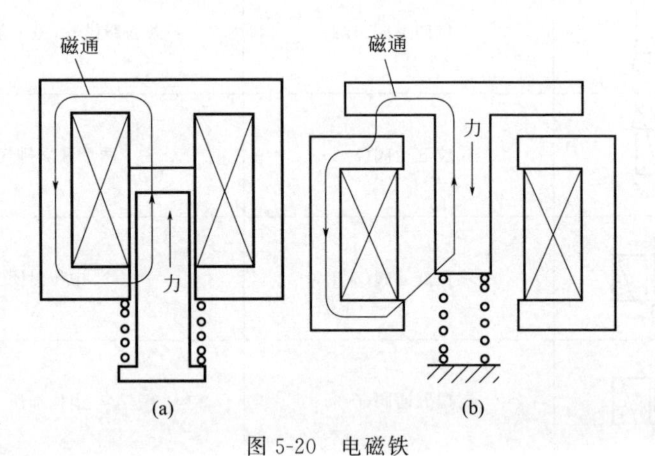

图5-20　电磁铁

① 单电控　电控换向阀只有一个电磁铁的衔铁推动阀芯移位换向的换向阀称为单电控换向阀。单电控换向阀有直动式和先导式两种。

a. 单电控直动式换向阀。它利用电磁铁的电磁力直接推动阀芯运动实现换向。其特点是结构简单、紧凑、换向频率高。但如果阀芯卡死，就有烧坏线圈的可能。阀芯的换向行程受电磁铁吸合行程的限制，因此只适用于小型阀。

图5-21所示为二位三通单电控直动式换向阀的工作原理与图形符号，靠电磁铁和弹簧的相互作用使阀芯换位实现换向。图5-21(a) 为电磁铁1断电状态，复位弹簧3的作用是将阀芯2上推，关闭P→A通道，开启A→T通道，即封闭P口；图5-21(b) 为电磁铁1通电状态，电磁铁1铁芯向下压缩复位弹簧3，开启P→A通道，关闭A→T通道，即封闭T口。

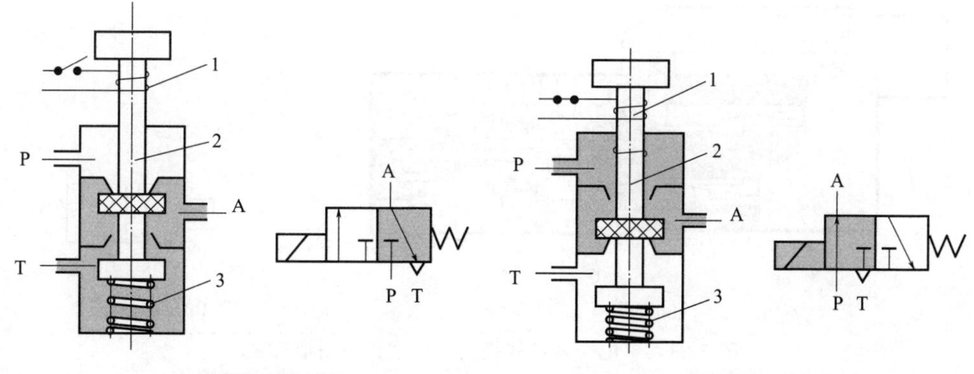

(a) 电磁铁1断电时

(b) 电磁铁1通电时

图 5-21 二位三通单电控直动式换向阀的工作原理与图形符号

1—电磁铁；2—阀芯；3—复位弹簧

二位三通单电控直动式换向阀的结构如图 5-22 所示。图 5-22(a) 为电磁铁断电时，阀芯在复位弹簧 3 的作用下上抬，封闭了 P 口；图 5-22(b) 为电磁铁通电时，吸合的活动铁芯压缩复位弹簧，下推阀芯，封闭了 R 口。

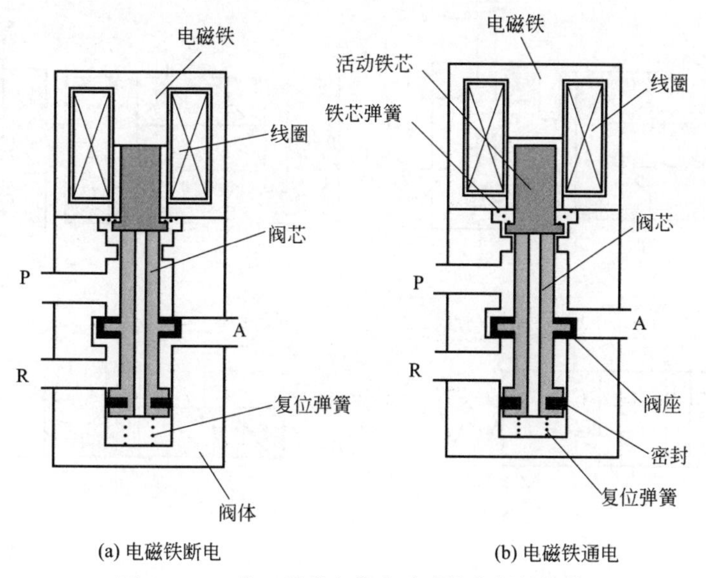

(a) 电磁铁断电

(b) 电磁铁通电

图 5-22 二位三通单电控直动式换向阀的结构

图 5-23 所示为另一种单电控直动式换向阀的结构与图形符号。

b. 单电控先导式换向阀。图 5-24 所示为单电控先导式换向阀的工作原理与图形符号。它利用先导阀先由电磁铁通断电切换，再去控制主换向阀的工作。图 5-24(a) 为电磁铁 1DT 断电状态，先导阀芯 6 在复位弹簧 5 的作用下处于上位，主阀 1 右腔没有压力，于是主阀芯 2 在弹簧力的作用下右移，封闭 P 口，打

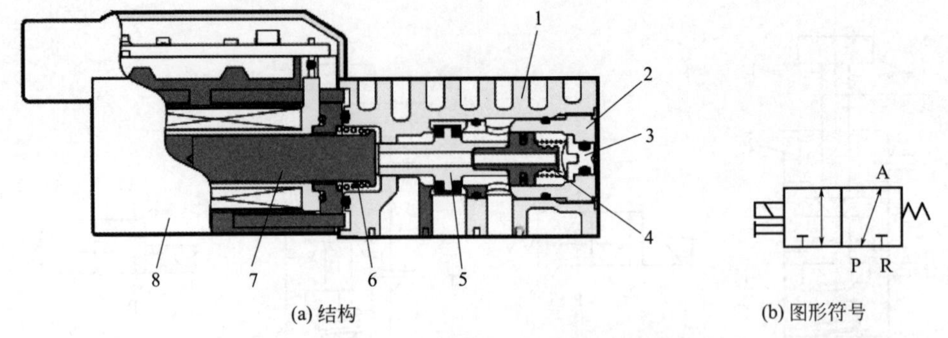

图 5-23 单电控直动式换向阀的结构与图形符号

1—阀体；2—阀套；3—手动按钮；4—复位弹簧；5—阀芯；6—铁芯弹簧；7—活动铁芯；8—电磁铁

开 A→T 通道；反之，如图 5-24(b) 所示，当电磁铁 1DT 通电时，电磁铁的吸力压缩弹簧 5 推动先导阀芯 6 下移，压力进入主阀右腔，产生的控制力压缩弹簧 4，推动主阀芯左移，打开 P→A 通道，封闭 T 口。单电控先导式换向阀适用于较大通径的场合。

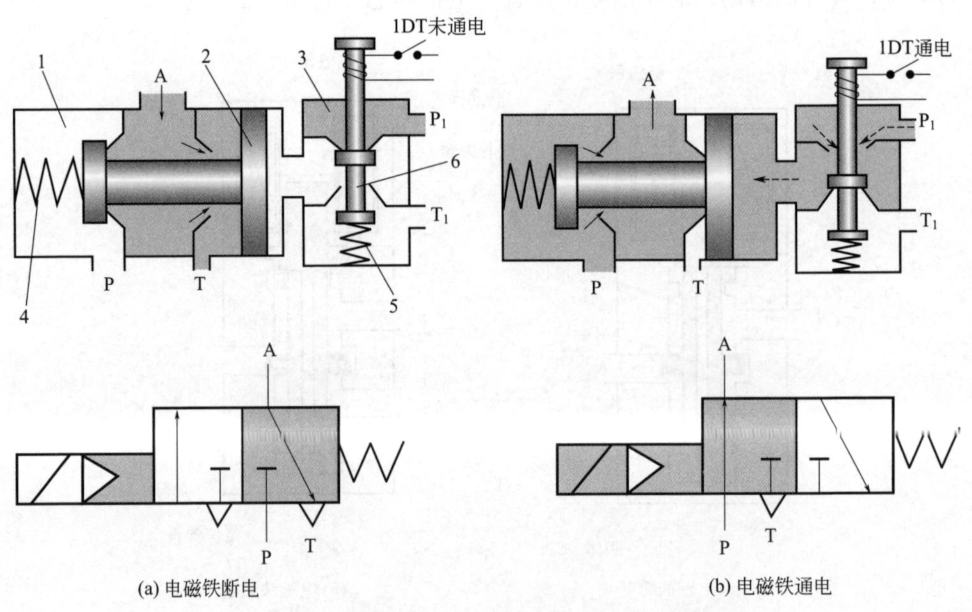

图 5-24 单电控先导式换向阀的工作原理与图形符号

1—主阀；2—主阀芯；3—先导阀；4,5—弹簧；6—先导阀芯

图 5-25 所示为日本 SMC 公司生产的 SYJ300R 型二位三通单电控先导式换向阀的外观、图形符号与结构。

图 5-26 所示为日本 SMC 公司生产的 VP 系列二位三通单电控先导式换向阀的外观、图形符号与结构。

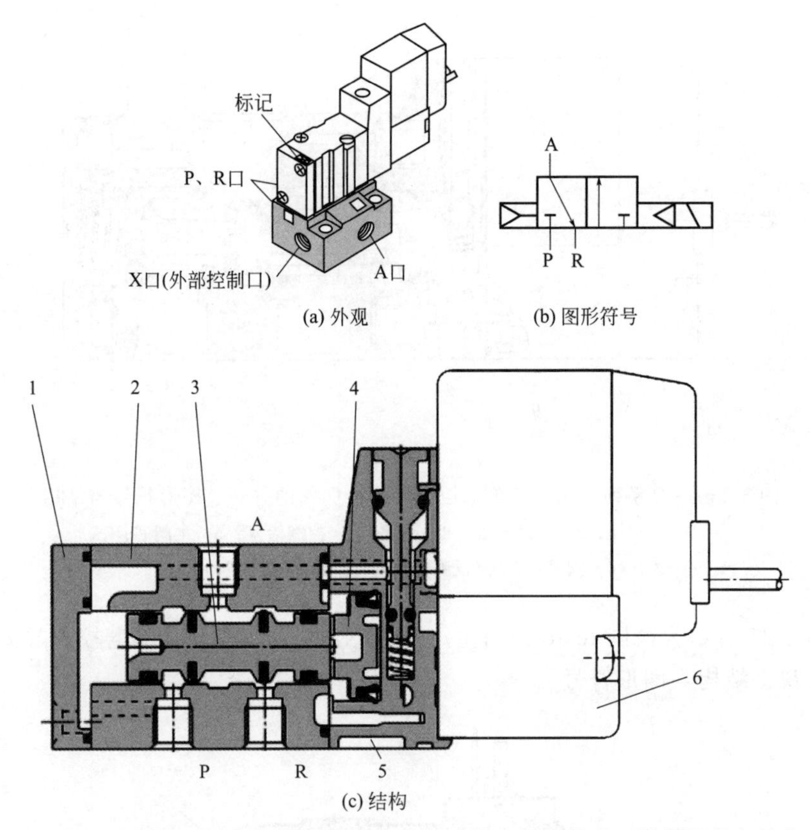

图 5-25　SYJ300R 型二位三通单电控先导式换向阀的外观、图形符号与结构

1—阀盖；2—阀体；3—阀芯；4—柱塞；5—柱塞板；6—先导阀

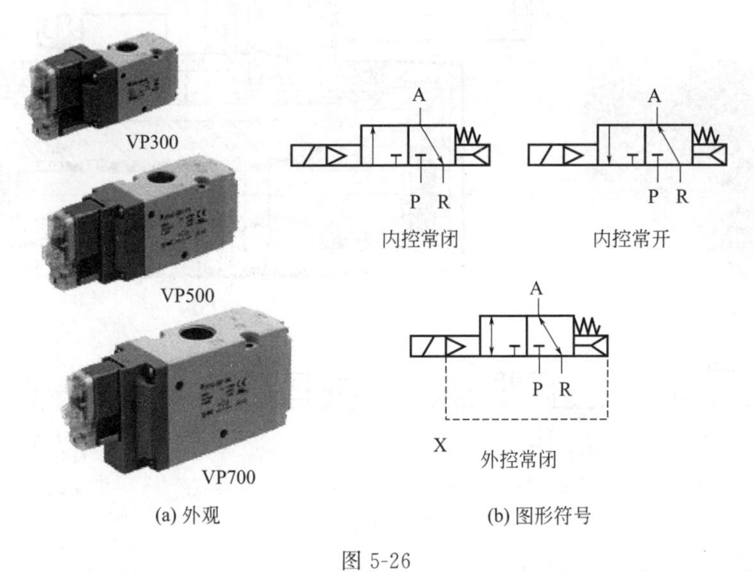

图 5-26

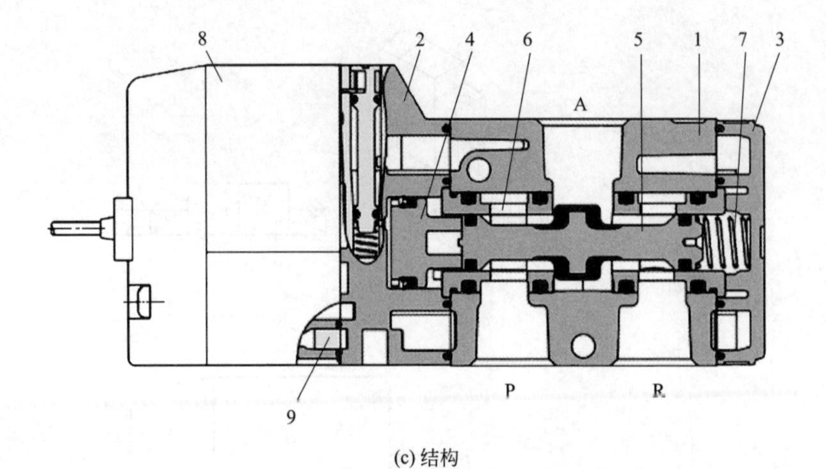

(c) 结构

图 5-26　VP 系列二位三通单电控先导式换向阀的外观、图形符号与结构

1—主阀体；2—手动装置；3—端盖；4—控制活塞；5—主阀芯；
6—阀套；7—复位弹簧；8—先导阀；9—滤网

图 5-27 所示为德国 festo 公司生产的 MN2H 型二位五通单电控先导式换向阀的外观、结构与图形符号。

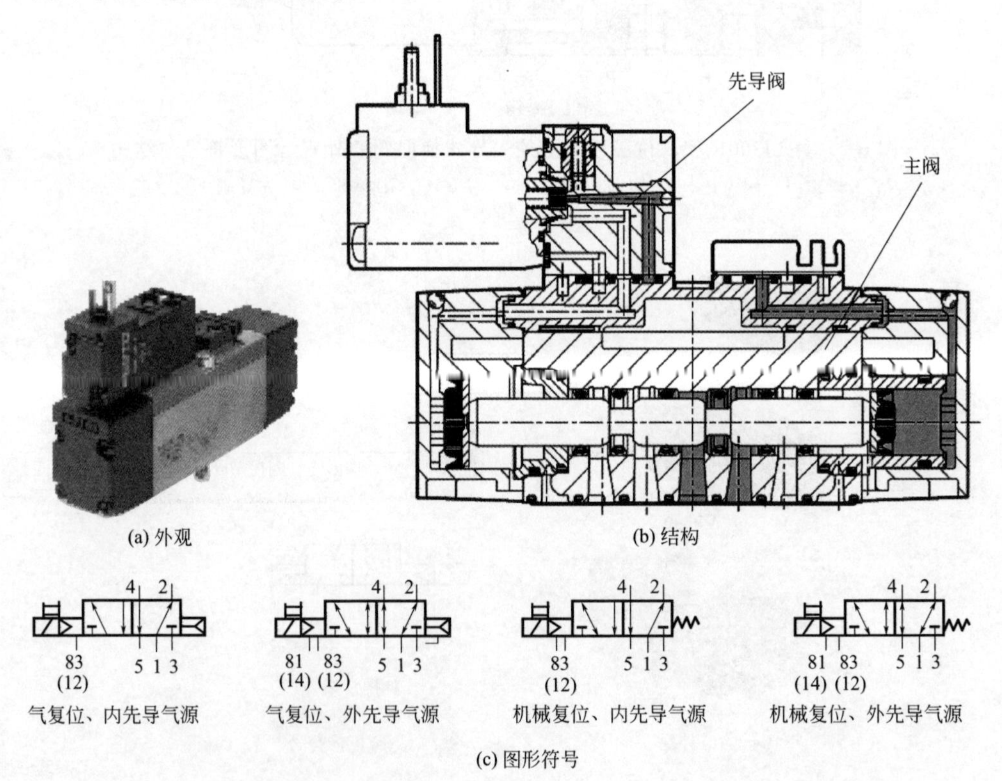

(a) 外观　(b) 结构

(c) 图形符号

图 5-27　MN2H 型二位五通单电控先导式换向阀的外观、结构与图形符号

图 5-28 所示为日本 SMC 公司生产的 SY3000～SY9000 型二位五通单电控先导式换向阀结构与图形符号。

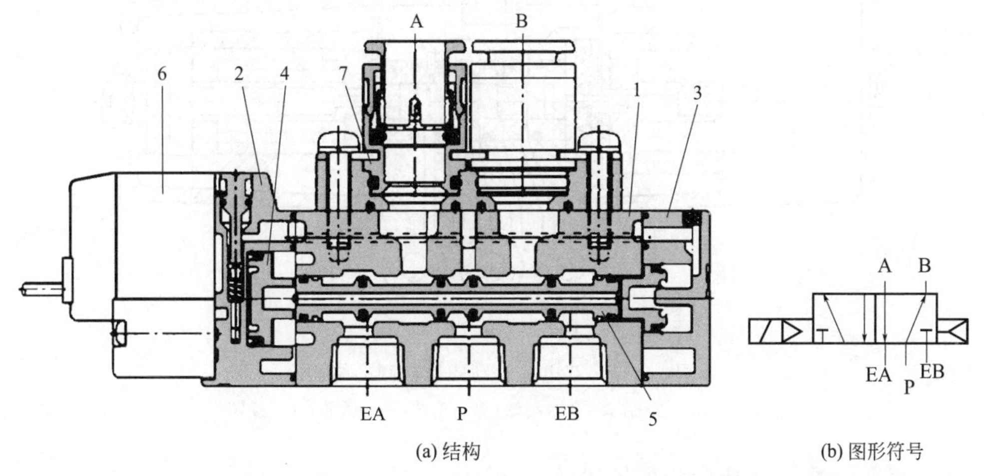

图 5-28 SY3000～SY9000 型二位五通单电控先导式换向阀的结构与图形符号

1—阀体；2—手动与控制活塞块；3—端盖；4—控制活塞；

5—主阀芯；6—先导阀（直动式）；7—阀口连接组件

② 双电控　由两个电磁铁的衔铁推动换向阀芯移位的换向阀称为双电控换向阀。双电控换向阀也有直动式和先导式两种。

a. 双电控直动式换向阀。图 5-29 所示为双电控直动式二位五通换向阀的工作原理与图形符号，图示为左边电磁铁通电的工作状态。其工作原理与单电控直动式换向阀类似，不再赘述。注意，这里的两个电磁铁不能同时通电。这种换向阀具有记忆功能，即当左侧的电磁铁通电后，换向阀芯处在右端位置，当左侧电磁铁断电而右侧电磁铁没有通电前阀芯仍然保持在右端位置。

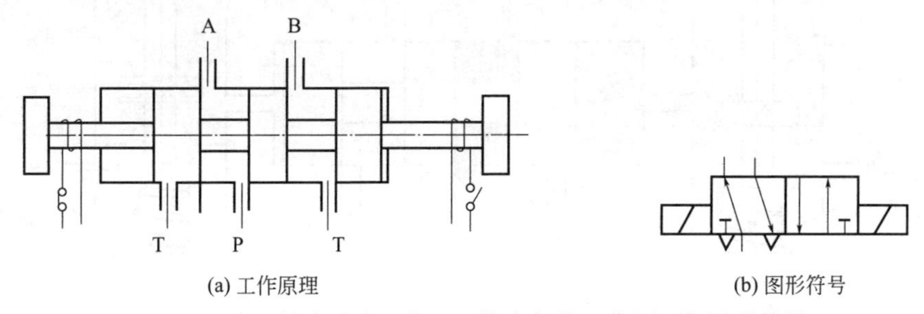

图 5-29 双电控直动式二位五通换向阀的工作原理与图形符号

图 5-30 所示为双电控直动式换向阀的结构。

b. 双电控先导式换向阀。图 5-31 所示为双电控先导式换向阀的工作原理与图形符号，图示为左侧先导阀电磁铁通电状态。工作原理与单电控先导式换向阀类似。按先导阀控制信号的来源可分为自控式（内部先导）和外控式（外部先

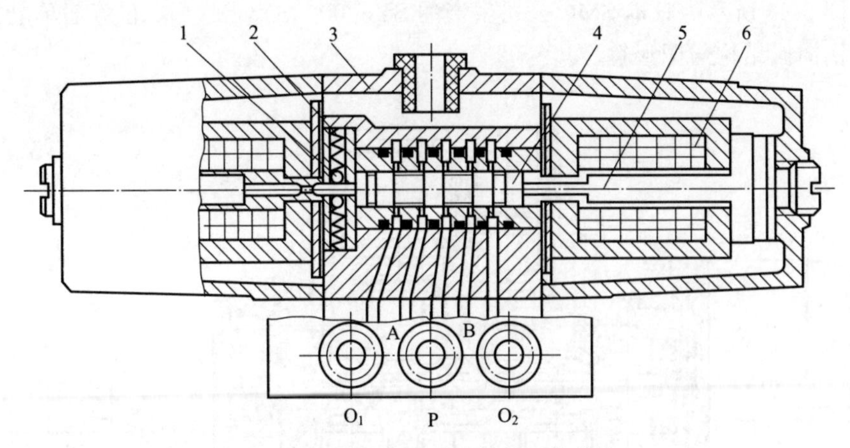

图 5-30　双电控直动式换向阀的结构

1—钢珠；2—弹簧；3—阀体；4—阀芯；5—铁芯；6—线圈

导）两种，图 5-31 所示为外控式。

如图 5-31(a) 所示，当电磁铁 1DT 通电时，铁芯吸合，推动先导阀 1 阀芯压缩复位弹簧 1 而下移，外控压缩空气经 P_1 口进入主阀左腔，推动主阀芯右移，主阀右腔回气经先导阀 2 再经 R_2 口流入大气。

如图 5-31(b) 所示，当电磁铁 2DT 通电时，铁芯吸合，推动先导阀 2 阀芯压缩复位弹簧 2 而下移，外控压缩空气经 P_2 口进入主阀右腔，推动主阀芯左移，主阀左腔回气经先导阀 1 再经 R_1 口流入大气。

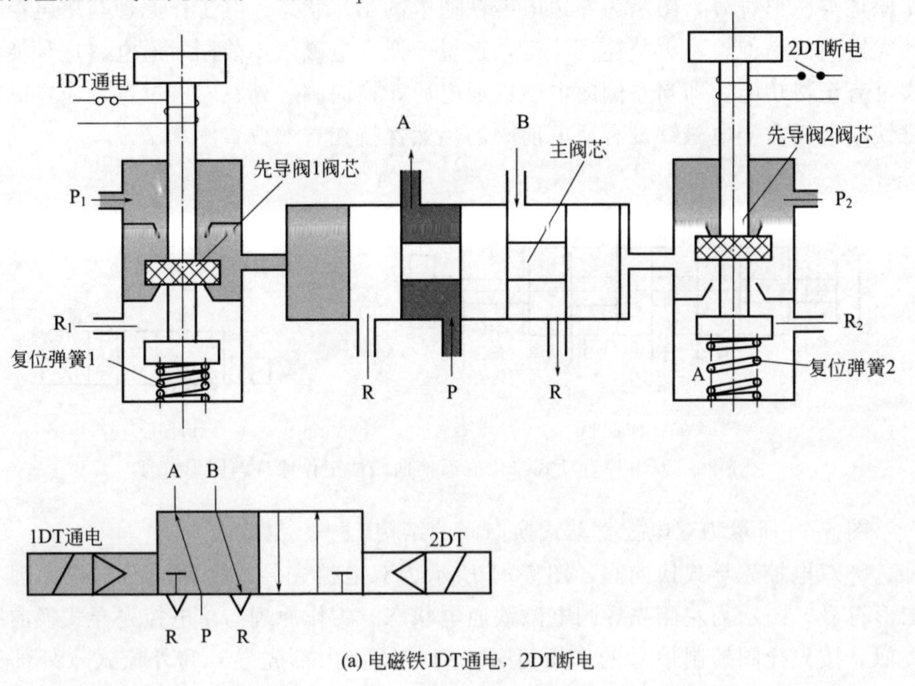

(a) 电磁铁1DT通电，2DT断电

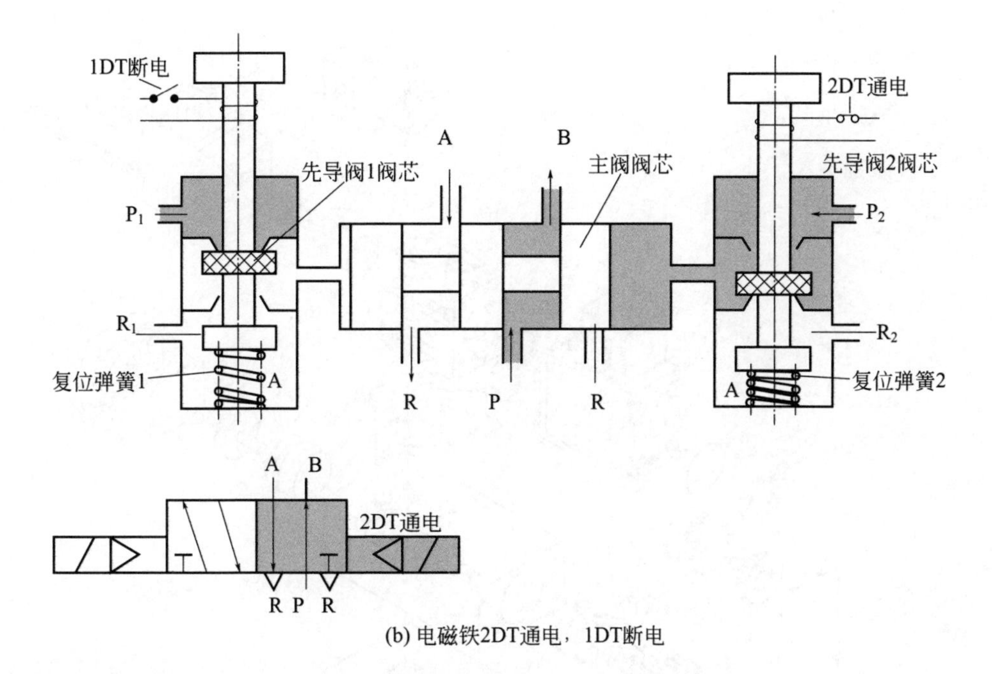

(b) 电磁铁2DT通电，1DT断电

图 5-31 双电控先导式换向阀的工作原理与图形符号

图 5-32 所示为日本 CDK 公司生产的 4F420 型双电控先导式换向阀的结构。

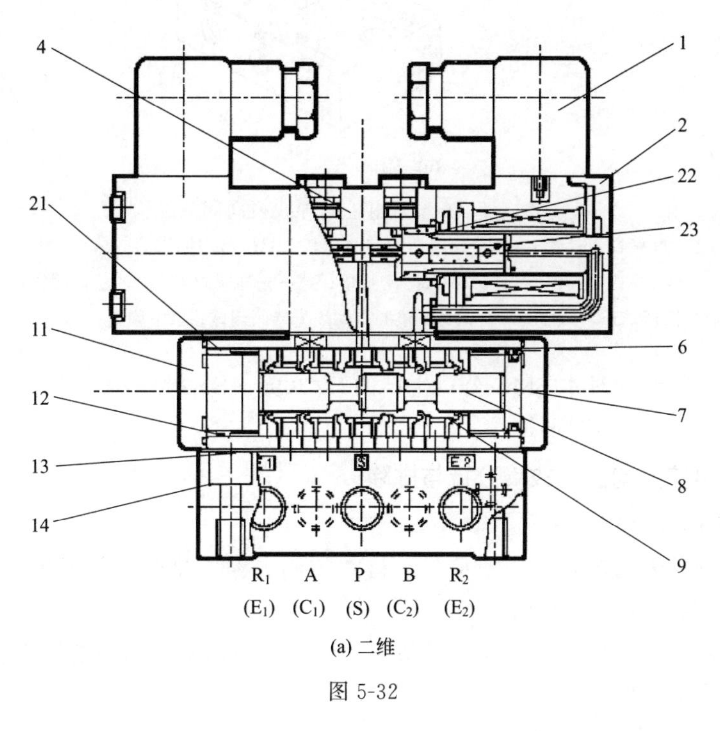

(a) 二维

图 5-32

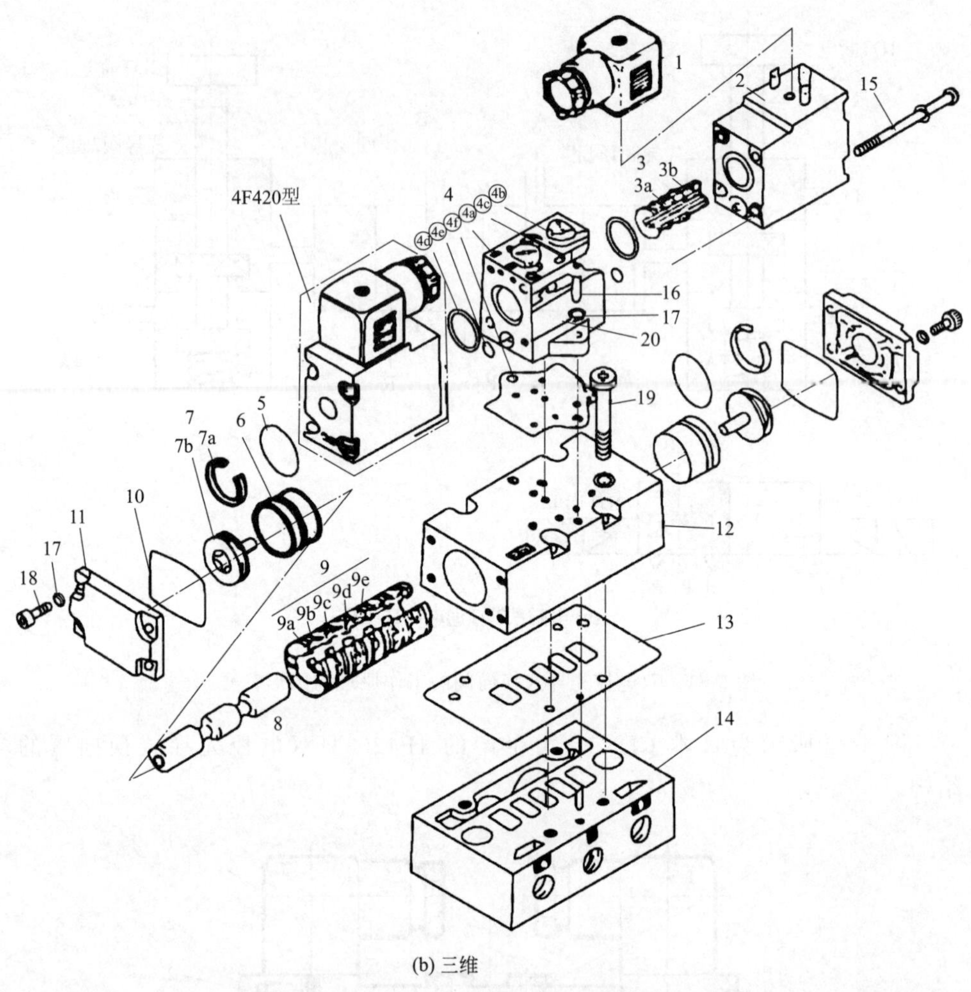

(b) 三维

图 5-32　4F420 型双电控先导式换向阀的结构

1—电插头；2—电磁铁组件；3—先导阀阀套与阀芯；4—先导阀组件；5,21—O 形圈；6—定位套；7—控制活塞；8—主阀芯；9—阀套；10,13—密封垫；11—先导阀阀盖；12—主阀阀体；14—底板；15—推杆；16,18,19—螺钉；17—垫圈；20—先导阀阀体；22—弹簧；23—铁芯

图 5-33 所示为日本 SMC 公司生产的 SY3000～SY9000 型二位五通双电控先导式换向阀的结构与图形符号。

（3）电控换向阀的故障分析与排除

【故障 1】不换向

① 电磁铁未通电，无切换信号：检查控制电路，排除电路故障，例如排除错误配线、接线不牢及断线故障。

② 电磁铁虽通电，但电压信号不对：检查电磁铁所使用的电压是否不正确，调整到使用范围内。

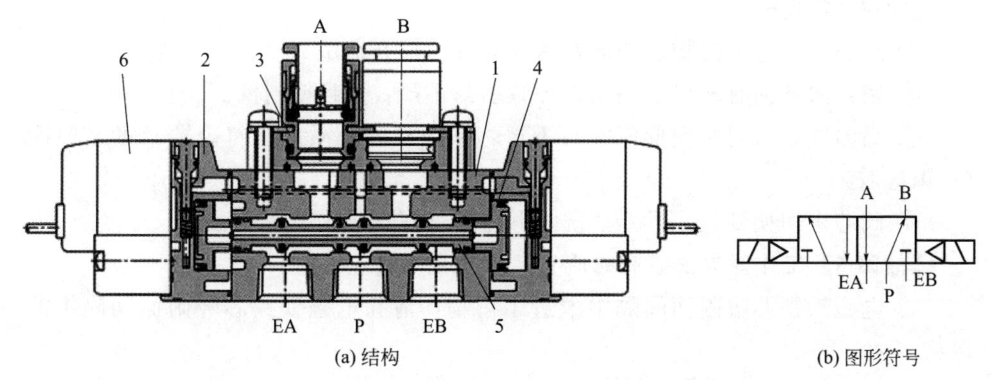

(a) 结构

(b) 图形符号

图 5-33 SY3000～SY9000 型二位五通双电控先导式换向阀的结构与图形符号

1—阀体；2—手动与控制活塞块；3—阀口连接组件；4—控制活塞；5—主阀芯；6—先导阀（直动式）

③ 线圈烧损：更换线圈，排除烧损原因。

④ 阀体滑动部位楔入了污物：清洗阀体或更换。

⑤ 阀体中混进了油的老化生成物：清洗阀体，设置并检查油雾分离器。

⑥ 润滑油不合适，或者混进油的老化生成物，导致阀体橡胶膨胀：检查润滑油，换上合适的润滑油，检查是否混入油的老化生成物，检查油雾分离器的故障。

⑦ 弹簧疲劳、折损、生锈、已到使用寿命：更换合格弹簧，并去除冷凝水。

⑧ 压力低：调高到最低使用压力以上。

⑨ 压力降大：更换为有效截面积大的电控换向阀。

⑩ 阀体冻结：去除冷压缩空中的冷凝水，设置干燥机。

【故障 2】动作不良

① 无额定信号：检查使用电压是否正确，将电压调整到额定范围内。

② 润滑油不合适，混入了油的老化生成物，阀体橡胶膨胀：检查润滑油中是否混入了油老化生成物，设置油雾分离器，换上合适的润滑油。

③ 压力低：调高到最低使用压力以上。

④ 背压高，排气不畅，使用可进行排气节流的电控换向阀。

⑤ 振动：将振动调整到允许范围内，使振动方向与阀的切换方向成直角。

⑥ 控制回路的漏电比复位电流值大，电压不正确：采取应对漏电的措施。

【故障 3】线圈烧损

① 环境温度过高：采取措施将环境温度控制在正常范围内。

② 电流过载：直动阀的交流线圈没有吸附到底；为双线圈时，检查两侧的线圈是否通相同的电。

③ 线圈短路：通入电磁铁的电压过高或过低，将通入电磁铁的电压调整到正常值。

【故障 4】漏气

① 阀部位卡进了污物、切屑及密封碎片：拆开清洗。

② 密封圈破损有缺口、损伤，导致密封不严：更换密封圈。

③ 高温导致密封圈变形使密封不严：采用橡胶材质好且符合要求的密封圈（如氟橡胶）。

④ 阀芯未切换到位：拆开清洗，并检查气压在规定范围内。

【故障 5】工作时电磁铁有蜂鸣音，阀振动

① 电磁铁铁芯吸附面间隔中卡进了污物：清除电磁铁铁芯吸附面间隔中的污物。

② 吸力不足：电磁铁吸力与线圈匝数有关，和通入的电压与频率有关，更换为合格的电磁铁线圈与电磁铁，电压与频率应符合要求。

5.1.3 几种典型的气动方向控制阀

5.1.3.1 手动转阀式换向阀

以旋转滑轴阀为例，它利用两个盘片使各个通路互相连接或分开，通常用手或脚操作。主要有二位四通或三位四通两种。图 5-34 所示为旋转滑轴式 4/3 换向阀的外观与阀位，旋转手柄在三个位置定位，可得到三种通路状态，为三位四通手动换向阀。图 5-35 所示为旋转滑轴式 4/3 换向阀的结构与图形符号。

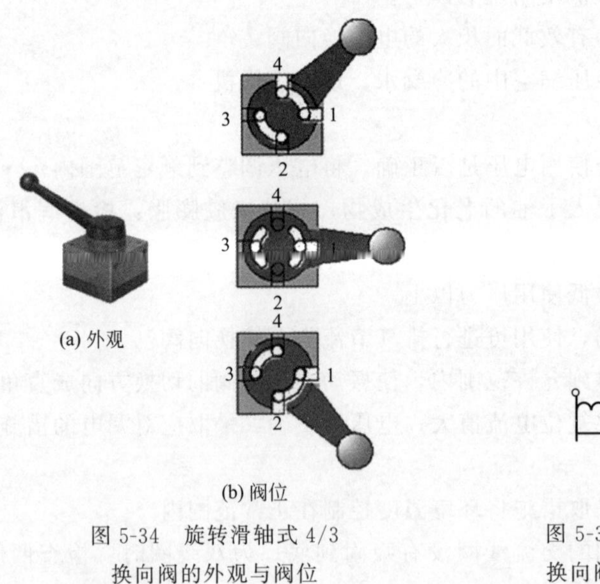

(a) 外观

(b) 阀位

图 5-34　旋转滑轴式 4/3 换向阀的外观与阀位

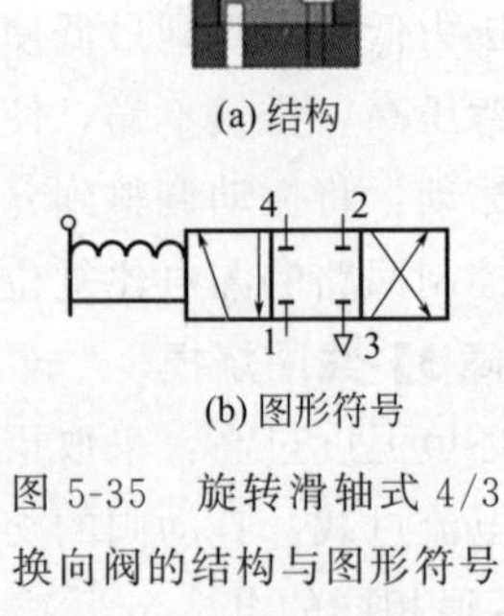

(a) 结构

(b) 图形符号

图 5-35　旋转滑轴式 4/3 换向阀的结构与图形符号

图 5-36 所示为日本 CDK 公司生产的 HMV、HSV 型三位四通手动换向阀的外观、结构与图形符号。

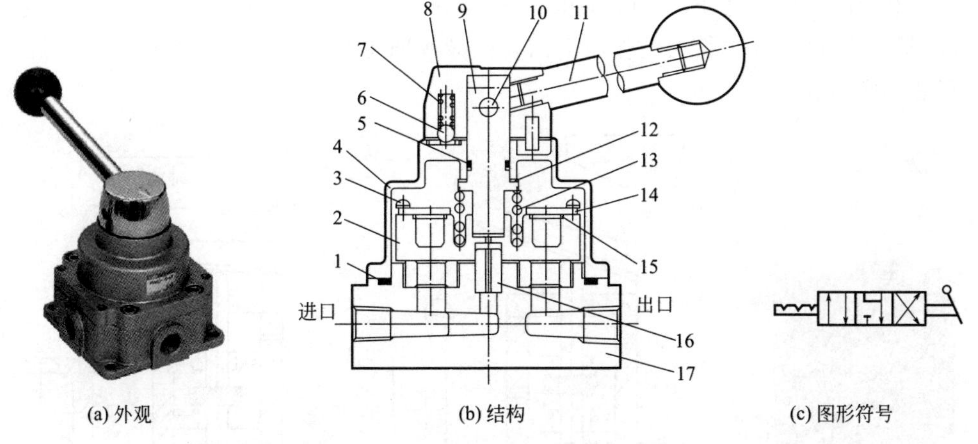

图 5-36　HMV、HSV 型三位四通手动换向阀的外观、结构与图形符号

1，5—O 形圈；2—滑环（阀芯）；3—十字头螺钉；4—阀盖；6—定位钢球；
7—定位弹簧；8—手柄座；9—柱塞；10—销；11—手柄；12—垫圈；
13—弹簧；14—板；15—密封垫；16—滑柱；17—阀体

5.1.3.2　机械控制或人力控制换向阀

机械控制换向阀利用执行机构或其他机构的机械运动，借助凸轮、滚轮、杠杆或撞块等机构来操纵阀杆，使阀芯换位，从而使阀进行换向；人力控制换向阀则利用手动操作（或脚踏操作）阀芯移位。

机械控制换向阀的工作原理如图 5-37 所示。当杠杆未被压下时，阀芯在复位弹簧的作用下上抬，阀口关闭，A 口与 T 口（未示出）相通，均通大气［图 5-37(a)］；当杠杆被压下时，阀芯在杠杆的下压作用下压缩复位弹簧而下移，打开阀口，P 口与 A 口相通，T 口（未示出）封闭［图 5-37(b)］。

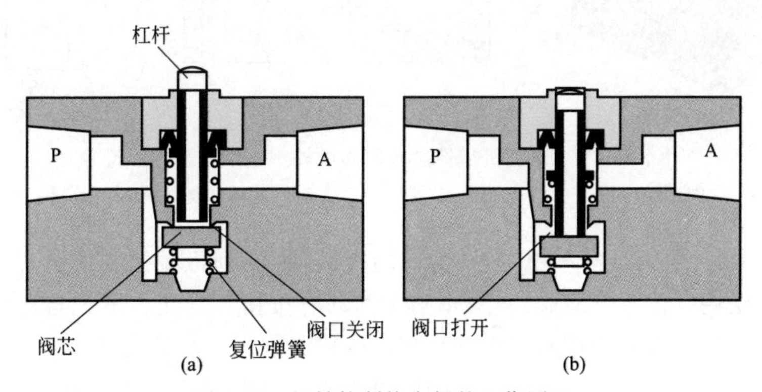

图 5-37　机械控制换向阀的工作原理

图 5-38 所示为杠杆滚轮式行程换向阀的外观、工作原理与图形符号。当机械撞块未压下滚轮时，P 口关闭，A 口与 T 口相通；当机械撞块向右运动时，

压下滚轮时，P 口打开，T 口关闭，A 口与 P 口相通，实现换向动作；当撞块通过滚轮后，阀芯在弹簧力的作用下回复；撞块回程时，由于滚轮的头部可弯折，阀芯不换向。

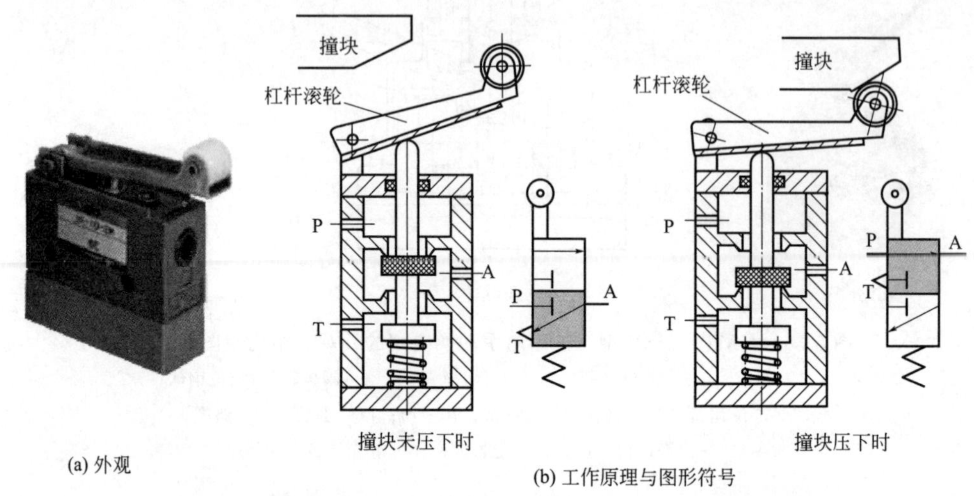

(a) 外观

(b) 工作原理与图形符号

图 5-38 杠杆滚轮式行程换向阀的外观、工作原理与图形符号

图 5-39 所示为日本 CKD 公司生产的 MS 系列机械控制换向阀的外观、结构与图形符号。

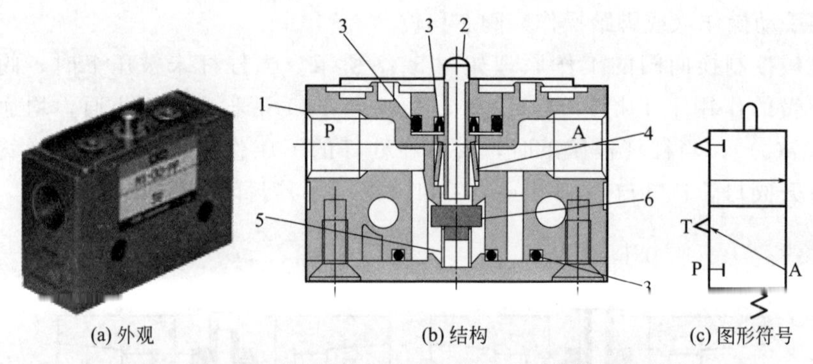

(a) 外观　(b) 结构　(c) 图形符号

图 5-39 MS 系列机械控制换向阀的外观、结构与图形符号

1—阀体；2—推杆；3—密封；4—推杆复位弹簧；5—阀芯复位弹簧；6—阀芯

图 5-40 所示为日本 SMC 公司生产的 VM200 系列机械控制换向阀外观、图形符号与结构（仅举三通阀）。操作阀芯移动有按钮、旋钮、滚轮与杠杆滚轮等几种方式，对应有人力控制（手动）与机械控制（机动）的换向方式。

如图 5-40(c) 所示，当未压下阀芯时，弹簧上推阀芯，封住通口 1 到通口 2 的通路，通口 2 来的压缩空气经推杆的中央孔从推杆顶端的 R 孔（通口 3）排向大气（复位时）；当压下阀芯时，通口 1 到通口 2 的通路被连通，而通口 2 到 R 孔（通口 3）的通路被切断（动作时）。

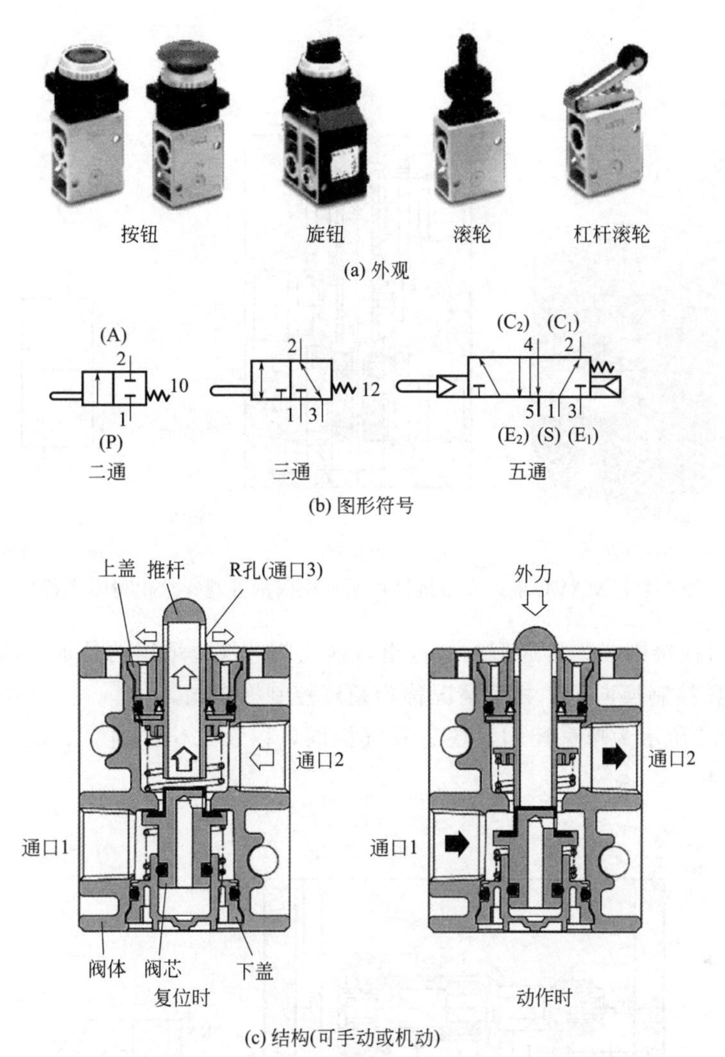

图 5-40　VM200 系列机械控制换向阀的外观、图形符号与结构

图 5-41 所示为日本 SMC 公司生产的 MAVL 系列大型机械控制换向阀的外观、结构与图形符号，工作原理同上。

5.1.3.3　气压控制换向阀

气压控制换向阀是利用气体压力推动阀芯移动，靠气体压力使阀芯切换，使阀芯和阀体发生相对运动而改变气体流向的元件。

图 5-42 所示为二位三通气压控制换向阀的工作原理与图形符号，图示为 K 口没有控制信号时的状态，阀芯 3 在弹簧 2 与 P 腔气压作用下右移，使 P 口与 A 口断开，A 口与 T 口导通。当 K 口有控制信号时，推动活塞 5 通过阀芯压缩弹簧打开 P 口与 A 口通道，封闭 A 口与 T 口通道。图 5-42 所示为常断型阀，如果

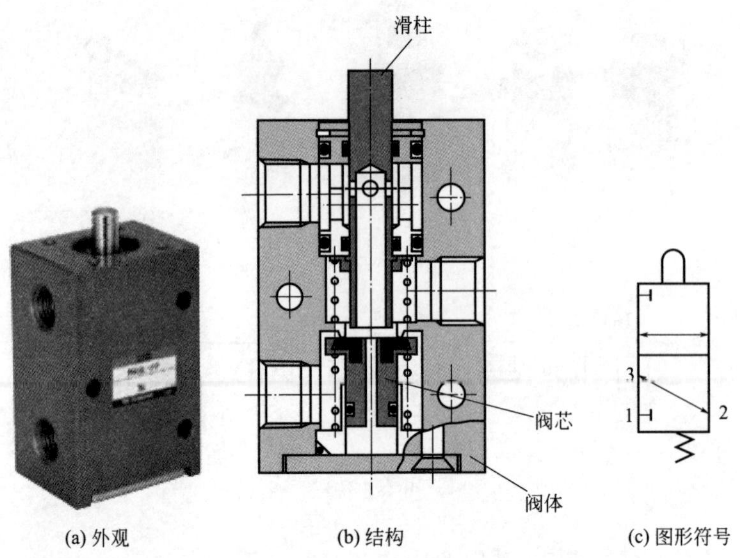

图 5-41　MAVL 系列大型机械控制换向阀的外观、结构与图形符号

P 口、T 口换接则成为常通型阀。这里，换向阀芯换位采用的是加压的方法，所以称为加压控制换向阀。相反情况称为减压控制换向阀。

图 5-42 所示为单气控阀，还有双气控阀，以及二位四通、二位五通等，此处不再赘述。

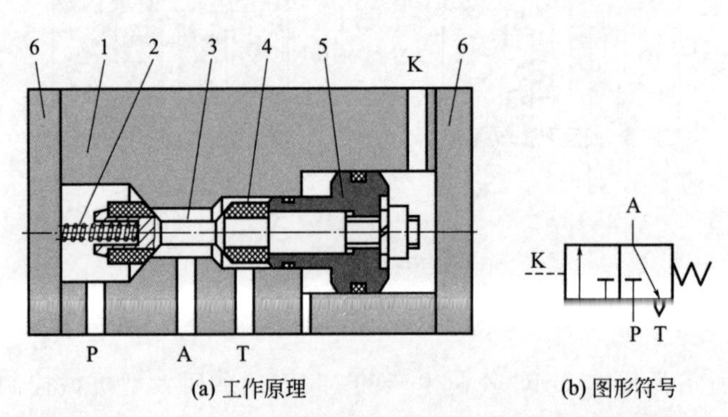

图 5-42　二位三通气压控制换向阀的工作原理与图形符号

1—阀体；2—弹簧；3—阀芯；4—密封材料；5—控制活塞；6—阀盖

图 5-43 所示为日本 SMC 公司生产的 AFA 系列三位五通先导式气压控制换向阀的结构与图形符号。当控制气口 K_1 与 K_2 均未通入控制压缩空气时，对中弹簧 3 的弹力使阀芯 5 处于中间位置，P、A、B、EA 与 EB 各口彼此均不相通；当控制气口 K_1 通入压缩空气时，控制压缩空气进入左侧，控制活塞 4 左端面上产生的力压缩对中弹簧 3，推动阀芯 5 右行，此时 P 口与 A 口通，B 口与 EB 口通；当控制气口 K_2 通入压缩空气时，控制压缩空气进入右侧，控制活塞 4 右端

面上产生的力压缩对中弹簧 3，推动阀芯 5 左行，此时 P 口与 B 口通，A 口与 EA 口通。

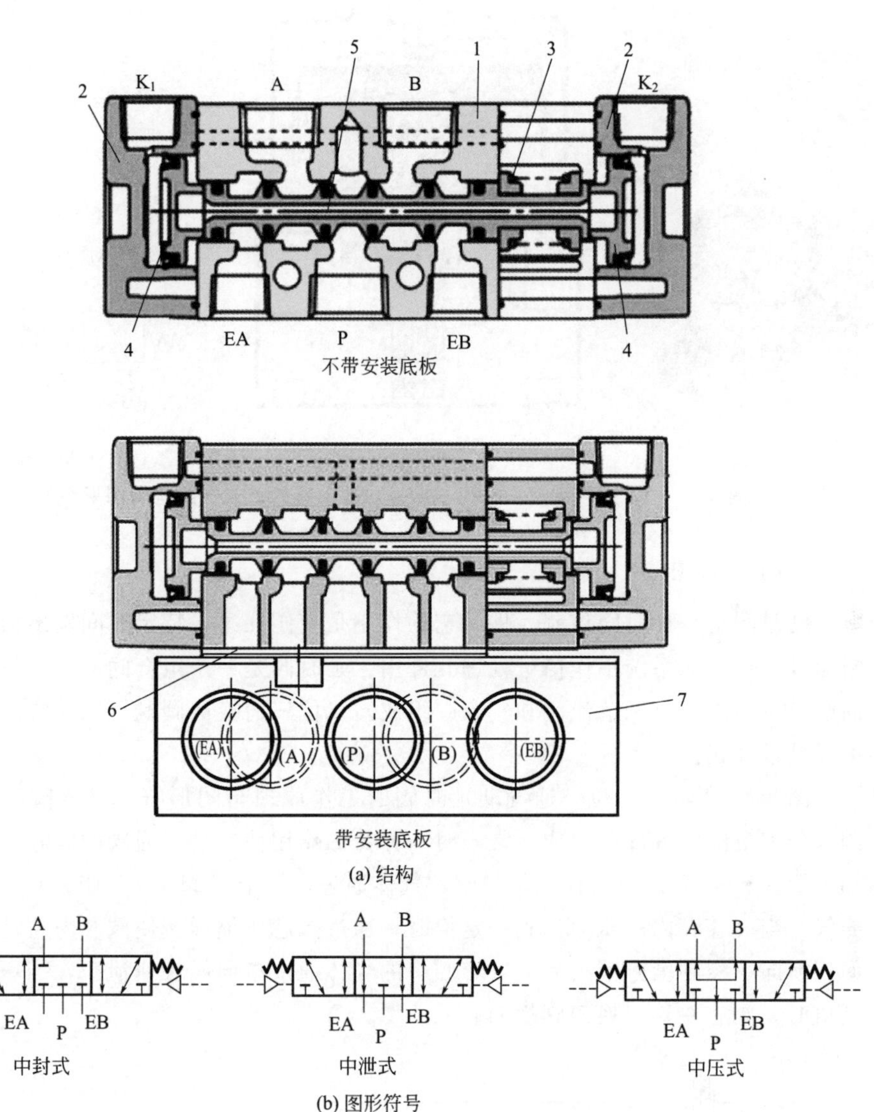

图 5-43 AFA 系列三位五通先导式气压控制换向阀结构与图形符号

1—阀体；2—先导控制端盖；3—对中弹簧；4—控制活塞；5—阀芯；6—密封板；7—安装底板

图 5-44 所示为日本 SMC 公司生产的 VTA 系列二位三通气压控制换向阀的外观、结构与图形符号。结构图中 3 口未画出。

5.1.3.4 时间控制换向阀

时间控制换向阀是通过气容或气阻的作用对阀的换向时间进行控制的换向阀，包括延时阀和脉冲阀。

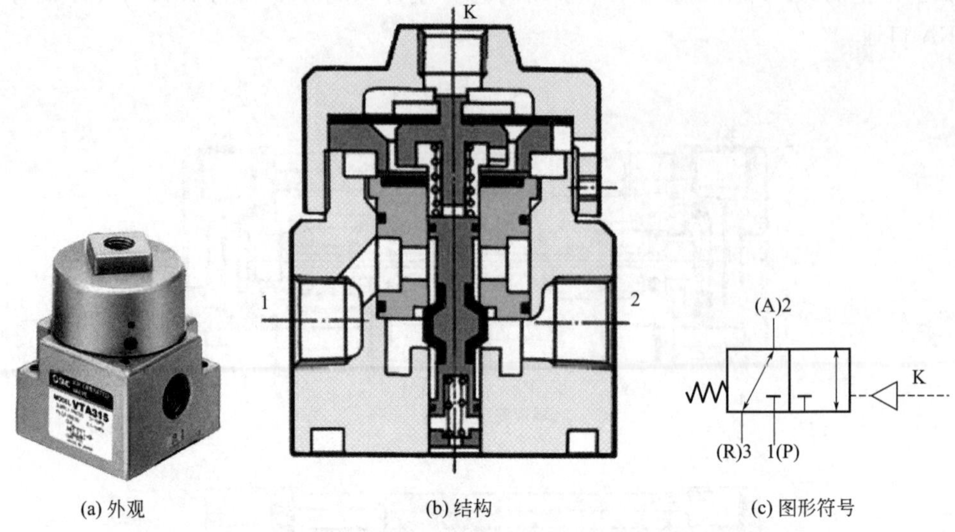

(a) 外观　　(b) 结构　　(c) 图形符号

图 5-44　VTA 系列二位三通气压控制换向阀的外观、结构与图形符号

(1) 延时阀

延时阀是一种时间控制元件，它的作用是使阀在某一特定时间发出信号或中断信号，在气动系统中作信号处理元件用。延时阀是一个组合阀，由二位三通换向阀、单向阀、可调节流阀和气容腔组成。二位三通换向阀既可以是常闭式，也可以是常开式。

图 5-45 所示为二位三通气动延时阀的工作原理与图形符号。该阀由延时控制部分和主阀两大部分组成。常态时，弹簧的作用使二位三通阀的阀芯 2 处在左端位置。当从 K 口通入控制信号时，气体通过可调节流阀 4（气阻）使气容腔 1 充气，当气容腔内的压力达到一定值时，通过阀芯压缩弹簧使阀芯向右动作，换向阀换向；控制信号消失后，气容腔中的气体通过单向阀快速泄压，当压力降到某值时，阀芯左移，换向阀换向。

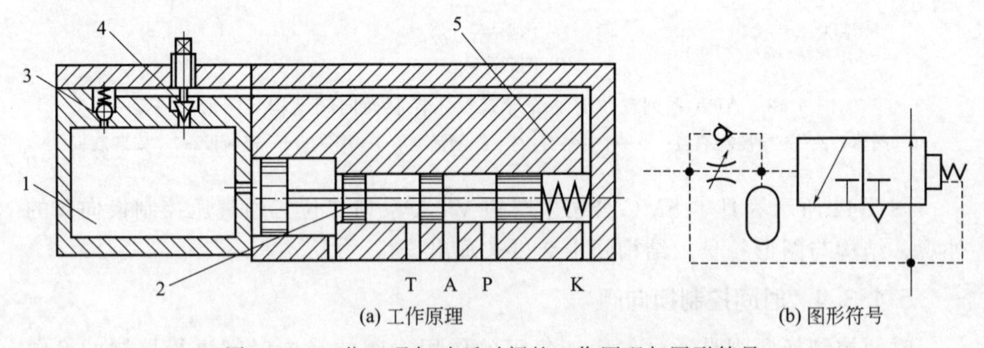

(a) 工作原理　　(b) 图形符号

图 5-45　二位三通气动延时阀的工作原理与图形符号

1—气容腔；2—阀芯；3—单向阀；4—可调节流阀；5—阀体

图 5-46 所示为日本 CKD 公司生产的 RTD-3A 系列延时阀外观、图形符号与结构。

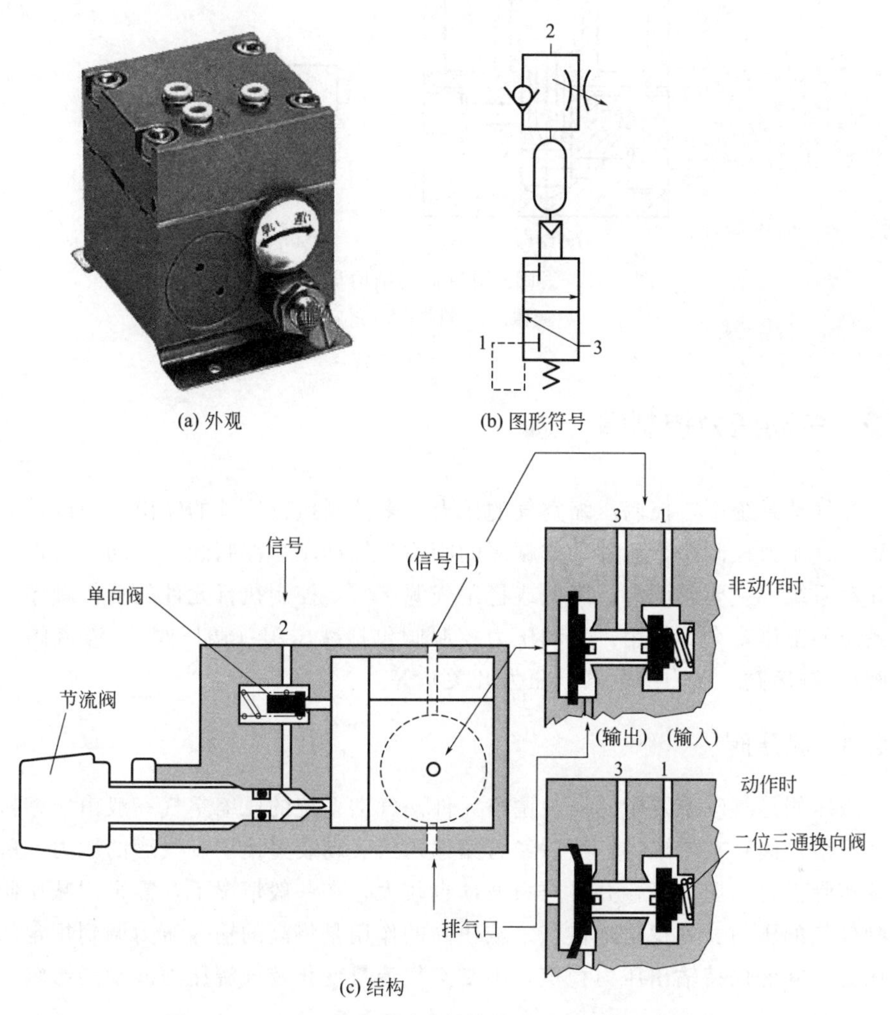

(a) 外观　(b) 图形符号

(c) 结构

图 5-46　RTD-3A 系列延时阀的外观、图形符号与结构

(2) 脉冲阀

脉冲阀是靠气流经过气阻、气容的延时作用，使输入的长信号变成脉冲信号输出的阀。图 5-47 所示为一滑阀式脉冲阀的结构与图形符号。P 口有输入信号时，由于阀芯上部气容腔中压力较低，且阀芯中心阻尼孔很小，所以阀芯向上移动，使 P 口、A 口相通，A 口有信号输出，同时从阀芯中心阻尼孔不断给上部气容腔充气，因为阀芯的上、下两端作用面积不等，气容腔中的压力上升达到某值时，阀芯下降封闭 P 口、A 口通道，A 口、T 口相通，A 口没有信号输出。这样，P 口的连续信号就变为 A 口输出的脉冲信号。

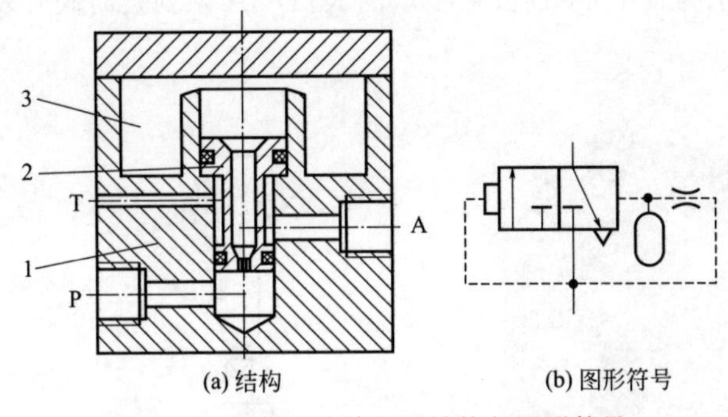

图 5-47 滑阀式脉冲阀的结构与图形符号

1—阀体；2—阀芯；3—气容腔

5.2 气动压力控制阀

在气动系统中，控制压缩空气的压力，来控制执行元件的输出推力或转矩和依靠空气压力控制执行元件动作顺序的阀称为气动压力控制阀。气动压力控制阀在气动系统中主要起调节、降低或稳定气源压力，控制执行元件的动作顺序，保证系统的工作安全等作用。气动压力控制阀包括减压阀（调压阀）、溢流阀（安全阀）、顺序阀、压力继电器（压力开关）等。

5.2.1 减压阀

减压阀是气动系统中的压力调节元件。气动系统的压缩空气一般由压缩机将空气压缩，储存在气罐内，然后经管路输送给气动装置使用。气罐的压力一般比设备实际需要的压力高，并且压力波动也较大，在一般情况下，需采用减压阀来得到较低的压力，并稳定地供气。减压阀的作用是将高的输入压力调到规定的输出压力，并能保持输出压力稳定，不受空气流量变化及气源压力波动的影响。

(1) 分类

减压阀的调压方式有直动式和先导式两种。直动式是借助弹簧力直接操纵的调压方式；先导式是用预先调整好的气压来代替直动式调压弹簧进行调压的。一般先导式减压阀的流量特性比直动式好。减压阀的分类见图 5-48 与表 5-7。

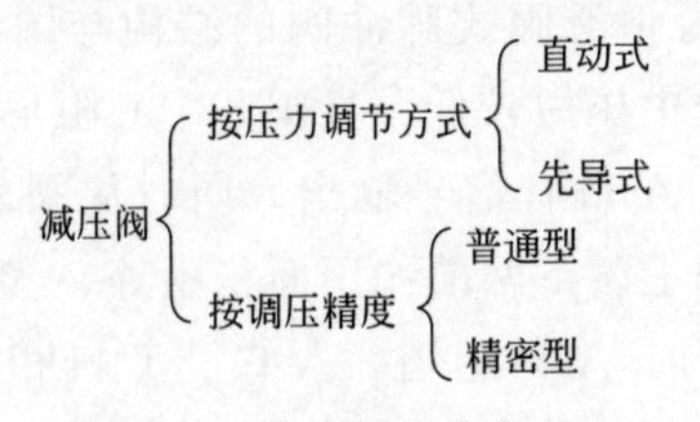

图 5-48 减压阀的分类方法

表 5-7　减压阀的种类与用途

减压阀的种类			用　　途
直动式(手动、机动)		无溢流式 带溢流式	普通气压回路用
		常时释放方式	普通气压回路高性能用
先导式	内部先导式 (手动、机动)	无溢流式 带溢流式	普通气压回路精密调整用,检测仪表用,射流技术用
		常时释放方式	高性能用,检测仪表用,射流技术用
	外部先导式	无溢流式 带溢流式	用于远程操作、高压、大口径等流量调整精度要求高的回路
		高溢流式	用于溢流流量要求大的回路

(2)工作原理与结构

① 直动式减压阀(带溢流阀)

a.工作原理。减压阀实质上是一种简易压力调节器。顺时针旋转调压手柄,出口(P_2)压力增大,逆时针旋转调压手柄,出口(P_2)压力降低。一般显示压力的压力表固定在调压阀上,在调节压力前,需把调压手柄向上拔起,以便能够转动调压手柄。

如图 5-49(a)所示,若逆时针旋转手柄,调压弹簧放松,作用在膜片上的气压力大于弹簧力,溢流阀打开,输出压力降低直至为零。

如图 5-49(b)所示,若顺时针旋转调节手柄,调压弹簧被压缩,推动膜片和阀杆(溢流阀阀芯)下移,减压阀阀芯也下移,减压口打开,在出口 P_2 有气压输出。同时,输出气压经反馈孔作用在膜片上产生向上的推力。该推力与调压

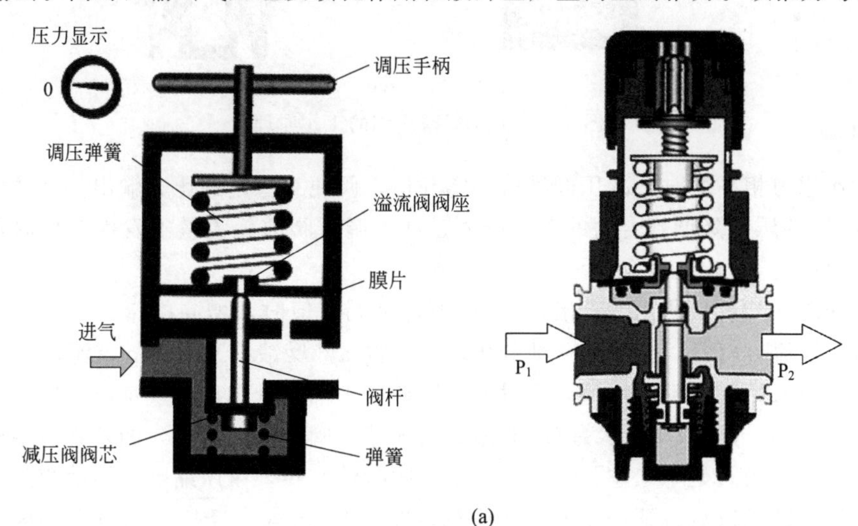

(a)

图 5-49

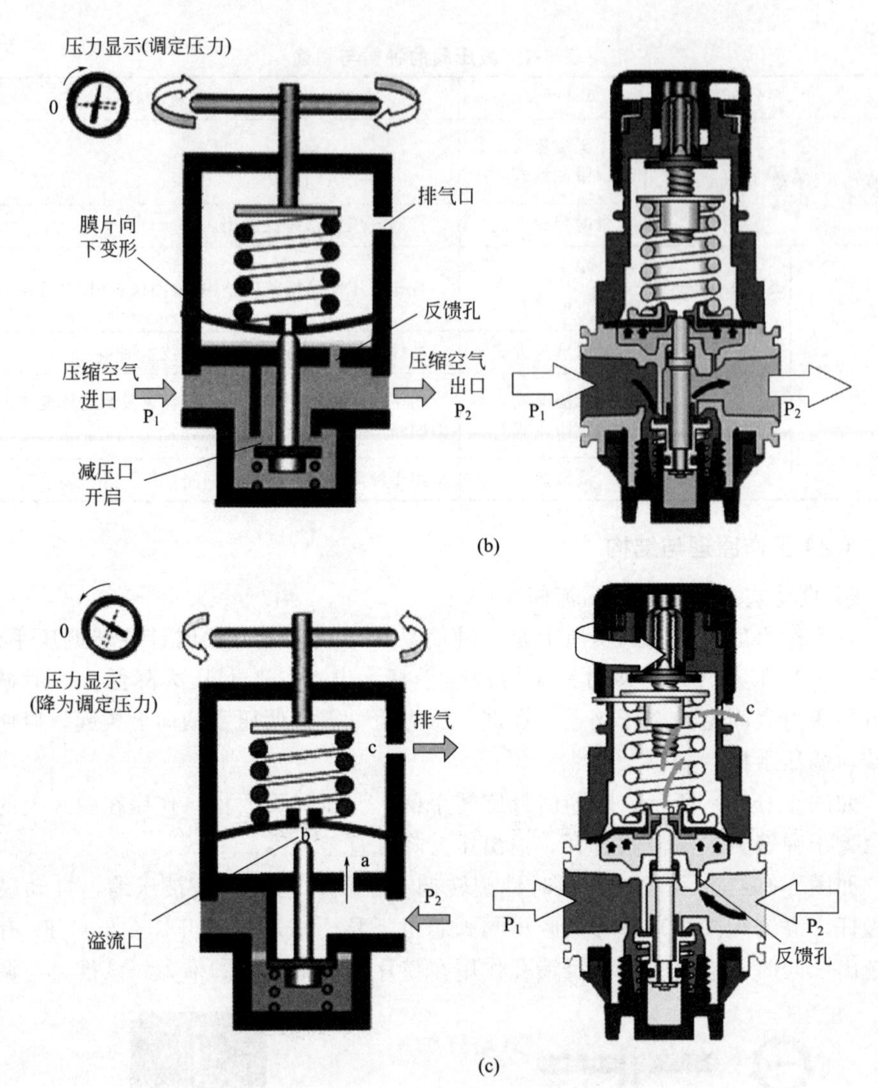

图 5-49　直动式减压阀的工作原理

弹簧作用力相平衡时，减压阀维持一定开口，阀便有稳定的压力输出。这样便将进口 P_1 的压力降低到合适的工作压力，且当调压阀前后流量不发生变化时，出口压力稳定。

如图 5-49(c) 所示，若出口 P_2 压力超过调定值时，增高的压力使膜片向上变形，溢流口打开，出口的一部分压缩空气经 a（反馈孔）→b→c 溢流，使出口压力降下来，恢复到调定值（逆时针旋转调压手柄降低出口的设定压力）。

b. 结构。图 5-50 所示为 QTY 型直动式减压阀（带溢流阀）的外观、结构与图形符号。当阀处于工作状态时，将手柄顺时针旋转，由压缩弹簧推动膜片和阀芯下移，减压口被打开，压缩空气从左端进口 P_1 流入，经打开的减压口再从出口 P_2 流出。

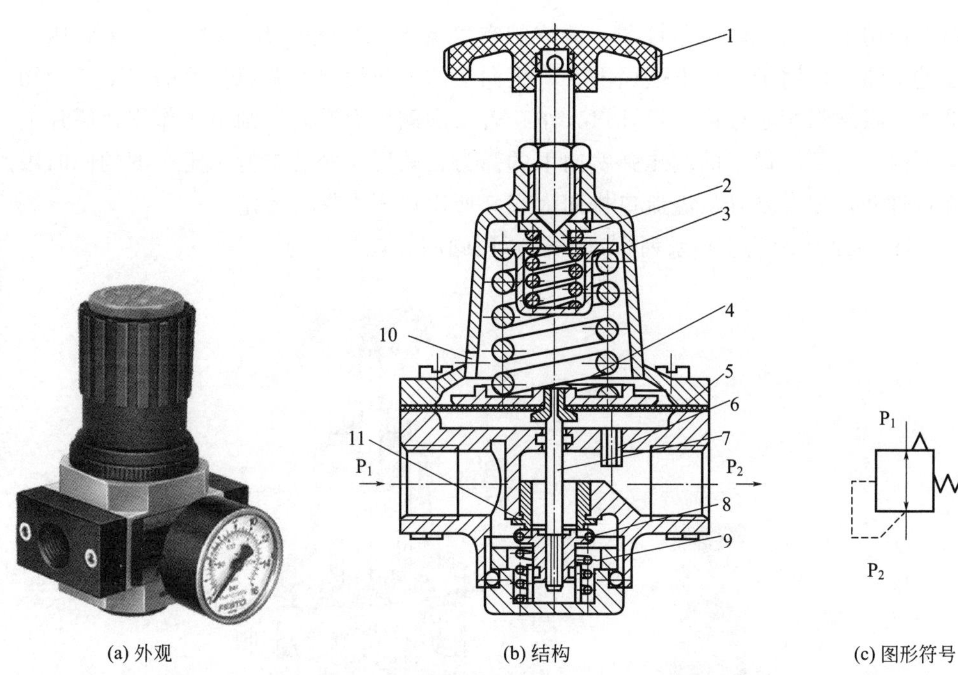

(a) 外观　　(b) 结构　　(c) 图形符号

图 5-50　QTY 型直动式减压阀（带溢流阀）的外观、结构与图形符号

1—手柄；2,3—调压弹簧；4—溢流口；5—膜片；6—反馈孔；7—溢流阀阀芯；8—减压阀阀芯；9—复位弹簧；10—排气口；11—减压口

当出口 P_2 的压力瞬时增高，即出口 P_2 的压力超过调压弹簧 2、3 的调定压力时，P_2 口的压力经反馈孔 6 作用在膜片 5 的下端面上，向上的力增大，上推膜片 5 并压缩弹簧 2、3，溢流阀阀芯上端的溢流口开启，则 P_2 口的一部分压缩空气经反馈孔 6→膜片 5 的下腔→溢流口 4→排气口 10→大气，使 P_2 口的压力降至调定值，同时减压阀阀芯 8 在复位弹簧 9 的作用下向上运动，关小减压口，使出口压力降低；相反情况不再赘述。

调节手柄就可以调节减压阀的输出压力，采用两个弹簧调压的目的是在整个调压区间使调节的压力更加灵敏与稳定。另外在介质为有害气体（如煤气）的气路中，为防止污染空气，应选用无溢流口的减压阀。

② 带过滤器的减压阀　如图 5-51 所示为 IW 系列带过滤器减压阀的工作原理。从进口流入的压缩空气经过滤器（烧结金属）过滤，细小的尘埃被滤除；旋转调压手柄后，在设定的调压弹簧的

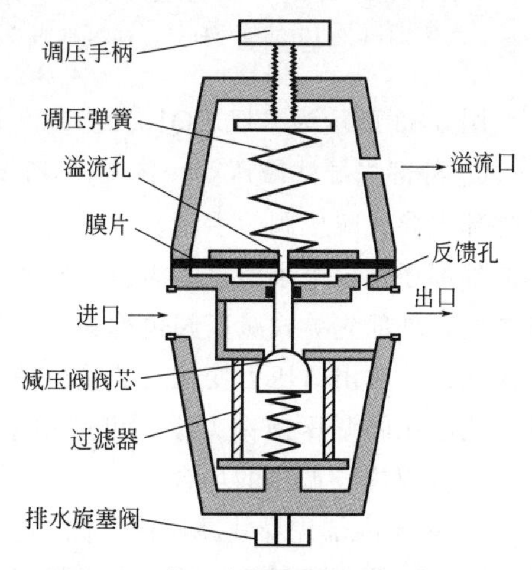

图 5-51　带过滤器减压阀的工作原理

弹力作用下，减压阀阀芯打开，清洁的空气流入二次侧（出口侧）。二次侧压力通过反馈孔作用于膜片下端面上，产生向上的力与设定的调压弹簧的向下弹力相平衡，减压阀阀芯维持一定开口大小；若二次侧压力升高，则由于作用在膜片上向上的力大于所设定的调压弹簧向下的弹力，减压阀阀芯维持一定开度的同时溢流孔打开，多余空气从溢流口排向大气，使出口压力保持一定。

图 5-52 所示为 IW 系列带过滤器减压阀的外观与结构。

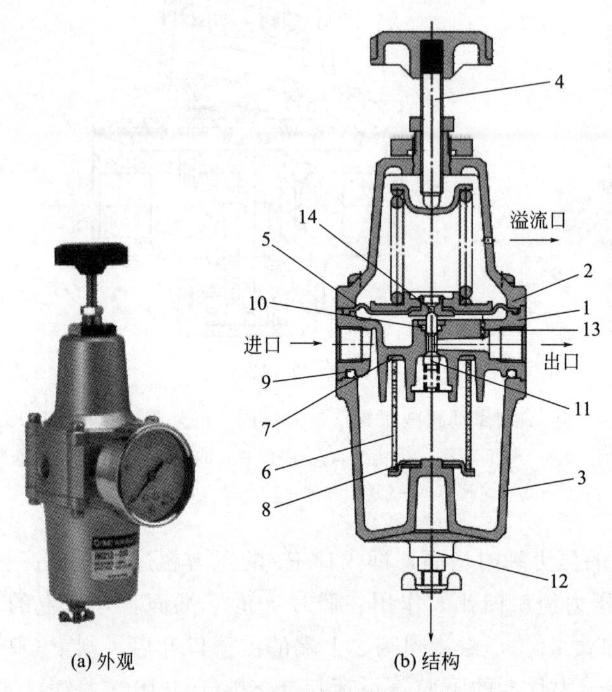

图 5-52　IW 系列带过滤器减压阀的外观与结构

1—主体组件；2—阀盖；3—外壳组件；4—调压手柄；5—膜片组件；6—滤芯；7—密封件；8—过滤器圆盘组件；9,10—O 形圈；11—减压阀阀芯；12—排水旋塞阀；13—反馈孔；14—溢流孔

图 5-53 所示为东风 EQ1090E 型汽车用带过滤器直动式减压阀的结构。

③ 外部先导式减压阀　图 5-54 所示为外部先导式减压阀的结构原理，图中为外部先导式减压阀的主阀，主阀的工作原理和结构与直动式减压阀相同，在主阀的外部还有一个小型直动溢流式减压阀作先导阀用（图中未画出），由它来控制主阀，外部先导式减压阀也称远距离控制式减压阀。先导式减压阀与直动式减压阀相比，对出口压力变化时的响应速度稍慢，但流量特性、调压特性好。外部先导式减压阀调压操作力小，可适用于大口径（如通径在 20mm 以上）和远距离（30m 以内）调压的场合。

④ 精密内部先导式减压阀　图 5-55 所示为精密内部先导式减压阀的工作原理。它在直动式减压阀的基础上采用了喷嘴-挡板放大器（件 7 与件 3）。放大器

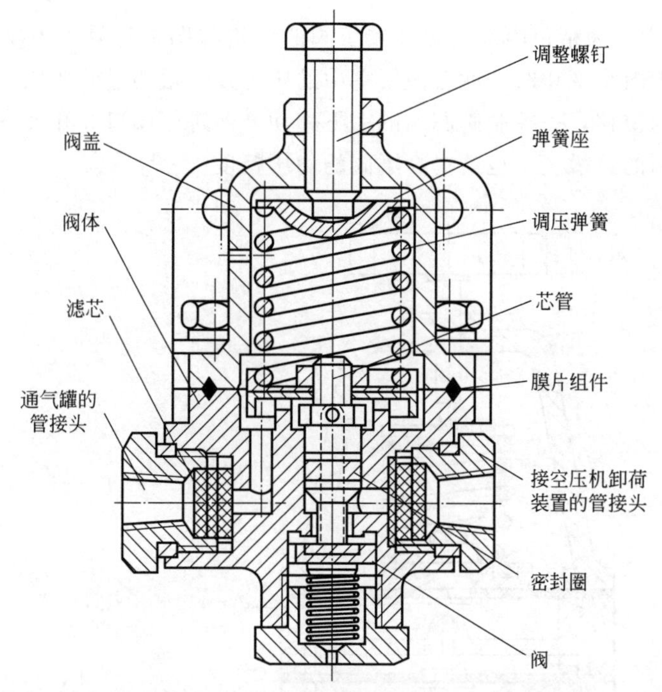

图 5-53　东风 EQ1090E 型汽车用带过滤器直动式减压阀的结构

包括气室、挡板、恒气阻（固定节流口）和喷嘴。当减压阀的出口 P_2 压力变化时，例如压力下降，则挡板 3 在调压弹簧 2 的作用下靠近喷嘴 7，引起放大器气室中背压升高。背压作用在膜片 5 上，使阀芯 6 开启，流通面积增加，出口 P_2 压力上升，直至接近原来的调定值。由于在减压阀的弹簧和阀芯之间增加了一个具有高放大倍数的喷嘴-挡板放大器，因而使减压阀的稳压精度增高。

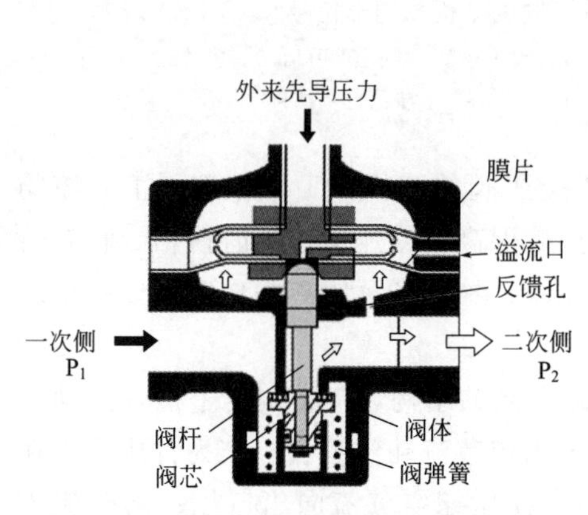

图 5-54　外部先导式减压阀的结构原理

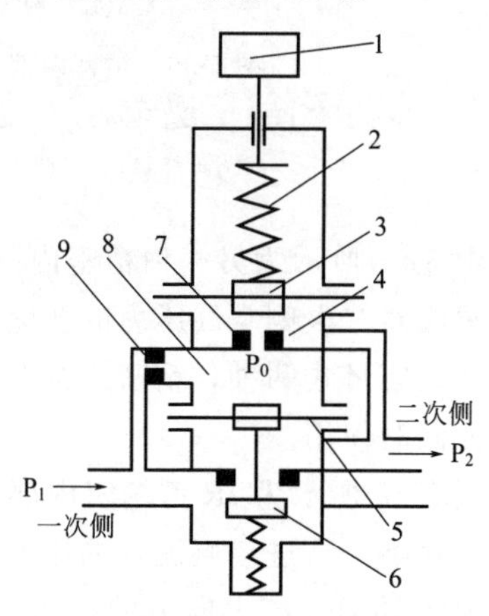

图 5-55　精密内部先导式减压阀的工作原理

1—调压手柄；2—调压弹簧；3—挡板；4,8—气室；5—膜片；6—阀芯；7—喷嘴；9—恒气阻（固定节流口）

图 5-56 所示为精密内部先导式减压阀的结构与图形符号。当喷嘴与挡板之间的距离发生微小变化时，就会使气室中的压力发生很明显的变化，从而引起膜片 6 有较大的位移，去控制阀芯 4 的上下移动，使进气阀口 3 开大或关小，提高了对阀芯控制的灵敏度，也就提高了阀的稳压精度。

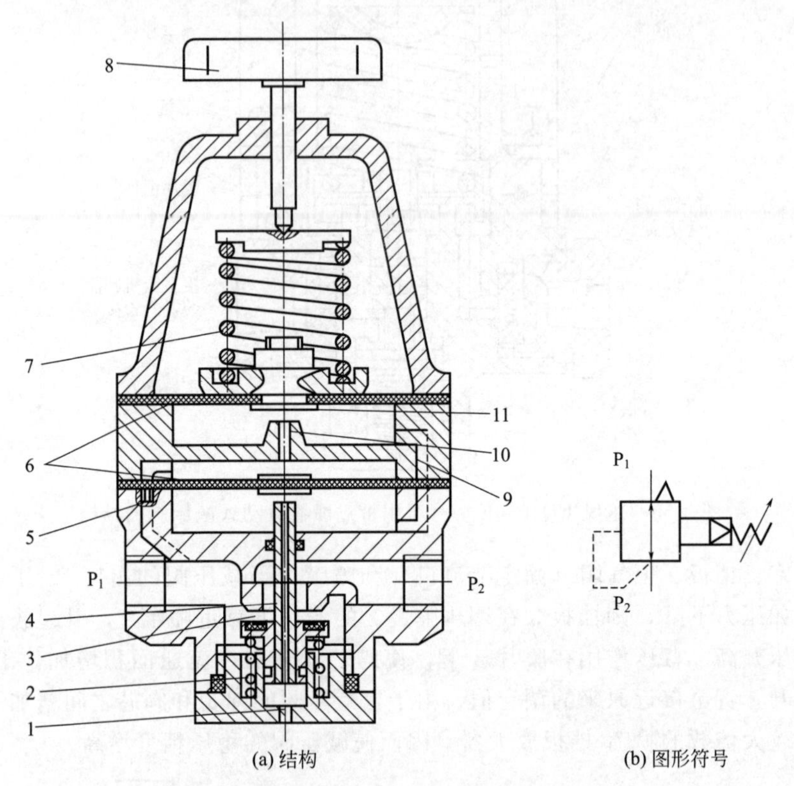

图 5-56　精密内部先导式减压阀的结构与图形符号

1—排气口；2—复位弹簧；3—进气阀口；4—阀芯；5—固定节流口；6—膜片；
7—调压弹簧；8—调压手柄；9—孔道；10—喷嘴；11—挡板

图 5-57 所示为另一种精密内部先导式减压阀的结构，工作原理同上。该阀能敏感应对二次侧空气压力的变化，在需要确保高精度压力控制时使用。它有精密式和大容量式两种，精密式主要在各种试验、检测和远距离操作等需要高精度压力控制时使用。

图 5-58 所示为 IR 型精密内部先导式减压阀的结构，旋转调压手柄，推动挡板关闭喷嘴，从进口侧流入的压缩空气通过固定节流孔（喷嘴）作为背压作用在膜片 B 上端面，产生向下的力压下主阀芯，使压缩空气流向出口侧；同时流入的压缩空气也作用在膜片 C 的下端面上，与膜片 B 向下的作用力平衡，同时作用于膜片 A 上的力与调压弹簧设定的弹簧力平衡，以调节设定压力。设定压力一旦过高，膜片 A 被向上推，挡板与喷嘴间的距离加大，喷嘴内压力下降，膜

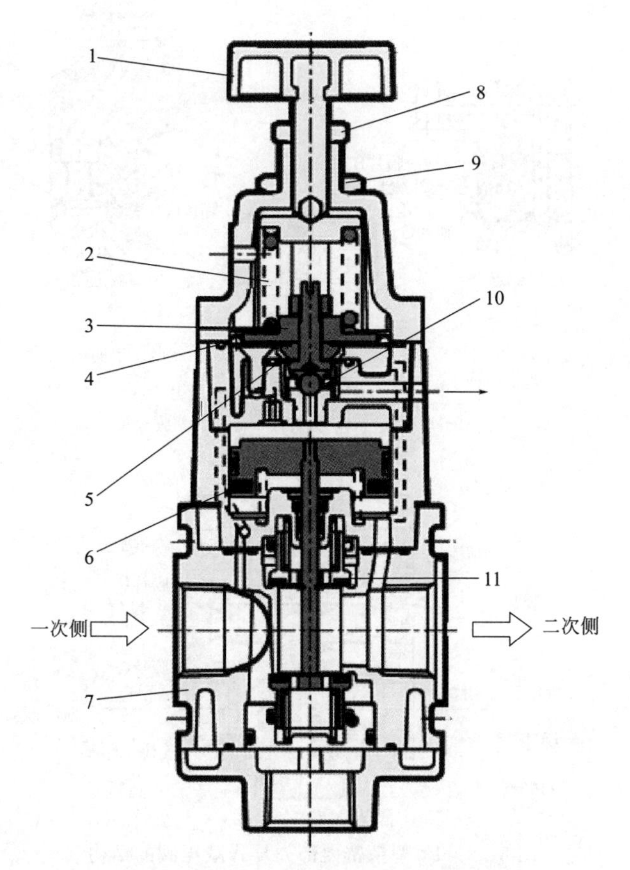

图 5-57 精密内部先导式减压阀的结构

1—调压手柄；2—调压弹簧；3—先导阀；4—膜片 A；5—膜片 B；6—膜片 C；
7—主阀；8—锁母；9—面板安装螺母；10—喷嘴；11—排气阀

片 B 和膜片 C 失去平衡，主阀芯关闭，排气阀芯开启，出口侧的剩余压力便向大气释放。这种喷嘴-挡板式的先导机构能灵敏地检测出压力偏差，实现精密调压。

⑤ 装有定值器的高精度减压阀　该阀是一种高精度的减压阀，主要用于压力定值。图 5-59 所示为其工作原理。它由三部分组成：一是直动式减压阀的主阀部分；二是恒压降装置，相当于一定差值减压阀，主要作用是使喷嘴得到稳定的气源流量；三是喷嘴-挡板装置和调压部分，起调压和压力放大作用，利用被它放大了的气压去控制主阀部分。由于其具有调定、比较和放大的功能，因而稳压精度高。

非工作状态时，由气源输入的压缩空气进入 A 室和 E 室。主阀芯 2 在弹簧 1 和气源压力作用下压在截止阀座 3 上，使 A 室与 B 室断开。进入 E 室的气流经阀口（又称为活门 7）进至 F 室，再通过节流孔 5 降压后，分别进入 G 室和 D

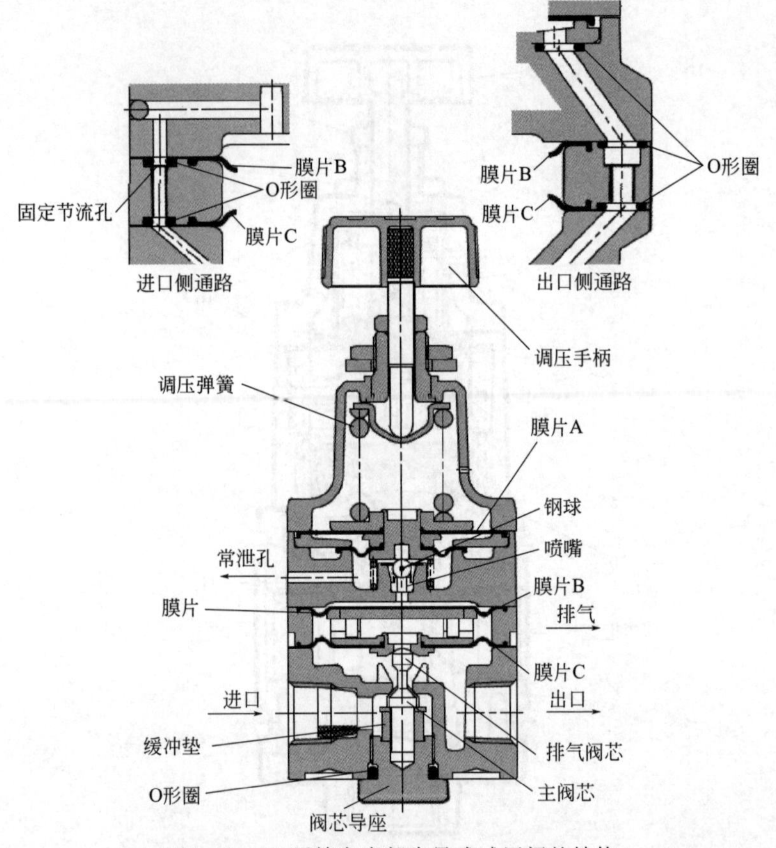

图 5-58 IR 型精密内部先导式减压阀的结构

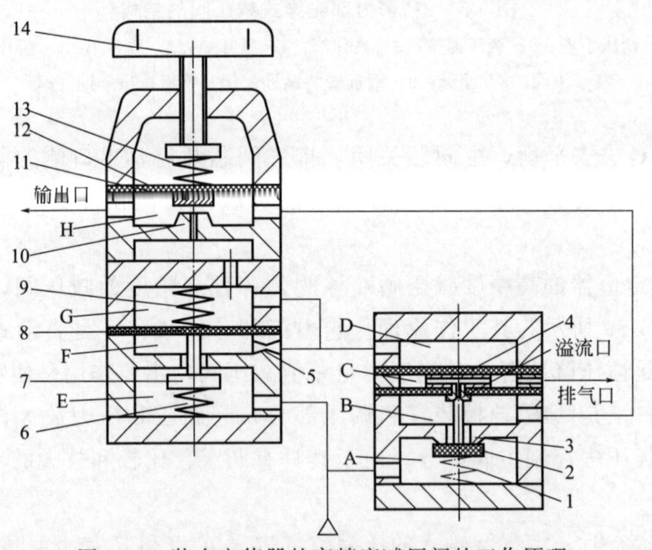

图 5-59 装有定值器的高精度减压阀的工作原理

1,6,9—弹簧；2—主阀芯；3—截止阀座；4,8,12—膜片；5—节流孔；7—活门；

10—喷嘴；11—挡板；13—调压弹簧；14—调压手柄

室。由于这时尚未对膜片 12 加力，挡板 11 与喷嘴 10 之间的间距较大，气体从喷嘴 10 流出时的气流阻力较小，C 室及 D 室的气压较低，膜片 8 及 4 皆保持原始位置。进入 H 室的微量气体主要部分经 B 室通过溢流口从排气口排出，另有一部分从输出口排空。此时输出口输出压力近似为零，由喷嘴流出而排空的微量气体是维持喷嘴-挡板装置工作所必需的，因其为无功耗气量，所以希望其耗气量越小越好。

工作状态时，转动调压手柄 14 压下调压弹簧 13 并推动膜片 12 连同挡板 11 一同下移，挡板 11 与喷嘴 10 的间距缩小，气流阻力增加，使 C 室和 D 室的气压升高。膜片 4 在 D 室气压的作用下下移，将溢流口关闭，并向下推动主阀芯 2，打开阀口，压缩空气即经 B 室和 H 室由输出口输出。与此同时，H 室压力上升并反馈到膜片 12 上，当膜片 12 所受的反馈作用力与弹簧力平衡时，便输出一定压力的气体。

当输入的压力发生波动，如压力上升，若活门 7、主阀芯 2 的开度不变，则 B、F、H 室气压瞬时增高，使膜片 12 上移，导致挡板 11 与喷嘴 10 之间的间距加大，C 室和 D 室的气压下降。由于 B 室压力增高，D 室压力下降，膜片 4 在压差的作用下向上移动，使阀口开度减小，输出压力下降，直到稳定在调定压力上。此外，在输入压力上升时，E 室压力和 F 室瞬时压力也上升，膜片 8 在上下压差的作用下上移，减小活门 7 开度。由于节流作用加强，F 室气压下降，始终保持节流孔 5 前后的压差恒定，故通过节流孔的气体流量不变，使喷嘴-挡板的灵敏度得到提高。当输入压力降低时，B 室和 H 室的压力瞬时下降，膜片 12 连同挡板 11 由于受力平衡破坏而下移，喷嘴 10 与挡板 11 间的间距减小，C 室和 D 室压力上升，膜片 8 和 4 下移。膜片 4 的下移使阀口开度加大，B 室及 H 室气压回升，直到与调定压力平衡为止。而膜片 8 下移，增大活口 7 开度，F 室气压上升，始终保持节流孔 5 前后压差恒定。

同理，当输出压力波动时，将与输入压力波动时得到同样的调节。

由于其利用输出压力的反馈作用和喷嘴-挡板的放大作用控制主阀，使其能对较小的压力变化作出反应，从而使输出压力得到及时调节，保持出口压力基本稳定，定值稳压精度较高。

⑥ 带逆流功能的减压阀　要求输入气缸的空气压力可调时，需装减压阀，但一般减压阀无逆流功能，即释放了一次侧压力，但不能释放二次侧压力。为了使气缸返回时能快速排气（图 5-60），需给减压阀并联一个单向阀，如图 5-60 所示。若把单向阀和减压阀设置在同一阀体内，便成为带逆流功能的减压阀。

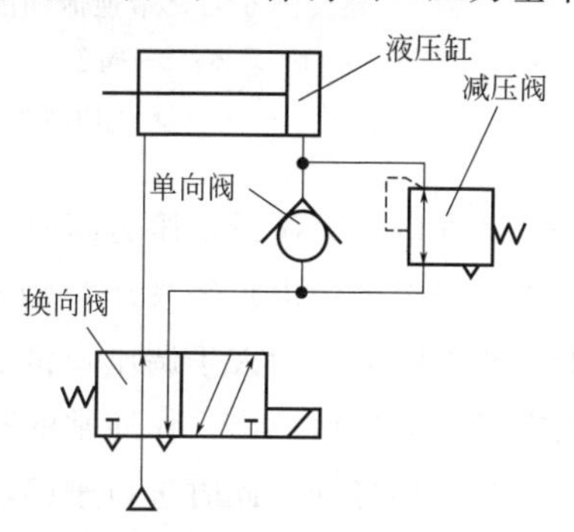

图 5-60　气缸返回时快速排气回路

带逆流功能的减压阀外观、结构与工作原

理如图 5-61 所示，通过旋转调压手柄，压缩单向阀弹簧 6，可调节带逆流功能的减压阀（单向减压阀）的出口压力大小。

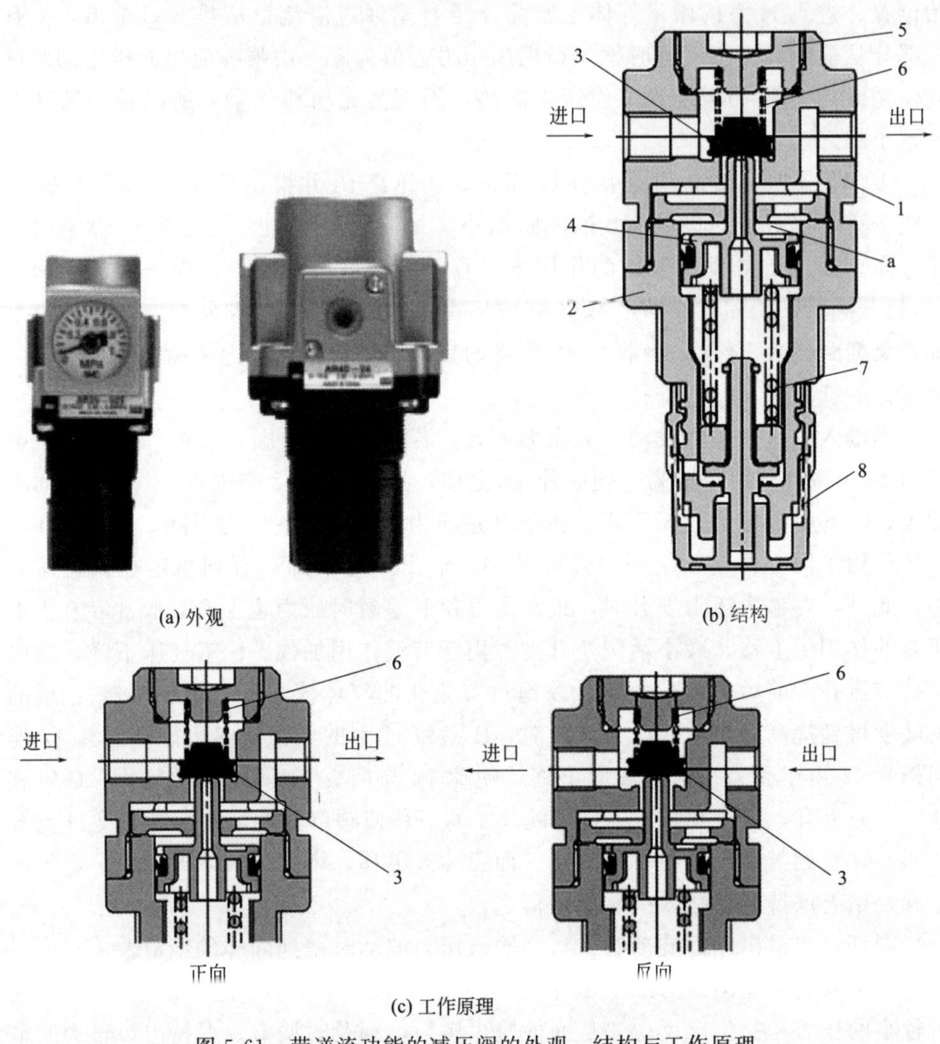

图 5-61　带逆流功能的减压阀的外观、结构与工作原理

1—阀体；2—阀盖；3—单向阀阀芯；4—减压阀阀芯；5—螺塞；6—单向阀弹簧；7—调压弹簧；8—调压手柄

当进口压力比设定压力高时，单向阀阀芯 3 关闭，进口来的压缩空气通过内流道（图中未示出）经减压口减压后进入 a 腔，作用在减压阀阀芯 4 的上端面上，产生向下的力大于调压弹簧 7 向上的力，a 腔打开一定开口，使进口来的压缩空气，从出口流出，作通常的减压阀用；反向流动时，出口压力升高，单向阀阀芯 3 上移打开，此时进口来的压缩空气被切断排气作用，在单向阀阀芯 3 上的进口压力没有了，反而出口压力作用在单向阀阀芯下端面上，向下的力仅是弱弹

簧 6 很小的力，则单向阀阀芯 3 被向上推开，阀芯 3 开启，出口压力由进口侧释放。即正向起减压阀的作用，反向起单向阀的作用。

注意，当设定压力一旦在 0.15MPa 以下，由于单向阀弹簧 6 的力，单向阀阀芯 3 有可能打不开。

(3) 故障分析与排除

【故障 1】二次侧压力升高

① 阀弹簧疲劳或折断：更换弹簧。

② 阀体密封部损伤：修复或更换阀体。

③ 阀体密封部卡进了杂质：清洗，检查一次侧过滤器。

④ 阀座损伤：修复或更换阀体。

⑤ 阀体滑动部吸附了杂质：清洗，检查一次侧过滤器。

【故障 2】出口压力发生剧烈波动或不均匀变化

① 阀杆或进气阀芯上的 O 形圈表面损伤：更换 O 形圈。

② 进气阀芯与阀座之间接触不好：整理或更换阀芯。

【故障 3】外部泄漏

① 膜片破损：更换膜片。

② 二次侧压力升高：参照故障 1。

③ 溢流阀密封圈损伤：更换溢流阀密封圈。

④ 二次侧施加背压：检查二次侧装置及回路。

⑤ 密封件损伤：更换密封件。

⑥ 阀帽止动螺钉松动：拧紧螺钉。

【故障 4】压力慢慢下降，过大

① 阀口径小：更换大口径的阀。

② 阀内杂质堆积：清洗阀并检查过滤器。

③ 进气阀座和溢流阀座有杂物：清洗阀座。

④ 阀杆顶端和溢流阀座之间密封漏气：更换密封圈。

⑤ 阀杆顶端和溢流阀之间研配质量不好：重新研配或更换。

⑥ 膜片破裂：更换膜片。

【故障 5】松动手柄也无法减压（不溢流）

① 溢流阀密封圈筛眼堵塞：清洗、检查过滤器。

② 使用了非溢流式：换为溢流式，或安装解除二次侧压力的切换阀。

【故障 6】出现异常振动

调压螺钉位置产生偏差：调整到正常位置。

【故障 7】不能调整压力

① 调压弹簧断裂：更换调压弹簧。

② 膜片破裂：更换膜片。

③ 膜片有效受压面积与调压弹簧设计不合理：重新设计。

【故障 8】调压时压力升高较慢

① 过滤网堵塞：拆下清洗。

② 下部密封圈阻力大：更换密封圈或检查有关部分。

5.2.2 溢流阀

(1) 工作原理与结构

溢流阀是在回路内的空气压力超过设定值时，向排气侧释放流体，从而保持设定值压力恒定的控制阀，有直动式和先导式两种，前者通过调压弹簧设定溢流压力，后者通过外部先导压力设定溢流压力。

① 直动式溢流阀　结构简单，但灵敏性稍差。

a. 工作原理。如图 5-62 所示，当气动系统的压力在规定的范围内时，由于气压作用在活塞 3 上的力小于调压弹簧 2 的预压力，所以活塞处于关闭状态。当气动系统的压力升高，作用在活塞 3 上的力超过了弹簧的预压力时，活塞 3 就克服弹簧力向上移动，开启阀门排气，直到系统的压力降至规定压力以下时，阀门重新关闭。开启压力大小靠调压弹簧的预压缩量来实现。

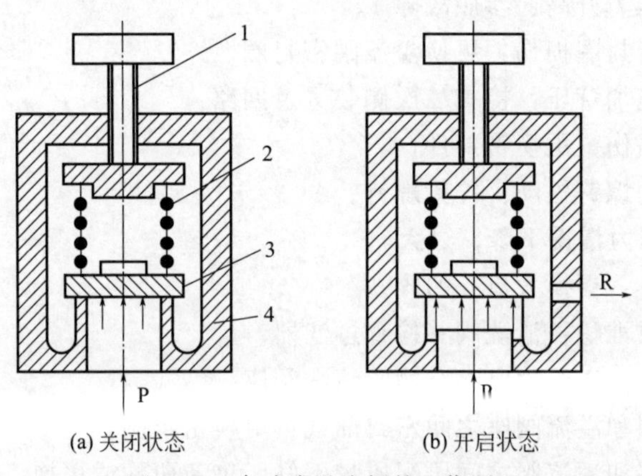

图 5-62　直动式溢流阀的工作原理

1—调节手柄；2—调压弹簧；3—活塞（阀芯）；4—阀体

一般一次侧压力比调定压力高 3%～5%时，阀门开启，一次侧开始向二次侧溢流，此时的压力为开启压力，比溢流压力低 10%时，阀门关闭，此时的压力为关闭压力。

图 5-63 所示为几种直动式溢流阀。当 P 口来的压缩空气作用在阀芯 3 或膜片 7 下端面上，产生的向上的力小于调压弹簧 2 所调节的向下的弹簧力时，阀芯关闭，P 口维持调压手柄 1 所调节的压力；当 P 口来的压缩空气作用在阀芯 3 或膜片 7 下端面上，产生的向上的力大于调压弹簧 2 所调节的向下的弹簧力时，阀

芯上抬打开，P→T 溢流，P 口压力下降，至调压弹簧 2 所调节的压力时，阀芯又关闭，进气口维持调压手柄 1 所调节的压力不变。

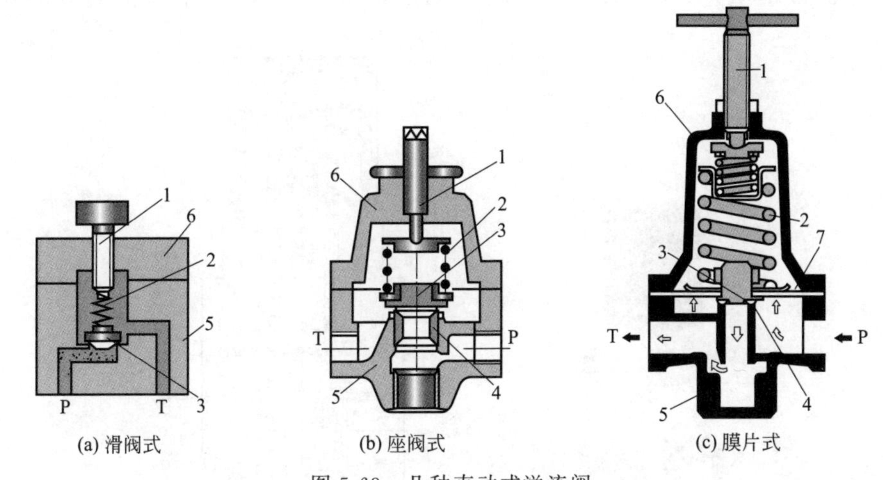

图 5-63　几种直动式溢流阀

1—调压手柄；2—调压弹簧；3—阀芯；4—阀座；5—阀体；6—阀盖；7—膜片

调节调压手柄 1，可调节 P 口不同的压力大小，顺时针方向旋转调压手柄 1，P 口升压；逆时针方向旋转调压手柄 1，P 口降压。

b. 结构。图 5-64 所示为直动式溢流阀的结构与图形符号。当气罐或回路中压力超过调压手柄 4 所调节的某调定值时，并联在气罐或回路中的溢流阀的阀芯 2 压缩调压弹簧 3 而上抬，开启了 P→T 通道，溢流阀向外放气；当系统中气体

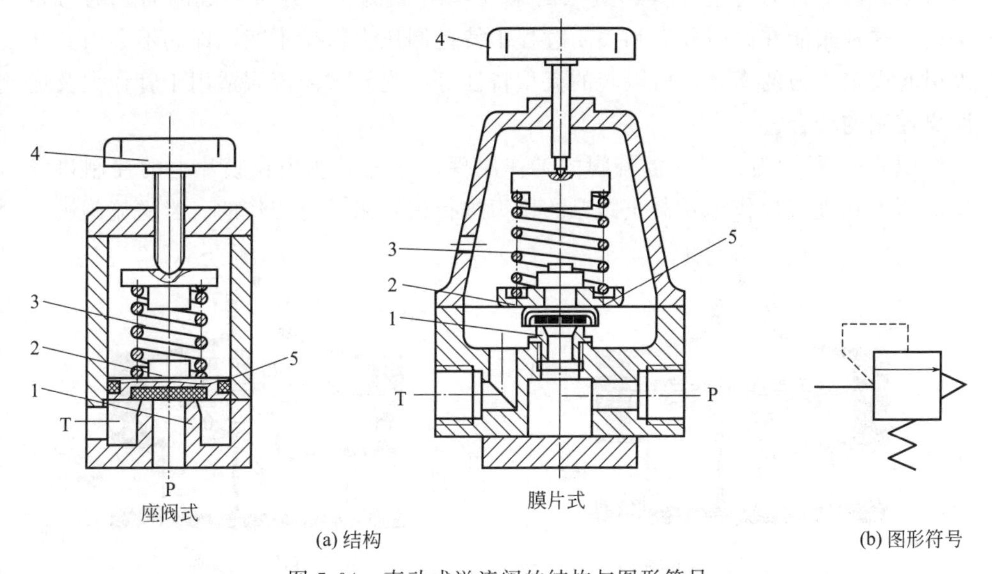

图 5-64　直动式溢流阀的结构与图形符号

1—阀座；2—阀芯；3—调压弹簧；4—调压手柄；5—密封件

压力在调定范围内时，作用在阀芯 3 上的压力小于调压弹簧 2 的力，阀芯 3 压在阀座 1 上，处于关闭状态。

图 5-65 所示为日本 CKD 公司生产的 B6061 型直动式溢流阀的外观与结构。

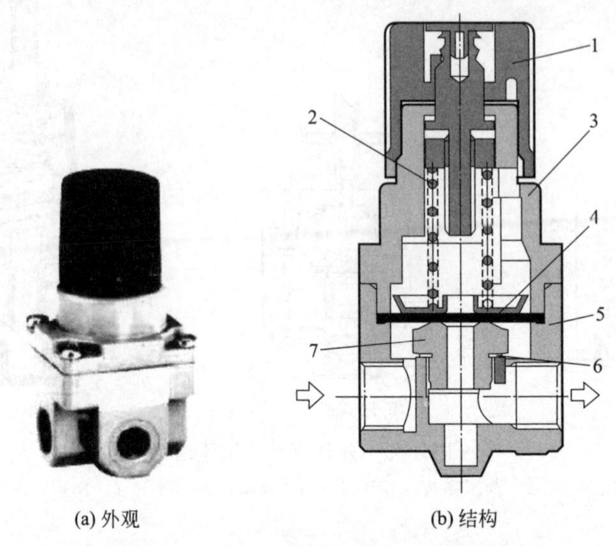

(a) 外观　　(b) 结构

图 5-65　B6061 型直动溢流阀的外观与结构

1—调压手柄；2—调压弹簧；3—阀盖；4—膜片；5—阀体；6—密封垫；7—阀座

② 先导式溢流阀　其先导阀为减压阀（图 5-66 中未示出）。由减压阀减压后的空气（先导压力）从上部先导控制口进入（先导控制压力），作用于膜片上方所形成向下的力与进气口 P 进入的空气作用于膜片下方所形成的向上的力相平衡。这种阀能在阀门开启和关闭过程中使控制压力保持不变，即阀不会因其开度引起设定压力的变化，所以阀的流量特性好。先导式溢流阀适用于管径大及远距离控制的场合。

图 5-66 所示为先导式溢流阀的工作原理。它是靠作用在膜片上的控制口气体的压力和进气口作用在截止阀口的压力进行比较来进行工作的。当溢流阀进气

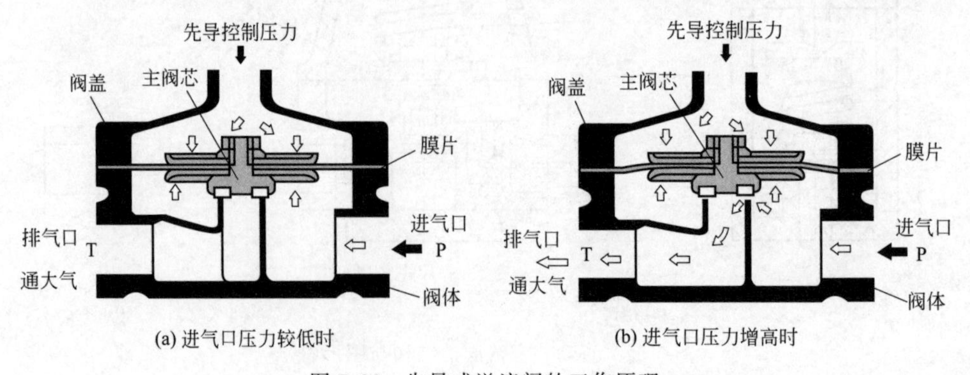

(a) 进气口压力较低时　　(b) 进气口压力增高时

图 5-66　先导式溢流阀的工作原理

口压力较低时，先导控制压力将膜片下压，主阀芯也下压，封闭了主阀芯与阀座接触面，排气口无气体流出，不溢流；当溢流阀进气口压力增高时，作用在膜片下端面产生的向上的作用力增大，膜片向上变形，带动主阀芯上移，打开了主阀芯与阀座接触面，形成了 P→T 的通路，压力下降。

图 5-67 所示为先导式溢流阀的结构与图形符号，先导阀为直动式减压阀（图中未示出），图中给出了先导式溢流阀的主阀结构。

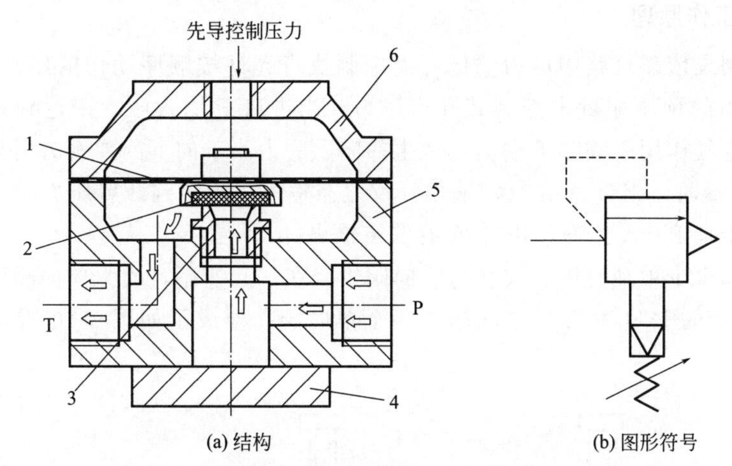

图 5-67 先导式溢流阀的结构与图形符号

1—膜片；2—阀芯及密封件；3—阀座；4—底板；5—阀体；6—阀盖

③ 安全阀 溢流阀也可作安全阀用，常并联在气罐或回路中，当气罐或回路内压力超过最大许用压力时，打开安全阀，保证气罐或回路的安全。安全阀是为防止元件、配管破损而在回路中限定最高压力的阀，应在气罐等压力容器上设置安全阀。

图 5-68 所示为对气罐、气动元件进行过压保护而使用的突破式安全阀。一次侧的空气压力作用在密封钢珠下面，在通常压力下由于调压弹簧的作用，密封钢珠处于关闭状态。当一次侧空气压力上升超过设定的弹簧力时，密封部位会打开一点间隙，一次侧空气压力作用于密封钢珠四周，使其快速打开，一次侧压力向二次侧排出。一次侧的空气压力一下降，密封钢珠因弹簧力比顶起它的压力大而关闭。

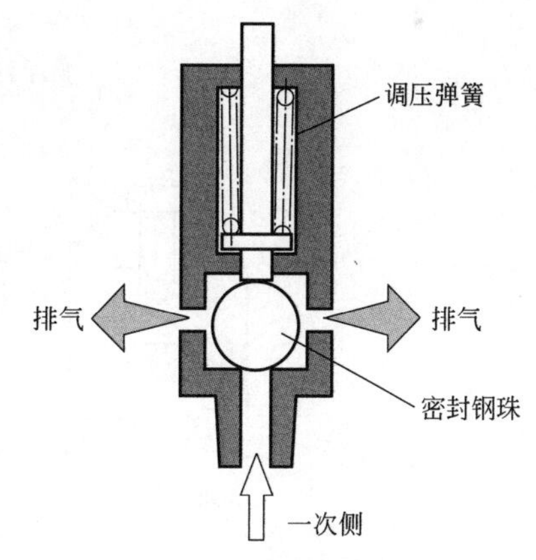

图 5-68 突破式安全阀

（2）故障分析与排除

溢流阀的最常见的故障是压力调不上去，其故障原因和排除方法如下。

① 调压弹簧疲劳或折断，或错装成弱弹簧，弹力不够：更换为合格的弹簧。

② 图 5-64 中的密封件 5 与图 5-67 中的密封件破损，不密封：更换密封件。

③ 图 5-65 中的膜片 4 破裂：更换膜片。

④ 图 5-68 中的钢珠与底部的一次侧的气口不密合：修复。

5.2.3 顺序阀

(1) 工作原理

顺序阀是依靠气路中压力的作用而控制执行元件按顺序动作的压力控制阀，它根据弹簧的预压缩量来控制其开启压力。当进口 P 输入压力未达到开启压力时，压缩空气作用于阀芯下端面，产生的向上的力小于向下的弹簧力时，阀芯关闭，P→A 不通，出口 A 无气流输出；反之当输入压力达到开启压力时，阀芯顶开弹簧，于是 P→A 连通，出口 A 有气流输出。

顺序阀很少单独使用，往往与单向阀组合在一起使用，成为单向顺序阀。在图 5-69 所示的 P 口和 A 口之间增加一个单向阀，便成了如图 5-70 所示单向顺序阀。

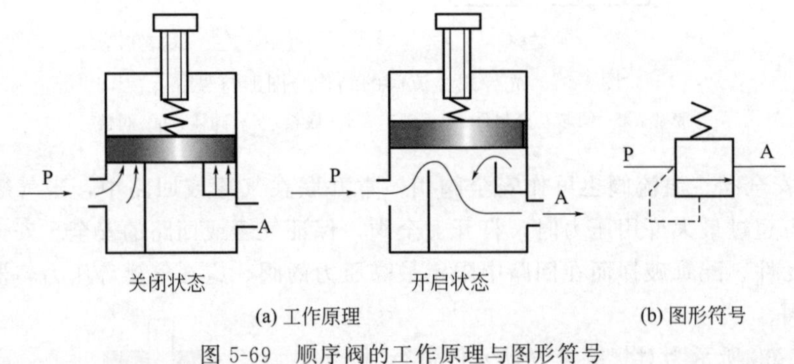

(a) 工作原理　　(b) 图形符号

图 5-69　顺序阀的工作原理与图形符号

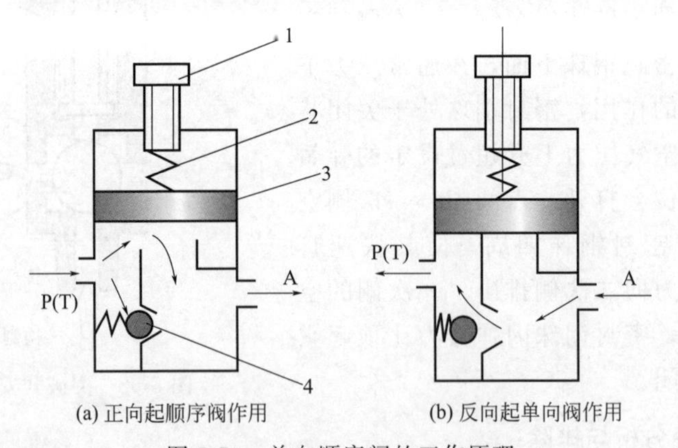

(a) 正向起顺序阀作用　　(b) 反向起单向阀作用

图 5-70　单向顺序阀的工作原理

1—调压手柄；2—调压弹簧；3—顺序阀阀芯；4—单向阀

如图 5-70(a) 所示，当从 P(T) 口进来的压缩空气作用在顺序阀阀芯 3 的下端面上，产生向上的力未超过调压弹簧 2 向下的弹簧力时，阀芯 3 不打开，单向阀反向关闭，A 口无压缩空气流出；当从 P(T) 口进来的压缩空气作用在顺序阀阀芯 3 的下端面上，产生向上的力超过调压弹簧 2 向下的弹簧力时，阀芯 3 打开（图示位置），气流可从 P(T)→A。如图 5-70(b) 所示，当压缩空气从 A 口流入，顺序阀阀芯 3 关闭，单向阀 4 正向开启，气流可从 A→P(T)。

(2) 结构

图 5-71 所示为单向顺序阀的结构与图形符号。当气流从 P(T) 口进入时，单向阀反向关闭，压力达到顺序阀调压弹簧 5 的调定值时，顺序阀阀芯 4 上移，打开 P(T) →A 通道，实现顺序操作；当气流从 A 口进入时，气流顶开单向阀阀芯 1（弹簧刚度很小），打开 A→P(T) 通道，实现单向阀的功能。

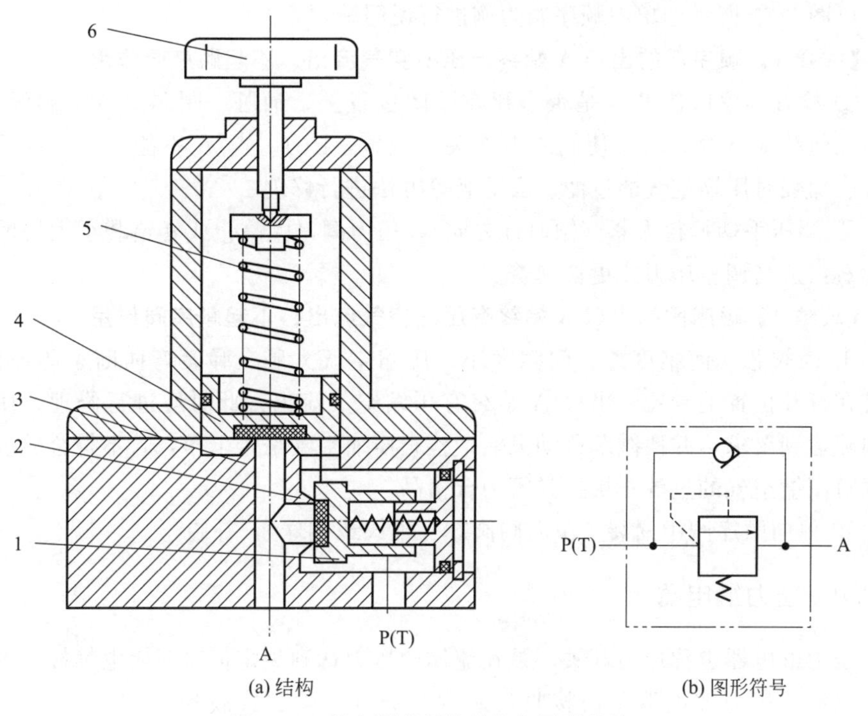

(a) 结构　　(b) 图形符号

图 5-71　单向顺序阀的结构与图形符号

1—单向阀阀芯；2—单向阀阀座；3—单向阀阀体；4—顺序阀阀芯；5—顺序阀调压弹簧；6—调压手柄

(3) 应用

如图 5-72 所示，顺序阀可用来控制两个气缸的顺序动作。压缩空气由 P 口先进入气缸 1，当压力达到某一给定值后，便打开顺序阀 4，压缩空气再进入气缸 2，实现两个气缸的顺序动作。由气缸 2 返回的气体经单向阀 3 和排气口排空。

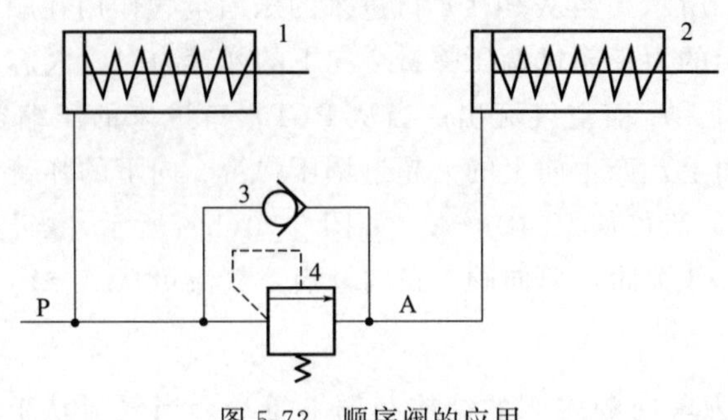

图 5-72　顺序阀的应用

1，2—气缸；3—单向阀；4—顺序阀

（4）故障分析与排除

以图 5-71 所示的单向顺序阀为例进行说明。

【故障 1】顺序阀的出口 A 始终无压缩空气流出，不起顺序阀作用

① 检查顺序阀阀芯 4 是否卡死在关闭位置上，油脏、阀芯上有毛刺污垢、阀芯几何精度差等，均会使阀芯卡在关闭位置，P(T）与 A 不能连通：可采取清洗、加强对压缩空气的过滤、去毛刺等方法进行修理。

② 调压手柄拧得太紧（顺时针方向），压力调得太高，或者错装了太硬的调压弹簧：适当调整压力或更换弹簧。

【故障 2】顺序阀的出口 A 始终有压缩空气流出，不起顺序阀作用

① 因阀芯几何精度差、间隙太小、压缩空气太脏、弹簧弯曲断裂等原因，阀芯在打开位置上卡死，出口 A 始终有压缩空气流出：此时应进行修理，使配合间隙达到要求，并使阀芯移动灵活；检查压缩空气是否干净，若不符合要求应加强对压缩空气的过滤；更换弹簧为合格品。

② 单向顺序阀中漏装了单向阀阀芯（锥阀或钢球)：补装。

5.2.4　压力继电器

压力继电器也称压力开关，是在流体的压力达到规定值时开闭电气接点的元件。机械式压力继电器是由接收气压的部分（动铁芯或膜片)、电气接点部分（微型开关为主体)、压力设定部分（由弹簧和调整针阀设定）等组合而成，接收气压部分的力与压力设定部分的力保持平衡的位置就是电气接点部分的切换位置。随着电子技术的发展，出现了电子式压力继电器。

（1）压力继电器的用途与工作原理

① 用途　机械式压力继电器和电子式压力继电器的一般性能的比较参见表 5-8，压力继电器主要有以下用途：对气源气压的压力进行监视，在规定空气压力以下时，为了安全发出报警信号，使机器停止运动；在机器的某道工序内，

先确定空气压力是作用于目标机器，还是漏掉了，经确认后再向下道工序发信号。机械式压力继电器与电子式压力继电器的比较见表 5-8。

表 5-8　机械式压力继电器与电子式压力继电器的比较

项目		机械式	电子式
检测部	精度	因有机械式可动部，所以精度低	因无机械式可动部，所以精度高
	响应性	响应性差	响应性好
	寿命	短	长（半永久性）
	电源	不需要	需要
输出部	接点容量	使用微型开关等带接点的开关，接点容量大	通过晶体管输出，接点容量小
	开关动作	差动（磁滞）动作	根据设定方法，可进行窗（WINDOW）动作和差动（磁滞）动作
	寿命	短	长（半永久性）
	电源	可用于 AC 电源和 DC 电源	只能用于 DC 电源

② 工作原理。机械式压力继电器的工作原理如图 5-73 所示。当 X 口的气压达到一定值时，作用在推杆左端面上的力即可推动柱塞（阀芯）克服调压弹簧力右移，柱塞右端的锥面将顶杆上推，而使端子 1、2 断开，1、3 闭合导通。当压力下降到一定值时，柱塞在弹簧力作用下左移，触点复位。给定压力的大小可通过旋转调压手柄设置。

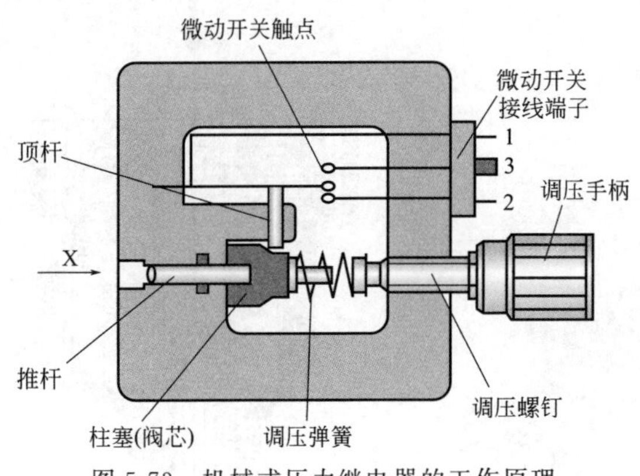

图 5-73　机械式压力继电器的工作原理

（2）结构

① 薄膜式压力继电器　图 5-74 所示为薄膜式压力继电器的结构与图形符号，旋转调压螺套 2 可调节调压弹簧力的大小，它决定压力继电器工作压力的高低。当进口压力达到一定值时，作用在橡胶薄膜 5 上，产生的向上的力大于调压弹簧力的大小，顶杆 3 向上，按下微动开关，使电路换接。

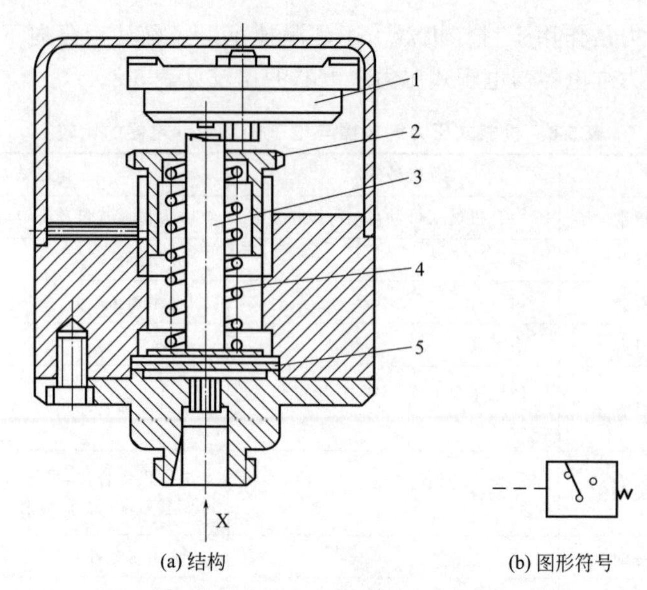

图 5-74　薄膜式压力继电器的结构与图形符号

1—微动开关；2—调压螺套；3—顶杆；4—调压弹簧；5—橡胶薄膜

② 膜片式压力继电器　外观与结构如图 5-75 所示。信号压力从进口进入，作用在膜片 1 的上部，产生向下的力，此向下的力与根据动作点设定的弹簧 2 向上的力对抗，若输入的信号压力上升，超过了设定值，膜片 1 向下移动，压下微

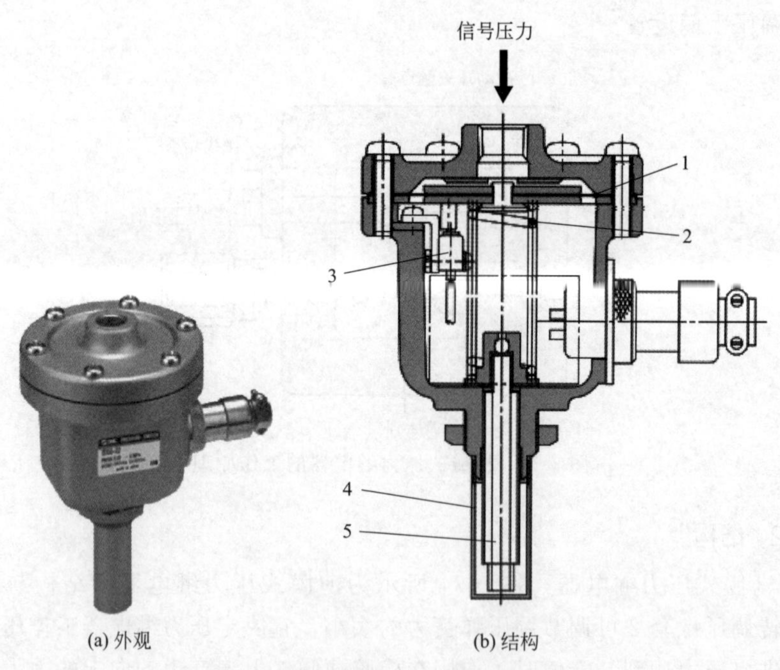

图 5-75　膜片式压力继电器的外观与结构

1—膜片；2—弹簧；3—微动开关；4—盖子；5—调整螺钉

动开关 3，改变电路通断，开闭电气回路。由于膜片 1 的位移量受壳体内部限位机构的限制，即使过负载微动开关也不会被损坏；当输入信号压力下降时，膜片 1 逆向动作，电气回路恢复原先的状态。若需变更设定，将盖子 4 取下，通过调整螺钉 5 改变弹簧 2 的压缩量，可改变输入信号的压力设定值。

③ 活塞式压力继电器　外观与结构如图 5-76 所示，气压力通过活塞克服弹簧力，推动杠杆，使微动开关动作。实现电路的通断。靠调节调整螺钉改变弹簧预紧力来改变设定压力，设定完成，用锁母锁紧。

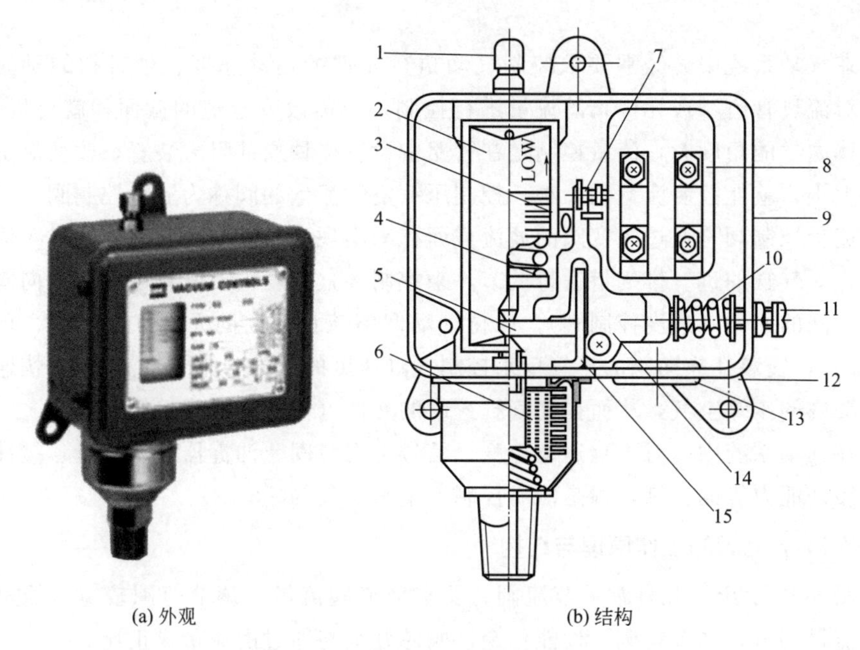

(a) 外观　　(b) 结构

图 5-76　活塞式压力继电器的外观与结构

1—设定压力调整螺钉；2—刻度板；3—指针；4—设定压力调节弹簧；5—主杠杆；6—波纹管组件；7—开关推压间隙调整螺钉；8—触点开关；9—本体；10—迟滞调整弹簧；11—迟滞调整螺钉；12—托架；13—出线套管；14—开关操作连接杠杆；15—主杠杆限位支架

(3) 故障分析与排除

压力继电器的主要故障为误发信号或不发信号，现以图 5-74 所示的薄膜式压力继电器为例进行说明。

① 橡胶薄膜破裂：薄膜式压力继电器是利用压缩空气的压力上升，使薄膜向上鼓起压缩调压弹簧 4，推动顶杆 3 上移压下微动开关而工作的。当薄膜破裂时，压缩空气直接作用在顶杆上，使其动作值明显变化和出现不稳定现象，因而造成误动作，此时只能更换新的薄膜。

② 微动开关定位不牢或未压紧：微动开关靠螺钉压紧定位，在接线和拆线时，螺丝刀加给微动开关的力和维修外罩时碰动电线，均可能造成微动开关错

位，致使动作值发生变化，即改变原来已调好的动作压力而误发动作信号。

③ 微动开关不灵敏，复位性差：微动开关内的簧片弹力不够，触点压下后不能回弹，或因灰尘多粘住触点使微动开关信号不正常而误发动作信号。此时应修理或更换微动开关。

④ 电路故障：检查排除。

5.3 气动流量控制阀

在气动系统中，经常要求控制气动执行元件的运动速度、延时阀的延时间等。对流过管道（或元件）的流量进行控制，只需改变管道的截面积就可以了。从流体力学的角度看，流量控制是在管路中设置一种局部阻力装置，改变局部阻力的大小，就能控制流量的大小。控制压缩空气流量的阀称为流量控制阀。

流量控制阀是通过改变阀的通流截面积来实现流量控制的元件，通过对流量控制，对气缸的进、排气量进行调节，来控制气缸速度。一般有设置在换向阀与气缸之间的元件（速度控制阀），保持气动回路流量一定的元件（节流阀、单向节流阀），安装在换向阀的排气口来控制气缸速度的元件（排气节流阀），快速排出气缸内的压缩空气，从而提高气缸速度的元件（快速排气阀）等。

在气动系统中，对气缸运动速度、信号延迟时间、油雾器的滴油量、缓冲气缸的缓冲能力等的控制，都是依靠控制流量来实现的。

（1）节流阀的工作原理与结构

图 5-77 示出了几种常见节流阀，要求节流阀流量的调节范围较宽，能进行微小流量调节，调节精确，性能稳定，阀芯开度与通过的流量成正比。

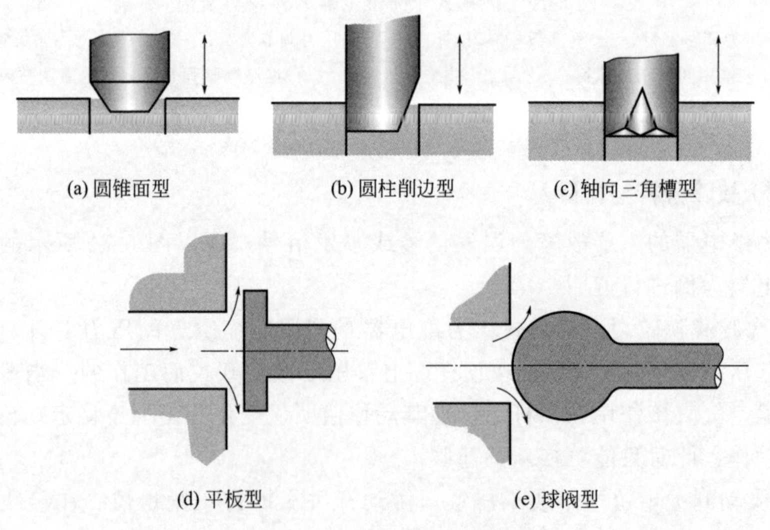

图 5-77 几种常见节流阀

① 普通节流阀　如图 5-78 所示，阀体上有一个调节手柄（调节螺钉），可以调节节流阀的开口度（无级调节）大小，并可保持其开口度不变，此类阀称为可调节开口节流阀；通流面积固定的节流阀称为固定开口节流阀。可调开口节流阀常用于调节气缸活塞的运动速度，一般将其直接安装在气缸进、出口上，这种节流阀有双向节流作用。注意使用节流阀时，节流面积不宜太小，因为空气中的冷凝水、尘埃等塞满阻流口通路会引起节流量的变化。

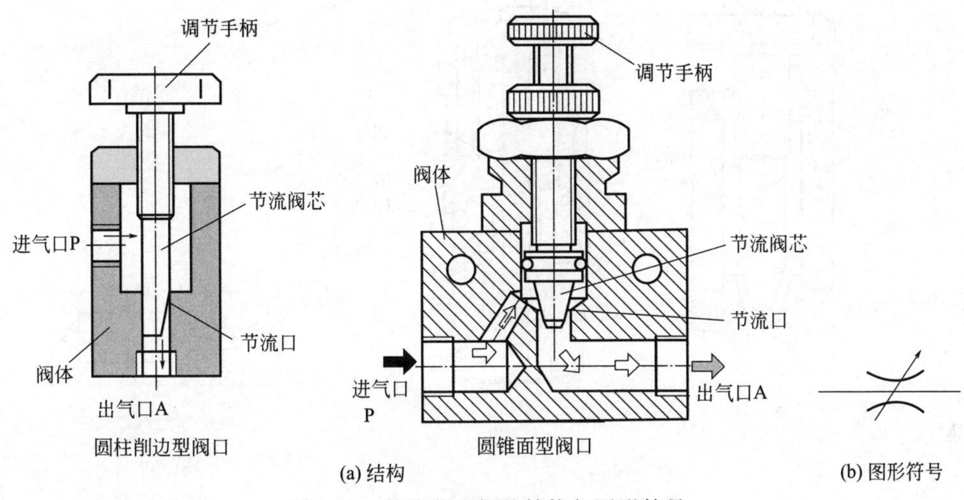

图 5-78　普通节流阀的结构与图形符号

旋转调节手柄 1，节流阀芯上下移动，改变了进气口 P 到出气口 A 的通流面积，从而改变了气体的通过流量，实现了节流调速作用。

② 柔性节流阀　工作原理与图形符号如图 5-79 所示。旋转调节手柄，依靠压块夹紧柔韧的橡胶管，在 a 处便产生变形，改变通流面积，从而改变气体的通过流量，实现节流调速作用。

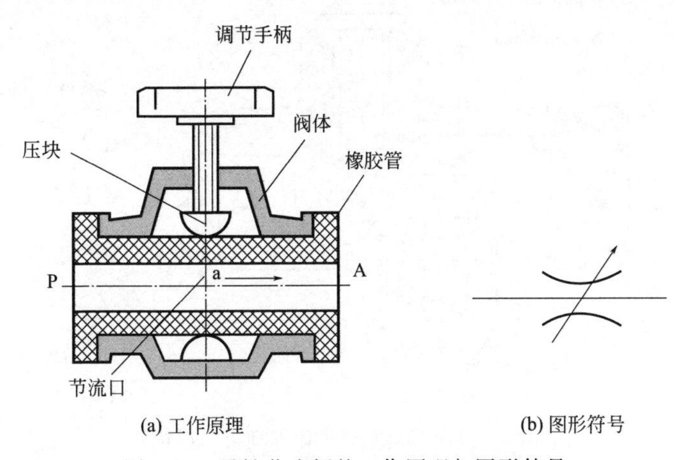

图 5-79　柔性节流阀的工作原理与图形符号

③ 排气节流阀　结构与图形符号如图 5-80 所示。排气节流阀安装在系统的排气口处，可降低排气噪声 20dB 以上。旋转调节手柄，改变节流口通流面积的大小，节流口的排气经过由消声材料制成的消声套，调节与限制由进气口通入大气的气体流量大小。此阀在节流的同时可减少排气噪声，所以常称为排气消声节流阀。

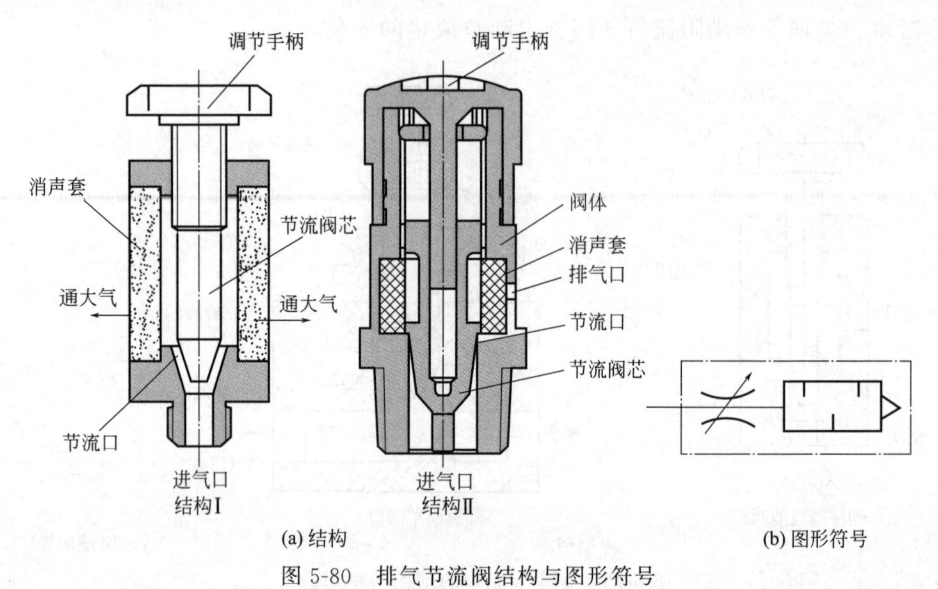

图 5-80　排气节流阀结构与图形符号

④ 单向节流阀　是将节流阀和单向阀并联组合，在气动回路中控制气缸等的速度的阀。在节流时，单向阀关闭；在自由流动时，单向阀打开。

图 5-81 所示为单向节流阀的工作原理与图形符号，其节流阀口为针阀型结

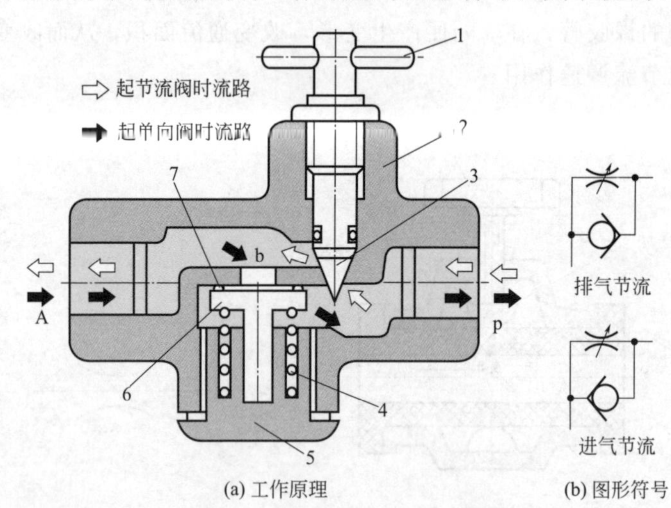

图 5-81　单向节流阀的工作原理与图形符号

1—流量调节手柄；2—阀体；3—节流阀阀芯；4—弹簧；5—螺塞；6—单向阀阀芯；7—密封

构。当气流从 P 口流入时，单向阀阀芯 6 受力向上运动，紧抵阀口 b，封住了阀口 b，气流只能经节流阀阀芯 3 的节流开口流向 A 口，实现节流功能；反之，当气流从 A 口流入时，顶开单向阀阀芯 6，气流从阀芯 6 的周边槽口流向 P 口，实现反向单向阀功能。

图 5-82 所示为日本 CDK 公司生产的 SC 系列大口径（RC3/4～RC2）单向节流阀的外观、结构与图形符号。该阀为大流量直通式标准型速度控制阀。单向阀为一座阀式阀芯。当手轮开启圈数少时，进行小流量调节。当手轮开启圈数多时，节流阀杆将单向阀顶开至一定开度，可实现大流量调节。直通式接管方便，占用空间小。

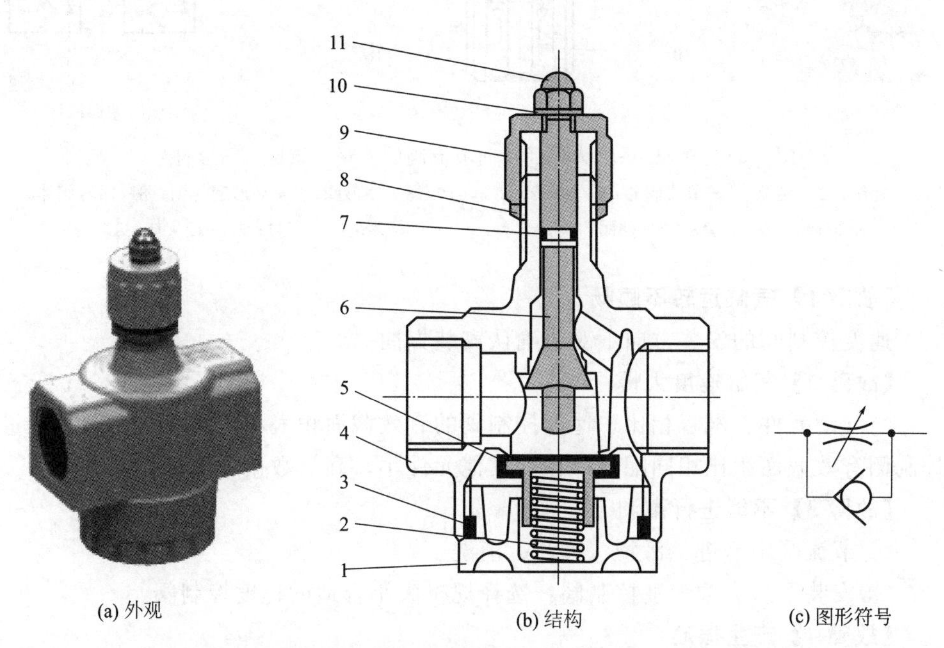

图 5-82　SC 系列大口径单向节流阀的外观、结构与图形符号

1—螺塞；2—弹簧；3,7—O 形圈；4—阀体；5—单向阀阀芯组件；6—流量阀调节杆；8—锁母；9—螺套；10—带齿垫圈；11—螺盖

图 5-83 所示为日本 CDK 公司生产的 SC3U 系列大口径单向节流阀的外观、结构与图形符号。该阀是带快换接头的万向式速度控制阀（弯头式）。接头体 17 可绕回转阀体 9 转动 360°，可任意改变接管方向。接头体 17 还可绕回转轴 5 转动 360°。这种速度控制阀可直接安装在气缸上，可节省接头及配管，节省工时，结构紧凑，重量轻。节流阀带锁紧机构。

(2) 流量控制阀的故障分析与排除

流量控制阀出了故障，是通过所控制的气缸表现出来的，其故障分析与排除方法如下。

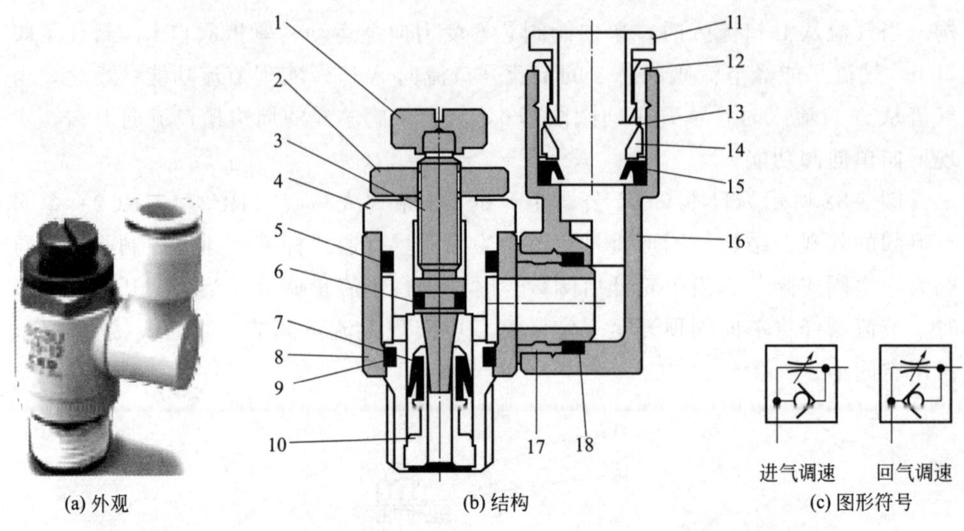

(a) 外观　(b) 结构　(c) 图形符号

图 5-83　SC3U 系列大口径单向节流阀的外观、结构与图形符号

1—旋钮；2—锁母；3—节流阀芯；4—回转轴；5,6,9,18—O 形圈；7—V 形密封圈；8—回转阀体；10—单向阀；11—管套；12—外圈；13—卡套；14—卡套夹；15—密封；16—接头体；17—挡环

【故障 1】气缸运转不顺畅

速度控制阀的安装方向不对：确认安装方向。

【故障 2】气缸速度太慢

与气动元件、配管相比，速度控制阀的有效截面积太小：速度控制阀的流量控制侧有效截面积比相同配管口径的其他元件小，确认数据后进行更换。

【故障 3】不能进行微调

① 节流阀中卡进了污物：拆卸、消洗。

② 安装了过大的速度控制阀：选择规格大小合适的速度控制阀。

【故障 4】产生振动

单向节流阀的单向阀开启压力和空气压力接近，单向阀发生振动：改变使用压力。

5.4 电-气伺服阀

5.4.1 电-气伺服阀简介

工业自动化的发展，一方面对气动控制系统的精度和调节性能等提出了更高的要求，如在高技术领域中的气动机械手、柔性自动生产线等部分，都需要对气动执行机构的输出速度、压力和位置等按比例进行伺服调节；另一方面气动系统各组成元件在性能及功能上都得到了极大的改进，同时气动元件与电子元件的结合使控制回路的电子化得到迅速发展，利用微型计算机使新型的控制思想得以实现，传统的点位控制已不能满足更高要求，并逐步被一些新型系统所取代。现已实用化的气动系统大多为断续控制，在和电子技术结合之后，出现了可连续控制位置、速度及力等的电-气伺服控制与电-气比例控制。

现在各类设备的气压传动系统中，实现对压缩空气的压力、流量和方向等参数的控制采用三大类控制阀。

① 通断式开关阀：其阀口要么全开、要么全关，通过阀口流量要么大、要么小，没有中间状态。

② 伺服阀：可进行连续控制，阀口可根据需要打开任意一个开度，以控制通过流量的大小。

③ 比例阀：与气动伺服阀一样，可以进行连续控制。

使用伺服阀或比例阀的目的，是以电控方式实现对流量的节流控制（经过结构上的改动也可实现压力控制等）。既然是节流控制，就必然有能量损失，伺服阀和其他阀相比，能量损失更大一些，因为它需要一定的流量来维持前置级控制油路的工作。

伺服阀主要由电-机械转换装置、先导阀（前置级）、主阀（功率放大级）及反馈元件等组成。用于气压控制系统中的伺服阀，既是电-气转换元件，又是功率放大元件。

伺服阀的主阀一般来说和电控阀（电磁阀）一样是滑阀结构，只不过阀芯的换向不是靠电磁铁来推动，而是靠前置级阀输出的液压力来推动，这一点和先导式电控阀比较相似，但先导式电控阀的前置级阀是直动式电控阀，而伺服阀的前置级阀是动态特性比较好的喷嘴-挡板阀或射流管阀。

5.4.2 电-机械转换装置

无论是伺服阀还是比例阀，均包含电-机械转换装置。电-机械转换装置的作用是将来自电子放大器的电信号转换成机械力或力矩，用以操纵阀芯的位移或转角。因此，电-机械转换装置要有足够的输出力或力矩，并能将输入的电信号按比例地、连续地转换为机械力或力矩去控制气动阀。另外，要求其响应速度快、稳定性好、线性度好、死区小、结构简单、制造方便。

电-机械转换装置主要有表 5-9 所列的几种。

表 5-9 几种电-机械转换装置

种类	工作原理	用途	特点
比例电磁铁（移动式力马达）	在由软磁材料组成的磁路中，有一励磁线圈，当有信号电流时，衔铁与轭铁之间出现吸力而使衔铁移动	①驱动针阀或喷嘴（挡板）以控制比例压力阀、比例换向阀及比例复合阀 ②推动节流阀芯以控制比例流量阀 ③输出力和直线位移	结构简单，使用一般材料，工艺性好；机械力较大，控制电流也较大；使用维护方便；静、动态性能较差

续表

种类	工作原理	用途	特点
悬挂式力马达	在由硬磁材料和软磁材料共同组成的磁路中，有1～2个控制线圈，当有信号电流时，悬挂在弹性元件上的衔铁相对轭铁移动，并输出机械力	①驱动针阀或喷嘴（挡板）以控制比例压力阀 ②驱动喷嘴（挡板）进而控制比例换向阀或伺服阀 ③输出力和直线位移	结构较简单，要用较贵重材料，工艺性尚好；机械力较大，控制电流中等；使用维护较方便；静、动态性能较好
力矩马达	在由硬磁及软磁材料共同组成的磁路中有2个控制线圈。当有信号电流时，支承在弹性元件或转轴上的衔铁相对轭铁转动，并输出机械力矩	①带动针阀或喷嘴以控制比例压力阀或比例换向阀 ②带动节流阀（或经前置放大）以控制流量阀或伺服阀 ③输出力矩和角位移	结构复杂，用材贵重，工艺性差；机械力矩小，控制电流小；结构尺寸紧凑；静、动态性能优良
直流伺服电机	是一种细长形的直流电机，定子上有励磁绕组，控制电流经整流子通向转子。转子的转向及转速由控制电流的极性及大小决定，经齿轮减速后带动比例阀	①带动节流阀转动以控制比例流量阀、伺服阀 ②带动针阀作直线移动以控制比例压力阀 ③输出力矩和角位移	结构较复杂，多出专业厂家提供产品；使用中可能出现电火花；静、动态性能一般
步进电机	与一般电机工作原理不同，它是利用电磁铁的作用原理工作的	①将数控装置输来的脉冲信号转换为机械角位移的模拟量 ②输出力矩和角位移 ③用于数字阀	结构较简单，与计算机连接方便。承受大惯量负载能力差；动态响应慢；驱动电源较复杂

(1) 力矩马达与力马达

① 动铁式力矩马达　结构原理如图5-84所示。它由马蹄形的永磁铁、可动衔铁、轭铁、线圈、扭力弹簧（扭轴）以及固定在衔铁上的挡板所组成。通过动铁式力矩马达，可将输入力矩马达的电信号，变为挡板的角位移（位移）输出。可动衔铁由扭轴支承，位于气隙间。永磁铁产生固定磁通 Φ_p。

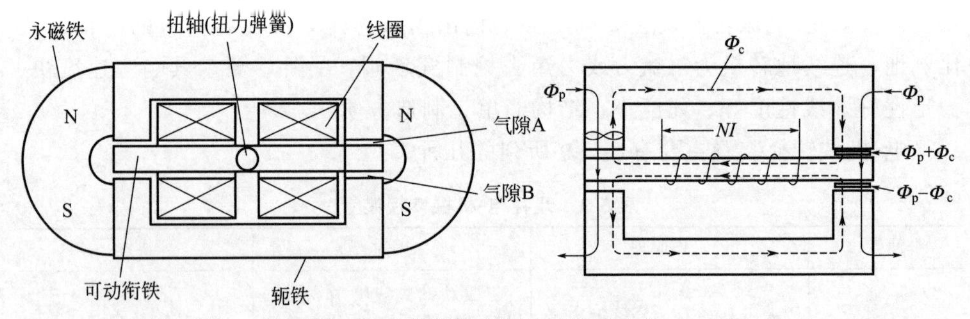

图5-84　动铁式力矩马达结构原理

永磁铁使左、右轭铁产生N与S两磁极。当线圈上通入电流时，将产生控制磁通 Φ_c，其方向按右手螺旋法则确定，大小与输入电流成正比。气隙A、B

中磁通为 Φ_p 与 Φ_c 的合成：在气隙 A 中为两者相加，在气隙 B 中为两者相减。衔铁所受作用力与气隙中磁通成正比，因而产生一与输入电流成正比的逆时针方向力矩，此力矩克服扭力弹簧的弹性反力矩使衔铁产生一逆时针方向角位移，电流反向则衔铁产生一顺时针方向角位移。当通入电流时，衔铁两端也产生如图 5-84 所示的磁极，在气隙 A 中衔铁与轭铁之间由于磁极相反产生吸引力，而在气隙 B 中衔铁与轭铁之间由于磁极相同产生排斥力，因而衔铁上端向左偏斜，衔铁下端向右偏斜，这样便产生一逆时针方向的力矩。因为此力矩，衔铁以扭力弹簧（扭轴）为转动中心，产生角位移，一直转到衔铁产生的力矩与扭力弹簧产生的反力矩相平衡的位置时为止。力矩马达产生的力矩与流经线圈的电流的大小以及线圈的安匝数成比例。

力矩马达的线圈一般有两组。两组线圈的连接方式有并联、串联和差动连接以及推-拉等连接方式。无论采用何种连接，都必须与线圈前的比例放大电路相配合。

② 动圈式力马达　结构原理如图 5-85 所示。动圈式力矩马达由永磁铁、轭铁和可动线圈组成。永磁铁在气隙中产生一个固定磁通。当导线中有电流通过时，根据电磁作用原理，磁场给载流导线一个作用力，其方向根据电流方向和磁通方向按左手定则确定，其大小为

$$F=10.2\times10^{-8}BLi$$

式中，B 为气隙中磁感应强度，Gs；L 为载流导线在磁场中的总长度，cm；i 为导线中的电流，A。

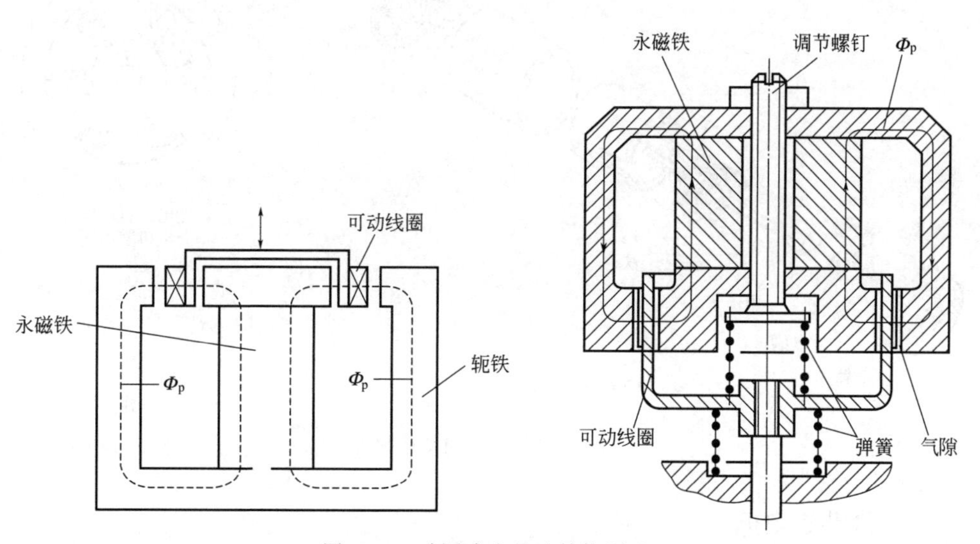

图 5-85　动圈式力马达结构原理

③ 动铁式力矩马达与动圈式力马达的性能比较

a. 动铁式力矩马达因磁滞影响而引起的输出位移非线性较严重，滞环也比动

圈式力马达大，这将影响它的工作行程。

b. 动圈式力马达线性行程范围比动铁式力矩马达宽，因此动圈式力马达的工作行程大，而动铁式力矩马达的工作行程小（仅为动圈式力马达的 1/3）。

c. 在同样惯性条件下，动铁式力矩马达的输出力矩较大，而动圈式力马达的输出力小。因动铁式力矩马达输出力矩大，支撑弹簧刚度可以做得较大，使衔铁组件的固有频率较高（可达 1000Hz 以上，为动圈式力马达的几倍至十几倍）。动圈式力马达的弹簧刚度小，固有频率也较低。

d. 相同功率条件下，动圈式力马达较动铁式力矩马达体积大，但动圈式力马达的造价较低。

综上所述，在要求频率高、体积小、重量轻的场合，多采用动铁式力矩马达；而在对频率和尺寸要求不高，又希望价格较低的场合，往往采用动圈式力马达。

（2）直流伺服电机

直流伺服电机如图 5-86 所示，两个半圆柱形的永磁铁为定子，转子为开槽的由硅钢片叠成的铁芯，控制电流经整流子整流后，进入嵌在转子槽内的线圈产生磁场，此磁场与永磁铁磁场的反作用力使转子回转。电刷工作时产生火花。还有一种是无电刷直流伺服电机，定子上绕有励磁绕组，控制电流经整流子通向转子。

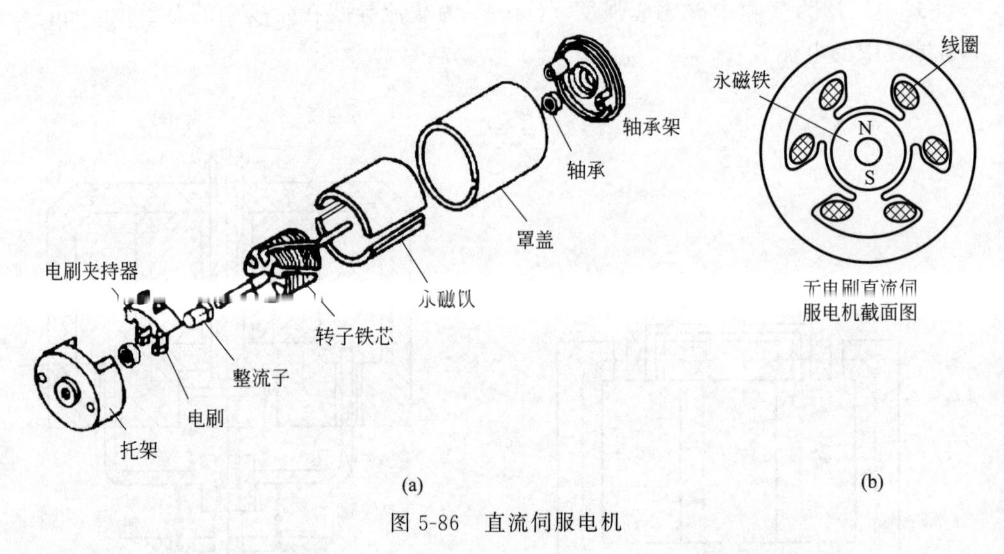

图 5-86 直流伺服电机

（3）步进电机

步进电机的工作原理与一般电机是不同的，它将数控装置输出的脉冲信号转换成机械角位移的模拟量，为数-模转换装置，其工作原理如下。

图 5-87 所示为一最简单的三相反应式步进电机工作原理，定子均布有六个

极，每个极上均设有励磁绕组，相对的两极构成一相，相对两极上的绕组以一定的方式连接，电机转子为一导磁体，图中为两个极（齿）。当定子的三相绕组依次通电时，转子被吸引着一步步转动，每一步的转角为步距角。当A相绕组通电时，转子两极被定子A相两极吸引，与之对准；然后A相断电，B相绕组通电，则转子两极被定子B相两极吸引，转子顺时针转过60°；接着B相断电，C相绕组通电，转子又顺时针转过60°，使转子两极与定子C相两极对准；再使A相通电，C相绕组断电，转子又顺时针转过60°与A相两极对准。如果按A→B→C→A的顺序轮流通电，则步进电机就不断地顺时针方向旋转，通电绕组每转换一次，步进电机就顺时针转过60°。同理，如果绕组通电按C→B→A→C的顺序进行，则步进电机将逆时针方向转动。但是，这种三拍控制方式在转换（一个绕组断电而另一个绕组刚开始通电）时，容易造成失步。另外，仅一个绕组吸引转子，无保持力，容易在平衡位置附近振荡而不稳定。为此，可采用六拍控制方式，即通电顺序按A→AB→B→BC→C→CA→A进行，每转换一次步进电机顺时针转过30°，步距比三拍控制方式小一半，因转换时始终保证有一个绕组通电，因此工作稳定，转换频率也可提高一倍。增加转子极数和定子相数，可使步进电机每步转动的角度相应减少。

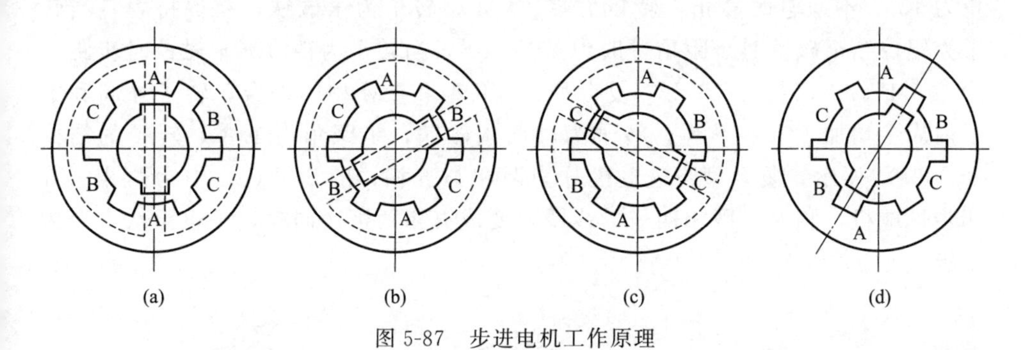

图 5-87　步进电机工作原理

图 5-88 所示为四极转子步进电机工作原理，按上述同样方法分析可知，如采用三拍控制方式，每步转角为30°；如采用六拍控制方式，每步转角为15°。

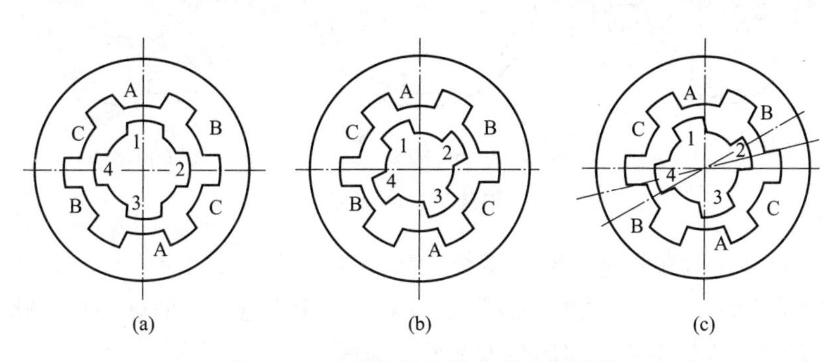

图 5-88　四极转子步进电机工作原理

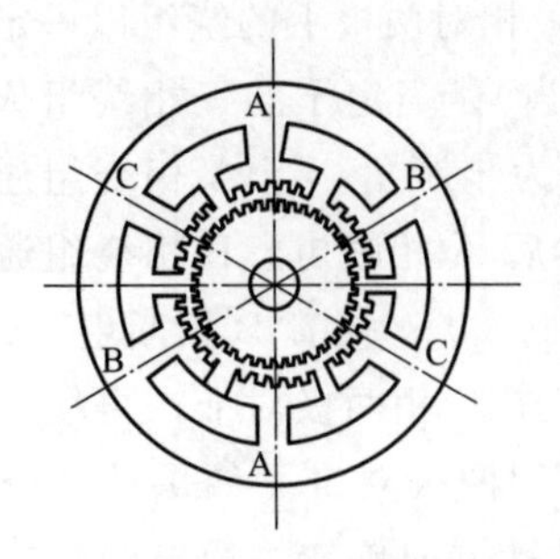

图 5-89　三相反应式步进电机

图 5-89 所示为三相反应式步进电机，转子齿数为 40 个，定子有六个磁极，每个磁极上有 5 个齿，它们的齿宽和齿距都相同，并且定子相邻磁极上的齿在周向相互错开 1/3 齿距。这样一来，当转子齿与定子 A 相磁极上的齿对齐时，转子齿与 B 相磁极上的齿错开 1/3 齿距，与 C 相磁极上的齿错开 2/3 齿距，由于转子齿数 $Z=40$，所以齿距 t 为

$$t=\frac{360°}{Z}=\frac{360°}{40}=9°$$

当 A 相磁极通电时，转子齿与 A 相齿相对。当 A 相磁极断电而 B 相磁极通电时，转子齿即转过 1/3 齿距与 B 相齿对齐（即转子转过 3°）。同样，当 B 相磁极断电而 C 相磁极通电时，转子齿又转过 3°与 C 相齿对齐。如此循环通断各相绕组，则电机将以步距角 3°运动。如果按六拍控制方式工作，则步距角为 1.5°。

国外生产的步进电机有图 5-90 所示的 VR 型、PM 型和复合型。VR 型转子加工成齿轮状，定子线圈产生的电磁吸引力吸引转子齿，使转子回转，步进角为 15°，不通电时静止，转矩为零。PM 型转子为永磁铁，有保持力，当转子为铝镍钴永磁铁时步距角一般为 45°～90°，当转子为铁淦氧永磁铁时步距角为 7.5°11.25°、15°、18°等。复合型为 VR 型和 PM 型的综合，转子外周和定子内周上均加工有多个齿，转子为轴向永磁铁，步距角为 1.8°，转子的结构如图 5-91 所示。复合型步进电机分为两相与五相，图 5-90(c) 中为两相。五相步进电机，相对于两相四极的线圈，变成五相两极，同时定子也由八极变为十极。

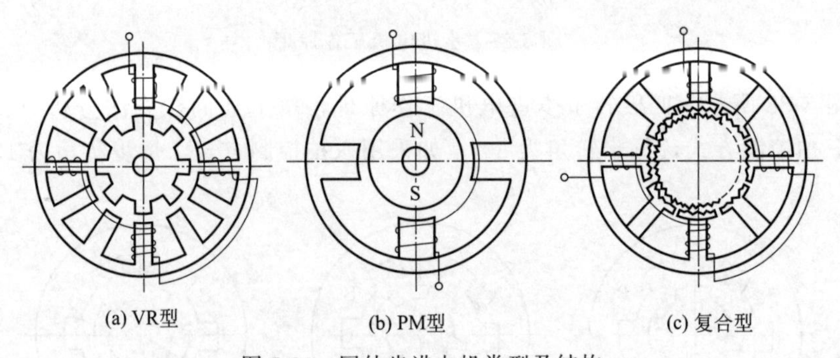

图 5-90　国外步进电机类型及结构

图 5-92 所示为步进电机驱动系统，脉冲发生器发出脉冲信号，电流输入步进电机定子线圈，并依次进行切换，通过对脉冲发生器产生的脉冲数和脉冲速度（频率）来控制步进电机的回转角度和回转速度。

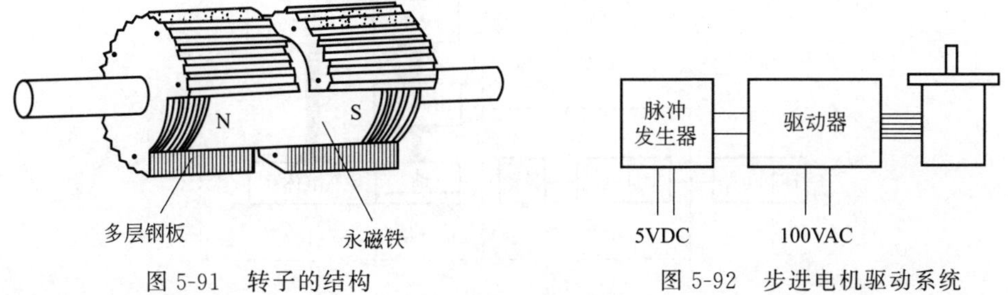

图 5-91　转子的结构　　图 5-92　步进电机驱动系统

步进电机的数字输入方式如图 5-93 所示，图 5-94 所示为四相步进电机驱动电路。

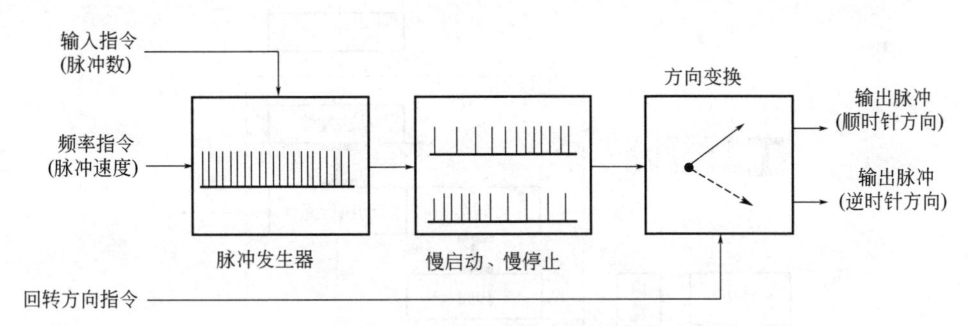

图 5-93　步进电机的数字输入方式

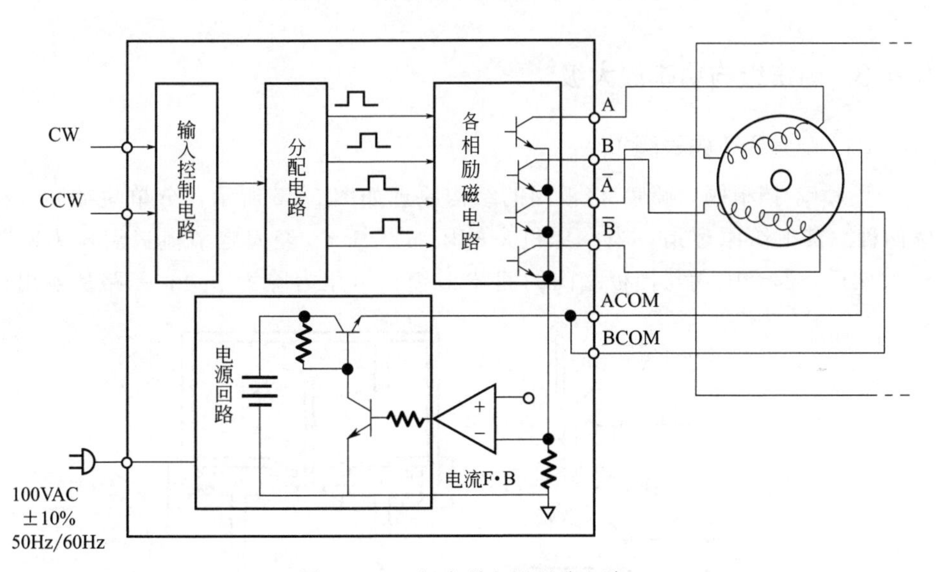

图 5-94　四相步进电机驱动电路

步进电机用来驱动两类电-气控制阀——滑阀式和转阀式，输出直线运动和往复运动，其工作原理如图 5-95 与图 5-96 所示。

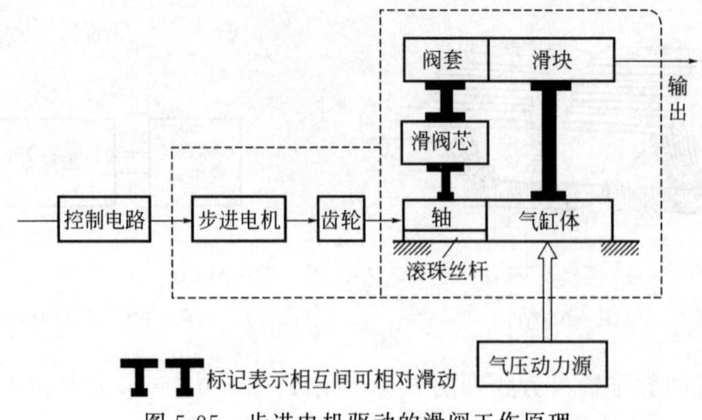

图 5-95　步进电机驱动的滑阀工作原理

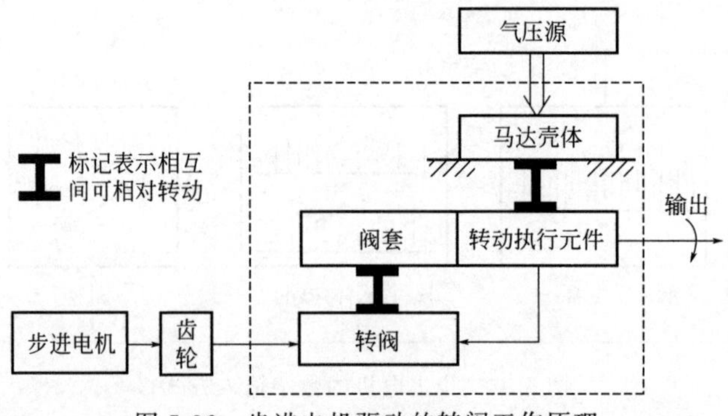

图 5-96　步进电机驱动的转阀工作原理

5.4.3　前置级与功率放大级

(1) 前置级(先导阀)

① 喷嘴-挡板阀　喷嘴-挡板阀的结构原理如图 5-97 所示，分单喷嘴和双喷嘴两种。其工作原理是，当空压机来的压缩空气 p_s 经固定节流口后压力降为 p_n，然后一路经喷嘴与挡板之间的间隙 x 流出（压力降为 p_d），一路从输出口

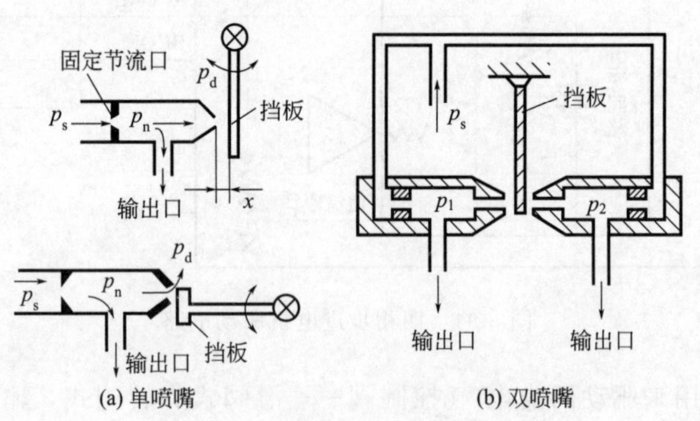

图 5-97　喷嘴-挡板阀的结构原理

输出通往执行元件，改变喷嘴与挡板之间的间隙 x 的大小，可改变输出口压力（流量）大小，从而控制执行元件的运动。单喷嘴挡板阀是三通阀，只能用来控制差动气缸。

双喷嘴-挡板阀由两个结构相同的单喷嘴-挡板阀组合而成，按压力差动原理工作。在挡板偏离零位时，一个喷嘴腔的压力升高（如 p_1），另一个喷嘴腔的压力降低（如 p_2），形成输出压力差 $\Delta p = p_1 - p_2$，而使执行元件工作。双喷嘴-挡板阀为四（五）通阀，因此可以用来控制双作用气缸。

单喷嘴-挡板阀对气缸的控制如图 5-98 所示。喷嘴-挡板阀结构简单，制造容易，价格低廉，运动部件（挡板）惯性小，无摩擦，所需驱动力小，灵敏度高；但泄漏损失大，负载刚性差，输出流量小，只能用在小功率系统中。由于它特别适于小信号工作，所以一般将其用作两级电-气伺服阀的前置级。

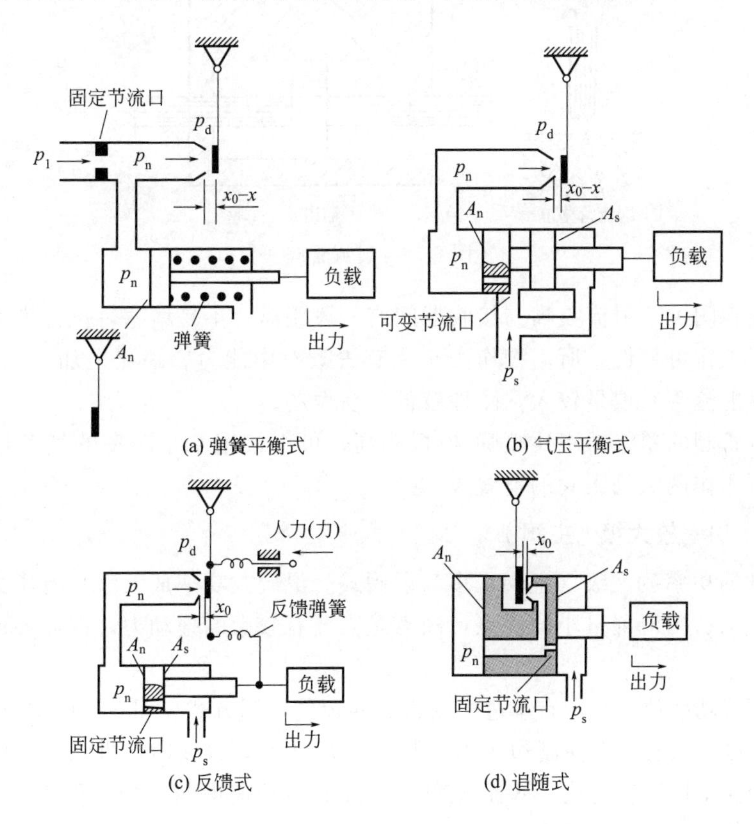

图 5-98　单喷嘴-挡板阀对气缸的控制

② 射流管阀　如图 5-99 所示，射流管阀由射流管、接收器等组成。射流管由枢轴支承，并可绕枢轴摆动。压缩空气 p_s 通过枢轴引入射流管，从射流管射出的空气射流冲到接收器的两个接收孔 a、b 上，a、b 分别与气缸的两腔相连，射流的动能被接收孔接收后，又将其转变为压力能，使气缸产生向左或向右的运

动。当射流管处于两接收孔的中间对称位置时，两接收孔 a、b 内的压力相等，气缸不动；当射流管绕枢轴的中心逆时针方向摆动一个小角度 θ 时，进入孔道 b 的空气压力大于进入孔道 a 的空气压力，气缸便在两端压差作用下向右移动，反之则向左运动。由于接收器和气缸刚性连接形成负反馈，当射流管恢复对称位置，活塞两端压力平衡时，气缸又停止运动。

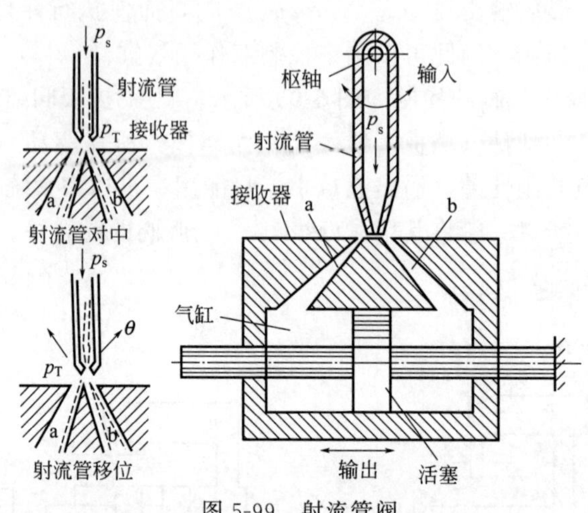

图 5-99　射流管阀

射流管阀由于射流喷嘴与接收器间有一段距离，不易堵塞，抗污染力强，从而提高了工作可靠性，所需操作力小，有失效对中能力。缺点是加工调试困难，运动件（射流管）惯量较大，刚性较低，易振动。

射流管阀的单级功率比喷嘴-挡板阀高，可直接用于小功率的气动伺服系统中，也可用作两级伺服阀的前置级。

（2）功率放大级（主阀）

常见的功率放大级（主阀）多为滑阀式。滑阀式功率放大级具有压力增益和流量增益高、内泄漏量小的优点，缺点是需要有较大的拖动力，即需要前置级的拖动。

滑阀式功率放大级：有单边、双边和四边的控制方式。图 5-100(a) 所示为单边滑阀控制，只有一个控制边，当控制边的开口量 x 改变时，进入气缸的压缩空气压力和流量均发生变化，从而改变了气缸的运动速度与方向。图 5-100(b) 所示为双边滑阀控制，它有两个控制边，压缩空气一路进入气缸下腔，而另外一路则一部分经滑阀控制边 x_1 的开口进入气缸上腔，一部分经控制边 x_2 的开口流向大气。当滑阀移动时，x_1 和 x_2 此增彼减，使气缸上腔回气阻力发生受控变化，因而改变了气缸的运动速度和方向。图 5-100(c) 所示为四边滑阀控制，它有四个控制边，x_1 和 x_2 是控制压缩空气进入气缸上、下腔的，x_3 和 x_4 是控制上、下腔通向大气的，当滑阀移动时，x_1 和 x_3、x_2 和 x_4 均此增彼减，使进入气缸上、下腔的压缩空气的压力和流量发生受控变化，从而控制了气缸的运动速度和方向。

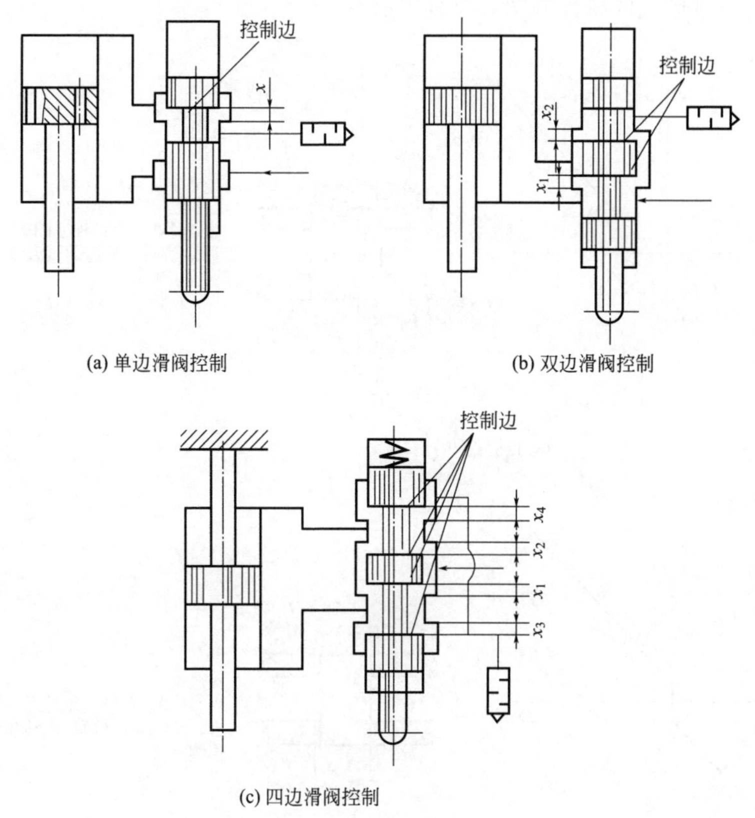

图 5-100　滑阀式功率放大级控制方式

滑阀的零位开口（预开口）形式有负开口、零开口和正开口三种，如图 5-101 所示。正开口的阀，阀芯上的凸肩宽度 t 小于阀套（或阀体）沉割槽的宽度 h；零开口的阀，阀芯上的凸肩宽度 t 等于阀套（或阀体）沉割槽的宽度 h；负开口的阀，阀芯上的凸肩宽度 t 大于阀套（或阀体）沉割槽的宽度 h。正开口的滑阀线性较好，灵敏度高，但刚性和稳定性较差，且在中立位置时，内泄漏量大；负开口的阀，存在死区和不灵敏区，但其刚性和稳定性好；伺服阀多采用零开口的阀，其特

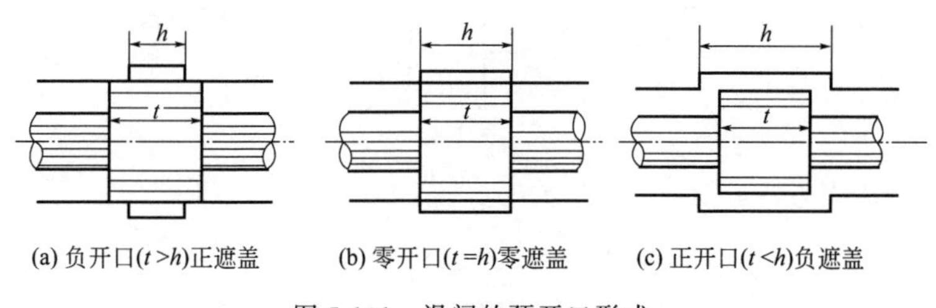

图 5-101　滑阀的预开口形式

性虽是非线性的，但其综合控制性能是最好的。但要做到零开口，加工很困难，一般为了提高灵敏度和降低加工难度，常采用 1～3μm 的正遮盖量（负开口）。

不同开口形式的特性如图 5-102 所示。

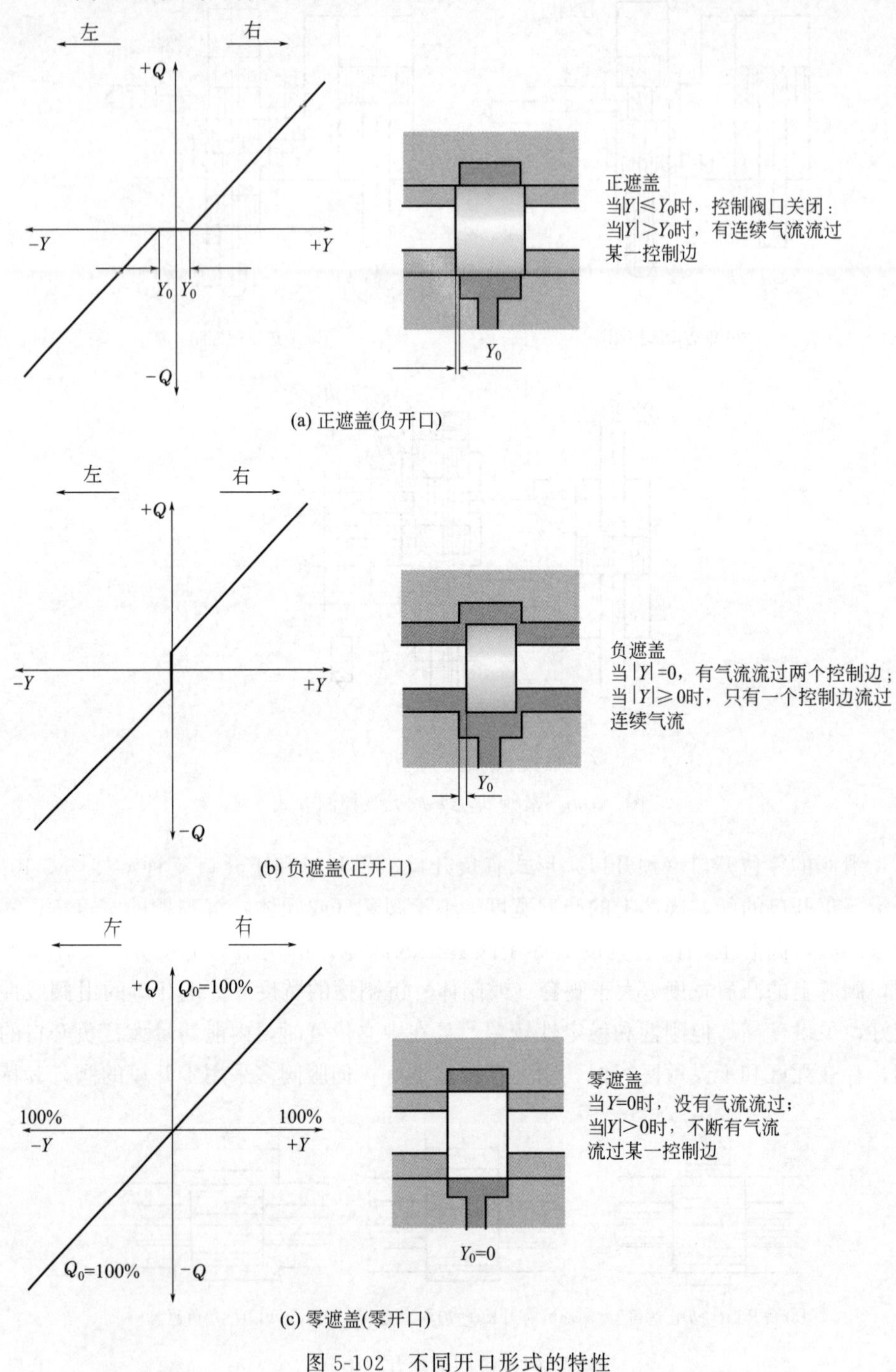

图 5-102　不同开口形式的特性

5.4.4 电-气伺服阀的结构原理与应用

(1) 几种典型电-气伺服阀的结构原理

① 喷嘴-挡板力反馈式电-气伺服阀　如图 5-103 所示，它由力矩马达、喷嘴挡板先导阀和四边滑阀式主阀组成，为位置力反馈的流量型双级伺服阀。

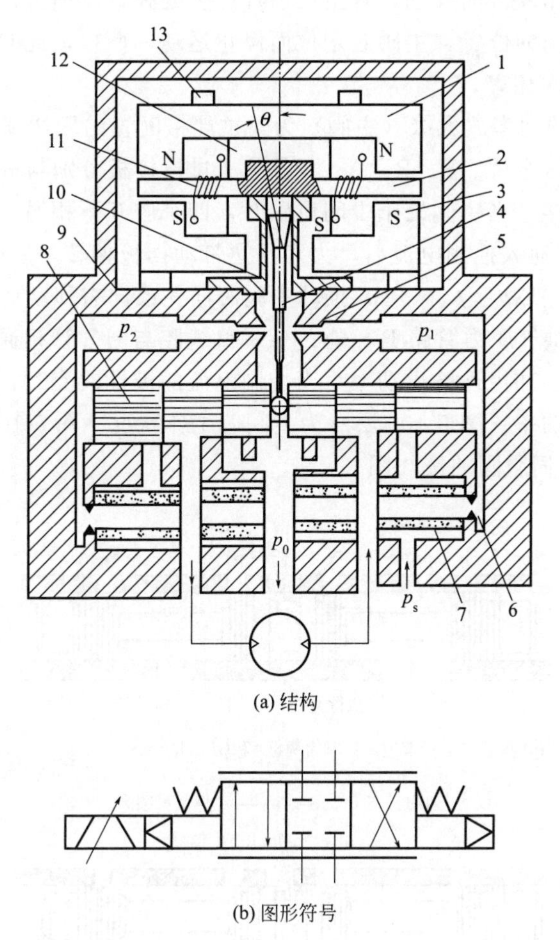

(a) 结构

(b) 图形符号

图 5-103　喷嘴-挡板力反馈式电-气伺服阀的结构与图形符号

1,3—导磁体；2—衔铁；4—挡板和反馈杆；5—喷嘴；6—固定节流孔；7—过滤器；8—阀芯；9—阀体；10—支撑弹簧管；11—线圈；12—永磁铁；13—力矩马达螺钉

力矩马达由一对永磁铁、上下两个导磁体、左右两个线圈、衔铁、支撑弹簧管、挡板和反馈杆等组成。上下两个导磁体的极掌和衔铁两端的上下表面之间，构成两对对称而相等的工作气隙，永磁铁在两对气隙中产生固定磁通。

当无控制电流通入线圈时，衔铁因处在调整好的中间位置上，四个气隙相等，通过气隙的磁通也相等，因此衔铁所受到的电磁合力矩为零，挡板处于两喷嘴之间的对称位置上，两喷嘴气压相等，与主阀芯两端控制腔相通的气压 p_1 与 p_2 也相等，所以主阀芯在原位不动。

当线圈通入控制电流时，衔铁按控制电流的大小和极性受到力矩而摆动，带动挡板也向左或右偏转，使挡铁两侧与两喷嘴的间隙增加或减小同一值，从而使两控制腔的压力 p_1 与 p_2 不再相等，产生的控制压差 $\Delta p=p_1-p_2$ 推动主阀芯，向与挡板偏转的相反方向移动，直至反馈杆产生的弹簧反馈力与输入电流感生的力矩马达力相平衡的位置，主阀芯定位而停止运动，而挡板此时重新对中于两喷嘴，p_1 与 p_2 再次相等。

图 5-104 中的功率放大级（主阀）为经过严格配置的四边滑阀结构。节流边组成一个四臂气压全桥。P、R、A、B 各腔通过连接板分别与进、回气及执行元件的两负载腔连接。当主阀处于中间位置时，四个腔互不相通，无流量流动（输出与输入）；而当通入控制电流后，力矩马达带动挡板偏转，双喷嘴-挡板的前置级产生控制气压差 $\Delta p=p_1-p_2$，推动主阀芯向左或向右移动后，则使一个负载腔（A 或 B）与供气压力管路 P 相通；另一负载腔与回气管相通，主阀芯即对应于控制电流的大小和极性输出功率。当控制电流的极性改变时，阀芯便控制负载输出反方向气压功率。图 5-105 所示为主阀芯工作状况。图 5-106 所示为喷嘴-挡板力反馈式电-气伺服阀的爆炸图。

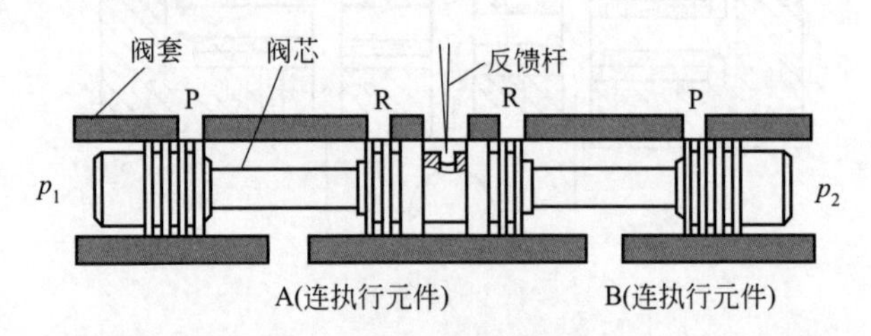

(a) 阀芯对中于零位，控制台肩把A和B封闭，$p_1=p_2$

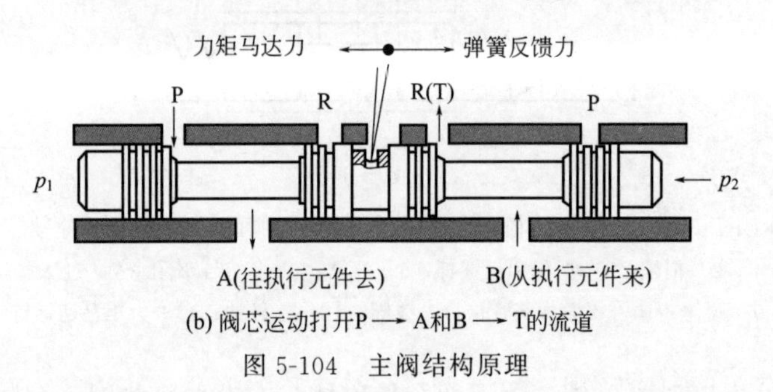

(b) 阀芯运动打开P ⟶ A和B ⟶ T的流道

图 5-104　主阀结构原理

② 滑阀式二级方向伺服阀　如图 5-107 所示，为一种动圈式二级方向伺服阀。它主要由动圈式力马达、喷嘴-挡板式气动放大器、滑阀式气动放大器、反馈弹簧等组成。喷嘴-挡板式气动放大器作为前置级，滑阀式气动放大器作为功率放大级。

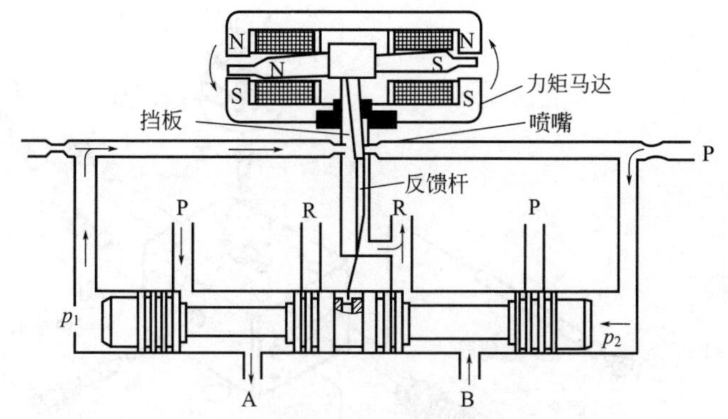

(a) 挡板向右运动，挡板偏置，$p_2>p_1$，主阀芯向左运动

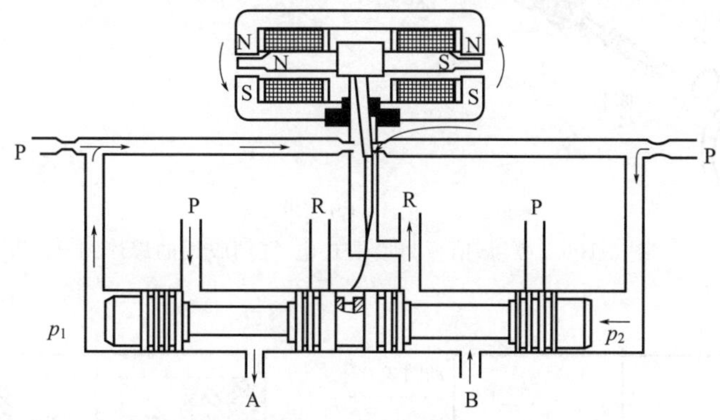

(b) 挡板对中，主阀芯平衡定位在左位，$p_2=p_1$

图 5-105　主阀芯工作状况

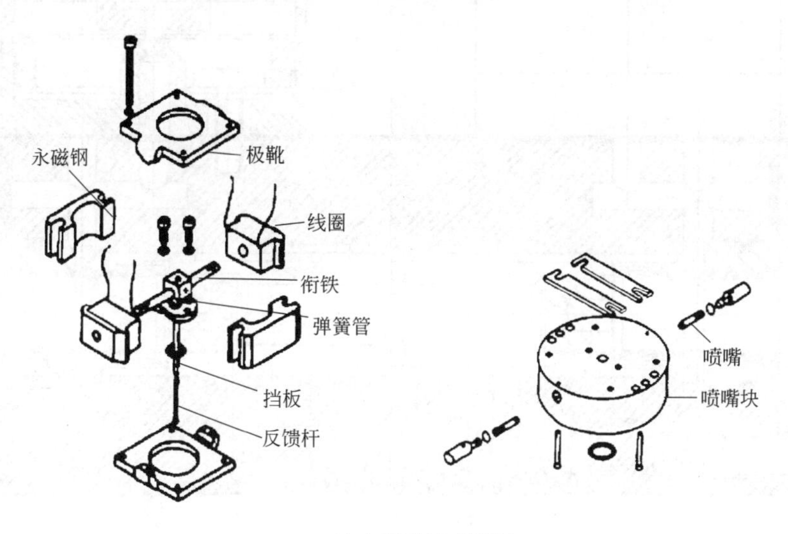

(a) 力矩马达与前置级

图 5-106

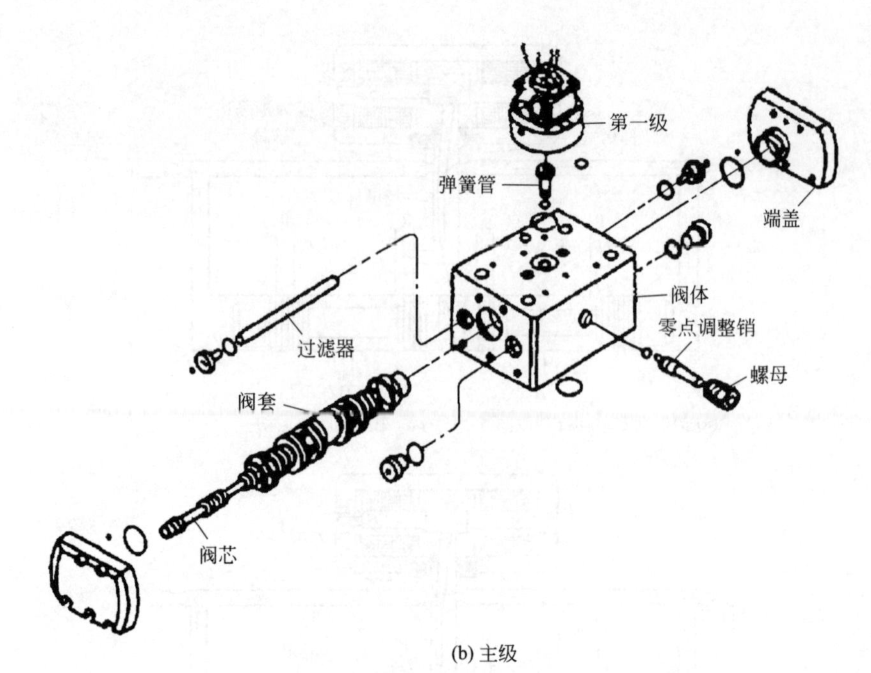

(b) 主级

图 5-106　喷嘴-挡板力反馈式电-气伺服阀的爆炸图

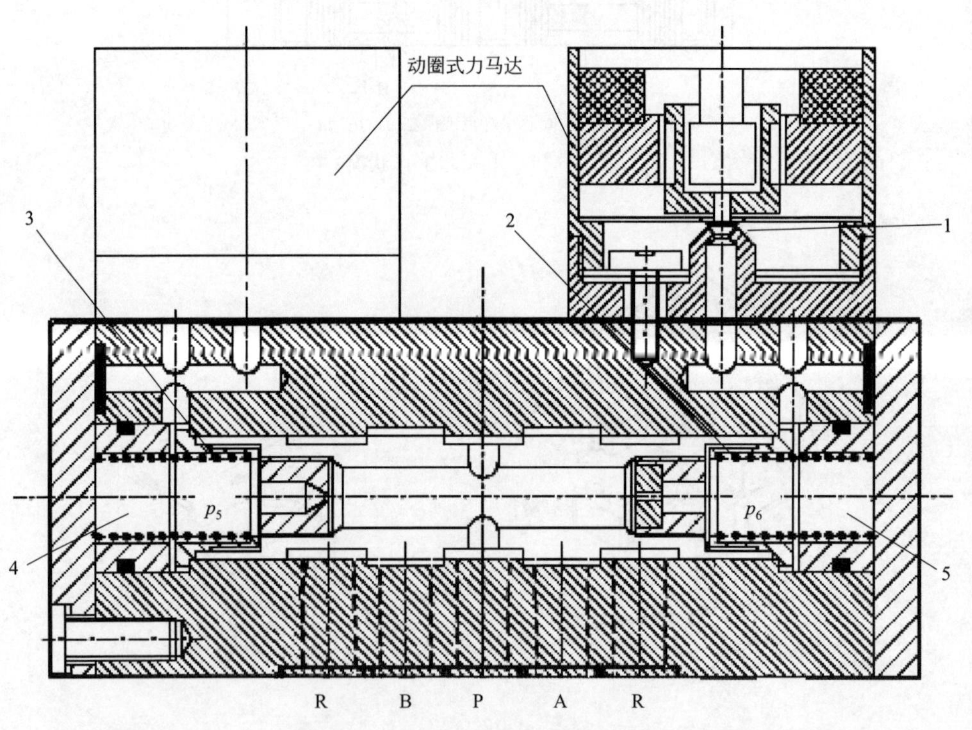

图 5-107　滑阀式二级方向伺服阀结构

1—喷嘴-挡板副；2,3—反馈弹簧；4,5—容腔

这种二级方向伺服阀的工作原理是，在初始状态，左右两动圈式力马达均无电流输入，也无力输出。在喷嘴气流作用下，两挡板使可变节流器处于全开状态，容腔 4、5 内压力几乎与大气压相同。滑阀阀芯被装在两侧的反馈弹簧 2、3 推在中位，两输出口 A、B 与气源口 P 和排气口 R 均被隔开。

当某个动圈式力马达有电流输入时（例如右侧力马达），输出与电流 I 成正比的推力 F_m，将挡板推向喷嘴，使可变节流器的通流面积减小，容腔内的气压 p_6 升高，升高后的 p_6 又通过喷嘴-挡板副 1 产生反推力 F_f，当 F_f 与 F_m 平衡时，p_6 趋于稳定，其稳定值乘以喷嘴喷口面积等于电磁力。另一方面，p_6 升高使阀芯两侧产生压力差，该压力差作用于阀芯断面使阀芯克服反馈弹簧力左移，并使左边反馈弹簧的压缩量增加，产生附加的弹簧力 F_s，方向向右，大小与阀芯位移 X 成正比。当阀芯移动到一定位置时，附加弹簧力与两容腔的压差对阀芯的作用力达到平衡，阀芯不再移动。此时同时存在阀芯和挡板的受力平衡方程式：

$$F_s = K_s X = (p_6 - p_5) A_x$$

$$F_f = p_6 A_y = K_i I$$

式中，K_s 为反馈弹簧刚度；A_x 为阀芯断面积；A_y 为喷嘴喷口面积；K_i 为动圈式力马达的电流增益。

在上述的调节过程中，左侧的喷嘴-挡板始终处于全开状态，可以认为 $p_5 = 0$，代入后整理上述两式可得

$$X = (A_x K_i / A_y K_s) I$$

阀芯位移与输入电流成正比。当另一侧动圈式力马达有输入时，通过上述类似的调节过程，阀芯将向相反方向移动一定距离。

阀芯左移时，气源口 P 与输出口 A 连通，B 口通大气；阀芯右移时，P 口与 B 口通，A 口通大气。阀芯位移量越大，阀的开口量也越大。这样就实现了对气流的流动方向和流量的控制。

这类阀采用动圈式力马达，动态性能好，缺点是结构比较复杂。

③ 动圈式压力伺服阀　如图 5-108 所示，其功能是将电信号成比例地转换为气体压力输出。其主要组成部分有动圈式力马达 1、喷嘴 2、挡板 3、固定节流口 4、滑阀阀芯 5、滑阀阀体 6、复位弹簧 7、阻尼孔 8 等。

初始状态时，动圈式力马达 1 无电流输入，喷嘴与挡板处在全开位置，控制腔内的压力 p_9 与大气压几乎相等。滑阀阀芯 5 在复位弹簧 7 推力的作用下处在右位，这时输出口 A 与排气口通，与气源口 P 断开。当动圈式力马达 1 有电流 I 输入时，力马达产生推力 F_m，将挡板推向喷嘴，控制腔内的压力 p_9 升高。p_9 的升高使挡板产生反推力，直至反推力与推力相平衡时，p_9 才稳定。这时

$$F_m = I K_i = p_9 A_y + Y K_{sy}$$

式中，A_y 为喷嘴喷口面积；Y 为挡板位移；K_{sy} 为动圈式力马达复位弹簧刚度；K_i 为动圈式力马达的电流增益。

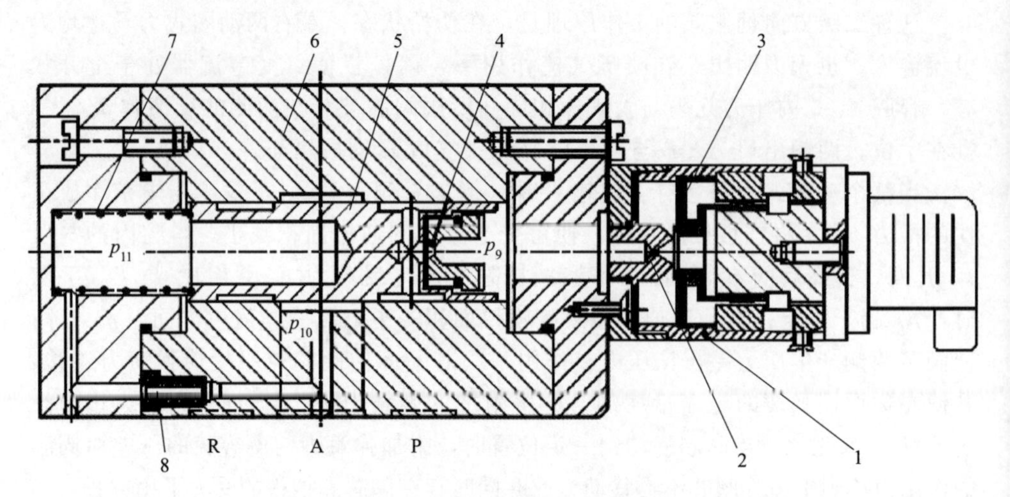

图 5-108 动圈式压力伺服阀结构

1—动圈式力马达；2—喷嘴；3—挡板；4—固定节流口；5—滑阀阀芯；
6—滑阀阀体；7—复位弹簧；8—阻尼孔

另一方面，p_9 升高使阀芯左移，打开 A 口与 P 口，A 口的输出压力 p_{10} 升高，而 p_{10} 经过阻尼孔 8 被引到阀芯左腔，该腔内的压力 p_{11} 也随之升高。p_{11} 作用于阀芯左端面阻止阀芯移动，直至阀芯受力平衡，这时

$$(p_9 - p_{11})A_x = (X + X_0)K_{sx}$$

式中，A_x 为阀芯断面积；X 为阀芯位移；X_0 为滑阀复位弹簧的预压缩量；K_{sx} 为滑阀复位弹簧刚度。

由以上两式可得

$$p_{11} = [p_9 A_x - (X + X_0)K_{sx}]/A_x = (IK_i - YK_{sy})/A_y - (X + X_0)K_{sx}/A_x$$

由设计保证，使工作时阀芯有效行程 X 与弹簧预压缩量 X_0 相比小得多，可忽略不计，同时挡板位移 Y 在调节过程中变化很小，可近似为一常数，则上式简化为

$$p_{11} = KI + C$$

其中 $K = K_i/A_y$，称为电-气伺服阀的电流-压力增益，而 $C = -(X_0 K_{sx}/A_x + YK_{sy}/A_y)$ 为一常数。

由上式可见，p_{11} 与输入电流成线性关系，阀芯处于平衡时，$p_{10} = p_{11}$，因此伺服阀的输出压力与输入电流 I 成线性关系。

④ 脉宽调制伺服阀 与模拟式伺服阀不同，脉宽调制伺服阀是一种数字式伺服阀，采用的控制阀是开关式电磁阀。脉宽调制伺服系统框图如图 5-109 所示。输入的模拟信号经脉宽调制器调制成具有一定频率和一定幅值的脉冲信号，经数字放大器放大后控制气动电磁阀。电磁阀输出的是具有一定压力和流量的气动脉冲信号，但已具有足够的功率，能借助气动执行元件对负载做功。脉冲信号

必须通过低通滤波器还原成模拟信号去控制负载。低通滤波器可以是气动执行元件，也可以是负载本身。采用前面的滤波方式的称脉宽调制线性化系统，采用后面的滤波方式，是依靠负载的较大惯性，它不能响应高频的脉冲信号，只能响应脉宽调制信号的平均效果。

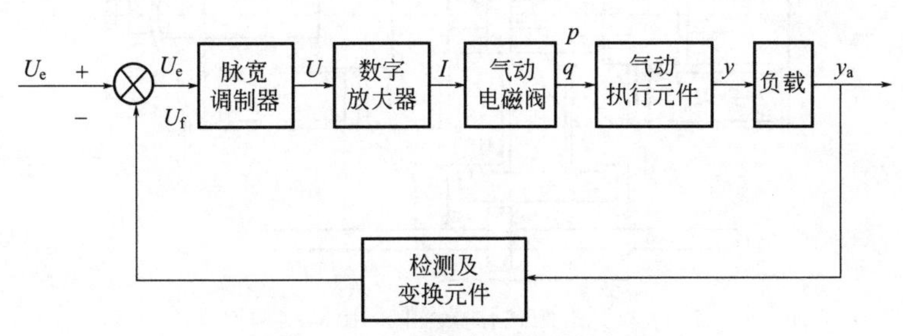

图 5-109 脉宽调制伺服系统框图

负载响应的平均效果是与脉宽调制信号的调制量成正比的。其控制机理是，对十一个周期的脉冲波，设正脉冲和负脉冲的时间分别为 T_1 和 T_2，周期为 T，脉冲幅值为 y_m。则一个周期内的平均输出 y_a 为

$$y_a = y_m(T_1 - T_2)/T = y_m K_m$$

其中 $K_m = (T_1 - T_2)/T$ 称调制量（也称调制系数）。一个周期的脉冲波及调制量与平均输出的关系如图 5-110 所示。由于调制量 K_m 与输入的模拟信号 U 成正比（这正是控制系统所要求的），因此平均输出与输入的模拟信号之间存在线性关系。

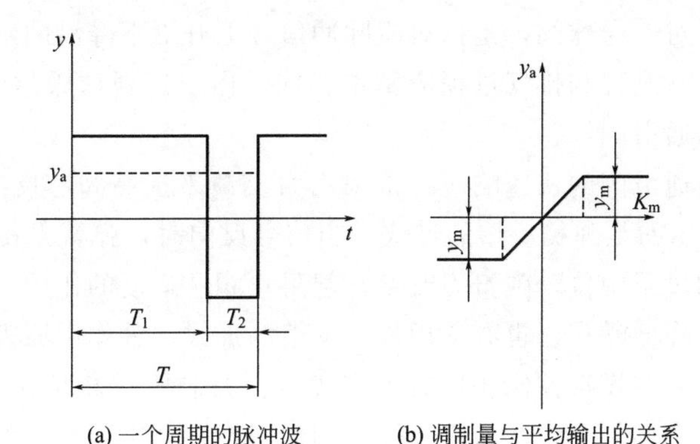

(a) 一个周期的脉冲波　　(b) 调制量与平均输出的关系

图 5-110 一个周期的脉冲波及调制量与平均输出的关系

在脉宽调制气动伺服系统中，脉宽调制伺服阀完成信号的转换与放大作用，其常见的结构有四通滑阀式和三通球阀式。图 5-111 所示为滑阀式脉宽调制伺服阀结构原理。滑阀两端各有一个电磁铁，脉冲信号电流加在两个电磁铁上，控制阀芯按脉冲信号的频率往复运动。

脉宽调制伺服阀的性能主要是动态响应和对称性要求。假设加在电磁铁上的

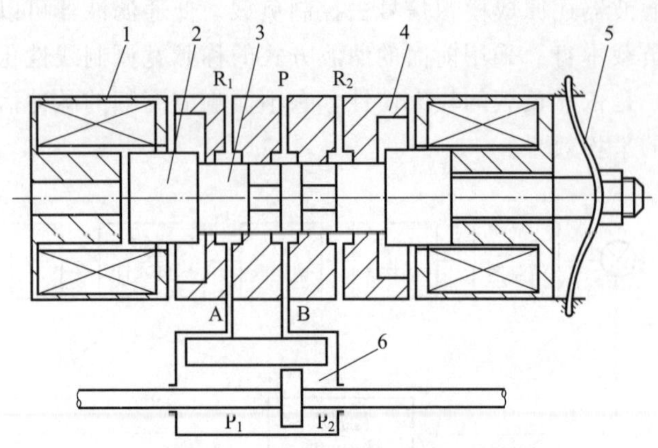

图 5-111　滑阀式脉宽调制伺服阀结构原理

1—电磁铁；2—衔铁；3—阀芯；4—阀体；5—反馈弹簧；6—气缸

是方波脉冲信号，从电磁铁接到信号到执行元件开始动作这段时间称信号的延迟时间。延迟时间包括三部分，一是电磁线圈中电流由零逐渐增大到衔铁开始运动的电流增长时间；二是衔铁与阀芯一起运动的时间；三是从节流口打开执行元件工作腔进行放气到执行元件开始动作的固定容器充放时间。前两部分时间由脉宽调制伺服阀决定。脉宽调制伺服阀的工作频率一般是十几赫兹到二三十赫兹。为了满足动态响应快的特点，要求延迟时间越短越好，一般控制在 1～2ms。

所谓对称性要求，对四通滑阀，是指阀芯往复运动的响应要一致，即加在两个电磁铁上的脉冲信号在传递过程中延迟时间应基本相同，两输出口的压力与流量应基本相同；对三通球阀，是指对应脉冲信号上升沿下降沿的延迟时间应基本相同，球阀的充气过程和排气过程应基本相同。由于三通球阀与差动气缸匹配，其对称性不如四通滑阀好。

为了提高四通滑阀的快速响应，常采用力反馈来提高阀芯反向运动的速度，图 5-111 中所采用的是弹簧反馈的形式。当信号反向时，弹簧力帮助阀芯反向运动，当阀芯运动过了中位，弹簧力改变，起阻止阀芯运动的作用，并能减轻阀芯到位的冲击力，降低噪声。也有采用气压反馈的形式，其作用原理是一样的。

脉宽调制控制与模拟控制相比有很多优点：控制阀在高频开关状态下工作，能消除死区、干摩擦等非线性因素；控制阀加工精度要求不高，降低了控制系统成本；控制阀节流口经常处于全开状态，抗污染能力强，工作可靠。缺点是功率输出小，机械振动和噪声较大。

(2) 电-气伺服阀的应用实例

图 5-112 所示为一柔性定位伺服气缸（又称位置伺服控制系统）的例子。该系统可以根据输入的电信号使气缸活塞在任意位置定位。

如图 5-112(a) 所示，该位置伺服控制系统由电-气方向比例阀 1、气缸 2、位移传感器3、伺服控制放大器4等组成。该系统的基本原理是通过控制放大器、电-气比例阀、气缸的调节作用，使输入电压信号U_c与气缸位移反馈电压信号U_f（U_f与气缸位移之间是线性关系）之差ΔU减小并趋于零，以实现气缸位移对输入信号的跟踪。

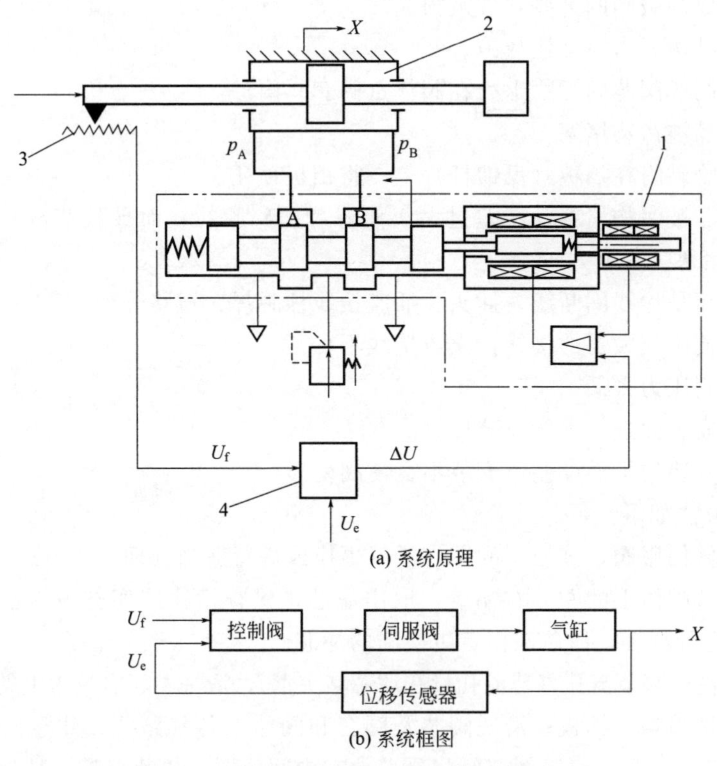

(a) 系统原理

(b) 系统框图

图5-112 柔性定位伺服气缸系统原理与框图

1—电-气方向比例阀；2—气缸；3—位移传感器；4—伺服控制放大器

调节过程为，若给定的输入电压信号U_e大于反馈电压信号U_f，$\Delta U>0$，控制放大器输出电流I增大，使电-气比例阀的阀芯左移，气源口与A口之间的节流面积增大，气缸A腔的压力p_A升高并推动活塞右移。气缸活塞的右移又使反馈电压信号U_f增大，因此电压偏差ΔU减小，直至ΔU几乎为零（采用PID调节的控制放大器可将稳态偏差调节至零）。当给定的输入电压信号U_e小于反馈电压信号U_f时，$\Delta U<0$，同样通过类似于上述的调节过程使偏差趋于零。因此在稳定时，$\Delta U=0$，即：

$$U_e=U_f=KX(K\text{ 为常数})$$

这就实现了反馈电压信号U_f对气缸活塞位移X的比例控制。上述调节过程是在一段很短的时间内完成的，故只要输入电压信号U_e的主要频率分量在系统的频宽之内，气缸活塞位移就可以跟踪U_e的变化。

5.4.5 电-气伺服阀的故障分析与排除

【故障 1】伺服阀不动作，导致执行元件不动作

伺服阀不动作的故障 90%以上是由于污物。具体原因如下 [参见图 5-103(a)]。

① 组成伺服阀的某些零件破损。

② 力马达、力矩马达故障。

③ 滑阀式阀芯因污物卡死在阀体（阀套）内。

④ 喷嘴被污物堵塞。

⑤ 污物黏附在挡板（反馈杆）上，将挡板顶死。

⑥ 滤芯被污物堵塞，压差过大，使滤芯破碎脱粒，而导致节流孔、喷嘴或其他管路堵塞。

⑦ 力矩马达线圈断线，插头、插座接线柱脱焊、短路等。

⑧ 与伺服放大器的接线错误或接线不良。

⑨ 控制压力太低。

⑩ 阀安装面进、出气口装反。

⑪ 阀安装的平面度差，安装不良使阀变形。

排除方法如下。

① 拆修伺服阀，破损了的零件予以更换或进行适当处理。

② 拆开阀体上的左、右端盖，取出滤芯，检查污物堵塞与破损情况：污物堵塞者，进行清洗，滤芯破损者更换新的滤芯。

③ 清洗两端节流孔（节流孔设在滤芯堵头上），清洗左、右端盖上的通气孔。

④ 清洗喷嘴、挡板；清洗阀芯及阀套和阀体上各气路孔。注意阀芯有方向要求，不能调头装配。装阀芯时将阀芯放在中间位置，再装喷嘴、挡板，其下端的小球插入阀芯的中间槽内，需转动阀芯，小球方可插入，插入时不可硬顶，装好后，用手稍稍推动阀芯，看其是否自由对中。

⑤ 检查力矩马达线圈电阻，断线者接好，插头、插座松脱者应焊牢，避免接触不良及断线短路等情况的发生。

⑥ 检查气源压力，供气压力不得低于 0.7MPa。

⑦ 与伺服放大器的接线如果不正确，应予以更正，接线不牢者重新焊牢。

⑧ 修平阀的安装面，保证平面度要求。

⑨ 伺服阀进、出气口装反者予以更正，并检查所接管路情况。

【故障 2】出现零漂

零位又称中间位置，虽然希望阀在零位时的输入电流为零，但通常此时的输入电流不为零。为使伺服阀处于零位时所需的输入电流与额定电流的百分比，称为伺服阀的零位偏移（零偏）。零漂是指零位经常变化，且零位偏移量大，产生故障的原因和排除方法如下。

① 伺服阀本身的原因造成零漂。

如压合或焊接部位的衔铁组件松动，内装的过滤器被污物堵塞，压合的喷嘴松动，喷嘴被污物堵塞等。普通伺服阀一般都有外调零装置，要求零偏不大于3%，而航天航空用伺服阀一般不设外调零装置，零偏的变化在寿命期内一般要求不大于6%，可采用下述方法解决零漂问题。

a. 可松开螺塞（图5-113）用调零装置进行调节；对于有阀套的伺服阀，可以松开端盖螺钉，调节阀套的位置来调节。

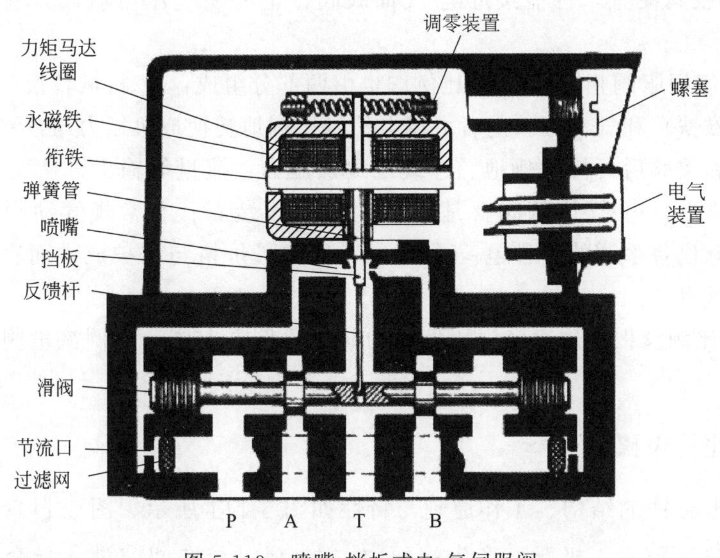

图5-113　喷嘴-挡板式电-气伺服阀

b. 对于无阀套的伺服阀，或者用上法不能纠正的伺服阀，可以交换节流孔两边的位置或另换一组节流孔来调节。

c. 利用修研力矩马达气隙来纠正，也是行之有效的方法。四个力矩马达螺钉的拧紧程度直接影响力矩马达四个气隙的大小［图5-103(a)］。这四个气隙组成桥路，成差动状态工作。一般每个气隙厚度 $\delta=0.25\text{mm}$，力矩马达衔铁运动工作距离为 $1/3\delta$，零偏为1%的气隙变化值 $\Delta=1/3\times0.25\text{mm}\times1/100\times1/2=0.0004\text{mm}=0.4\mu\text{m}$（式中1/2是考虑力矩马达四气隙成差动工作）。由以上计算可知，力矩马达气隙变化 $0.4\mu\text{m}$ 就会引起1%的零偏，因此力矩马达四螺钉拧紧力矩应一致，调节时要特别注意清洁，不能弄脏力矩马达。

d. 对于衔铁组件的松动，可在支承与衔铁、支承与挡板的配合面边缘采用激光点焊。

② 气源引起零漂。

a. 气源压力大幅度变化导致零位大幅度变化：应稳定气源压力。

b. 气源污染严重，压缩空气中污物颗粒较多：可对气源加强过滤。

【故障 3】伺服阀的输出气量少

① 供气压力低时，可适当提高供气压力（P）。

② 输入伺服阀的气量不足时，可增加供气量。

5.5 电-气比例阀

电-气伺服阀具有很多优点，但价格昂贵，于是出现了电-气比例阀，价格比电-气伺服阀便宜，性能接近电-气伺服阀，也能使气压与输入、输出的电信号成比例。

与电-气伺服阀相同，电-气比例阀也由两部分组成：电-机械转换装置（主要为比例电磁铁）和气动阀。前者可将电信号比例地转换成机械力与位移，后者接收机械力和位移后可按比例地、连续地提供压力、流量等输出，从而实现电-气转换。简言之，电-气比例阀就是以电-机械转换装置代替常规气动阀的调节手柄，用电调代替手调的一种电-气伺服阀，就购买价格与维护成本而言，比例阀比伺服阀低得多。

电-气比例阀根据用途分为比例压力阀、比例方向阀、比例流量阀以及比例复合阀。

5.5.1 比例电磁铁

比例电磁铁的结构、工作原理与特性如图 5-114 所示。图 5-114(b) 中 Φ_1 沿轴向穿过气隙进入极靴，产生端面力，Φ_2 穿过径向间隙进入导套前端，产生轴向附加力。图 5-114(c) 所示为比例电磁铁的位移-力特性。电磁铁力只取决于线圈电流，因而通过改变输入电磁铁的电流大小，阀芯可以沿其行程定位于对应输入电流的任何位置上，即无数多个位置上，这与只有有限个位置的开关式阀是不同的。

比例电磁铁分为力调节型、行程调节型和位置调节型三种基本类型。

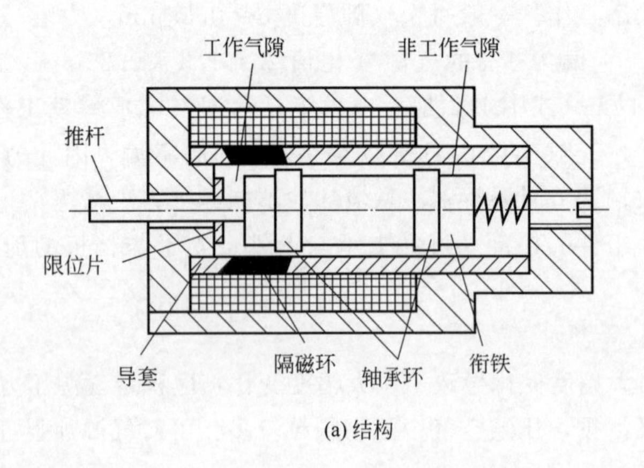

(a) 结构

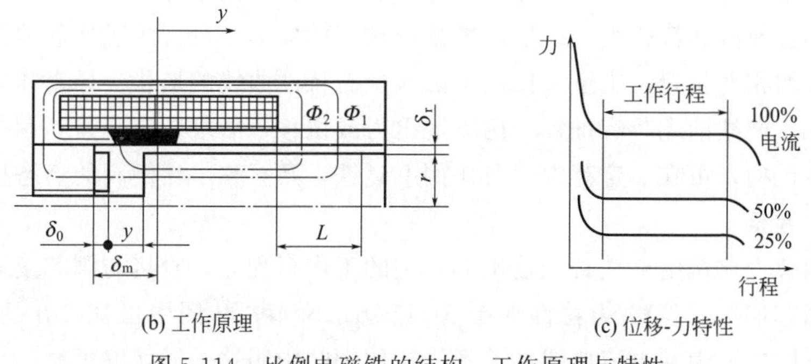

(b) 工作原理　　　　(c) 位移-力特性

图 5-114　比例电磁铁的结构、工作原理与特性

(1) 力调节型比例电磁铁

图 5-115(a) 所示为力调节型比例电磁铁的结构，主要由衔铁、导套（导向管）、极靴、壳体、线圈、推杆等组成。导套的前后两段由导磁材料制成，中间

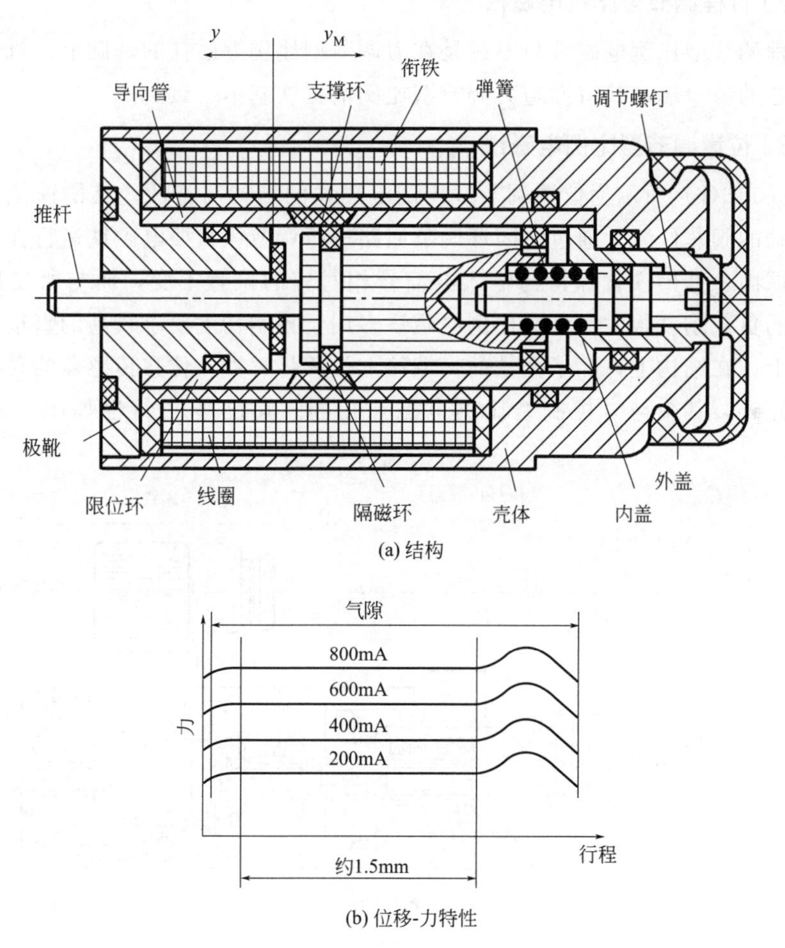

(a) 结构

(b) 位移-力特性

图 5-115　力调节型比例电磁铁的典型结构与特性

用一段采用非导磁材料（隔磁环）。导套具有足够的耐压强度，可承受很高的静压力。导套前段和极靴组合，形成带锥形端部的盆形极靴；隔磁环前端斜面角度及隔磁环的相对位置，决定了比例电磁铁稳态特性曲线的形状。导套和壳体之间配置线圈。衔铁前端装有推杆，用以输出力或位移；后端装有弹簧和调节螺钉组成的调零机构，可在一定范围内对比例电磁铁，乃至整个比例阀的稳态控制特性曲线进行调整。

力调节型比例电磁铁直接输出力，它的工作行程短，直接与阀芯或通过传力弹簧与阀芯连接，位移-力特性如图 5-115(b) 所示，从图中可知，在约 1.5mm 气隙的范围内，力与电流成线性关系，在比例阀中用这一段就够了。

对于力调节型电磁铁而言，在衔铁行程没有明显变化时，通过改变电流来调节其输出的电磁力。由于其行程小，可用于比例压力阀和比例方向阀的先导级，将电磁力转换为气压力。

(2) 行程调节型比例电磁铁

行程调节型比例电磁铁只不过是在力调节型比例电磁铁的基础上，将弹簧布置在阀芯的另一端，其特性与力调节型比例电磁铁基本一致。

(3) 位置调节型比例电磁铁

图 5-116(a) 所示为位置调节型比例电磁铁的结构与特性。其衔铁位置，即由其推动的阀芯位置，通过一闭环调节回路进行调节。只要电磁铁运行在允许的工作区域内，其衔铁就保持与输入电信号相对应的位置不变，而与所受反力无关，它的负载刚度很大。这类比例电磁铁多用于控制精度要求较高的直接控制式比例阀上。在结构上，除了衔铁的一端接上位移传感器（位移传感器的动杆与衔铁固接）外，其余与力控制型比例电磁铁相同。其位移-力特性如图 5-116(b) 所示。

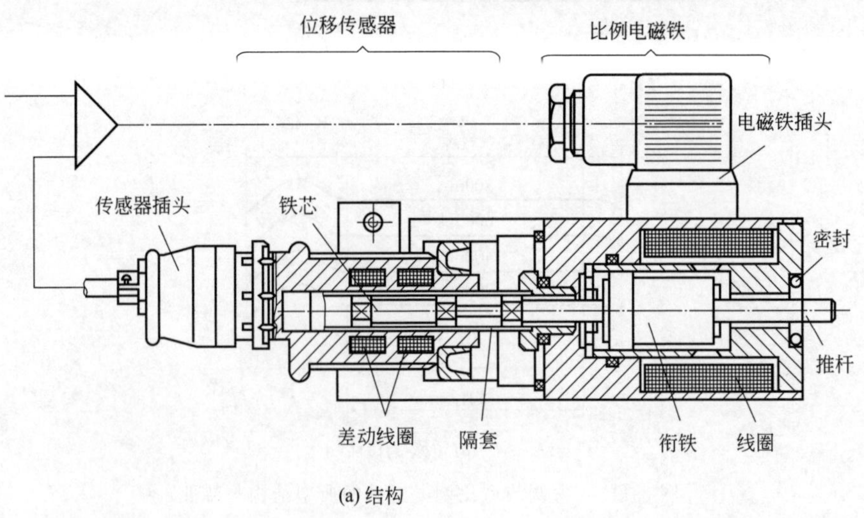

(a) 结构

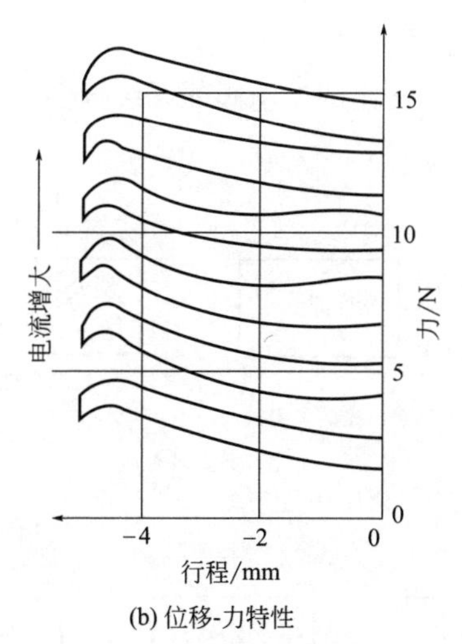

(b) 位移-力特性

图 5-116 位置调节型比例电磁铁的结构与特性

使用行程调节型比例电磁铁，能够直接推动诸如比例方向阀、比例压力阀及比例流量阀的阀芯，并将其控制在任意位置上。电磁铁的行程因规格而不同一般为 3～5mm。

5.5.2 电-气比例阀的控制类型

电-气动比例阀是一种输出量与输入信号成比例的气动控制阀，它可以按给定的输入信号连续、按比例地控制气流的压力、流量和方向等。由于比例控制阀具有压力补偿的性能，因此其输出压力、流量等可不受负载变化的影响。可用于电位器的远程操作，或用于连接 PC 等控制装置，进行各种执行元件的压力、流量控制等，用途广泛。按变换部的机构可分为直动式、先导式，按控制方式可分为开环式与反馈式。各种类型的大致比较见表 5-10。

表 5-10 各种类型的大致比较

类型	稳定精度	响应性
开环式(直动)	一般	优
开环式(先导)	良	良
反馈式(先导)	优	一般

① 直动式开环控制：在变换部（比例电磁铁等）将输入信号（电信号）转换为力，并用操作部的阀（滑柱阀、提升阀等）输出气压。

② 先导式开环控制：与直动式开环控制相比变换部的输出很小，先在增幅部（喷嘴-挡板）增大力，然后输出到操作部，因此具有消耗电力少且变换部精度好的特点。

③ 先导式反馈控制：用传感器检测先导式开环控制的输出后，与输入信号

进行比较并计算，自动修正。

图 5-117 所示为各种电-气比例控制阀的系统框图。

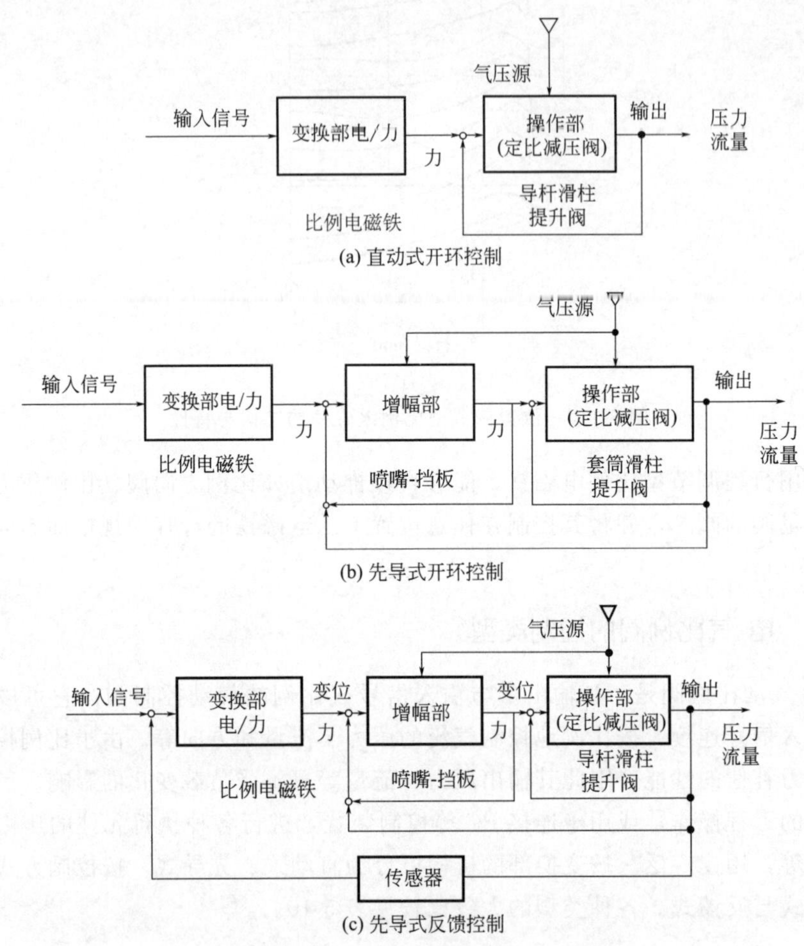

图 5-117　各种电-气比例控制阀的系统框图

5.5.3 比例压力阀的结构原理

(1) 直动式比例压力阀

直动式比例压力阀通过输入成比例的电信号或气压信号与来自操作部的力对抗取得平衡以控制阀的动作，可以输出与输入信号成正比的压力。

① 工作原理　直动式比例压力阀的工作原理如图 5-118 所示。比例电磁铁中通入输入信号（电流）时，产生一与输入信号成比例的力 F_{SOL}（向左），在阀的输出口 A 有一条反馈管路通至滑芯的左端的反馈室，反馈压力作用在滑芯上产生的向右的力与向右的弹簧力之和，合计为 F_{P2}（向右），F_{SOL} 与 F_{P2} 之间的关系决定了滑芯的行程位置：如图 5-118(a) 所示，当流向比例电磁铁的电流比

较小时，F_{SOL} 也较小，此时 $F_{P2}>F_{SOL}$，使滑芯向右移动，空气从 A 口流到 R 口，输出压力降低；如图 5-118(b) 所示，当流向比例电磁铁的电流适中时，F_{SOL} 也适中，F_{P2} 和 F_{SOL} 平衡时（$F_{P2}=F_{SOL}$）输出口 A 关闭；如图 5-118(c) 所示，当流向比例电磁铁的电流增大时，F_{SOL} 也增大，$F_{SOL}>F_{P2}$，阀芯向左移动，空气从压力供给口 P 提供给输出口 A，这样可以得到与比例电磁铁的电流大小成比例的输出口 A 的气压。

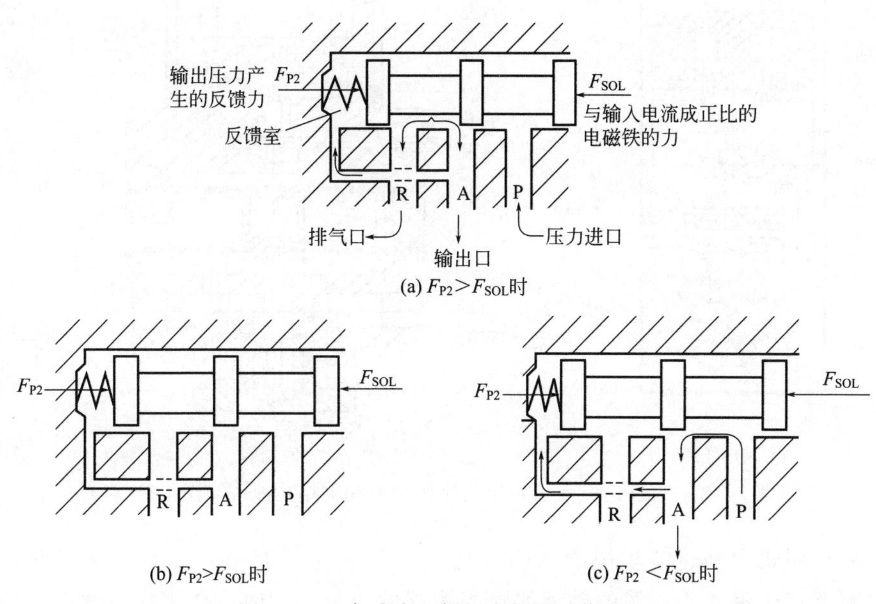

(a) $F_{P2}>F_{SOL}$时

(b) $F_{P2}>F_{SOL}$时

(c) $F_{P2}<F_{SOL}$时

图 5-118　直动式比例压力阀的工作原理

② 结构　图 5-119 所示为 3AP 型气动直动式比例压力阀的结构与图形符号。

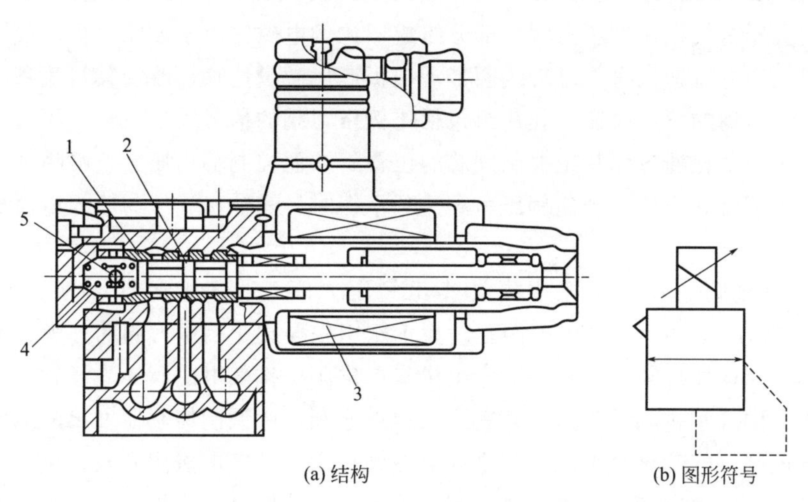

(a) 结构

(b) 图形符号

图 5-119　3AP 型气动直动式比例压力阀的结构与图形符号

1—阀套；2—阀芯；3—比例电磁铁；4—弹簧；5—反馈压力口

(2) 先导式比例压力阀

① 力马达驱动型先导式比例压力阀　图 5-120 所示为力马达驱动型先导式比例压力阀的结构原理与图形符号。动圈式力马达作为电/力转换装置，其作用是在力马达中产生一个与输入电信号成比例的力。

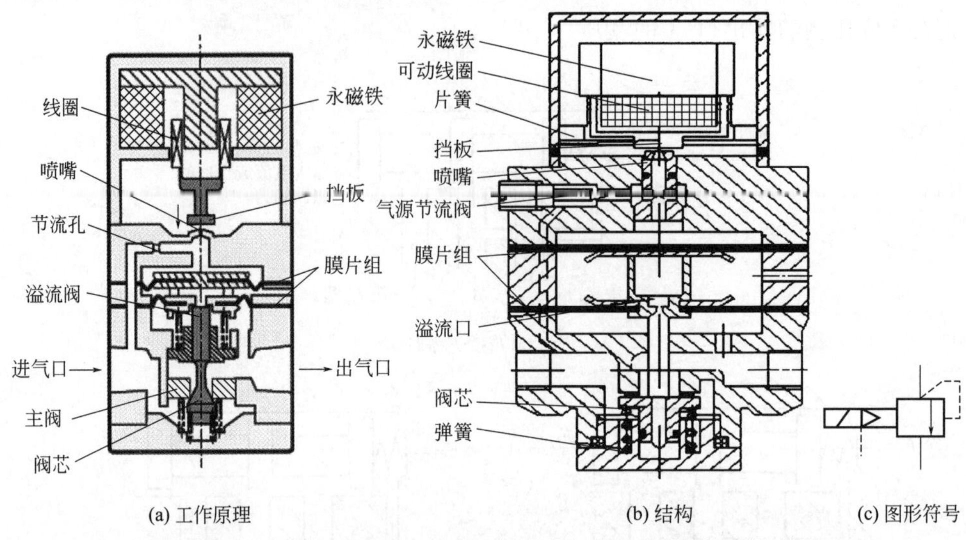

图 5-120　力马达驱动型先导式比例压力阀的结构原理与图形符号

从动圈式力马达结构原理（图 5-85）可知，当线圈中有直流电通过时，将在线圈上产生垂直于气隙的磁力线。当线圈的匝数一定时，作用在线圈上的力与线圈中流过的电流成比例。

图 5-120 所示力马达驱动型先导式比例压力阀由动圈式比例电磁铁、喷嘴-挡板放大器、气控比例压力阀三部分组成。比例电磁铁由永磁铁、可动线圈和片簧构成。当电流输入时，可动线圈带动挡板产生微量位移，改变其与喷嘴之间的距离，使喷嘴的背压改变。膜片组包括比例压力阀的信号膜片及输出压力反馈膜片。背压的变化通过膜片组控制阀芯的位置，从而控制输出压力。喷嘴的压缩空气由气源节流阀供给。当比例压力阀达到平衡时，其输出气压与输入电流成比例关系。

② 电磁阀驱动型正压用先导式比例压力阀　图 5-121 所示为 ITV1000、ITV2000、ITV3000 系列电磁阀驱动型正压用先导式比例压力阀的外观、输入输出关系、结构原理与系统框图。它由供气电磁阀、排气电磁阀和先导式压力控制阀构成。供气和排气电磁阀为常断式二位二通阀，由调制控制器发出的电脉冲调制信号控制供气和排气电磁阀，供气电磁阀接通时排气电磁阀断开，供气电磁阀断开时排气电磁阀接通。供气电磁阀输出的气脉冲信号加在先导式压力控制阀上进行压力、流量放大输出。

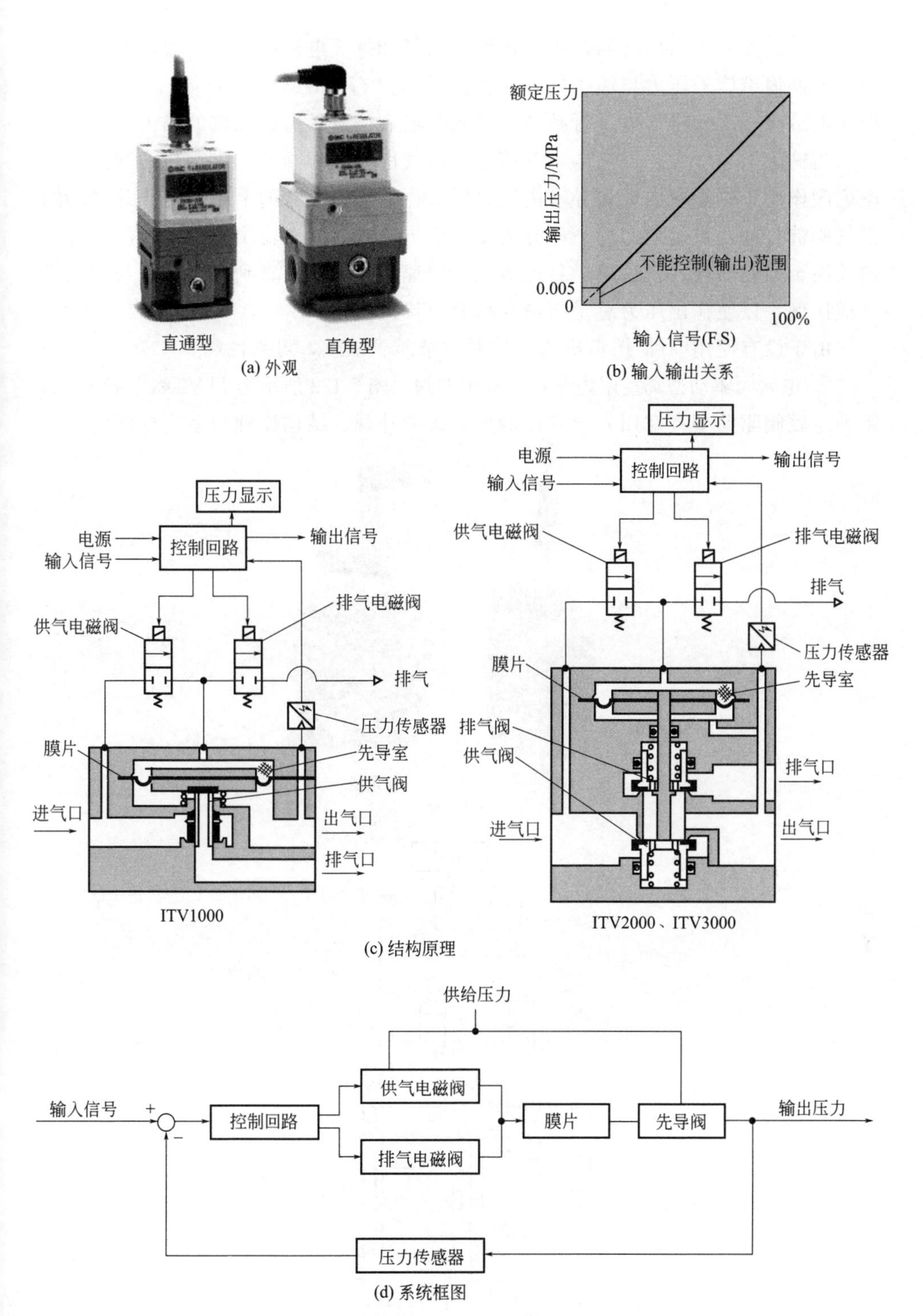

图 5-121　电磁阀驱动型正压用先导式比例压力阀
的外观、输入输出关系、结构原理与系统框图

阀内设置了压力传感器，用来检测经进气和排气电磁阀调制放大后的输出压力。根据输出信号压力与输入信号压力的偏差进行PWM的脉冲宽度调制控制，操作电磁阀进气和排气以进行补偿，得到与输入信号压力成比例的输出压力。

当输入信号增大，供气电磁阀接通，排气用电磁阀断开，供给压力通过供气电磁阀作用于先导室内，先导室内压力增大，作用在膜片的上方，与膜片联动的供气阀被打开，供给压力的一部分就变成输出压力。这个输出压力通过压力传感器反馈至控制回路，在这里，目标值进行快速比较修正，直到输出压力与输入信号成比例，以使输出压力总是与输入信号成比例变化。

由于没有使用喷嘴-挡板机构，故阀对杂质不敏感，可靠性高。

③ 电磁阀驱动型真空用先导式比例压力阀　图5-122所示为ITV2090、ITV2091系列电磁阀驱动型真空用先导式比例压力阀的外观、结构原理与系统框图。

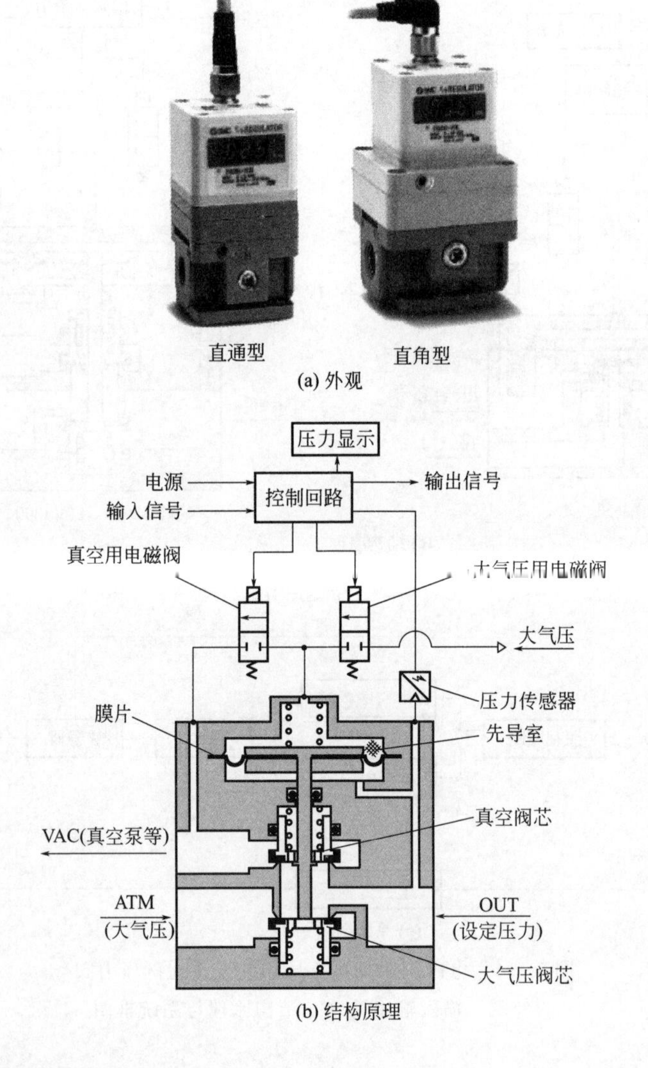

(a) 外观

(b) 结构原理

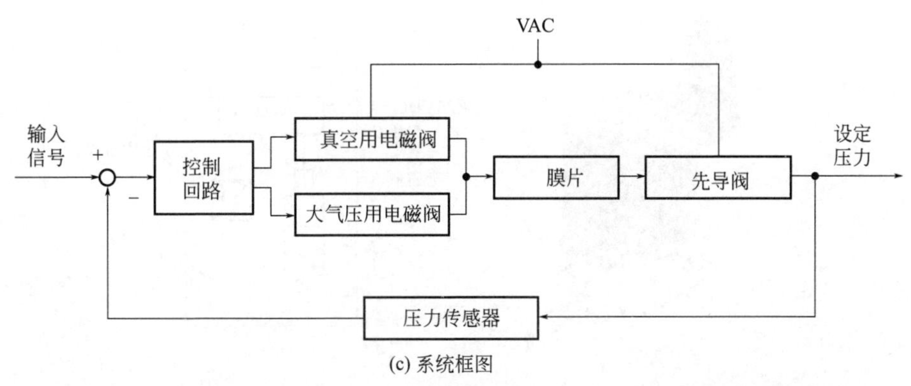

(c) 系统框图

图 5-122　电磁阀驱动型真空用先导式比例压力阀的外观、结构原理与系统框图

动作原理与上述ITV1000、ITV2000、ITV3000系列比例压力阀相似，当输入信号增大，真空用电磁阀接通，大气压用电磁阀断开，则VAC口与先导室接通，先导室的压力变成负压，该负压作用在膜片的上部，与膜片联动的真空阀芯开启，VAC口与OUT口接通，则设定压力变成负压。此负压通过压力传感器反馈至控制回路，在这里进行修正动作，直到OUT口的真空压力与输入信号成比例变化。

④ VY1A型与VY1B型气动先导式比例压力阀　VY1系列是以VEXI系列大流量溢流型减压阀为基础开发出的电气比例快速调压阀。它利用一个高速通断的二位三通电磁阀（即高速开关阀）为先导阀，来控制VEXI减压阀调压活塞的上腔压力。为了提高压力控制精度，被控压力由压力传感器检测反馈至控制回路，经与目标值比较决定上述微型高速开关阀的开闭，以调整调压活塞上腔的压力。这样，既实现了高精度的电气比例控制，又保留了VEXI系列的大流量的充排气特性。因此，该阀是由电磁阀和减压阀组成的能控制压力和方向的复合型电气比例阀，可用于气缸的快速的速度控制和压力控制以及对大容器进行快速的稳压控制等。

VY1A型与VY1B型气动先导式比例压力阀的先导阀为图5-123所示的VY1D00型电气比例阀（二位三通电磁阀，即高速开关阀），其动作原理如下。当输入信号小于开始动作的输入信号（电压或电流）时，电磁阀不动作，A口压力为零。一旦输入信号大于开始动作的输入信号，电磁阀便切换，A口有输出压力，且A口压力通过压力传感器反馈至控制回路，在那里反馈信号与给定的指令信号进行比较。反馈信号小，则电磁阀仍通电，A口压力上升(P→A)；反馈信号大，则电磁阀断电，A口压力下降（A→R)。由于电磁阀进行高频通断动作，A口压力便被设定。该阀相当于用一个二位三通高速开关阀来替代上述ITV系列中的两个电磁阀。该阀断电时，输出压力为零，不能保压。

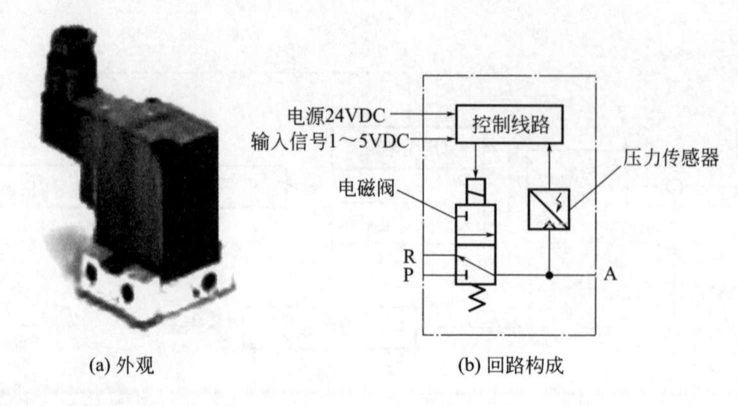

(a) 外观　　(b) 回路构成

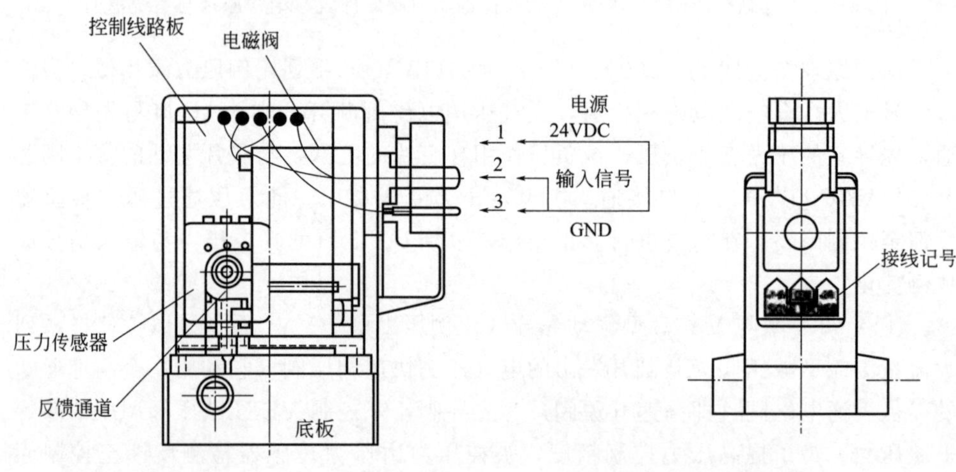

(c) 结构

图 5-123　VY1D00（A 或 B）型电气比例阀的外观、回路构成与结构

图 5-124 所示为日本 SMC 公司生产的 VY1A 型和 VY1B 型气动先导式比例压力阀的外观、结构与图形符号，调压活塞 3 右侧的先导压力（由上述 VY1D00 型先导阀提供）所产生的作用力 F_1 与通过反馈通道 A 口压力作用在调压活塞左侧的作用为 F_2 相平衡时，则阀芯 6 的供气口开启（P→A），排气口关闭（A→R）。与先导压力对应的 A 口压力便是设定压力。

一旦 A 口压力上升，$F_2>F_1$，调压活塞右移，排气阀座开启，A 口从 R 口排气。一旦 A 口压力降至达到新平衡时，便又恢复至设定状态；相反若 A 口压力下降，$F_1<F_2$，调压活塞左移，供气阀座开启，从 P 口向 A 口供气，一旦 A 口压力升至达到新平衡时，便又恢复至设定状态。

图 5-125 所示为日本 SMC 公司生产的 VY11～VY19 系列气动先导式比例压力阀的外观、结构与图形符号。VY11、VY12、VY13、VY14 系列的先导阀也是上述的 VY1D00 型，VY15、VY17、VY19 系列的先导阀是上述的 VY1B00 型。调压活塞上方的先导压力所产生的作用力 F_1 与通过反馈通道的 A 口压力作

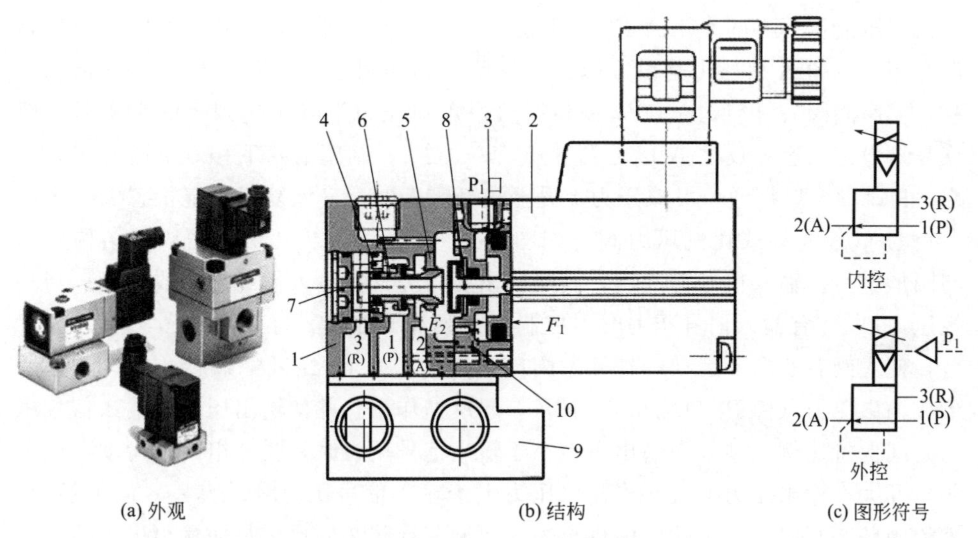

(a) 外观　　(b) 结构　　(c) 图形符号

图 5-124　VY1A 型和 VY1B 型气动先导式比例压力阀的外观、结构与图形符号

1—主阀体；2—先导阀组件；3—调压活塞；4—弹簧；5—阀套；6—阀芯；
7—止动闷头；8—推杆；9—底板；10—反馈通道

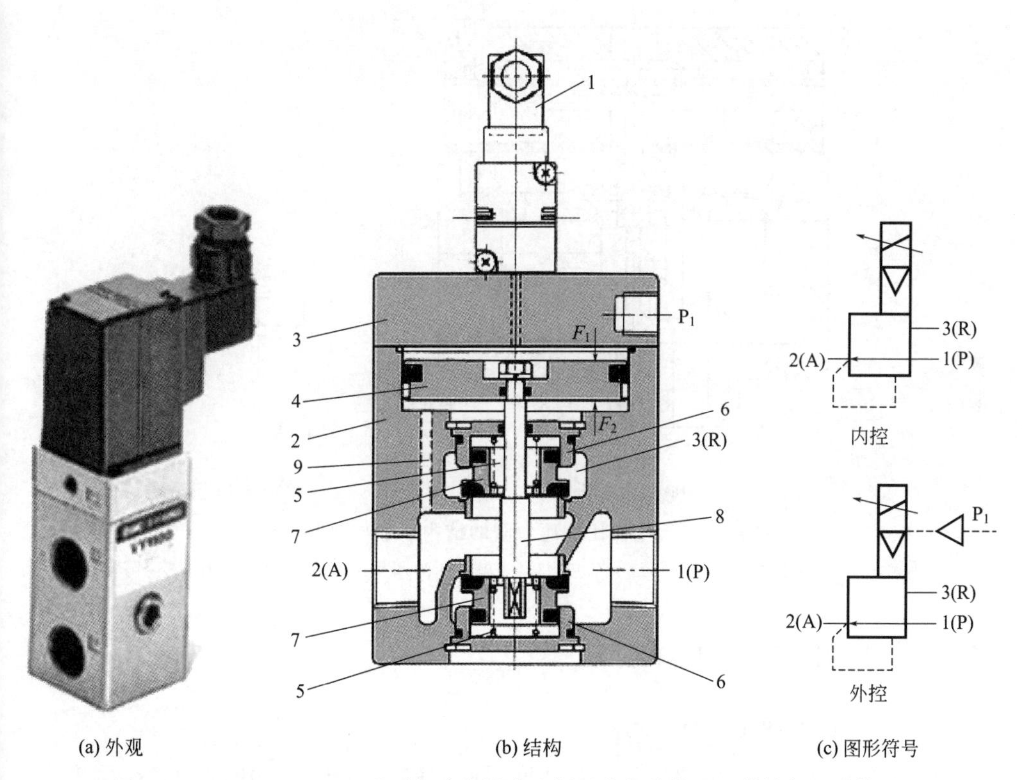

(a) 外观　　(b) 结构　　(c) 图形符号

图 5-125　VY11～VY19 系列气动先导式比例压力阀的外观、结构与图形符号

1—先导阀组件；2—阀体；3—阀盖；4—调压活塞；5—弹簧；
6—阀套；7—提升阀；8—阀杆；9—反馈通道

用在调压活塞下方的作用力 F_2 相平衡时，一对平衡式座阀阀芯都关闭，与先导压力相对应的A口压力是设定压力。一旦A口压力上升，$F_2>F_1$，调压活塞上移，上座阀阀芯开启，A口从R口排气，A口压力下降至达到新的平衡时，便恢复至设定状态；反之A口压力下降，$F_1>F_2$，调压活塞下移，下座阀阀芯开启，P口、A口接通，A口压力上升至达新平衡时，又恢复至设定状态。

⑤ 气控先导式比例压力阀　如图5-126所示为气控比例压力阀的结构原理与图形符号，输入信号为气压，阀的输出压力与气控输入信号压力成比例。当气控压力口 P_1 有输入信号压力时，控制压力膜片6变形，推动输出压力膜片5下行，使主阀芯2向下运动，打开主阀口，气源压力 P_s 经过主阀芯2开口节流后形成输出压力（由 P_2 口输出）。膜片5起反馈作用，并使输出压力与输入信号压力之间保持比例关系。当输出压力小于输入信号压力时，膜片组向下运动，使主阀口开大，输出压力增大。当输出压力大于输入信号压力时，膜片6向上运动，溢流阀芯3开启，多余的气体排至大气。调节针阀7的作用是使输出压力的一部分加到信号压力腔．形成正反馈，增加阀的工作稳定性。

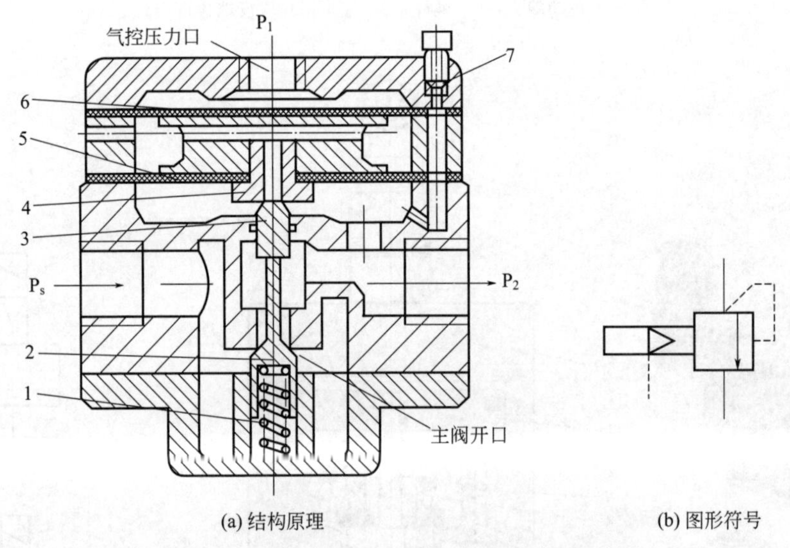

图5-126　气控比例压力阀的结构原理与图形符号

1—弹簧；2—主阀芯；3—溢流阀芯；4—阀座；5—输出压力膜片；6—控制压力膜片；7—调节针阀

5.5.4　比例方向阀的结构原理

（1）二位五通比例方向阀

① 工作原理　图5-127所示为二位五通比例方向阀的工作原理。比例方向阀有三种形式，即直动式、内部先导式和外部先导式。对直动式，当电磁力 F_1 小于阀芯端部弹簧力加A口反馈的气压力之和 F_2 时，B口有输出，A口排气

[图 5-127(a)]；当电磁力 F_1 大于弹簧力加端部气体压力之和 F_2 时，阀芯右移，B 口→R_2 口排气，P 口→A 口输出压缩空气，同时根据比例电磁铁的电磁力 F_1 的大小决定 P 口→A 口的开口大小，即电磁力 F_1 大于右端弹簧力多，阀芯右移的多，开口大，从而也可决定 P 口→A 口的流量大小 [图 5-127(c)]；当 $F_1=F_2$ 时，处于力平衡状态，P 口封闭，A 口达设定压力 [图 5-127(b)]。

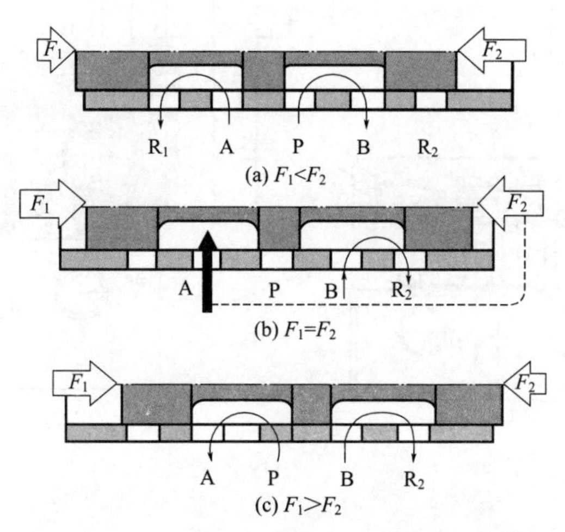

图 5-127 二位五通比例方向阀的工作原理

四通或五通比例方向控制阀除了可以控制气动执行元件的运动方向外，还可控制运动速度。

② 结构 图 5-128 所示为日本 SMC 公司生产的 VER2000 型与 VER4000 型二位五通比例方向阀外观、图形符号、结构与控制系统，1 (P) 口为进气口，4 (A) 口为压力控制输出口，2 (B) 口为一般输出口，5 (R_1)、3 (R_2) 为排气口。

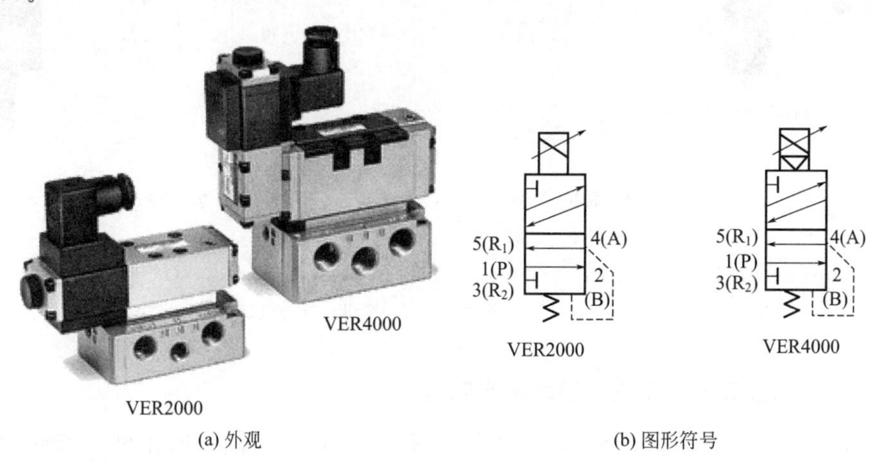

图 5-128

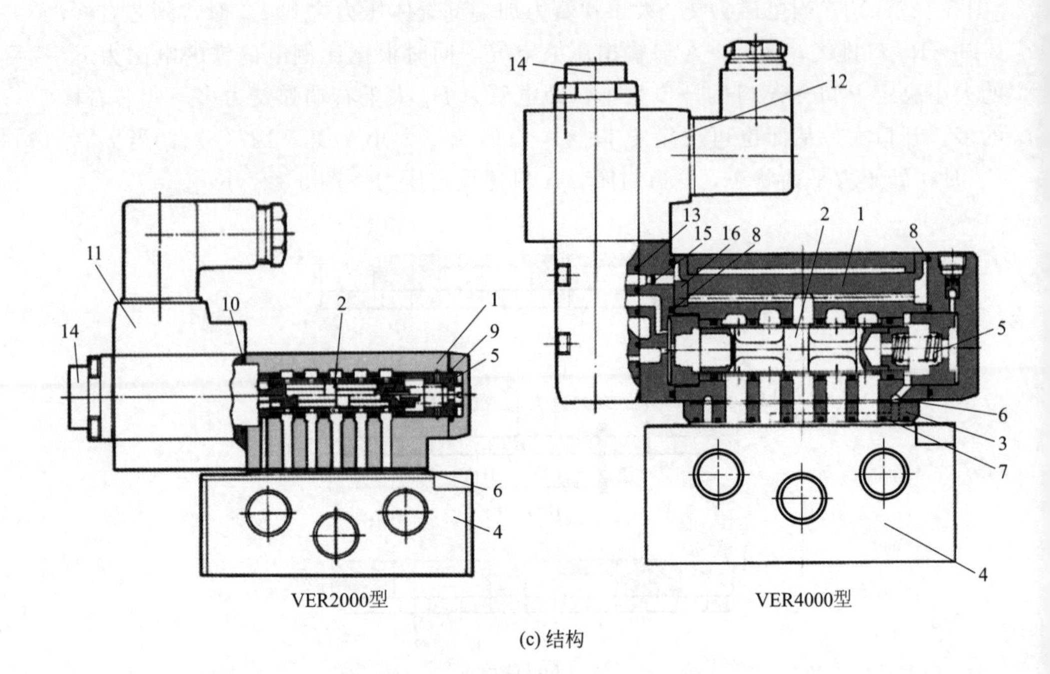

(c) 结构

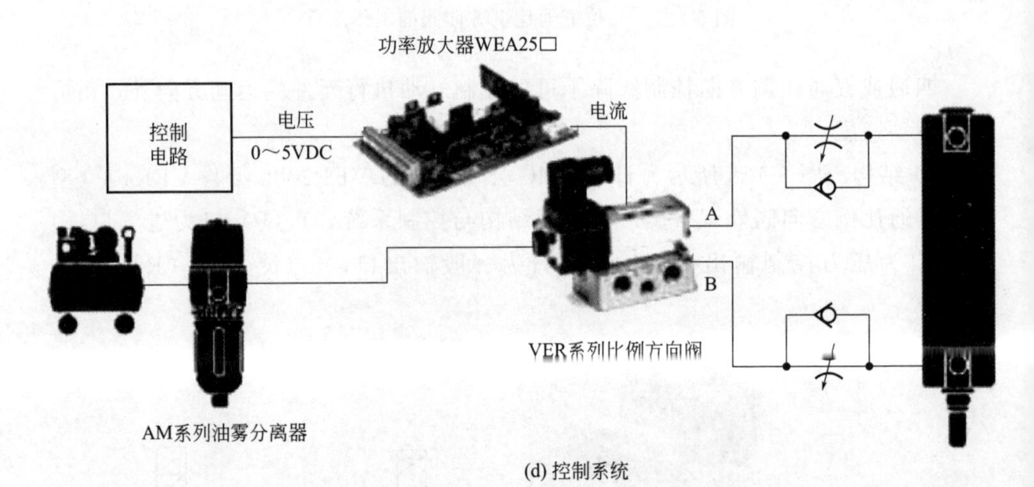

(d) 控制系统

图 5-128 VER2000 型与 VER4000 型二位五通比例方向阀的外观、图形符号、结构与控制系统

1—阀体；2—阀芯；3—反馈板；4—底板；5—弹簧；6～8—密封垫；9，10—O 形圈；11—比例电磁铁；12—先导阀组件；13—密封垫；14—锁母；15—过滤器；16—块密封

（2）二位二通、二位三通比例方向阀

图 5-129 所示为日本 SMC 公司生产的 PVQ30 型二位二通比例方向阀的外观、图形符号与结构，工作原理同上。

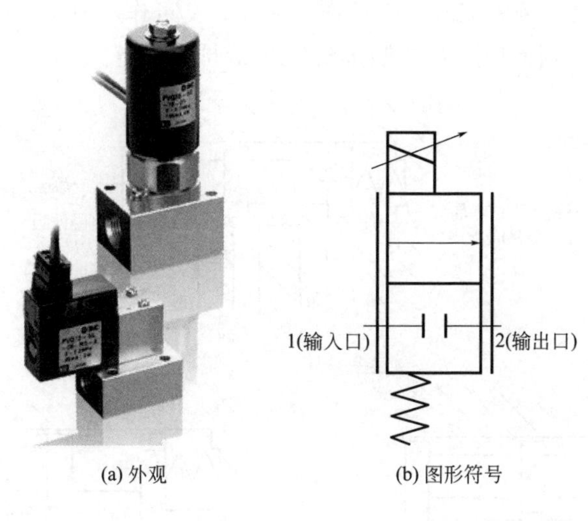

(a) 外观　　(b) 图形符号

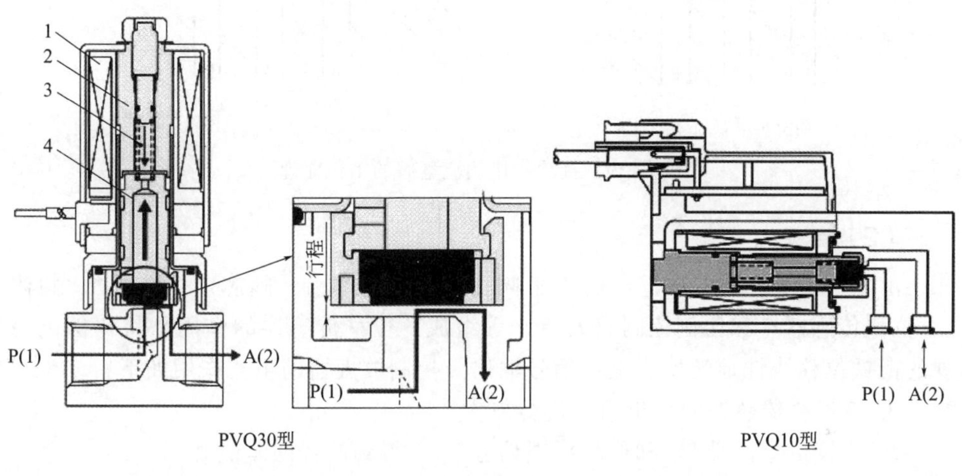

(c) 结构

图 5-129　PVQ30 型二位二通比例方向阀的外观、图形符号与结构

1—比例电磁铁线圈；2—固定铁芯；3—弹簧；4—可动铁芯

5.5.5　比例流量阀的结构原理

(1) 工作原理

图 5-130 所示为直动式比例流量阀的工作原理。在阀的滑柱一端设置了弹簧，该弹簧用来平衡与阀芯行程位置成比例的电磁吸力。这样，通过电磁线圈中的电流大小就决定了阀的输出口开度，即输出流量的大小。

在直动式比例流量阀中，用弹簧代替图 5-118 中直动式比例压力阀的压力室的力反馈，弹簧作为相对于 F_{SOL} 的反向作用力，可以得到与 F_{SOL} 成比例的滑柱的位移。通过与滑柱的位移成比例的通流面积（有效截面积）控制流量，可得到与输入信号成比例的流量。既可作二通阀，又可作三通阀。作二通阀时，排气口 R 堵死，作三通阀时，可控制排气口 R 的排气流量。

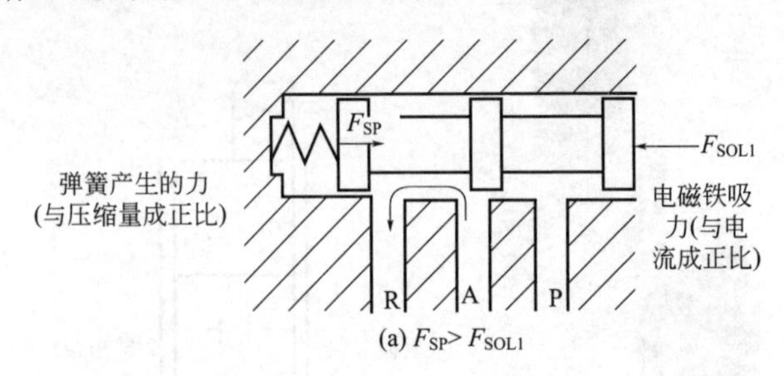

(a) $F_{SP}>F_{SOL1}$

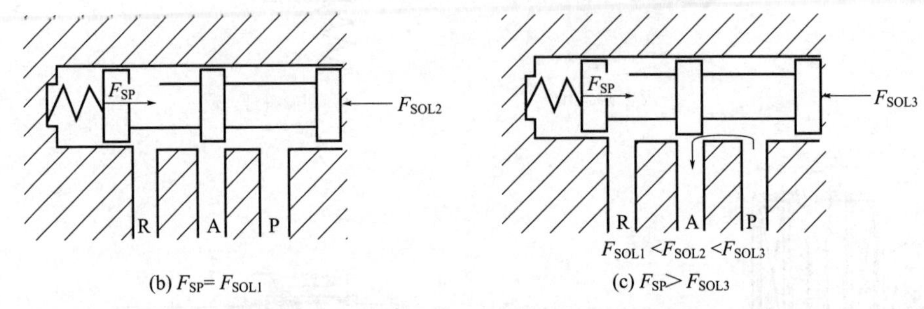

(b) $F_{SP}=F_{SOL1}$　　(c) $F_{SP}>F_{SOL3}$

图 5-130　直动式比例流量阀的工作原理

（2）结构

由图 5-131 所示可知，比例流量阀由比例电磁铁 1、阀芯 2、阀套 3、阀体 4、位移传感器 5 和比例控制放大器 6 等组成。位移传感器的作用是将比例电磁铁的衔铁位移线性地转换为电压信号输出。控制放大器的主要作用如下。

① 将位移传感器的输出信号进行放大。

② 比较指令信号 U_e 和位移反馈信号 U_f，得到两者的差值 ΔU。

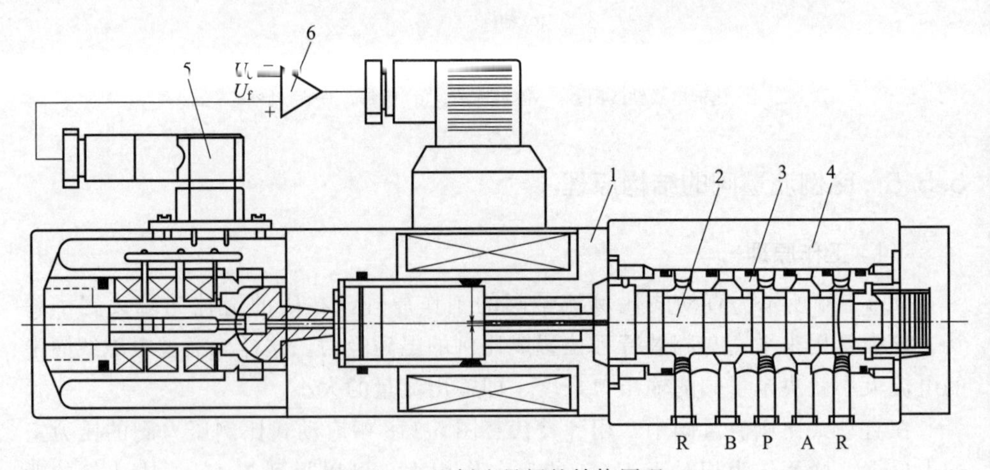

图 5-131　比例流量阀的结构原理

1—比例电磁铁；2—阀芯；3—阀套；4—阀体；5—位移传感器；6—比例控制放大器

③ 将 ΔU 放大，转换为电流信号输出。此外，为了改善比例流量阀的性能，比例放大器还含有对反馈信号 U_f 和电压差 ΔU 的处理环节，例如状态反馈控制和 PID 调节等。

带位置反馈的滑阀式比例流量阀的工作原理是，在初始状态，控制放大器的指令信号 $U_e=0$，阀芯处于零位，此时气源口 P 与 A、B 两输出口同时被切断，A、B 两口与排气口也被切断，无流量输出，同时位移传感器的反馈电压 $U_f=0$。若阀芯受到某种干扰而偏离调定的零位时，位移传感器将输出一定的电压 U_f，控制放大器将得到的 $\Delta U=-U_f$，放大后输出给比例电磁铁，电磁铁产生的推力迫使阀芯回到零位。若指令 $U_e>0$，则电压差 ΔU 增大，使控制放大器的输出电流增大，比例电磁铁的输出推力也增大，推动阀芯右移。而阀芯的右移又引起反馈电压 U_f 的增大，直至 U_f 与指令电压 U_e 基本相等，阀芯达到力平衡，此时：

$$U_e=U_f=K_f X$$

式中，K_f 为位移传感器增益；X 为阀芯位移。

上式表明阀芯位移 X 与输入信号 U_e 成正比。若指令信号 $U_e<0$，通过上式类似的反馈调节过程，使阀芯左移一定距离。阀芯右移时，气源口 P 与 A 口连通，B 口与排气口 R 连通；阀芯左移时，P 口与 B 口连通，A 口与 R 口连通。节流口开口量随阀芯位移的增大而增大，即通过的流量也增大。

上述工作原理说明带位置反馈的比例流量阀节流口开口量与气流方向均受输入信号 U_e 的线性控制，既控制流量的大小，当然也控制方向。

这类阀的优点是线性度好，滞回小，动态性能高。

5.5.6 比例流量-压力阀的结构原理

比例流量-压力阀的结构原理是比例流量阀与比例压力阀的组合。图 5-132 所示为 VEF-VEP 系列比例流量-压力阀的外观与结构。

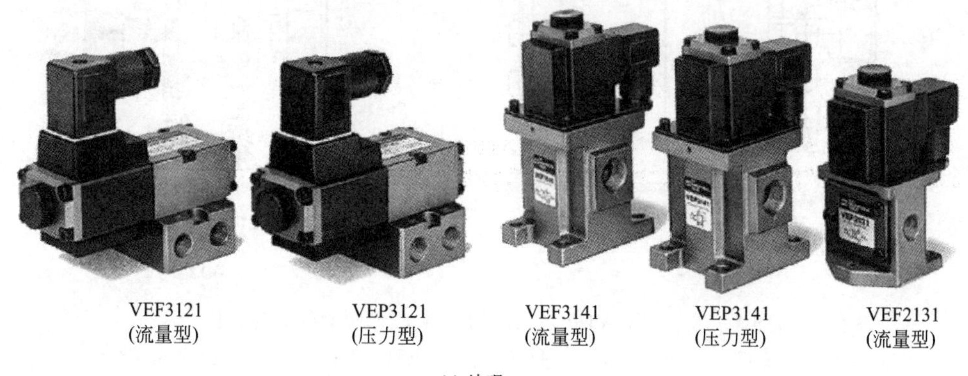

(a) 外观

图 5-132

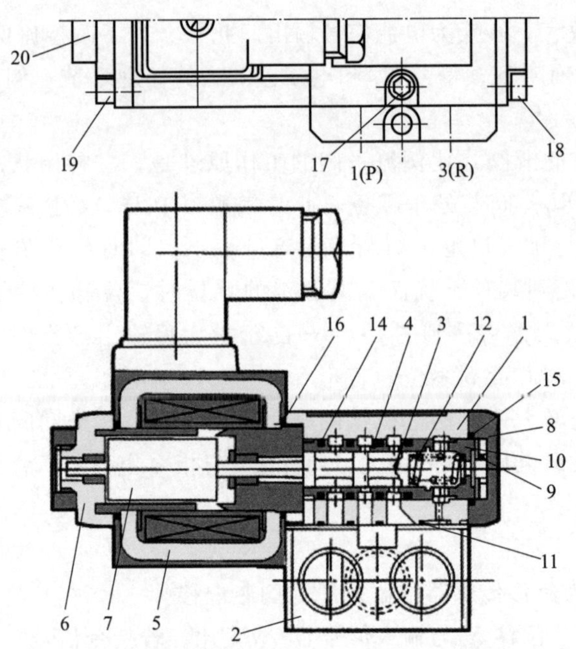

流量型：VEF2121 (2个气口)、VEF3121 (3个气口)
压力型：VEP3121 (3个气口)
(b) 结构Ⅰ

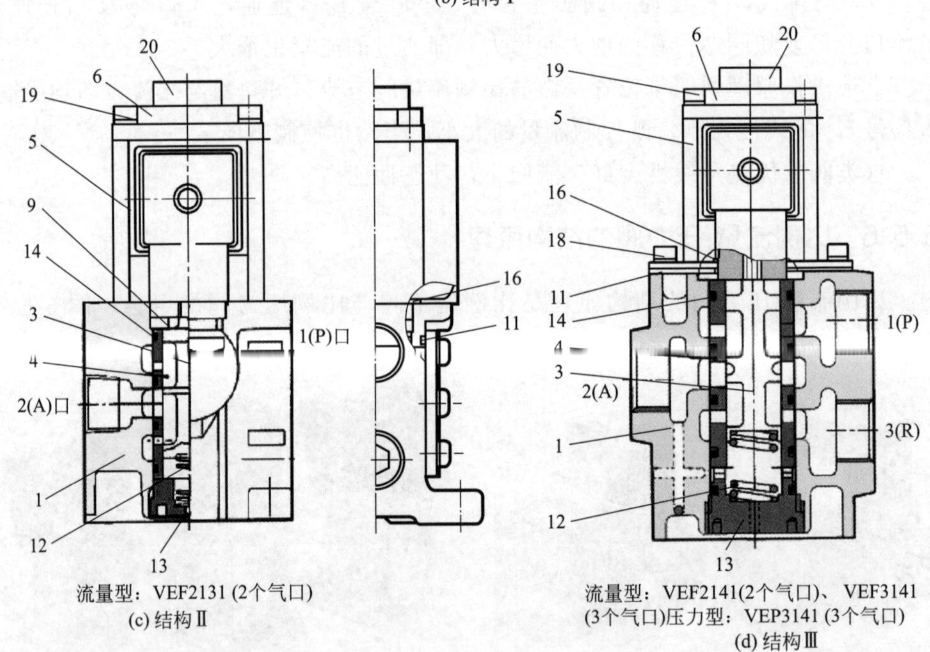

流量型：VEF2131 (2个气口)
(c) 结构Ⅱ

流量型：VEF2141(2个气口)、VEF3141 (3个气口)压力型：VEP3141 (3个气口)
(d) 结构Ⅲ

图 5-132　VEF-VEP 系列比例流量-压力阀的外观与结构

1—阀体；2—底板；3—阀芯；4,10—阀套；5—比例电磁铁线圈；6—比例电磁铁盖帽组件；7—可动铁芯组件；8—端盖；9—压片；11—密封垫；12—弹簧；13—弹簧座；14～16—O 形圈；17～19—内六角螺钉；20—锁母

5.5.7 电-气比例阀的用途

(1) 研磨力的大小控制

如图 5-133 所示，当输入不同大小的电流时，比例压力阀从 A 口输出不同压力的压缩空气到执行元件（气缸），可控地产生向下大小不同的研磨力。

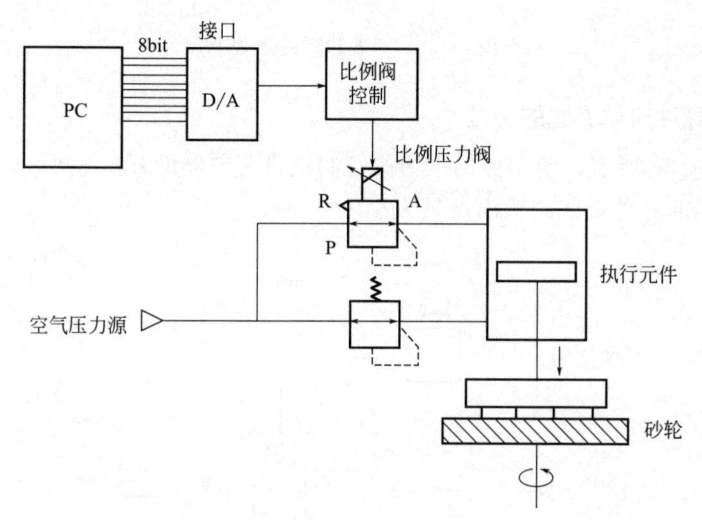

图 5-133 研磨力的大小控制

(2) 点焊夹持力的大小控制

如图 5-134 所示，每更改工件的厚度时，都变更点焊的夹持力。另外，压力控制型阀也能控制流量。

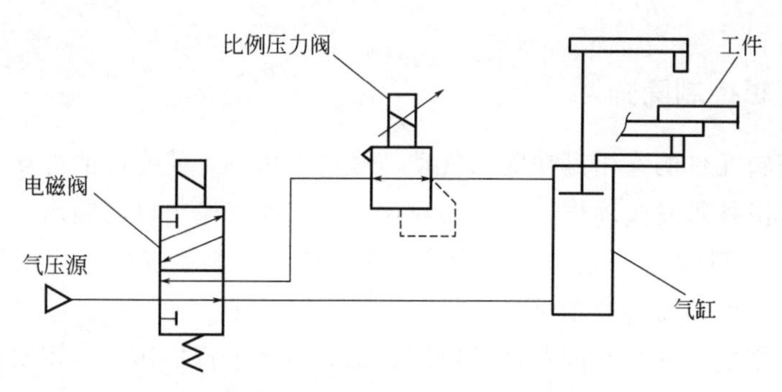

图 5-134 点焊夹持力的大小控制

(3) 涡轮机转速的控制

如图 5-135 所示，在比例压力阀的二次侧设置喷嘴（固定节流孔），并通过压力控制喷出流量来控制涡轮机转速。

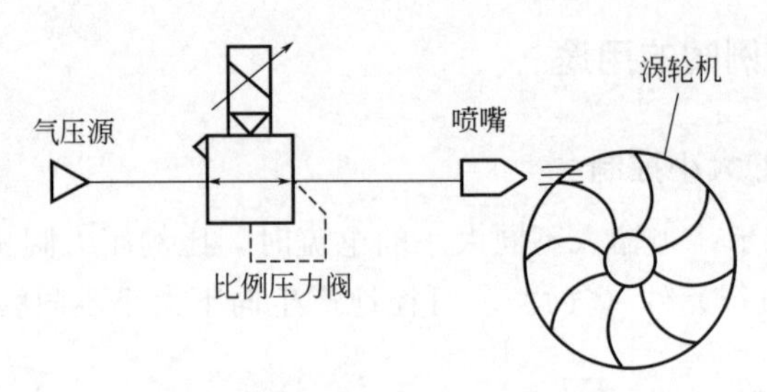

图 5-135　涡轮机转速的控制

（4）异种流体流量的控制

如图 5-136 所示，使用比例压力阀控制流量调节器的开口大小，通过压送可控制被控制的异种流体的输出流量大小。

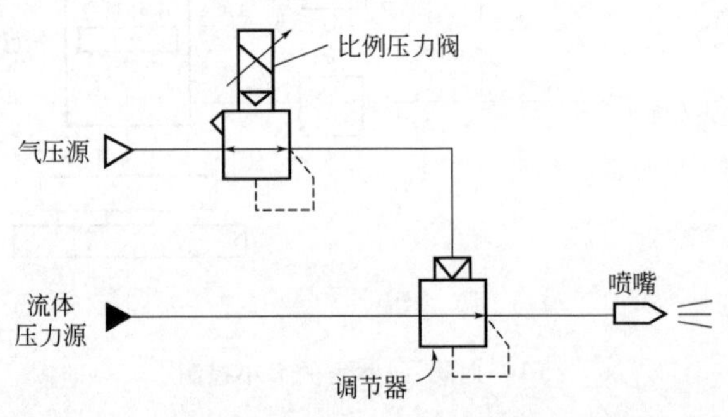

图 5-136　异种流体流量的控制

5.6　气动逻辑元件

5.6.1　逻辑控制简介

气动逻辑元件的作用是在输入气动信号的作用下，使元件的可动部件——膜片、阀芯、滑柱等发生动作，打开或封住气口，改变输出口的输出状态（有压气体的有或无），来实现一定的逻辑功能。在复杂的控制系统中，应用逻辑元件可简化设计，使回路变得简单可靠。

任何一个实际的控制问题都可以用逻辑关系来进行描述。从逻辑角度看，事物都可以表示为两个对立的状态，这两个对立的状态又可以用两个数字“1”和“0”来表示。它们之间的逻辑关系遵循布尔代数的二进制逻辑运算法则。

同样任何一个气动控制系统及执行机构的动作和状态，也可设定为“1”和“0”。例如将气缸前进设定为“1”，后退设定为“0”；管道有压设定为“1”，无压设定为“0”；元件有输出信号设定为“1”，无输出信号设定为“0”等。这样，一个具体的气动系统可以用若干个逻辑函数式来表达。由于逻辑函数式的运算是有规律的，对这些逻辑函数式进行运算和求解，可使问题变得明了、易解，从而可获得最简单的或最佳的系统。

总之，逻辑控制即是将具有不同逻辑功能的元件，按不同的逻辑关系组配，实现输入口与输出口状态的变换。气动逻辑控制系统设计方法已趋于成熟和规范化，然而元件的结构原理发展变化较大，自20世纪60年代以来已经历了三代更新。第一代为滑阀式元件，可动部件是滑阀芯，在阀孔内移动，利用了空气轴承的原理，反应速度快，但要求很高的制造精度；第二代为注塑型元件，可动件为橡胶塑料膜片，结构简单，成本低，适于大批量生产；第三代为集成化组合式元件，综合利用了电、磁的功能，便于组成通用程序回路或者与可编程序控制器（PLC）匹配组成气-电混合控制系统。

5.6.2 逻辑元件的分类与优缺点

(1) 分类

气动逻辑元件是一种采用压缩空气为工作介质，通过元件内部的可动部件（如膜片、阀芯）的动作，改变气体流动方向从而实现一定逻辑功能的气动控制元件。

实际上气动方向控制阀也具有逻辑元件的各种功能，所不同的是它的输出功率较大，尺寸大，而气动逻辑元件的尺寸较小，因此在气动控制系统中广泛采用各种形式的气动逻辑元件（逻辑阀）。

气动逻辑元件的种类很多，可根据不同特性进行分类。

① 按工作压力分

• 高压型：工作压力为0.2～0.8MPa。

• 低压型：工作压力为0.05～0.2MPa。

• 微压型：工作压力为0.005～0.05MPa。

② 按结构形式分　元件的结构总是由开关部分和控制部分组成。开关部分是在控制气压信号作用下来回动作，改变气流通路，完成逻辑功能。根据结构形式气动逻辑元件可分为以下三类。

• 截止式：气路的通断依靠可动件的端面（平面或锥面）与气嘴构成的气口的开启或关闭来实现。

• 滑阀式：气路的通断依靠滑阀（或滑块）的移动以实现气口的开启或关闭来实现。

• 膜片式：气路的通断依靠弹性膜片的变形开启或关闭气口来实现。

③ 按逻辑功能分　对二进制逻辑功能的元件，可按逻辑功能的性质分为以下两大类。

• 单功能元件：每个元件只具备一种逻辑功能，如或、非、与、双稳等。

• 多功能元件：每个元件具有多种逻辑功能，各种逻辑功能由不同的连接方式获得，如三膜片多功能气动逻辑元件等。

（2）优缺点

① 优点

a. 元件孔径较大，通流面积大，故输出流量较大。

b. 工作压力范围较宽。

c. 抗污染能力较强，对气源净化要求不高。

d. 无功耗气量低，带负载能力强。

e. 抗恶劣工作环境能力强，可用于潮湿、粉尘、易爆、强磁等恶劣环境。

f. 易制成标准化、通用化元件，安装调试方便等。

② 缺点

a. 在强烈冲击和振动条件下，有可能出现误动作。

b. 响应速度较慢。

5.6.3 逻辑元件的结构与性能

（1）是门及与门元件

图 5-137 所示为是门和与门元件。在 a 口接信号、s 口为输出口、中间孔（b 口）接气源的情况下，元件为是门。在 a 口没有信号的情况下，由于弹簧力的作用，阀芯 1 上抬，阀口处在关闭状态；当 a 口接入控制信号后，气流的压力作用在膜片上，压下阀芯 1，导通 a 口与 s 口通道，s 口有输出。显示活塞 6 可以显示 s 口有无输出；手动按钮 7 用于手动发信。元件的逻辑关系为 $s=a$。是门元件一般在回路中用于波形整形、信号隔离和放大等。

若中间孔（b 口）不接气源而接另一控制信号，则元件为与门。也就是说，

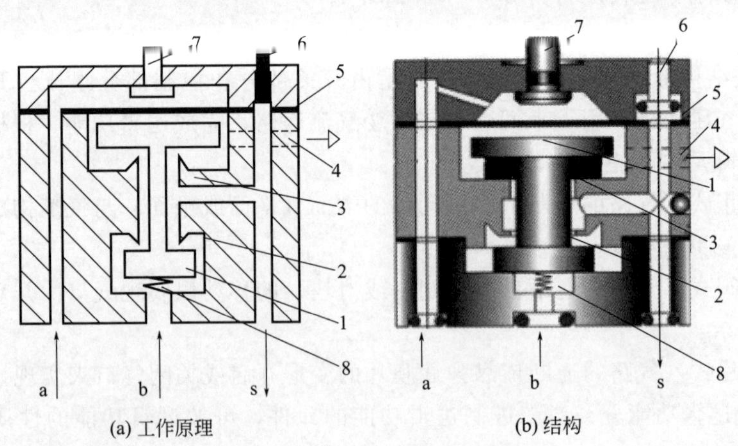

图 5-137 是门和与门元件

1—阀芯；2—下阀座；3—上阀座；4—放气孔；5—膜片；6—显示活塞；7—手动按钮；8—弹簧

只有 a 口和 b 口同时有信号时 s 口才有输出。

(2) 非门及禁门元件

非门和禁门元件如图 5-138 所示。在 b 口接气源、a 口接控制信号、s 口为输出口的情况下，元件为非门。在 a 口没有信号的情况下，气源压力将阀芯 3 推离下阀座 1，s 口有信号输出；当 a 口有信号时，信号压力通过膜片 4 把阀芯 3 压在下阀座 1 上，关断 b 口和 s 口通路，这时 s 口没有信号。

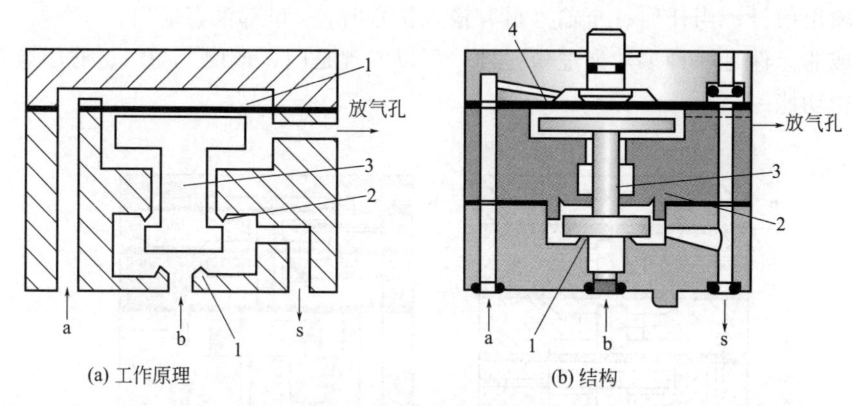

图 5-138　非门和禁门元件

1—下阀座；2—上阀座；3—阀芯；4—膜片

若 b 口不接气源而接另一控制信号，则元件为禁门。也就是说，在 a 口和 b 口同时有信号时，由于作用面积的关系，阀芯紧抵下阀座 1，s 口没有输出。

在 a 口无信号而 b 口有信号时，s 口有输出，a 口信号对 b 口信号起禁止作用。逻辑“禁”的含义是指 a 口有信号则禁止 b 口信号的输出，a 口无信号则有 b 口信号的输出。

(3) 或门元件

图 5-139 所示为或门元件，a 口、b 口为信号的输入口，s 口为信号的输出口。

当 a 口有输入信号时，阀芯 1 在输入信号压力作用下紧压在下阀座 3 上，气

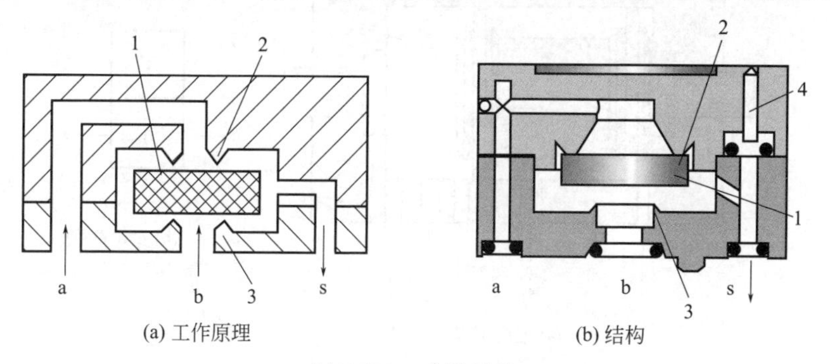

图 5-139　或门元件

1—阀芯；2—上阀座；3—下阀座；4—显示活塞

流经上阀座 2 从 s 口输出；当 b 口有输入信号时，阀芯 1 在其压力作用下紧压在上阀座 1 上，气流经下阀座 3 从 s 口输出。

因此在两输入口中，a 口与 b 口任意一个有信号或同时有信号时，s 口便有信号输出。

（4）或非元件

如图 5-140 所示，在 a、b、c 三个输入口都没有信号时，P 口和 s 口导通，s 口有输出信号；当任何一个输入口有输入信号时，s 口都没有输出。

或非元件是一种多功能逻辑元件，可以实现是门、或门、与门、非门或双稳等逻辑功能。

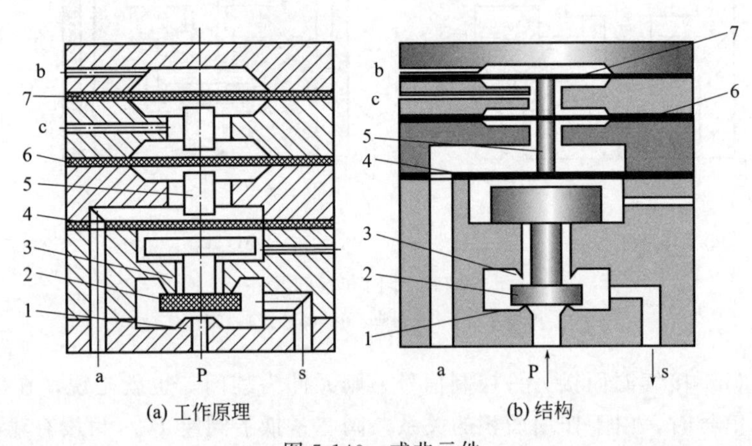

图 5-140　或非元件

1—下阀座；2—密封阀芯；3—上阀座；4,6,7—膜片；5—阀柱

（5）双稳元件

图 5-141 所示为双稳元件，P 口接气源，从 a 口和 b 口输入信号，s_1 口和

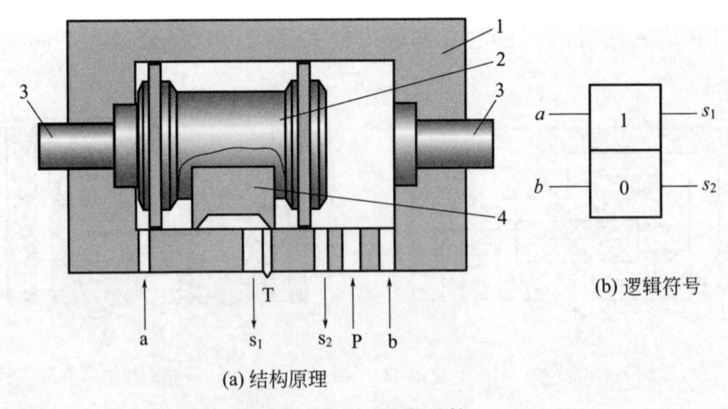

图 5-141　双稳元件

1—阀体；2—阀芯；3—手动按钮；4—滑块

s_2 口为两个输出端。当 a 口有输入信号时，推动阀芯 2 右移，带动滑块 4 右移，使 P 口与 s_1 口相通，s_1 口即有输出。该状态保留，直至 b 口输入信号，推动阀芯 2 左移至另一端，滑块 4 的移动使 P 口与 s_2 口相通，s_2 口即有输出。两输出口 s_1 和 s_2 互为反相。两端手动按钮 3 可直接推动阀芯 2 实现换向，依靠阀芯 2 上的软质密封环固定阀芯的位置，以获得双稳记忆功能。逻辑关系为 $s_1=K_{\mathrm{b}}^{\mathrm{a}}$；$s_2=K_{\mathrm{a}}^{\mathrm{b}}$。

双稳元件是一种时序元件，输出信号的状态除了取决于输入信号的有无外，也取决于输入信号输入之前元件所处的状态。根据不同的要求可以派生出各种不同功能的双稳元件，有优先置位、保持置位等功能。因双稳元件能把输入信号的状态“记忆”下来，用于需“记忆”的逻辑回路中有着重要作用。

(6)单输出记忆(单稳)元件

图 5-142 所示为单输出记忆元件，在阀芯的左右两侧有一对永久磁环，靠它来实现信号的记忆。当 a 口有输入信号（置 1）时，阀杆、阀芯左移，并被永磁环吸住，气源（P 口）和输出口（s 口）相通，元件有输出；在 a 口信号消失后，阀芯仍被永磁环吸住，元件的输入仍保持在 1 状态，直至在 b 口有输入信号（置 0）时，元件的输出为 0 状态。这种靠磁性吸力作用保持信号的记忆的元件，在气源中断后重新供气时仍能保持元件的输出状态，即具有永久记忆的功能。逻辑关系为 $s=K_{a\cdot\bar{b}}^{b\cdot\bar{a}}$。

“双稳”和“单稳”都是记忆元件，它们在逻辑回路中有很重要的作用。

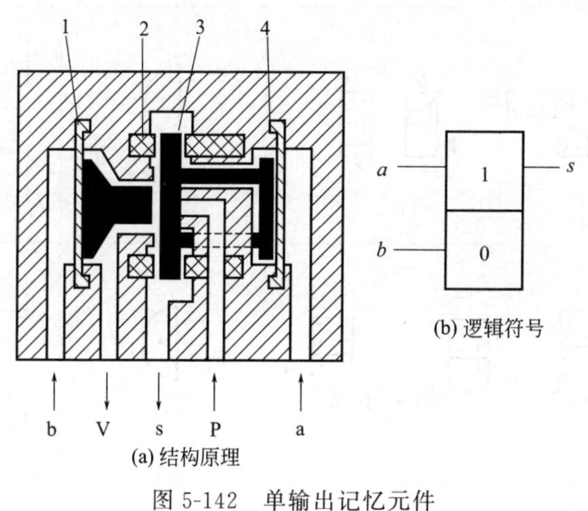

图 5-142 单输出记忆元件

1,4—膜片；2—永磁环；3—阀芯

5.6.4 基本逻辑回路

气动基本逻辑回路及说明见表 5-11。

表 5-11　气动基本逻辑回路及说明

基本回路		逻辑符号及表示式	真值表、其他信号动作关系
是回路	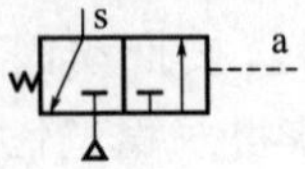	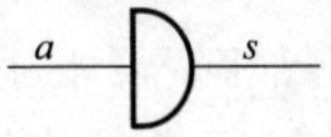 $s=a$	a s 0 0 1 1
非回路	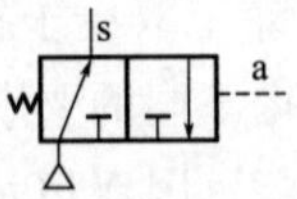	 $s=\overline{a}$	a s 0 1 1 0
或回路	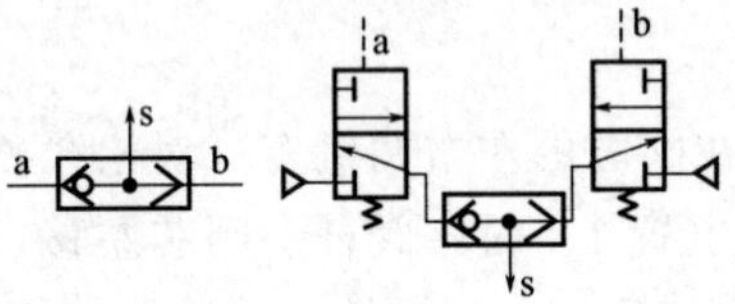	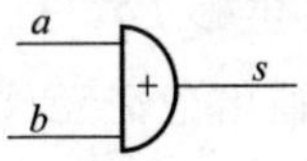 $s=a+b$	a b s 0 0 0 0 1 1 1 0 1 1 1 1
与回路	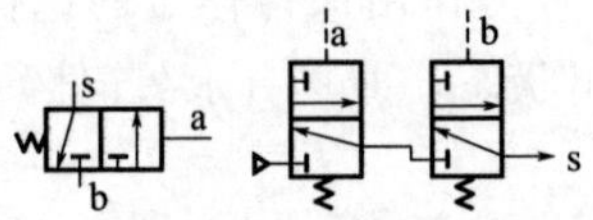	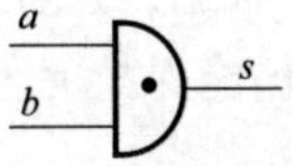 $s=a\cdot b$	a b s 0 0 0 0 1 0 1 0 0 1 1 1
或非回路	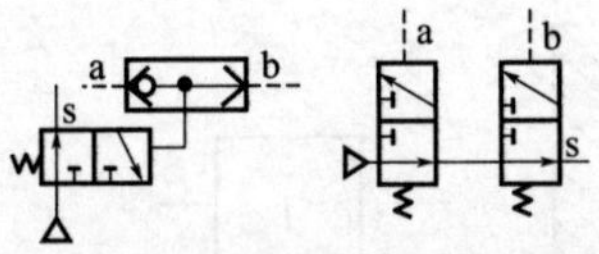	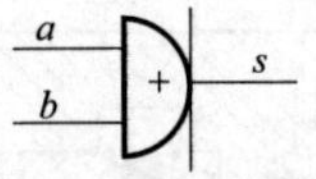 $s=\overline{a+b}$	a b s 0 0 1 0 1 0 1 0 0 1 1 0
与非回路	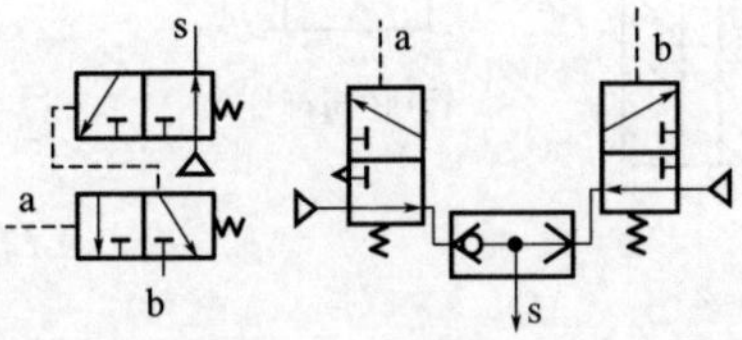	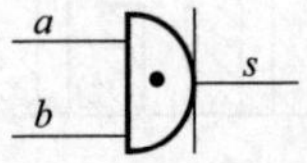 $s=\overline{a\cdot b}$	a b s 0 0 1 0 1 1 1 0 1 1 1 0
禁回路	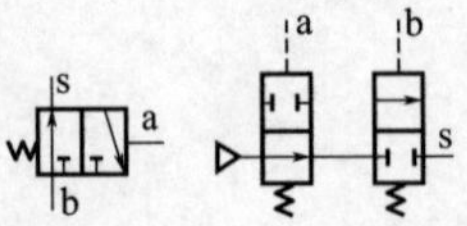	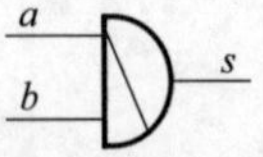 $s=\overline{a}\cdot b$	a b s 0 0 0 0 1 1 1 0 0 1 1 0

续表

<table>
<tr><th colspan="2">基本回路</th><th>逻辑符号及表示式</th><th>真值表、其他信号动作关系</th></tr>
<tr><td>独或回路</td><td>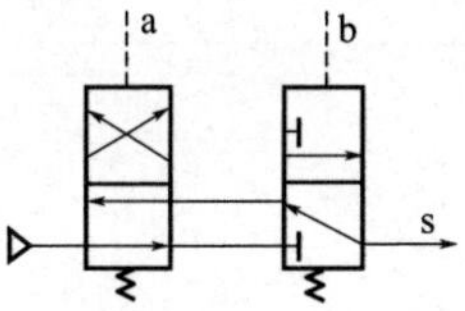
</td><td>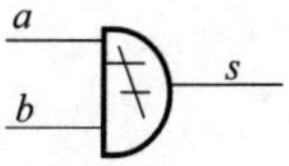

$s=\bar{a}b+a\bar{b}$</td><td><table><tr><th>a</th><th>b</th><th>s</th></tr><tr><td>0</td><td>0</td><td>0</td></tr><tr><td>0</td><td>1</td><td>1</td></tr><tr><td>1</td><td>0</td><td>1</td></tr><tr><td>1</td><td>1</td><td>0</td></tr></table></td></tr>
<tr><td>同或回路</td><td>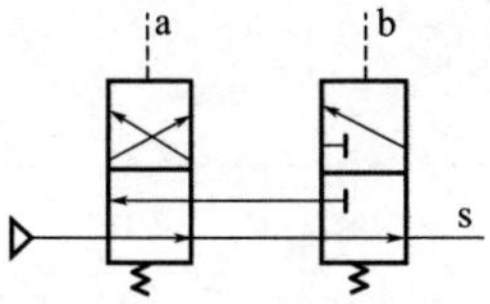
</td><td>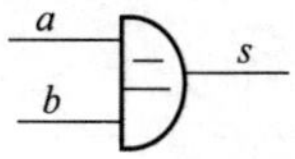

$s=ab+\overline{ab}$</td><td><table><tr><th>a</th><th>b</th><th>s</th></tr><tr><td>0</td><td>0</td><td>1</td></tr><tr><td>0</td><td>1</td><td>0</td></tr><tr><td>1</td><td>0</td><td>0</td></tr><tr><td>1</td><td>1</td><td>1</td></tr></table></td></tr>
<tr><td>记忆(双、单稳)回路</td><td>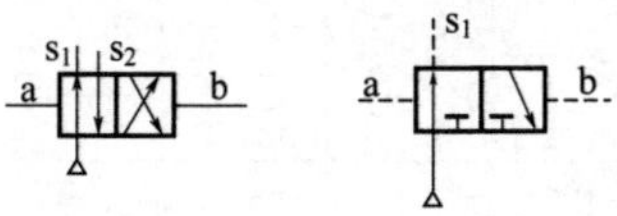
</td><td>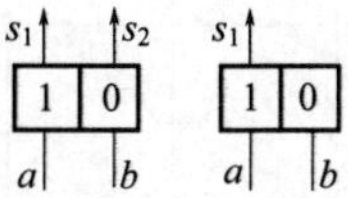

$s_1=K_b^a$;
$s_2=K_a^b$　　$s_1=K_b^a$</td><td><table><tr><th>a</th><th>b</th><th>s_1</th><th>s_2</th></tr><tr><td>1</td><td>0</td><td>1</td><td>0</td></tr><tr><td>0</td><td>0</td><td>1</td><td>0</td></tr><tr><td>0</td><td>1</td><td>0</td><td>1</td></tr><tr><td>0</td><td>0</td><td>0</td><td>1</td></tr></table></td></tr>
<tr><td>延时回路</td><td>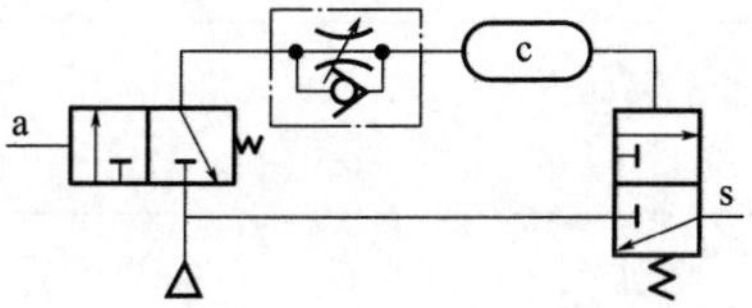
</td><td>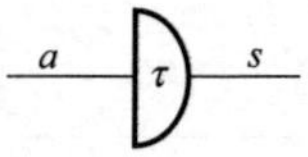
</td><td>当有控制信号 a 时，需经一定时间延迟后才有输出 s 延时 τ 的长短可由节流元件调节。回路要求信号 a 的持续时间大于 τ</td></tr>
<tr><td>脉冲信号形成回路</td><td>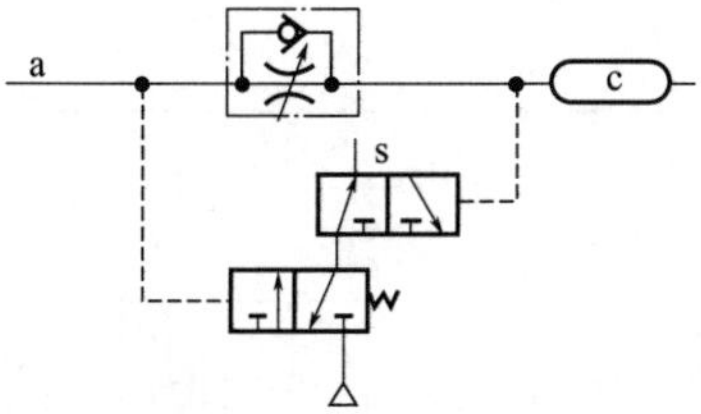
</td><td>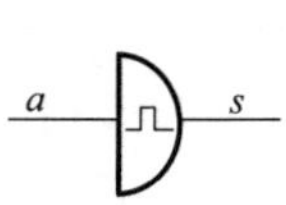
</td><td>回路可把一长信号 a 变为一定宽度的脉冲信号 s，脉冲宽度可由回路中节流元件进行调节
回路要求输入信号 a 的持续时间大于脉冲宽度</td></tr>
</table>

常用气动逻辑元件及性能见表 5-12。

表 5-12 常用气动逻辑元件及性能

类型		工作压力/MPa	最低工作压力/MPa	耐压性/MPa	泄漏量/(L/min)	环境温度/℃	抗振性能	耐久性/次	响应时间/ms	延时精度/%	空气流量/(L/min)	流量系数 K_v	切换压力误差/%
是门元件													
非门元件								5×10^6～3×10^7	6～10				
与门元件													
或门元件								5×10^7～1×10^8	2～4				
双稳元件								5×10^6～3×10^7	10～15	5			
禁门元件								5×10^6	2～4				
程序与元件		0.63～0.8	0.2	0.9～1.[illegible]	80	−5～60	20Hz ±1mm 30min	5×10^6～3×10^7	10～15	5～10	通径为 $\phi2.5$mm 时 100～120	通径为 $\phi2.5$mm 时 1.3～1.5	±5
延时元件								5×10^6～3×10^7	6～10	5			
放大元件	流量放大							1×10^6～3×10^6	80～100				
	压力放大							5×10^6	20～40				
信号元件								1×10^6～3×10^6	20～40				
转换元件								5×10^5～1×10^6	20				

第6章 真空元件的故障诊断与维修

6.1 真空泵

真空泵包括干式螺杆泵、水环泵、往复泵、滑阀泵、旋片泵、罗茨泵和扩散泵等。

6.1.1 旋片式真空泵

旋片式真空泵（简称旋片泵）是一种油封式机械真空泵。其工作范围为 $101325 \sim 1.33 \times 10^{-2}$ Pa，属于低真空泵。它可以单独使用，也可以作为其他高真空泵或超高真空泵的前级泵。它已广泛地应用于冶金、机械、军工、电子、化工、轻工、石油及医药等生产和科研部门。

旋片泵可以抽除密封容器中的干燥气体，若附有气镇装置，还可以抽除一定量的可凝性气体。但它不适于抽除含氧量过高的、对金属有腐蚀性的、对泵油会起化学反应以及含有颗粒尘埃的气体。

旋片泵是真空技术中最基本的真空获得设备之一。旋片泵多为中小型泵。旋片泵有单级和双级两种。双级泵就是在结构上将两个单级泵串联起来。一般多做成双级的，以获得较高的真空度。旋片泵的抽速与入口压力的关系规定如下：入口压力为 1333Pa、1.33Pa 和 1.33×10^{-1} Pa 时，其抽速值分别不得低于泵的名义抽速的 95%、50%和 20%。

(1) 工作原理

① 单级旋片泵　旋片泵主要由泵体、转子、旋片、端盖、弹簧等组成。在旋片泵的腔内偏心地安装一个转子，转子外圆与泵腔内表面相切（两者有很小的间隙），转子槽内装有带弹簧的两个旋片。旋转时，靠离心力和弹簧的张力使旋片顶端与泵腔的内壁保持接触，转子旋转带动旋片沿泵腔内壁滑动。

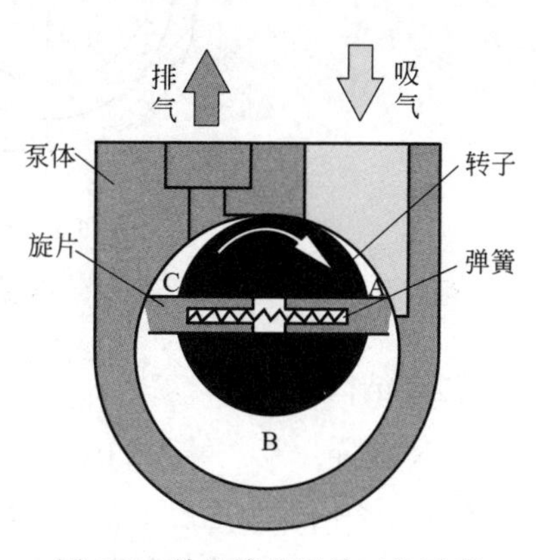

图 6-1　单级旋片泵的工作原理

图 6-1 所示为单级旋片泵的工作原理，两个旋片把转子、泵腔和端盖所围成的月牙

形空间分隔成A、B、C三部分。当转子按箭头方向旋转时，与吸气口相通的空间A的容积是逐渐增大的，正处于吸气过程。与排气口相通的空间C的容积是逐渐缩小的，正处于排气过程。居中的空间B的容积也是逐渐减小的，正处于压缩过程。由于空间A的容积逐渐增大（即膨胀），气体压力降低，泵的入口处外部气体压力大于空间A内的压力，因此将气体吸入。当空间A与吸气口隔绝时，即转至空间B的位置，气体开始被压缩，容积逐渐缩小，最后与排气口相通。当被压缩气体超过排气压力时，排气阀被压缩气体推开，气体穿过油箱内的油层排至大气中。通过泵的连续运转，达到连续抽气的目的。如果排出的气体通过气道而转入另一级（低真空级），由低真空级抽走，再经低真空级压缩后排至大气中，即组成了双级泵。这时总的压缩比由两级来负担，因而提高了极限真空度。

② 双级旋片泵　图6-2所示为双级旋片泵的工作原理。双级旋片泵由两个工作室组成，两室前后串联，同向等速旋转，Ⅰ室是低真空级，Ⅱ室是高真空级。被抽气体由进气口进入Ⅱ室，当进入的气体压力较高时，气体经Ⅱ室压缩，压力急速增大，被压缩的气体不仅从高级排气阀排出，而且经过中壁通道，进入工作室，在Ⅰ室被压缩，从低级排气阀排出；当进入Ⅱ室的气体压力较低时，虽经Ⅱ室的压缩，也推不开高级排气阀排出，气体全部经中壁通道进入Ⅰ室，经Ⅰ室的继续压缩，由低级排气阀排出，因此双级旋片泵比单级旋片泵的极限真空度高。

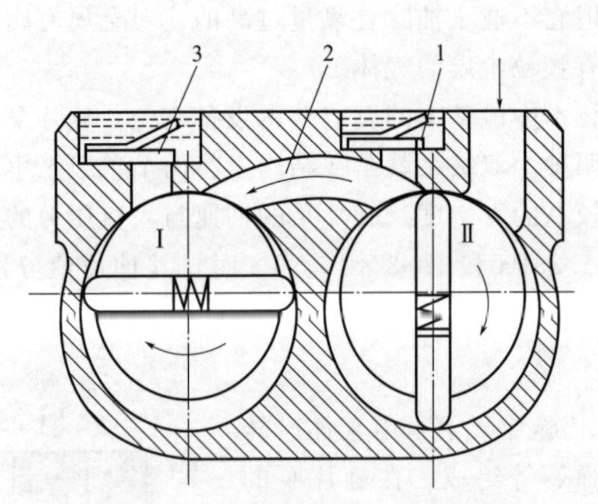

图6-2　双级旋片泵的工作原理

1—高级排气阀；2—通道；3—低级排气阀

（2）结构

① X型旋片泵　结构如图6-3所示，主要由泵体7、转子9和旋片等零件组成。在泵体腔内偏心地装着转子，转子槽中装两个旋片，由于弹簧弹力作用及转子旋转所产生的离心力旋片紧贴腔壁，泵体中的进、排气只被转子和旋片分隔成两个

部分，转子在腔内旋转，周期性地将进气口部分容积逐渐扩大而吸入气体，同时逐渐压缩排气部分容积，将吸入气体压缩从排气阀 5 排出，因而达到抽气目的。

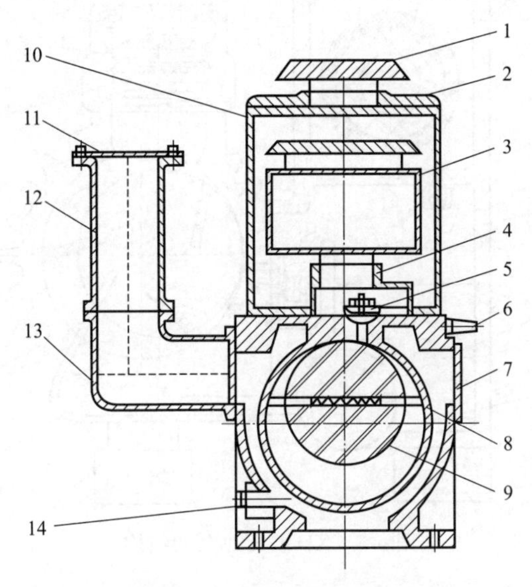

图 6-3　X 型旋片泵的结构

1—排气口；2—油箱盖；3—挡油罩；4—排气罩油盒；5—排气阀；6—进出水嘴；7—泵体；8—旋片与弹簧组件；9—转子；10—油箱；11—进气盖板；12—进气接管；13—进气弯管；14—放水螺塞

② XD 型旋片泵　结构如图 6-4 所示，为单级旋片联轴式结构。它的特点是高转速、低噪声、抽速快、效率高。普遍适用于真空包装、真空成形、真空吸引、真空夹具、干燥等；但不能抽除水或其他液体，不能抽除易爆、易燃、含氧量过高的、腐蚀性的气体。如要求防爆或有其他特殊要求时，电机必须符合相关的标准。其结构特点如下。

a. XD 型旋片泵最大的特点是可以在任意入口压力下工作。

b. 在 XD 型旋片泵的内部装有油雾消除器，能有效地消除泵排出的气体中的油雾，避免油雾对周围环境的污染。

c. 在 XD 型旋片泵的吸气口装有止回阀，当泵停止时止回阀与泵内专门设置的孔的联合作用下，可以立即使泵与被抽系统隔离，防止泵油返入被抽系统，同时保持了被抽容器的真空度，因而使用该真空泵就可以不再配置带有放气作用的真空截止阀，从而可以减少用户的使用费用。

d. XD 型旋片泵配有油气分离器，它与油雾消除器一起组成了有效的消声系统，能消除排气噪声，避免噪声污染。

e. XD 型旋片泵和电机直接连接安装，采用空气冷却，不需水冷却管道，因此该真空泵是一种结构紧凑、安装简便的设备。

f. 结构设计合理，运转平稳、振动小，不用地脚螺栓即可工作。

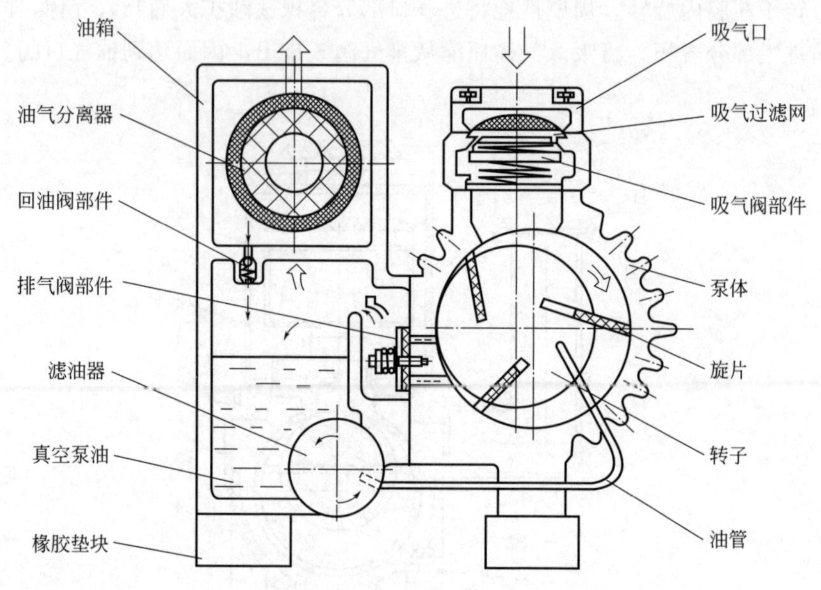

图 6-4　XD 型旋片泵的结构

(3) 故障原因与排除方法

【故障 1】不能启动

① 电机接线有误，电压过低：重新接线，核对电压。

② 泵或电机卡住：除去电机风扇罩，试转泵和电机，找出泵或电机故障。

③ 环境温度低于 5℃，润滑油黏度大：加油前先将油加热至 30℃左右。

【故障 2】达不到规定的极限压力

① 泵油中有可凝物或气体：封闭进气口运转 60min。

② 测量方法或仪器不正确：使用正确的测量方法或仪器。

③ 用错润滑油或润滑油被污染：换规定的新油。

④ 油封渗漏：调换油封。

⑤ 管路密封不严密：检查管路连接处密封情况，清除泄漏。

⑥ 油箱内油量不足：检查油位。

⑦ 进气口滤网堵塞：清洁进气口滤网。

⑧ 进气管道过长或过窄：使用粗而短的进气管道。

⑨ 叶片卡住或严重磨损：调换叶片。

⑩ 泵体磨损：送生产厂家修复或更换。

⑪ O 形圈变形老化：调换 O 形圈。

⑫ 吸气阀失效：检查吸气阀动作是否灵活。

【故障 3】泵启动电流或工作电流很大

① 油劣化：换规定的新油。

② 排气过滤器堵塞：调换排气过滤器。

③ 环境温度低于5℃：提高环境温度。

【故障4】泵油消耗大，排气有油雾、油滴

① 泵油太多：放掉过多的油。

② 排气过滤器安装位置不正或过滤器破裂：重新安装排气过滤器或调换排气过滤器。

③ 排气过滤器堵塞：更换排气过滤器。

④ 回油阀失效、回油管塞堵：检查回油阀、清洗回油管。

【故障5】泵运转非常热

① 环境温度或吸入温度太高：采取降温措施，清洁电机和泵的散热片。

② 没有足够的空气冷却泵：供给足够的流动空气冷却泵。

③ 泵油太多：放去多余的油。

④ 泵油不足：加油到规定油位。

⑤ 油变质劣化：换规定的新油。

⑥ 排气过滤器污染：更换排气过滤器。

【故障6】运转噪声大

① 油位过低：加油。

② 排气过滤器堵塞：更换排气过滤器。

③ 联轴器弹性块磨损：调换联轴器弹性块。

④ 叶片或泵体磨损：更换磨损失效的零件。

【故障7】泵被卡住

① 泵无油工作或叶片折断：检修泵或调换叶片。

② 长时间在错误转向下运转：调正转向，检查和调换叶片。

③ 滑动轴承长时间在少油或无油情况下工作咬死或轴铜套开裂：加油并调换失效零件。

6.1.2 罗茨式真空泵

(1) 特点

罗茨式真空泵（简称罗茨泵）是一种旋转式变容真空泵。它是由罗茨式鼓风机演变而来的。根据罗茨泵工作范围的不同，又分为直排大气的低真空罗茨泵、中真空罗茨泵（又称机械增压泵）和高真空多级罗茨泵。一般来说，罗茨泵具有以下特点。

① 在较宽的压力范围内有较大的抽速。

② 启动快，能立即工作。

③ 对被抽气体中含有的灰尘和水蒸气不敏感。

④ 转子不必润滑，泵腔内无油。

⑤ 振动小，转子动平衡条件较好，没有排气阀。

⑥ 驱动功率小，机械摩擦损失小。

⑦ 结构紧凑，占地面积小。

⑧ 运转维护费用低。

因此，罗茨泵在冶金、石油化工、造纸、食品、电子工业部门得到了广泛的应用。

（2）工作原理与结构

罗茨泵的工作原理如图 6-5 所示，在泵腔内有两个“8”字形的转子相互垂直地安装在一对平行轴上，由传动比为 1 的一对齿轮带动作彼此反向的同步旋转运动。在转子之间及转子与泵壳内壁之间，保持有一定的间隙，可以实现高转速运行。由于罗茨泵是一种无内压缩的真空泵，通常压缩比很低，故高、中真空泵需要前级泵。罗茨泵的极限真空度除取决于泵本身结构和制造精度外，还取决于前级泵的极限真空度。为了提高泵的极限真空度，可将罗茨泵串联使用。

由于转子的不断旋转，被抽气体从进气口吸入到转子与泵壳之间的空间 V_0 内，再经排气口排出。由于吸气后 V_0 空间是全封闭状态，所以在泵腔内气体没有压缩和膨胀。但当转子顶部转过排气口边缘，V_0 空间与排气侧相通时，由于排气侧气体压力较高，则有一部分气体返冲回到空间 V_0 中去，使气体压强突然增高，当转子继续转动时，气体排出泵外。

图 6-5 示出了罗茨泵转子由 0°转到 180°的抽气过程。在 0°位置时［图 6-5(a)］，下（左）转子从泵入口封入 V_0 体积的气体。当转到 45°位置时［图 6-5(b)］，该腔与排气口相通，由于排气侧压力较高，引起一部分气体返冲过来。当转到 90°位置时［图 6-5(c)］，下转子封入的气体，连同返冲的气体一起排向泵外。这时，上（右）转子也从泵入口封入 V_0 体积的气体。当转子继续转到 135°时［图 6-5(d)］，上转子封入的气体与排气口相通，重复上述过程。180°位置［图 6-5(e)］和 0°位置［图 6-5(a)］是一样的。转子主轴旋转一周共排出四个 V_0 体积的气体。

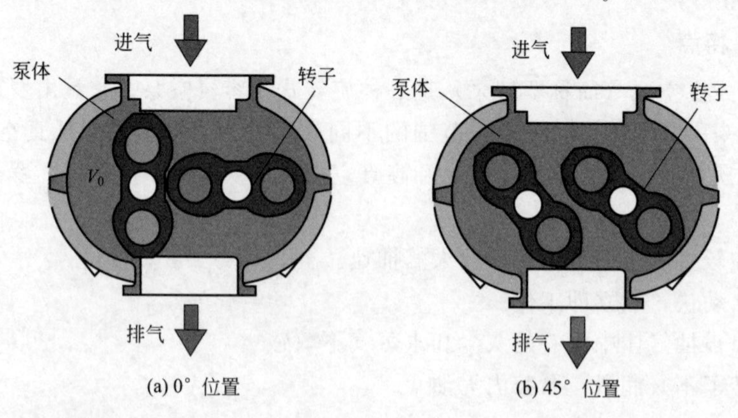

(a) 0° 位置　　(b) 45° 位置

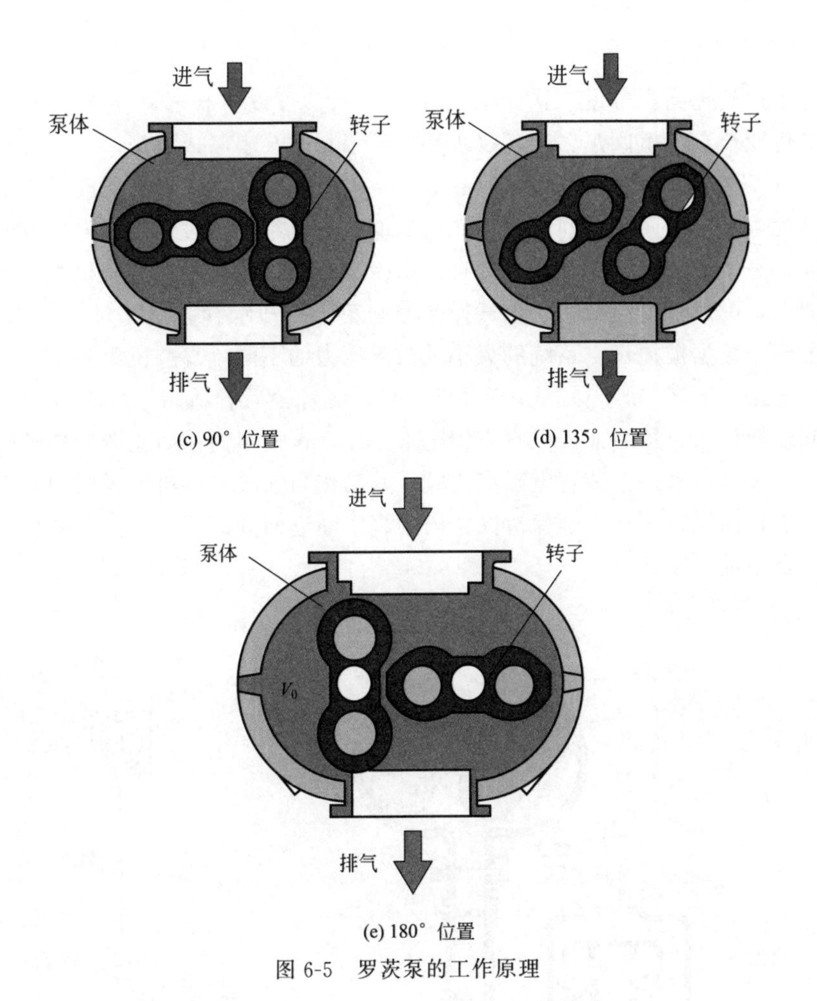

图 6-5 罗茨泵的工作原理

罗茨泵的结构如图 6-6 所示。

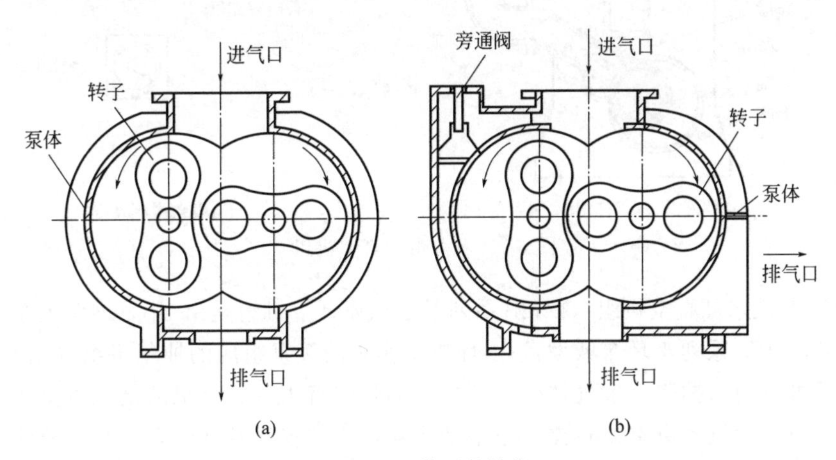

图 6-6 罗茨泵的结构

（3）组合机组

为了达到更高真空度来满足各类工艺要求，可以将普通罗茨泵多台串联使用，或将罗茨泵与滑阀泵、液环（水环）泵等真空泵串联成机组。

① 罗茨滑阀真空机组　如图 6-7 所示，JZPH 型罗茨滑阀真空机组是由普通罗茨泵为主泵、滑阀泵为前级泵串联组成的真空机组。通过真空继电器或电接点压力表，来实现罗茨泵、滑阀泵的自动启闭，自动过载保护。整套机组安装在一个机架上，配以管道、阀门、电气操作控制箱、冷却水管系统。机组结构紧凑，使用方便。根据被抽真空系统的大小及极限压力的不同，真空机组各泵之间的名义抽速之比一般在（4∶1）～（10∶1）之间，前者较后者适用于较大真空系统及长时间在较低入口压力或极限真空情况下工作。该机组为了防止滑阀泵停机时返油，在前级进口管道上装有电磁充气阀，其动作与前级泵电机实现联动，当滑阀泵停泵前，向泵口充气，确保滑阀泵内的真空油返回到油箱内，同时防止真空系统不受真空油污染。

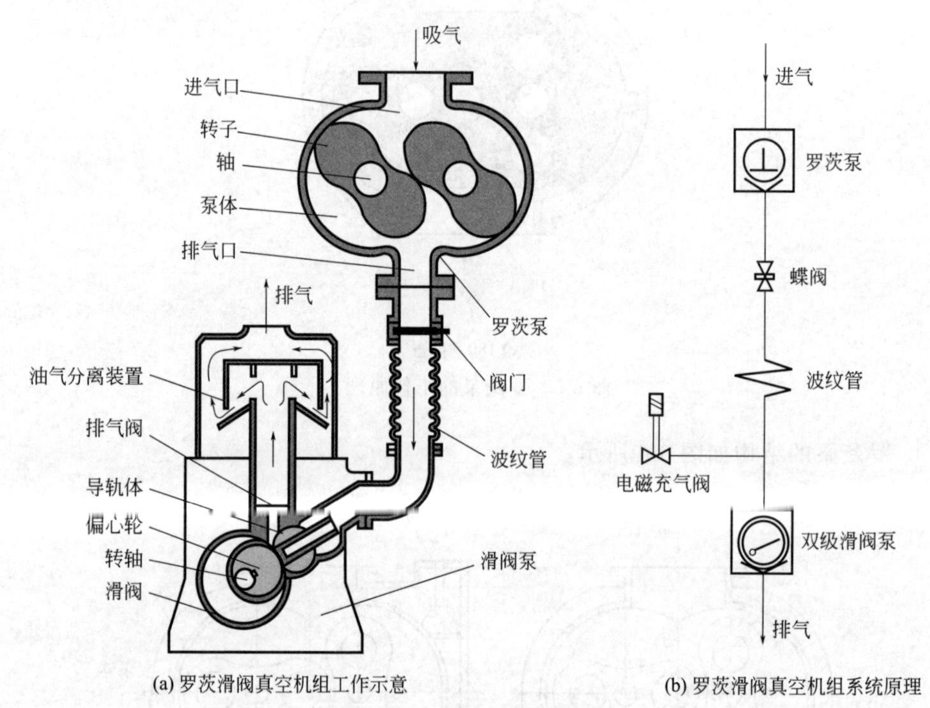

(a) 罗茨滑阀真空机组工作示意　　(b) 罗茨滑阀真空机组系统原理

图 6-7　罗茨滑阀真空机组

② 罗茨水环真空机组　JZJ2B 系列罗茨水环真空机组是由 ZJ 系列罗茨泵作为主抽泵，2BV 系列水环泵或罗茨-水环机组作为前级泵组成的抽气机组（图 6-8）。它除了可以用来抽除一般气体外，还可以抽吸含有水分、有机溶剂或少量灰尘的气体。与一般机械真空泵相比，不怕油污染，不怕水气及微尘，而与一般的水环式真空泵相比，具有真空度高以及在高真空度工况下抽速大的特点。

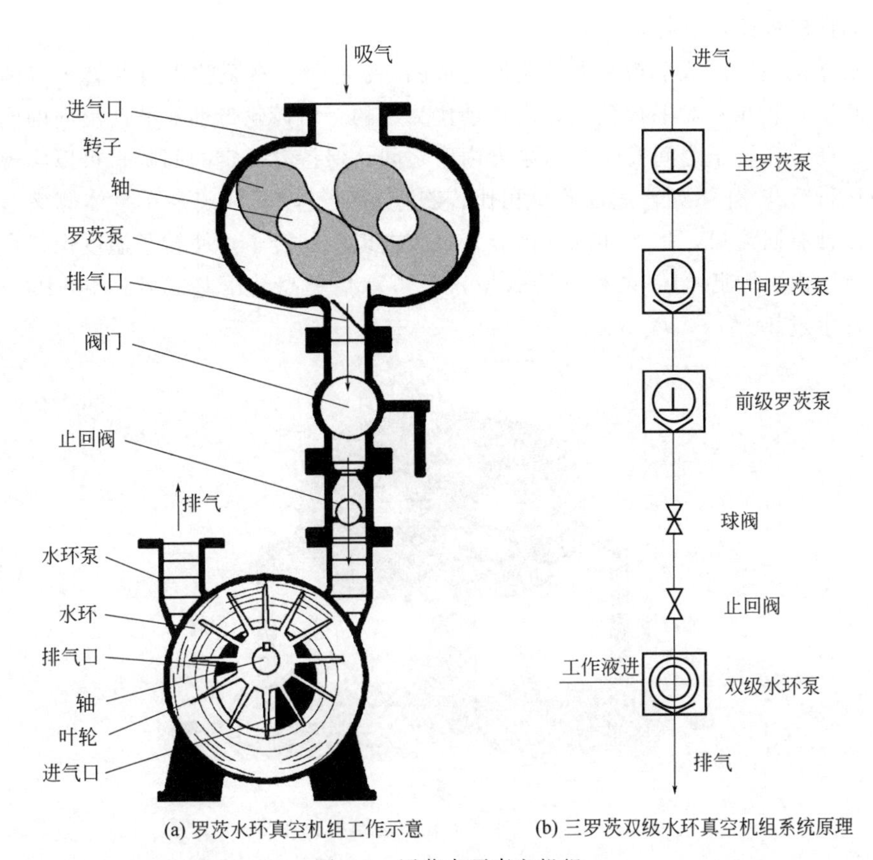

(a) 罗茨水环真空机组工作示意　　(b) 三罗茨双级水环真空机组系统原理

图 6-8　罗茨水环真空机组

由于采用了高效节能的 2BV 系列水环泵作为前级泵，所以 JZJ2B 系列真空机组比 JZJ2S 系列真空机组具有效率高、结构紧凑、无泄漏（2BV 系列泵为机械密封设计，不同于 2SK 系列泵的填料密封）、耐腐蚀（2BV 系列泵采用不锈钢或铝青铜叶轮）、防护等级高等优点。

采用了将泵腔与轴承腔的密封进行改进后的 ZJ 系列罗茨泵，在抽除大量水蒸气及各类溶剂的工艺中泵油不易乳化。

罗茨水环真空机组前级泵的工作液为水，也可采用有机溶剂（可用甲醇、乙醇、二甲苯、丙酮等有机溶剂）或其他液体，将前级泵作为闭路循环系统使用，大大减小了对环境的污染，同时大大提高了对有机溶剂的回收。其极限真空度由工作液的饱和蒸气压决定。

(4) 气冷式罗茨泵

气冷式罗茨泵是在普通罗茨泵的基础上增加了旁路气体冷却系统。外置冷却器使气体自动循环冷却转子与泵体，冷却气体从泵体的两侧进入泵的吸气腔，使泵不会因压缩气体而出现过热，使其可以在高压差和高压缩比下长期可靠运行，对泵的抽气性能没有任何影响。

ZJQ 系列气冷式罗茨泵的结构原理如图 6-9 所示，在泵腔内有两转子（两叶或多叶）安装在一对平行轴上，由传动比为 1 的一对齿轮带动作彼此反向的同步旋转运动。在转子之间及转子与泵壳内壁之间，保持有一定的间隙，可以实现高转速运行。与 ZJ 系列普通罗茨泵相比，ZJQ 系列气冷式罗茨泵在泵体侧面适当位置设计有回流口，将冷却的气体导入泵腔内以冷却转子，使转子温度保持在规定的范围内，因此 ZJQ 系列气冷式罗茨泵可承受更高的压差（可达 90kPa）而不会发生过热。

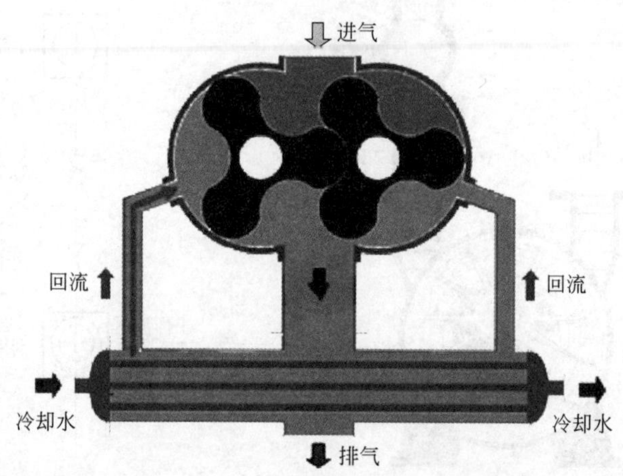

图 6-9　气冷式罗茨泵的结构原理

（5）故障原因与排除方法

【故障 1】风量不足

① 管道系统漏气：紧固各连接口，修复漏气部件。

② 间隙增大：调校间隙或更换转子。

③ 进口堵塞：清洗过滤器。

④ 皮带打滑转速不够：调整皮带张力或更换新皮带。

【故障 2】电机超载

① 进口阻力大：清洗过滤器。

② 升压增大：检查排气压力及负载情况。

③ 转子与泵壳内壁有摩擦：调整间隙。

④ 风机转速偏高：更换带轮。

⑤ 湿式真空泵密封水过多：减少密封水量。

【故障 3】过热

① 升压增大：检查进、排气压力及负载情况。

② 转子与泵壳内壁有摩擦：调整间隙，对湿式真空泵，应分解并除去水锈。

③ 润滑油过多或过少：控制油位。

④ 润滑油油质不好：更换新油。

⑤ 湿式真空泵密封水量不够：加大密封水量。

【故障 4】产生异常杂音

① 同步齿轮和转子的位置失调：按规定位置校正，锁紧。

② 轴承磨损严重：换轴承。

③ 升压波动大：检查管路及负载。

④ 齿轮损伤：换齿轮。

⑤ 安全阀反复启闭：检查是否超压，调整安全阀。

⑥ 止回阀损坏：更换止回阀。

⑦ 湿式真空泵密封水过多，如出现打水声：可减少密封水量。

⑧ 在生产工艺中产生的较大的磨粒进入罗茨泵内部造成机件磨损：清洗。

⑨ 泵的安放位置不对，如倾斜置放，泵内润滑油的油量不适合：正确安装，加强润滑管理。

以上各原因均会导致罗茨泵的机件（转子、定子、轴承与齿轮等）精密度变差或受严重污染，从而使罗茨泵在运转中产生异常杂音。当发现泵在运转中产生异常杂音后，应立即检查泵的启动压力是否符合规定值，检查泵电机的输入电流是否符合规定值，有无异常的高或低，检查泵内润滑油的情况及泵的安放位置是否合适。发现问题后，立即采取相应的措施解决。

【故障 5】不启动

① 进、排气口堵塞或阀门未打开：清除堵塞物，打开阀门。

② 电机接线不对或其他电器问题：检查接线及其他电器。

【故障 6】振动大

① 基础不稳固：加固、紧牢。

② 轴承磨损：换轴承。

③ 电机、罗茨泵不对中：按说明书找正（联轴器部位）。

【故障 7】润滑油泄漏

① 油位过高：控制油位。

② 密封失效：换密封件。

【故障 8】发生相碰

罗茨泵工作时转子与转子及转子与泵体互相不接触，因此没有直接磨损，但间隙很小（一般为 0.10～0.25mm），长期运转后传动齿轮磨损，当齿侧间隙大于转子间最小间隙时，将发生相碰而出现故障，此时应更换齿轮。一般运转一年应进行一次大修，检查齿轮及轴承的磨损情况，检查密封装置，更换密封圈（环），检查转子腐蚀情况和结垢情况及泵体内表面腐蚀情况和结垢情况。清洗后测量磨损超出规定尺寸时，应调整间隙或更换零件。

6.1.3 往复式真空泵

往复式真空泵（又称活塞式真空泵，简称往复泵）属于低真空取得设备，用以从内部压力等于或低于一个大气压的容器中抽除气体，被抽气体的温度普遍不超越35℃。往复泵多用于真空浸渍、钢水真空处置、真空蒸馏、真空结晶、真空过滤等方面抽除气体。往复泵对于抽除腐蚀性或含有颗粒的气体是不适用的。被抽气体中如含有灰尘，在泵的进口处必须加装过滤器。

（1）结构原理

往复泵的结构原理如图6-10所示。泵的主要部件是泵体2及在其中作往复直线运动的活塞1。活塞的驱动是由曲柄连杆机构来完成的。除上述主要部件外还有排气阀4和吸气阀5。

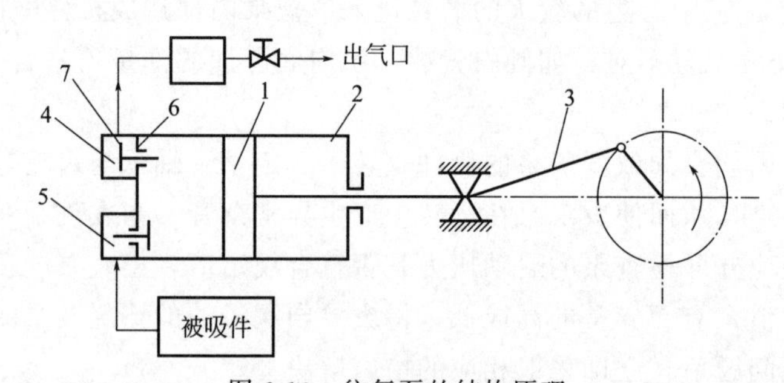

图6-10 往复泵的结构原理

1—活塞；2—泵体；3—连杆；4—排气阀；5—吸气阀；6—阀座；7—阀芯

泵运转时，在电机的驱动下，经过曲柄连杆机构的作用，使活塞作往复运动，当活塞从左端向右端运动时，由于左腔体积增大，气体的密度减小，而构成抽气过程，此时气体经吸气阀5进入泵体左腔。当活塞到达最右位置时，泵体内充满了气体。接着活塞从右端向左端运动，此时吸气阀5关闭。泵体内的气体随着活塞从右向左运动而逐步被压缩，当泵体内气体的压力达到或稍大于一个大气压时，排气阀4打开，将气体排到大气中，完成一个工作循环。当活塞再自左向右运动时，又吸进气体，反复前一循环，如此重复下去，直到被抽容器内的气体压力达到要求时为止。

往复泵有干式和湿式之分。干式泵只能抽气体，湿式泵可抽气体和液体的混合物。两者在构造方面没有什么本质的不同，只是湿式泵内的死空间和配气机构的尺寸比干式泵大一些。往复泵有卧式和立式两种类型。立式泵从构造和性能上较为先进，它是卧式泵的更新换代产品。

（2）故障原因与排除方法

【故障1】真空度下降

① 吸入气体温度过高：增加冷却装置，对进气进行冷却。

② 阀芯与阀座接触不好：修磨刮研或更换阀座、阀芯。

③ 阀芯损坏：更换阀芯。

④ 壳体磨损或活塞环太松：修复壳体或更换活塞环。

【故障 2】运转中有冲击声

① 活塞杆螺母松动：拧紧螺母。

② 连杆上衬及十字头销磨损或松动：更换衬套，并刮配修理十字头销。

③ 连杆轴瓦太松：去掉垫片，并与轴颈对研配合。

④ 偏心环太松：去掉垫片，进行调整。

⑤ 偏心环连杆销松动：更换销衬。

【故障 3】电机过载

① 偏心环与偏心轮摩擦而过热：加润滑油或消除过紧配合。

② 连杆轴瓦过热：加润滑油或消除过紧配合。

③ 十字头过热：检查润滑是否良好、机身安装是否平直。

6.1.4 螺杆式真空泵

(1) 特点

螺杆式真空泵（简称螺杆泵）如图 6-11 所示，一对螺杆在泵腔内作同步反向的高速运转，两个转子和泵体以及侧盖一起构成了若干个腔室，进而达到抽气的目的。这些气室有规律地从真空泵的进气口向往排气口侧“移动”，这样气体就以低速旋流的方式被传送出去。螺杆泵的持续运转不会改变气体的流向，这样可以在一定限度内将气体可能夹带的细小颗粒以及蒸汽抽送出去。

图 6-11　螺杆泵

采用干式螺杆泵的居多。在干式螺杆泵工作时，两螺杆相互接触时没有摩擦力的产生，泵腔内无需润滑油。在半导体行业里，油封式的真空泵可由干式螺杆泵替代，大大提升了工作环境的质量。它有下述优点。

① 工作腔内无其他杂质，可获得清洁真空。

② 由于合适的间隙设计和压缩方式，真空度高。

③ 采用耐腐蚀的涂层材料与气镇装置，防腐。

④ 采用符合流体动力学的螺旋形冷却水套，冷却效果好。

⑤ 变螺距螺杆节能。

⑥ 无排污，无污染，无废弃排放处理成本，低维护成本，泵出口回收尾气，低综合成本，低工程消耗成本。

⑦ 运转平稳，噪声低。

（2）工作原理

螺杆泵的工作原理如图 6-12 所示，主动螺杆转动，带动从动螺杆，气体被拦截在啮合室内，沿杆轴方向推进，然后被挤向中央气口排出。

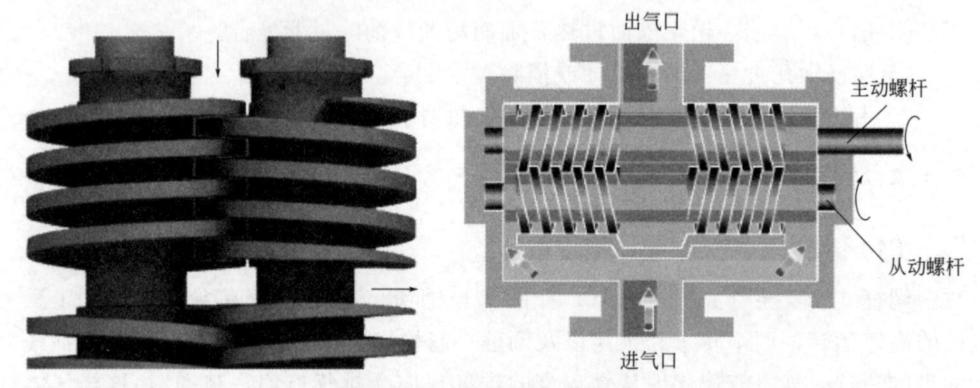

图 6-12　螺杆泵的工作原理

螺杆泵一般由两根形状相同的方形螺牙、双头螺纹的螺杆组成。它是一种非密封型泵。每根螺杆的螺牙都做成左右对称的左、右螺纹，从而实现两侧吸入、中间排出的双吸结构，使轴向力得到基本平衡，否则需加装平衡轴向力的力平衡装置。

（3）结构

螺杆泵的结构如图 6-13 所示。

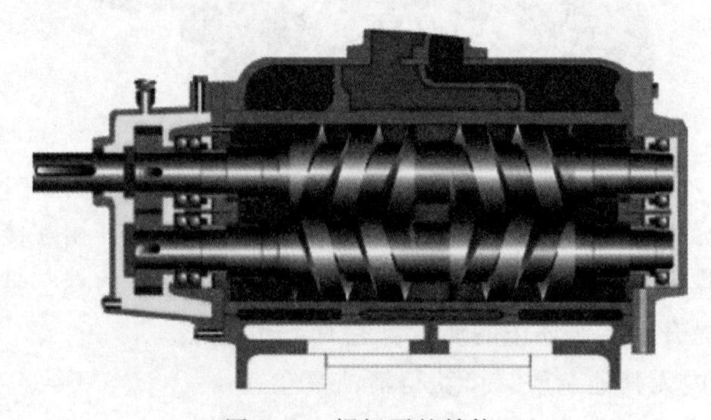

图 6-13　螺杆泵的结构

（4）故障原因与排除方法

【故障1】泵不能启动或电机超载

① 转子、定子、新泵配合过紧：用工具人力帮助启动，启动前用启动扳手盘泵。

② 定子安装不合适：重新检查调整安装定子。

③ 电源电压太低：检查电源电压。

【故障2】泵不能排气

① 管道泄漏或万向节断裂：检修管道或万向节。

② 电机转向反了：调整电机转向。

③ 进、出口闸门没有打开：开启闸门。

【故障3】排气量达不到要求

① 管道泄漏：检查维修管道。

② 管道阻塞：排除障碍物，定期检查清洗过滤器。

③ 转速太低：增加转速。

【故障4】运转振动、噪声大

检查泵各连接部位是否牢固；检查泵的同轴度是否良好。

【故障5】轴密封处泄漏量大

机械密封面或填料被破坏或磨损时，修复或更换机械密封或填料。

6.1.5 水环式真空泵

（1）特点

水环式真空泵（简称水环泵）在石油、化工、机械、矿山、轻工、造纸、动力、冶金、医药和食品等工业及市政与农业等部门的许多工艺过程中，如真空过滤、真空送料、真空脱气、真空蒸发、真空浓缩和真空回潮等，得到了广泛的应用，由于水环泵压缩气体的过程基本上是等温的，故可抽除易燃、易爆的气体，此外还可抽除含尘、含水的气体。

水环泵和其他类型的真空泵相比有如下优点。

① 结构简单，制造精度要求不高，容易加工。

② 结构紧凑，泵的转速较高，一般可与电机直联，不需减速装置。故用小的结构尺寸，可以获得大的排气量，占地面积也小。

③ 由于泵腔内没有金属摩擦表面，不需对泵内进行润滑，而且磨损很小。转动件和固定件之间的密封可直接由水封来完成。

④ 吸气均匀，工作平稳可靠，操作简单，维修方便。

（2）工作原理

如图6-14所示，在泵体中装有适量的水作为工作液。当叶轮按顺时针方向旋转时，水被叶轮抛向四周，由于离心力的作用，水形成了一个决定于泵腔形状的近似于等厚度的封闭圆环。水环的下部内表面恰好与叶轮轮毂相切，水环的上部内表面刚好与叶片顶端接触（实际上叶片在水环内有一定的插入深度）。此时叶轮轮毂与水环之间形成一个月牙形空间，而这一空间又被叶片分成若干个小腔。如果以叶轮的下部 0°为起点，那么叶轮在旋转前 180°时小腔的容积由小变大，且与端面上的吸气口相通，此时气体被吸入，当吸气终了时小腔则与吸气口隔绝；当叶轮继续旋转时，小腔由大变小，气体被压缩；当小腔与排气口相通时，气体便被排出泵外。综上所述，水环泵是靠泵腔容积的变化来实现吸气、压缩和排气的。

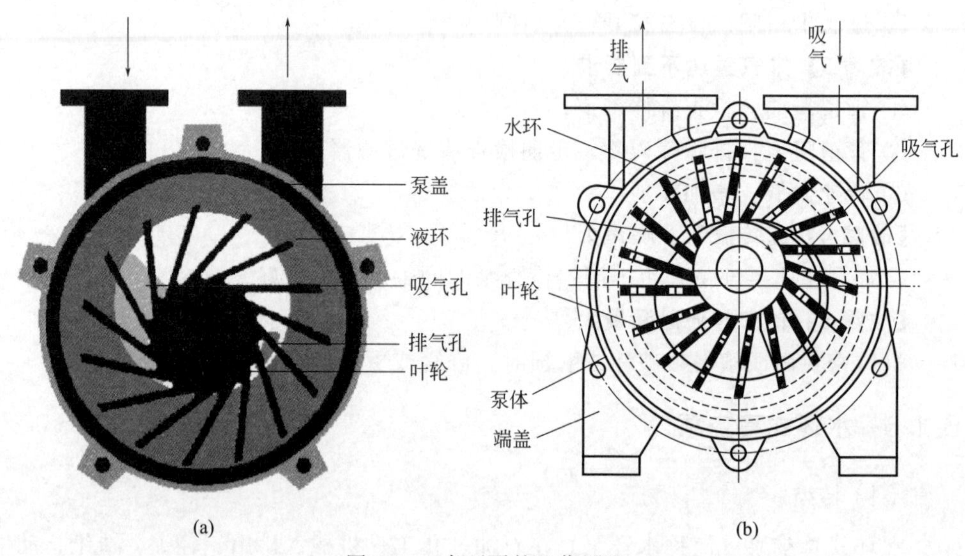

图 6-14　水环泵的工作原理

由于在工作过程中，做功产生热量，会使工作水环发热，同时一部分水和气体一起被排走，因此在工作过程中，必须不断地给泵供水，以冷却和补充泵内消耗的水，满足泵的工作要求。当泵排出的气体不再利用时，在泵排气口一端接有气水分离器（可自制一水箱代替），废气和所带的部分水排入气水分离器后，气体由排气管排出，水由于重力作用留在分离器内并经回水管供至泵内循环使用。

（3）结构

图 6-15 与图 6-16 所示分别为 SZB 型与 SK 系列水环泵的结构，主要由泵体、泵盖、叶轮、轴等零件组成。进气管和排气管通过吸气口和排气口与泵腔相连，叶轮用键固定于轴上，偏心地安装在泵体中。填料安装在端盖内，密封水经端盖中的小孔进入填料中，冷却填料及加强密封效果。叶轮形成水环所需的补充水由供水管供给（自来水），供水管也可与气水分离器连在一起循环供水。如果采用机械密封，机械密封安装在填料空腔，无需填料，填料压盖换成机械密封压盖，其余结构相同。轴承由圆螺母固定在轴上。

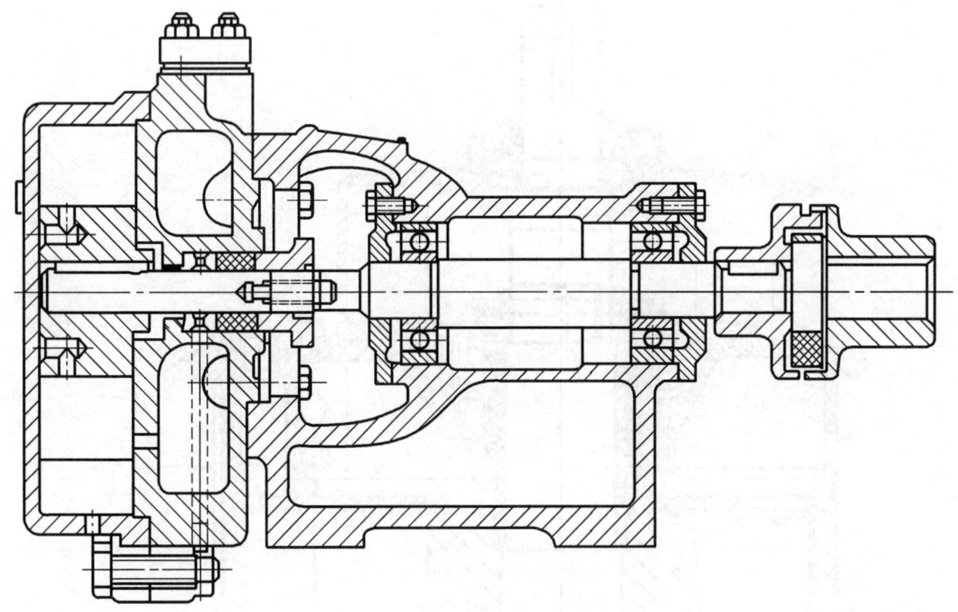

图 6-15　SZB 型水环泵的结构

(4) 故障原因与排除方法

【故障 1】试车或运转过程中出现卡死现象

① 新管路有焊渣铁屑等异物被气体带入泵体内：可松开前、后盖螺栓，转动叶轮并用水清洗，待转动灵活后再紧固螺栓。

② 结垢严重：拆卸清除或酸洗。

【故障 2】抽气量不够，吸气量明显下降

① 供液量不足或液温过高：调节供液量，检查供液管路是否堵塞。

② 轴向间隙不符合要求，或介质腐蚀或带入物料磨蚀：并重新调整轴向间隙，净化介质，清除水垢，防止固体物料吸入泵体内，使零件磨损增大间隙。

③ 管道系统漏气，填料处漏气：检查管路连接的密封性，稍拧紧填料压盖或更换填料。

④ 水环温度高：增加供水量。

⑤ 法兰连接处漏气：拧紧法兰螺栓或更换垫片。

⑥ 管道有裂纹：焊补或更换。

【故障 3】真空度降低

① 法兰连接处漏气：拧紧法兰螺栓或更换垫片。

② 管道有裂纹：焊补或更换。

③ 填料漏气：压紧并更换新填料。

④ 轴向间隙过大：调整轴向间隙。

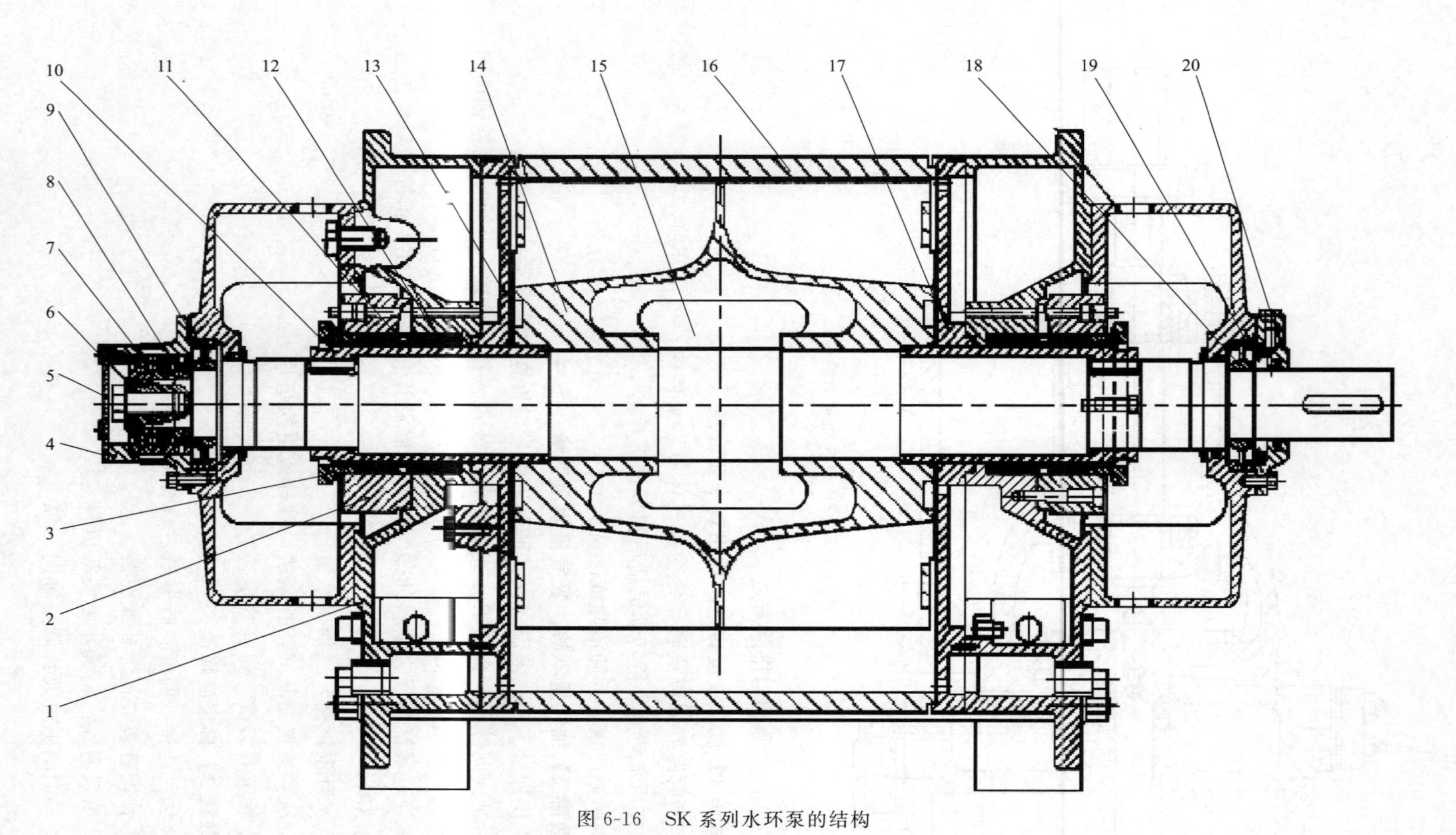

图 6-16　SK 系列水环泵的结构

1—泵盖；2—填料函；3—填料压盖；4—轴承壳；5—后轴承盖；6—后圆螺母；7—带挡边圆柱滚子轴承；8—油杯；9—轴承盖；10—轴套；11—填料隔圈；12—填料；13—后分配板；14—叶轮；15—轴；16—泵体；17—前分配板；18—圆柱滚子轴承；19—前圆螺母；20—前轴承压盖

⑤ 水环发热：降低供水温度。

⑥ 水量不足：增加供水量。

⑦ 零件摩擦发热，造成水环温度升高：调整或重新安装。

【故障 4】振动或异响

① 地脚螺栓松动：拧紧地脚螺栓。

② 泵内有异物：停泵检查取出异物。

③ 叶片断裂：更换叶轮。

④ 汽蚀：打开吸入管道阀门。

⑤ 气体冲刷或喷射：把排气口引出室外。

⑥ 吸、排气管壁太薄：采用管壁较厚的气管。

【故障 5】轴承发热

① 润滑油不足，油脂干涸，润滑不良：检查润滑油情况，添加润滑油脂。

② 填料压得过紧：调整填料压紧程度。

③ 没有填料密封水或不足：适当松开填料压盖，供给填料密封水或增加水量。

④ 滚于与内、外圈间隙过小，发生摩擦：调整轴承与轴或轴承架的配合。

⑤ 电机与真空泵安装不同心：重新校正电机与真空泵安装的同轴度。

【故障 6】启动困难，电机跳闸或超电流

① 长期停机后，内部机件生锈：用手用力扳动转子，或用特制的工具转动叶轮数圈，并供水冲洗。

② 填料压盖压得太紧：放松填料压盖。

③ 叶轮与泵体发生偏磨：重新安装并调整。

④ 启动时真空泵内液位过高：降低液位高度，按规定液位启动。

⑤ 配电屏电流保护调整不当：调整适当。

⑥ 排出压力增高：检查排气管路直径及阀门口径是否过小。

6.2 真空发生器及相关元件

6.2.1 真空发生器的工作原理

以前都是使用真空泵得到真空，但装置大，还需真空阀控制。现在可以利用许多简便、小型的气动真空元件得到真空，它们具有在真空发生部无可动部件等优点。

真空发生器是根据压缩空气的推进作用而产生真空的装置，其工作原理如图 6-17 所示。一次侧压缩空气经先收缩后扩张的喷管从喷嘴喷出，变成高速射流流过，根据伯努利方程，高速区为低压区，此区域内压力降低，又由于气体的黏性，高速射流卷吸走真空口腔内的气体，使该腔形成很低的真空度，当在真空口处接上真空吸盘，便可吸吊重物。

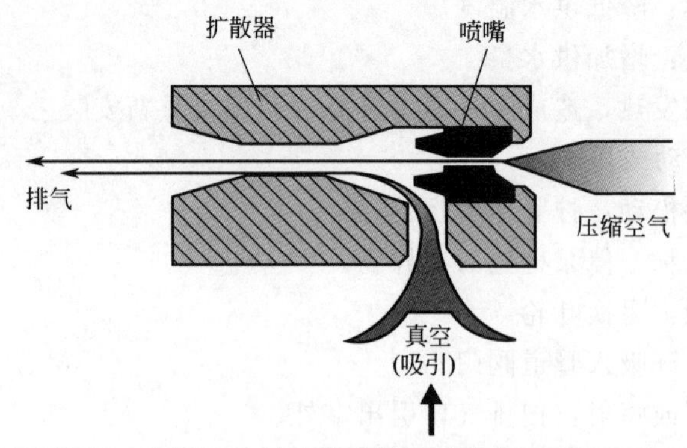

图 6-17　真空发生器的工作原理

根据喷嘴、扩散体的形状或尺寸等来决定可达到的真空度、吸入流量、空气消耗量。

6.2.2 真空发生器的结构性能

(1) 直通型真空发生器

① 结构　图 6-18 所示为直通型真空发生器，图中 P 为供气口、EXH 为排气口，V 为真空口。

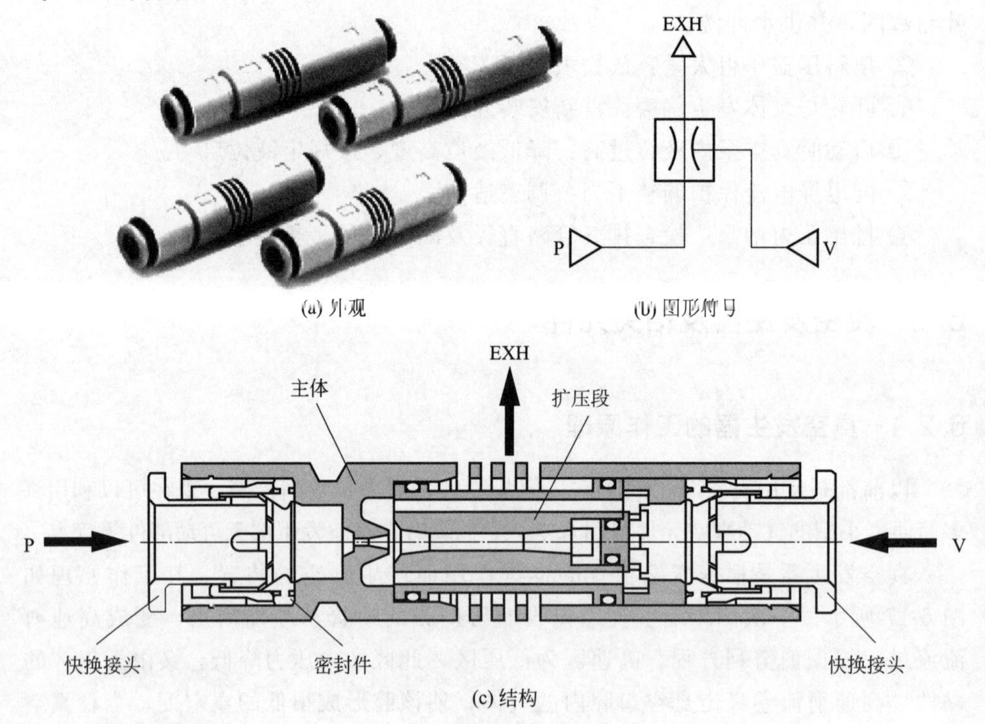

(a) 外观　(b) 图形符号

(c) 结构

图 6-18　直通型真空发生器

② 流量特性　图 6-19 所示为真空发生器的流量特性，给出了真空发生器的真空度与泄漏量的关系，泄漏量变化则真空度也变化，图中 p_{max} 为最高真空度，Q_{max} 为最大泄漏量。结合真空度的变化进行如下说明。

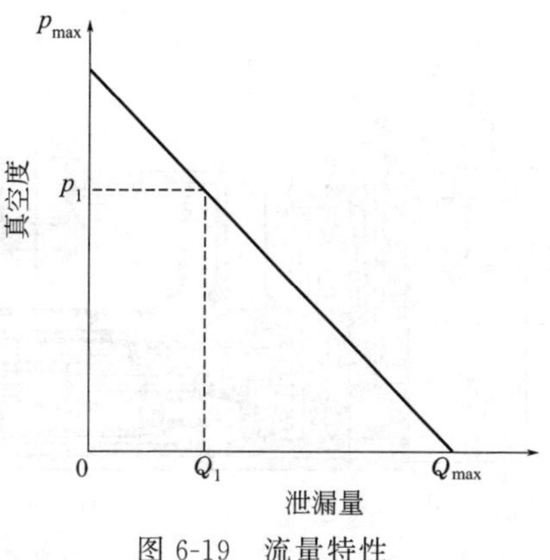

图 6-19　流量特性

a. 堵住真空发生器的真空口则泄漏量为零，真空度达最高。

b. 逐渐开启真空口使空气流动，泄漏量增加，真空度下降（p_1 和 Q_1 的状态）。

c. 真空口全开，泄漏量最大，真空度几乎为零（大气压力）。

因此真空口不泄漏，真空度达最高；泄漏量增加真空度下降；泄漏量等于最大吸入流量，则真空度几乎为零。

（2）多级真空发生器

① 结构　多级真空发生器如图 6-20 所示，负压腔分成了前后两个，前面一个接收管直径较小，能够提供较高的真空度，后面一个直径较大，能够实现较大的吸入流量。

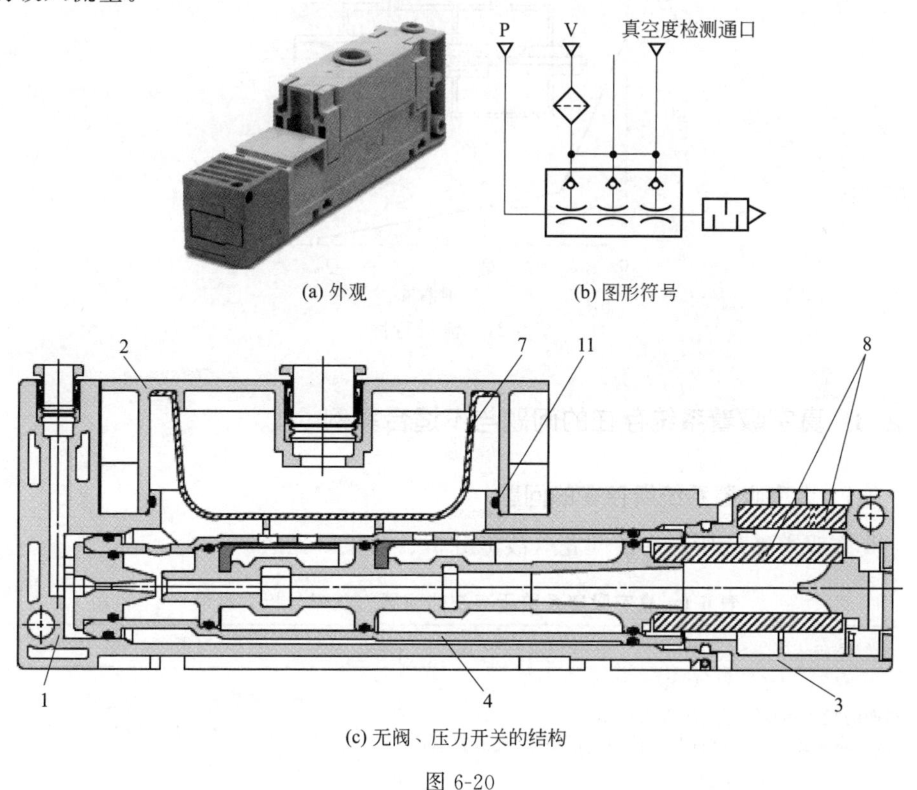

(a) 外观　(b) 图形符号

(c) 无阀、压力开关的结构

图 6-20

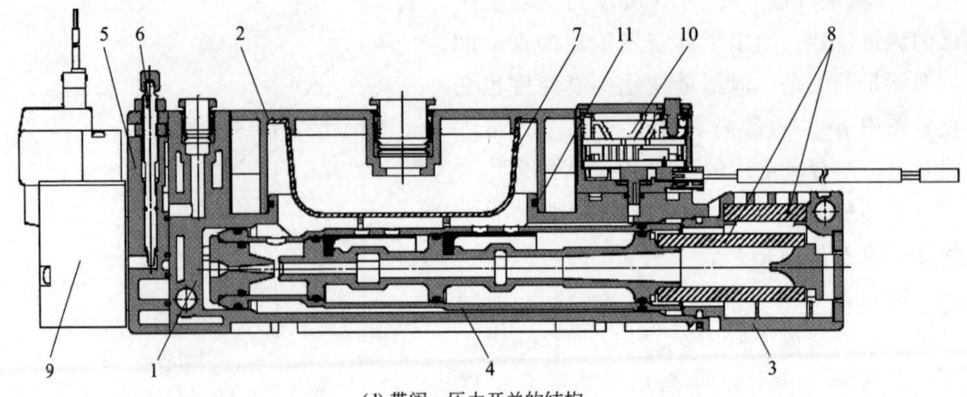

(d) 带阀、压力开关的结构

图 6-20 多级真空发生器

1—主体组件；2—抽吸盖组件（带滤芯）；3—消声器外壳组件（带消声部件、夹子）、通口块组件（带夹子）；4—真空发生器组件；5—阀板组件；6—破坏流量调整针阀；7—滤芯；8—消声部件；9—供给阀、破坏阀；10—真空用数字式压力开关、真空口连接路组件、压力表组件；11—O 形圈

② 流量特性 如图 6-21 所示。

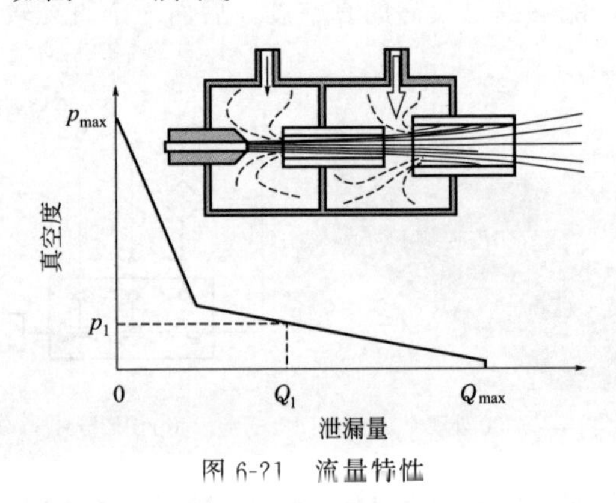

图 6-21 流量特性

6.2.3 真空吸着系统存在的问题与不适合案例

(1) 真空吸着系统所存在的问题

真空吸着系统所存在的问题（故障分析、对策）见表 6-1。

表 6-1 真空吸着系统所存在的问题（故障分析、对策）

状态	原因	对策
初期的吸着不良 (试运转时)	吸着面积小 (与工件的重量相比，吸吊力小)	确认工件的重量与吸吊力的关系 • 使用吸着面积大的真空吸盘 • 增加真空吸盘的个数

续表

状态	原因	对策
初期的吸着不良（试运转时）	真空度低 （从吸着面泄漏） （有通气性的工件）	使吸着面无泄漏（减少） ·重新评估真空吸盘的形状 确认真空发生器的吸入流量与真空度的关系 ·使用吸入流量大的真空发生器 ·增加吸着面积
	真空度低 （从真空配管泄漏）	修理泄漏处
	真空回路的内容积大	确认真空回路的内容积和真空发生器吸入流量的关系 ·减小真空回路的内容积 ·使用吸入流量大的真空发生器
	真空配管的压力降大	重新评估真空配管 ·管子变短、变粗（适合管径）
	真空发生器的供给压力不足	测量真空发生状态时的供给压力 ·使用标准供给压力 ·重新评估压缩空气回路（管路）
	喷嘴、扩压段的孔眼阻塞 （配管时的异物混入）	除去异物
	供给阀（切换阀）不动作	用万用表测量电磁阀的供给压力 ·重新检查电气回路、配线、插头 ·在额定电压范围内使用
	吸着时工件变形	由于工件薄，变形而泄漏 ·使用薄物吸着用吸盘
真空到达时间慢	真空回路的内容积大	确认真空回路的内容积和真空发生器吸入流量的关系 ·减小真空回路的内容积 ·使用吸入流量大的真空发生器
	真空配管的压力降大	重新评估真空配管 ·管子变短、变粗（适合管径）
	所需的真空度过高	根据吸盘直径的最适化，将真空度降至所需的最低限
	真空压力开关的设定过高	调至适合的设定压力
真空度的变动	供给压力的变动	重新评估压缩空气回路（气路） （追加气容等）
	根据真空发生器的特性，在一定的条件下，真空度会变动	一点一点地使供给压力上升或下降。在使真空度不变动的供给压力范围内使用

续表

状态	原因	对策
真空发生器的排气有异响(间歇)	根据真空发生器的特性,在一定的条件下,会发出间歇声响	一点一点地使供给压力上升或下降。在使其不发出间歇声响的供给压力范围内使用
集装型的真空发生器从真空口漏气	真空发生器的排出空气、流入停止中的其他真空发生器的真空口	使用带单向阀的真空发生器
平时的吸着不良(试运转时能吸着)	真空过滤器的孔眼阻塞	更换真空过滤器 改善设置环境
	吸声材料的孔眼阻塞	更换吸声材料 在供给(压缩)空气回路上追加安装过滤器 追加设置真空过滤器
	喷嘴、扩压段的阻塞	除去异物 在供给(压缩)空气回路上追加安装过滤器 追加设置真空过滤器
	真空吸盘(橡胶)的劣化、磨耗	更换真空吸盘 确认真空吸盘材质和工件的适合性
工件不能脱离	破坏流量不足	开启破坏流量调整针阀
	由于真空吸盘(橡胶)的磨耗,黏着性增加	更换真空吸盘 确认真空吸盘材质和工件的适合性
	真空度过高	使真空度在所需的最低限
	静电的影响	使用导电性吸盘

(2)真空吸着系统不适合案例

真空吸着系统不适合案例见表6-2。

表6-2　真空吸着系统不适合案例

问题	原因	对策
调试时没有问题,开始正式运行后吸着变得不稳定	•真空压力开关的设定不合适。由于供给压力不稳定。使真空度未达到设定值 •工件和真空吸盘间有泄漏	•工件吸着时,将真空元件的参数设定在所需的真空度,且真空压力开关的设定值。也设定在吸着所需的真空度 •在调试时就已有泄漏。但还没到引起故障的水平。对真空发生器及真空吸盘形状、直径、吸着材质等要进行重新评估 •对真空吸盘重新评估
更换吸盘后,吸着变得不稳定	•初期的设定条件被变更(真空度、真空压力开关的设定值、吸盘的高度方向的位置等)。在使用环境下,吸盘产生磨耗、失效等,需进行设定变更 •吸盘更换时,从螺纹连接部及吸盘与连接件的连接部产生泄漏	•对使用条件(真空度,真空压力开关的设定值,吸盘的高度方向设定位置等)要进行重新审核 •对连接部进行重新审核

续表

问题	原因	对策
相同工件用相同的吸盘吸着,有不能被吸着的地方	•工件和真空吸盘间有泄漏 •对气动回路、气缸、电磁阀等,与真空发生器的供给回路是同一系统,同时使用时供给压力降低(真空度达不到要求) •从螺纹连接部及吸盘与连接件的连接部产生泄漏	•吸盘直径、形状、材质、真空发生器(吸入流量)等应重新评估 •对气动回路进行重新评估 •对连接部进行重新评估
工件和吸盘不能脱离,风琴型吸盘存在橡胶的黏附现象	•橡胶一般都有黏着性。依据使用环境和吸盘的磨耗等,黏着性会增大 •使用所需以上的真空度,在吸盘(橡胶)部会有由真空度产生的按压力	•对真空吸盘的形状、材质、数量等进行重新评估 •降低真空度。由于真空度下降,吸吊力不足,工件搬运时产生故障的场合,可增加吸盘数量,加大吸盘直径等

6.2.4 真空系统用相关元件及真空发生器组成的回路

(1)真空系统用相关元件

如图 6-22 所示,与真空发生器一起使用的相关元件有真空压力开关、气动用真空电磁阀(如供给阀与破坏阀)、过滤器等。

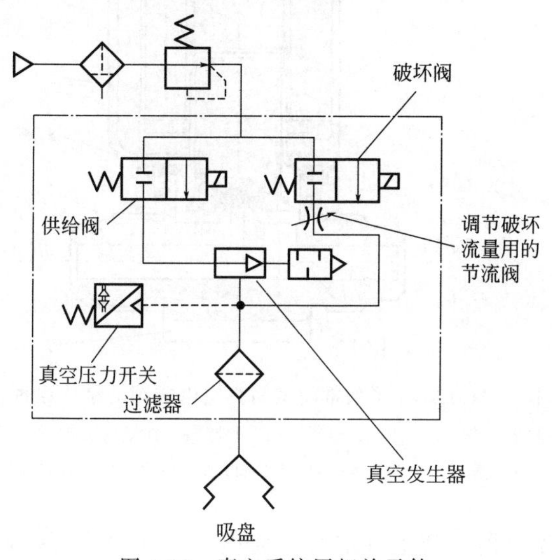

图 6-22 真空系统用相关元件

① 真空压力开关 是用于检测真空度的开关。当真空度未达到设定值时,开关处于断开状态。当真空度达到设定值时,开关处于接通状态,发出电信号指挥真空吸附机构动作。

作用:当真空系统存在泄漏、吸盘破损或气源压力变动等原因而影响到真空度大小时,装上真空压力开关便可保证真空系统安全可靠地工作。

分类：真空压力开关的分类如图 6-23 所示。

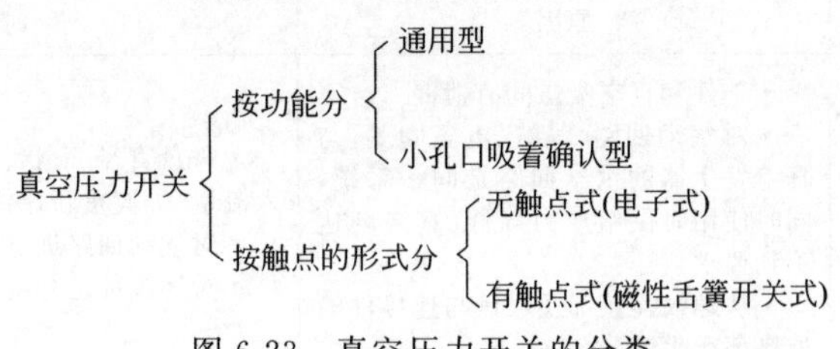

图 6-23 真空压力开关的分类

② 气动用真空电磁阀 是用于控制提供给喷射器的气压，在需要真空时送去空气，从而使真空产生的电磁阀。图 6-24 所示为 XSA 系列常闭型高真空电磁阀的结构原理。通过给电磁线圈 1 通电，可动铁芯组件 5 吸附于固定铁芯 2 而上移（压缩弹簧 6，克服弹簧 6 的弹力上移），阀芯 10 也随之上移，打开阀芯 10，进口与出口相通；反之电磁线圈 1 断电，可动铁芯组件 5 因弹簧 6 的反力下移，阀芯 10 也随之下移，关闭进口与出口通道。

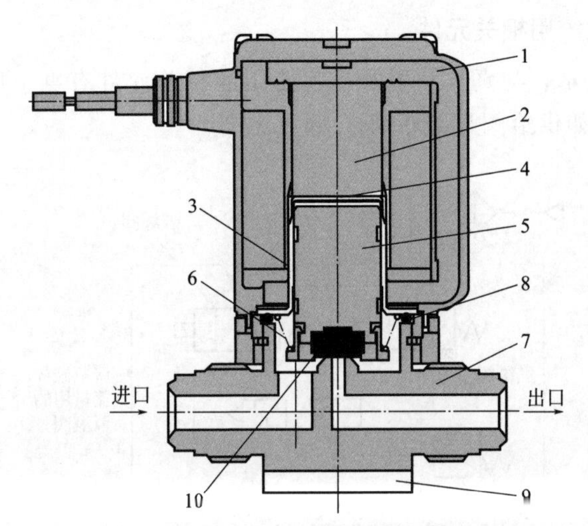

图 6-24 XSA 系列常闭型高真空电磁阀的结构原理

1—电磁线圈；2—固定铁芯；3—管；4—阀座（PET 材质，杜绝残磁影响）；5—可动铁芯组件；6—弹簧；7—主体；8—O 形圈；9—垫片；10—阀芯

③ 过滤器 喷射器在产生真空时，会将空气和尘埃等一起吸进内部，使喷射器效率降低，为此需设置过滤器，保护喷射器。

a. 真空用排气洁净器。利用排出空气中油雾等的惯性碰撞、布朗运动等，在真空用排气洁净器滤芯表面和内部将其捕捉，捕捉的油雾被凝聚变成液滴被运送至滤芯外周孔眼、粗糙的聚氨酯泡沫上，之后受重力下降从外壳内部分离。

图 6-25 所示的 AMV 系列真空用排气洁净器，可捕捉从真空泵排出的油烟的 99.5%，实现无油烟的舒适的作业环境。

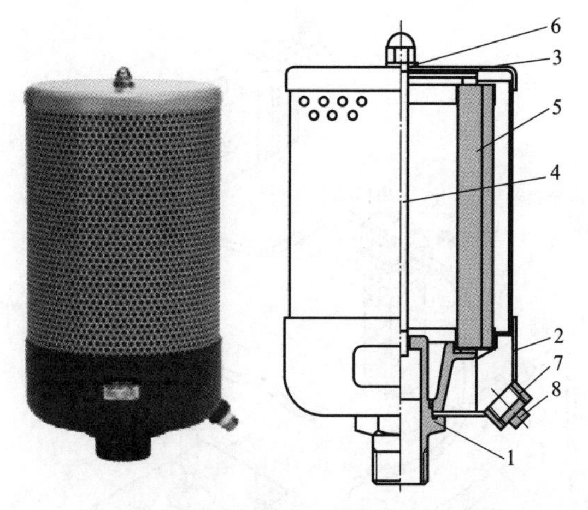

图 6-25　AMV 系列真空用排气洁净器

1—支座；2—外壳；3—盖；4—拉紧螺栓；5—滤芯；6—垫片；7—排油口；8—螺塞

b. 真空用水滴分离器。图 6-26 所示为 AMJ 系列真空用水滴分离器，水滴分离器的连接如图 6-27 所示。这种真空用水滴分离器采用去除水滴专用滤芯 2，可除去 90%以上的水滴；因底部带冷凝水阀，真空破坏后，手动也可排出冷凝水；即使滤芯水滴饱和，压力降（阻抗）也几乎不上升，滤芯可快速更换。

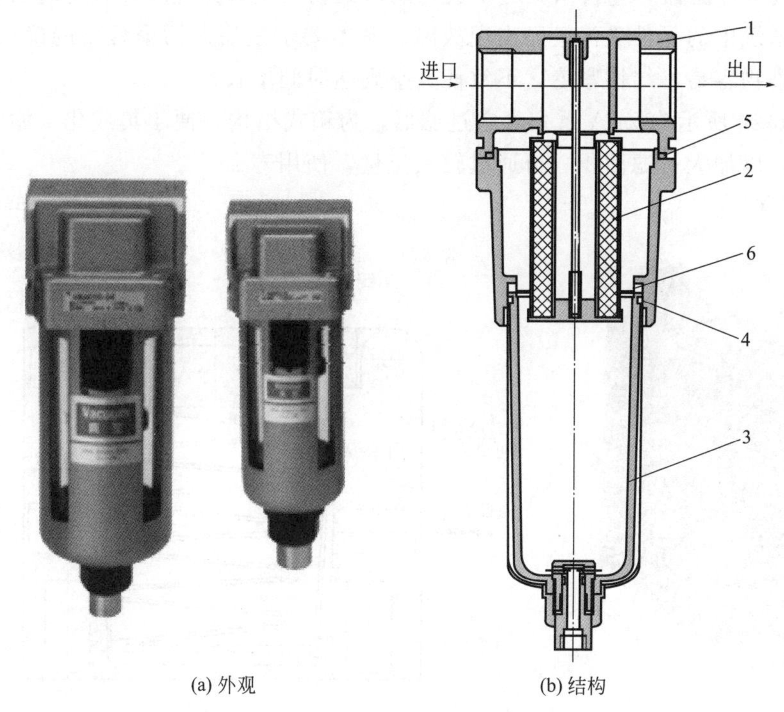

图 6-26　AMJ 系列真空用水滴分离器

1—主体；2—滤芯；3—杯组件；4,5—O 形圈；6—隔板

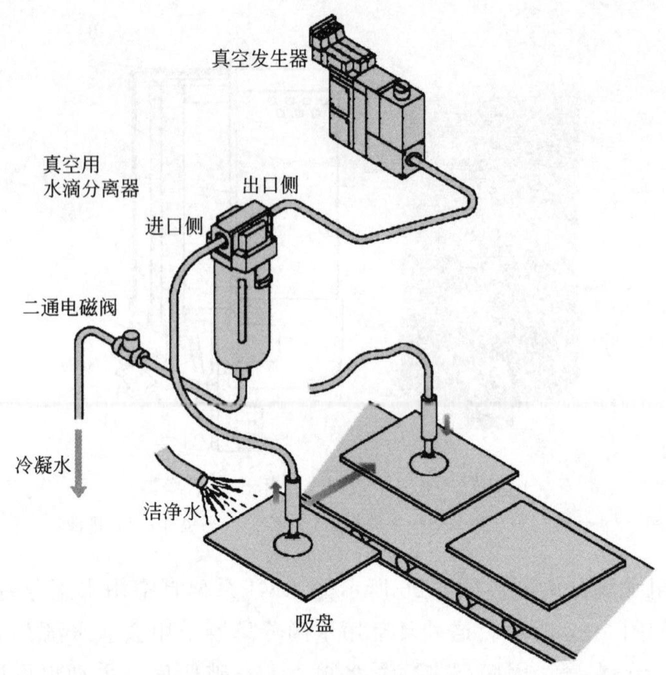

图 6-27　真空用水滴分离器的连接

c. 真空过滤器。它将从大气中吸入的污染物（主要是尘埃）收集起来，以防止真空系统中的元件受污染而出现故障。基本要求是滤芯污染程度的确认简单，清扫污染物容易，结构紧凑，不致使真空到达时间增长。

图 6-28 所示为 ZFA 系列真空过滤器，为箱式结构，便于集成化。滤芯为叠褶形状，以加大过滤面积，可通过较大流量，使用寿命长。

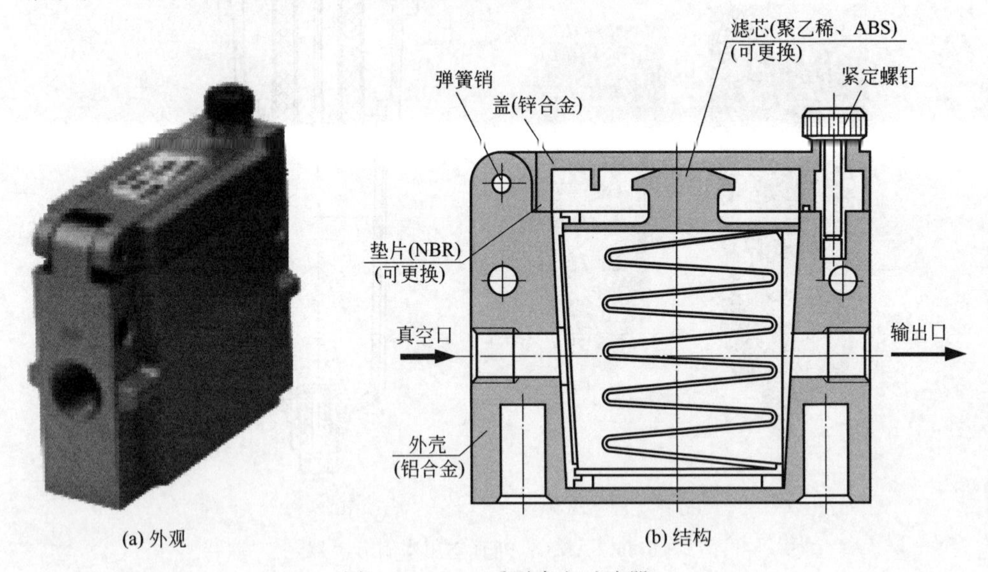

图 6-28　ZFA 系列真空过滤器

d. 管式真空过滤器。图 6-29 所示为 ZFC 型管式真空过滤器，为小型直通式（进、出口在一条线上）管式真空过滤器，当过滤器两端压降大于 0.02MPa 时，滤芯应卸下清洗或更换。

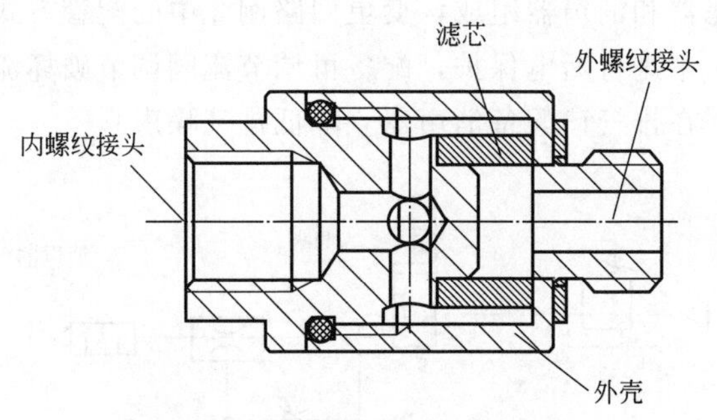

图 6-29　ZFC 型管式真空过滤器

（2）真空发生器组成的回路

① 真空发生器组成的回路例 1　如图 6-30 所示，由供气阀（二通阀）和真空过滤器组成，回路中二通阀用于控制真空的产生和停止，利用接通大气破坏真空，为了保护真空发生器而配备真空过滤器。

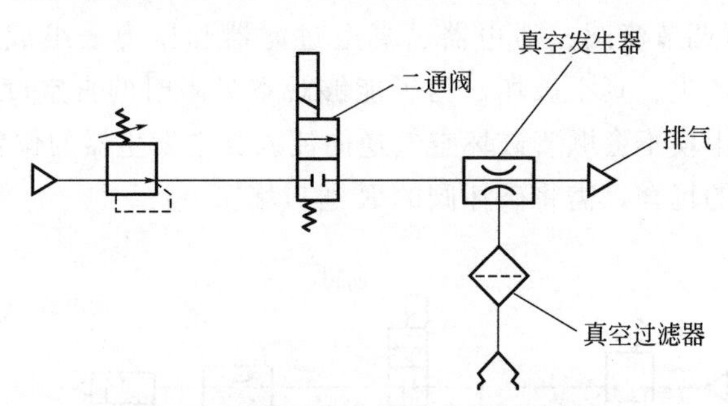

图 6-30　真空发生器组成的回路例 1

② 真空发生器组成的回路例 2　如图 6-31 所示，由供气阀（三通阀）、可调节流阀和真空过滤器组成，三通阀用于控制真空的产生和停止（同时破坏真空），

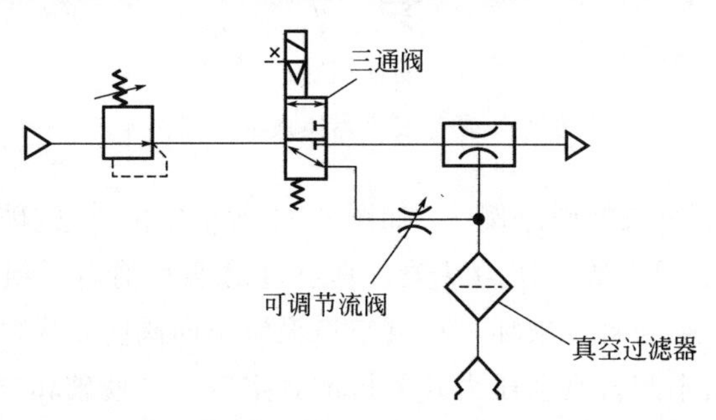

图 6-31　真空发生器组成的回路例 2

为了调节破坏流量而配备可调节流阀，配备真空过滤器，以保证真空发生器的使用寿命。

③ 真空发生器组成的回路例 3　如图 6-32 所示，由供气阀（三通阀）、可调节流阀、真空过滤器和消声器组成，变更回路例 2 中的配管方式，可以将真空产生作为初始状态，来进行断电保护，配备可调节流阀调节破坏流量，真空过滤器保护真空发生器，在排气口配备消声器（降低排气噪声）。

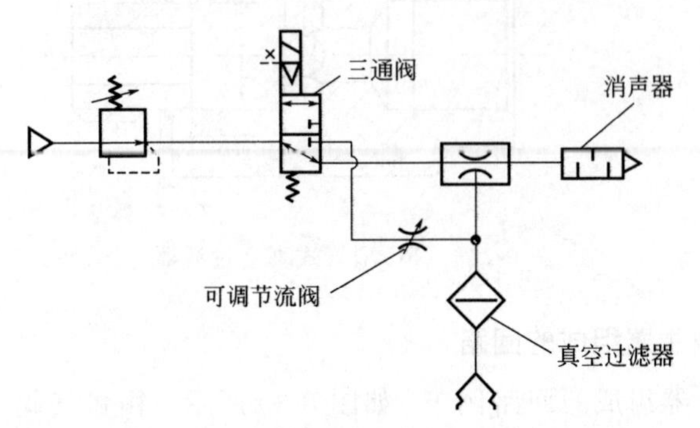

图 6-32　真空发生器组成的回路例 3

④ 真空发生器组成的回路例 4　如图 6-33 所示，由供气阀（二通阀）、破坏阀（二通阀）、可调节流阀、消声器、真空过滤器和压力表组成，通过供气阀、破坏阀控制真空产生、真空破坏，为了能够观察吸附时的真空度，设置压力表，在使抽吸上来的尘埃不会顺着破坏空气逆向流入真空发生器的位置设置真空过滤器，使用三通阀的场合，需将破坏阀的 R 通口堵塞。

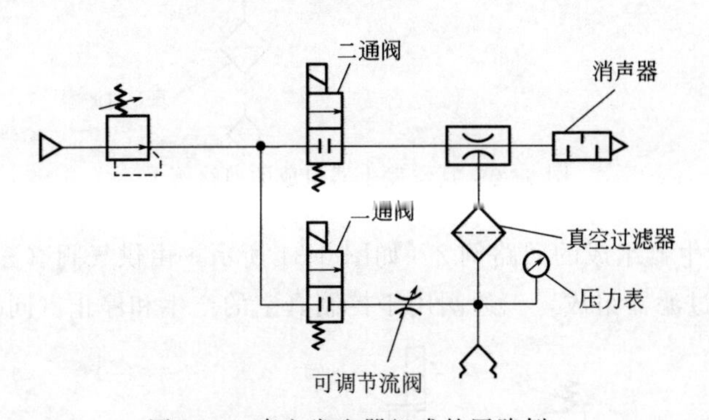

图 6-33　真空发生器组成的回路例 4

⑤ 真空发生器组成的回路例 5　如图 6-34 所示，由供气/破坏阀（三位五通阀）、可调节流阀、单向阀、压力开关、真空过滤器和消声器组成，中封式三位五通阀控制真空产生和真空破坏，在真空口设置单向阀防止供气阀关闭时真空度降低，在真空回路中配备真空压力开关检测真空度，在使破坏空气中的尘埃不会逆向流入真空发生器的位置配备真空过滤器。

注意：使用不同的单向阀时，可能会发生真空泄漏，此外，如果工件具有通气性，那么真空度会很快降低，事前应充分验证。

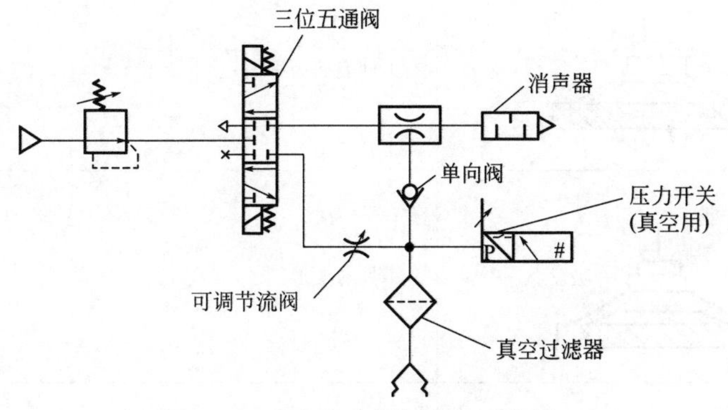

图 6-34　真空发生器组成的回路例 5

6.3 真空吸盘

(1) 吸板的结构与应用回路

吸板的结构与应用回路如图 6-35 所示，用于吸附大的平面形工件。

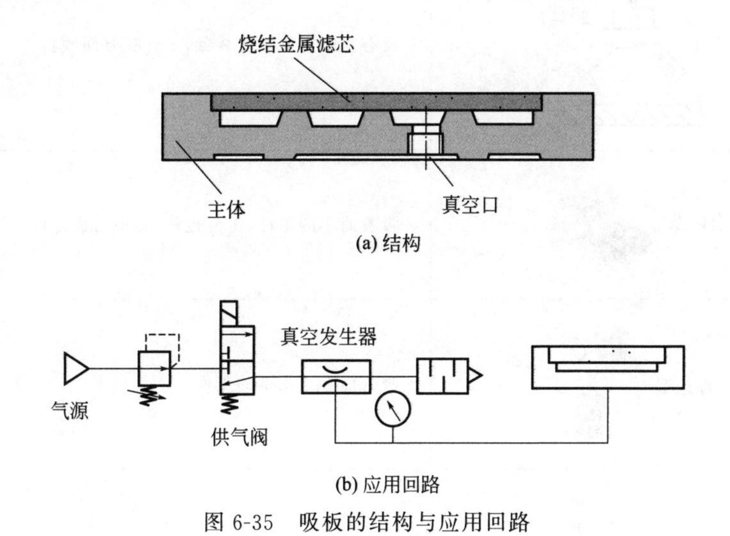

图 6-35　吸板的结构与应用回路

(2) 吸盘的应用场合和结构

① 吸盘的应用场合　吸盘是直接吸吊物体的元件，通常是由橡胶材料与金属骨架压制而成。不同特点的吸盘应用于不同场合，表 6-3 列出了一些吸盘的应用场合。

表 6-3 吸盘的应用场合

吸盘	应用场合
平型 吸盘	工件表面为平面，且不变形
带肋平型 吸盘	工件易变形
深型 吸盘	工件表面形状是曲面
风琴型 吸盘	没有空间安装缓冲装置，工件吸着面倾斜
椭圆型	吸着面小的工件，工件也长，希望可靠定位
摆动型	吸着面不是水平的工件
长行程缓冲型	工件的高度不确定且需缓冲

续表

吸盘	应用场合
大型	重型工件
导电型	抗静电

② 吸盘的结构　如图 6-36 和图 6-37 所示。

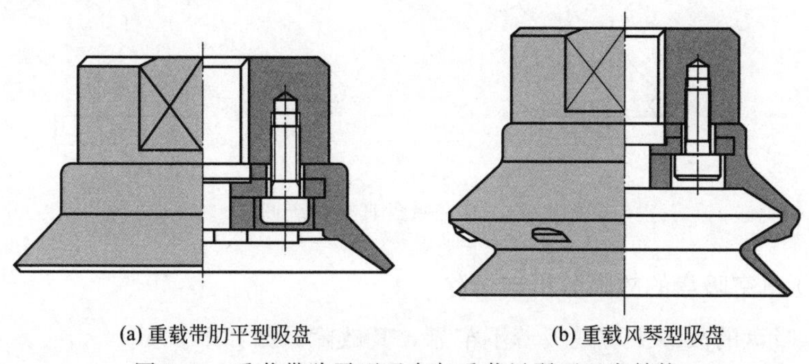

(a) 重载带肋平型吸盘　(b) 重载风琴型吸盘

图 6-36　重载带肋平型吸盘与重载风琴型吸盘结构

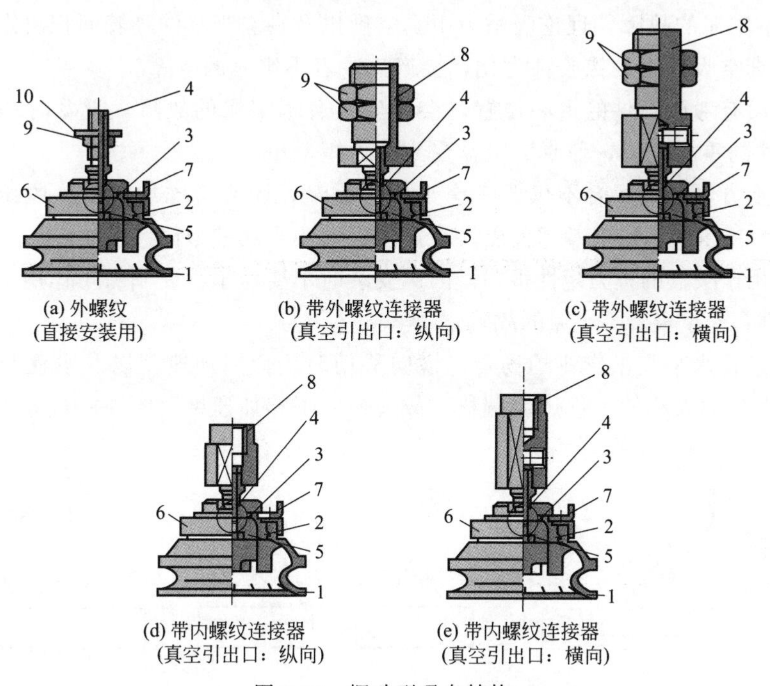

(a) 外螺纹（直接安装用）　(b) 带外螺纹连接器（真空引出口：纵向）　(c) 带外螺纹连接器（真空引出口：横向）

(d) 带内螺纹连接器（真空引出口：纵向）　(e) 带内螺纹连接器（真空引出口：横向）

图 6-37　摆动型吸盘结构

1—真空吸盘；2—板；3—O 形圈；4—轴；5—轴头托环；6—保持座；7—限位块；8—连接器；9—螺母；10—密封垫圈

(3) 真空吸盘真空系统回路

真空吸盘真空系统回路如图 6-38 所示。

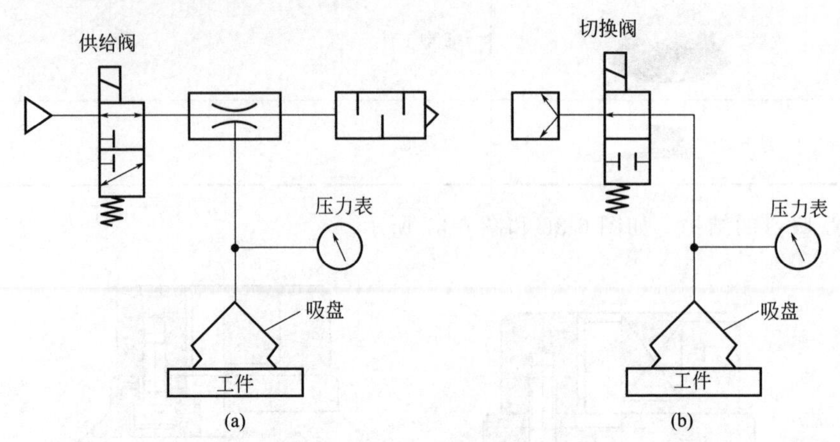

图 6-38 真空吸盘真空系统回路

(4) 真空吸盘的故障分析与排除

真空吸盘的故障主要是吸着不牢靠，其故障原因如下。

① 为保证足够的夹持力，必须有足够的吸着面积，吸着面积不够时，会产生吸着不牢靠的故障，理论吸吊力由真空度以及真空吸盘的吸着面积决定。

② 真空吸盘中的橡胶件劣化，会产生吸着不牢靠的故障。

③ 没有考虑工件的重心位置，会产生吸着不牢靠的故障，吸着时一定要考虑好工件的重心位置，使真空吸盘受到的力矩最小。

④ 上方吸吊的场合不仅要考虑工件的重量，还应考虑加速度、风压、冲击等 [图 6-39(a)]，如果考虑欠周，会产生吸着不牢靠的故障。

⑤ 由于吸盘的抗力矩性很弱，因此安装时不要让工件受到力矩作用 [图 6-39(b)]否则会产生吸着不牢靠的故障。

⑥ 进行水平吸吊作业的场合，横向移动时，会因加速度以及吸盘与工件间的摩擦因数的大小使工件产生偏移，故要控制平移加速度 [图 6-39(c)]。

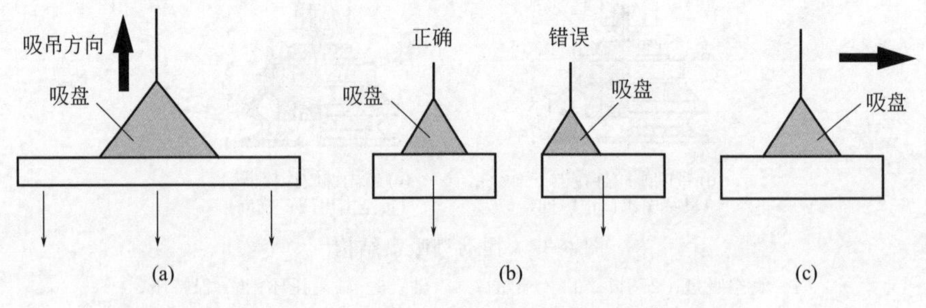

图 6-39 真空吸盘吸着不牢靠的故障

⑦ 不要使吸盘的吸附面积超出工件的表面，这样会发生真空泄漏，造成吸着不牢靠（图 6-40）。

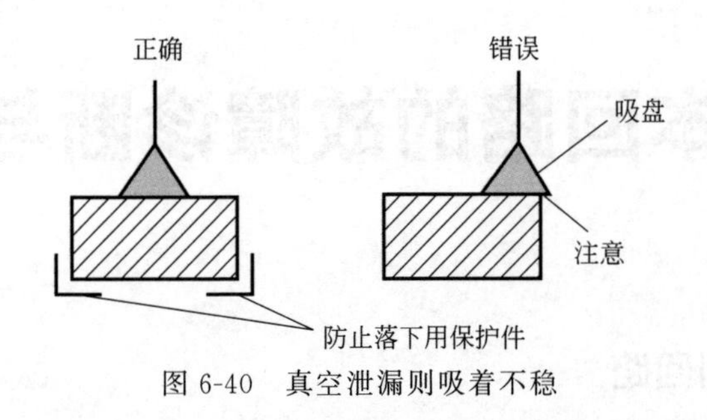

图 6-40 真空泄漏则吸着不稳

⑧ 面积大的板材使用多个吸盘进行搬送的场合，要合理布置吸盘位置，增强吸吊平稳性（图 6-41）。特别是四周边缘部位，确认好位置后进行配管，如果考虑欠周，会产生吸着不牢靠的故障。

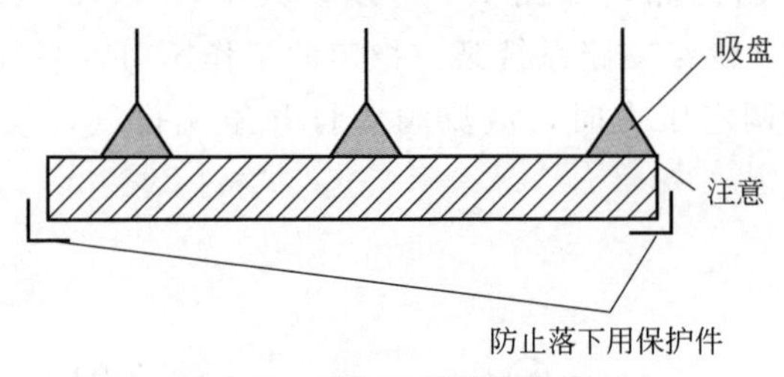

图 6-41 吸盘正确位置的布置

⑨ 吸盘原则上应水平安装，尽量避免倾斜以及垂直安装。不得已的情况下.使用保护件以确保安全。最好从根本上避免垂直安装的使用方法（参照图 6-42）。

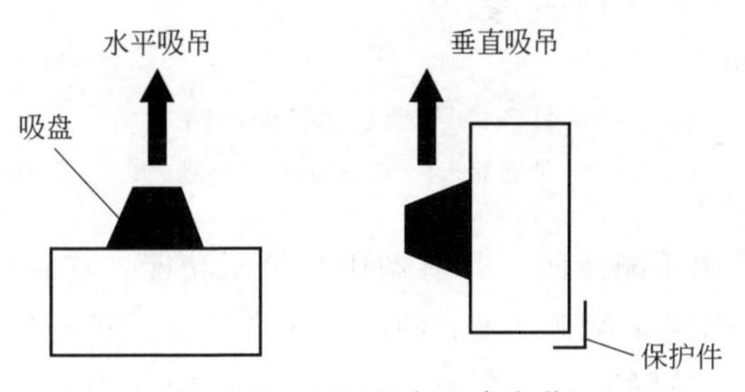

图 6-42 尽量避免垂直安装

⑩ 工件有通气性，或工件表面粗糙时容易吸入空气，会使真空度下降，此类场合需根据进行的吸着测试来确定吸吊力。

第7章 气动基本回路的故障诊断与维修

7.1 压力控制回路

（1）气源压力控制回路

① 工作原理　气源压力控制回路是指空压机的输出压力保持在气罐所允许的额定压力以下的回路，如图 7-1 所示，其中件 1、2 与 3 为气动三联件（FRL）。由减压阀 2 供给支路系统某一稳定的工作压力，当气罐 5 的出口压力超过了溢流阀 6 的调定压力时，溢流阀 6 打开溢流排气，气罐 5 的压力不再上升。

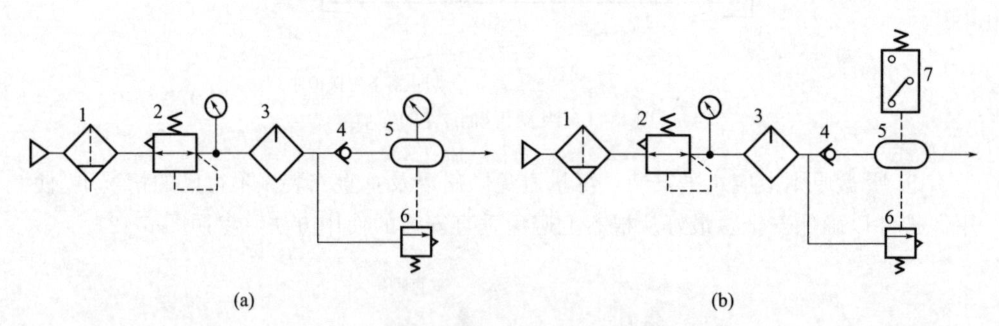

图 7-1　气源压力控制回路

1—过滤器；2—减压阀；3—油雾器；4—单向阀；5—气罐；6—溢流阀；7—压力开关

② 故障分析　由于减压阀 2 具有调压与稳压功能，这种回路能输出大小稳定的调节压力，溢流阀 6 控制气罐 5 的最大允许压力，起安全保护作用。当回路出现不能调压和稳压故障时，可参阅 5.2.1 减压阀中的相关内容予以排除；当回路出现不能限压起到安全保护作用时，可参阅 5.2.2 溢流阀中的相关内容予以排除。

（2）高、低压控制回路

① 工作原理　如图 7-2 所示，气源供给某一压力，经两个调压阀 1 与 2 分别调到要求的高、低压力，利用换向阀 3 进行高、低压切换。换向阀 3 上位工作，输出低压；换向阀 3 下位工作，输出高压。

② 故障分析　当回路出现没有高压的情况时，检查图 7-2 中调压阀 1 有否故障，如有可参阅 5.2.1 减压阀中的相关内容予以排除；检查图 7-2 中换向阀 3 是否没有换向到下位。

当回路出现没有低压的情况时，检查图 7-2 中调压阀 2 有否故障，如有可参阅 5.2.1 减压阀中的相关内容予以排除；另外检查图 7-2 中换向阀 3 是否因气控压力不正常而不能换向到上位。

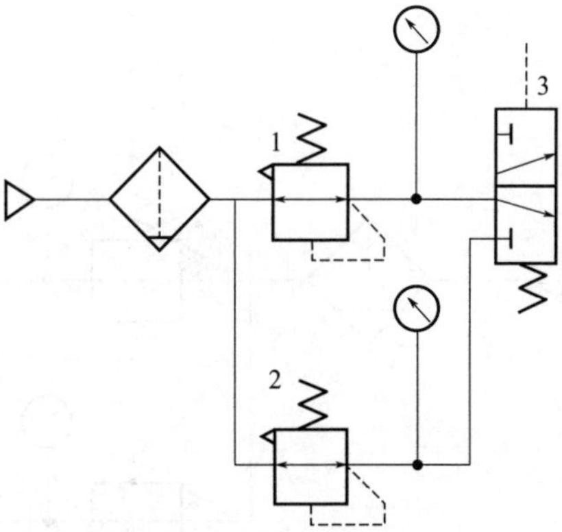

图 7-2　高、低压控制回路

1—调高点压力的调压阀；2—调低点压力的调压阀；3—换向阀

(3) 多级压力控制回路

① 工作原理　在一些场合，需要根据工件重量或负载的不同，设定低、中、高三种平衡压力，这就用到图 7-3(a) 所示的三级压力控制回路，以推动不同大小的负载。

图 7-3(a) 中，当 1DT 通电，进入气缸的气体压力为零；当 2DT、3DT、4DT 分别通电，进入气缸的气体压力则分别为 p_1、p_2 与 p_3，气体进入气缸 9 下腔使活塞克服弹簧力上行；当 1DT 通电，时，气缸 9 下腔通过消声器 10 通大气，活塞下行。

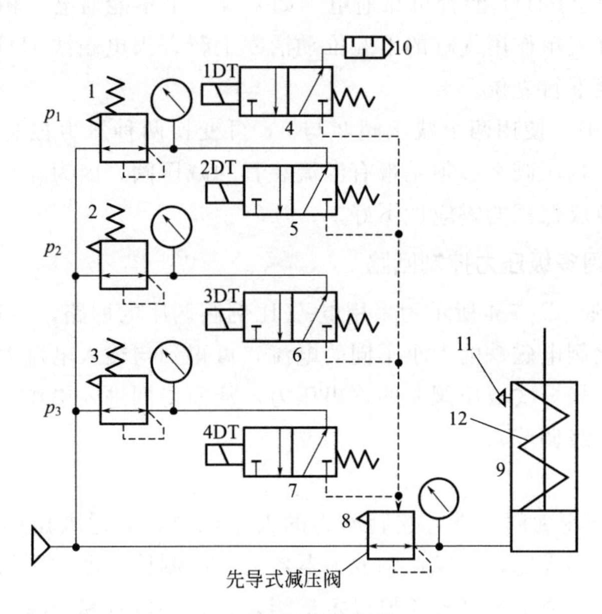

(a) 三级压力控制回路

1～3—直动式减压阀；4～7—二位三通电磁阀；8—先导式减压阀；9—单作用气缸；10—消声器；11—放气孔；12—复位弹簧

图 7-3

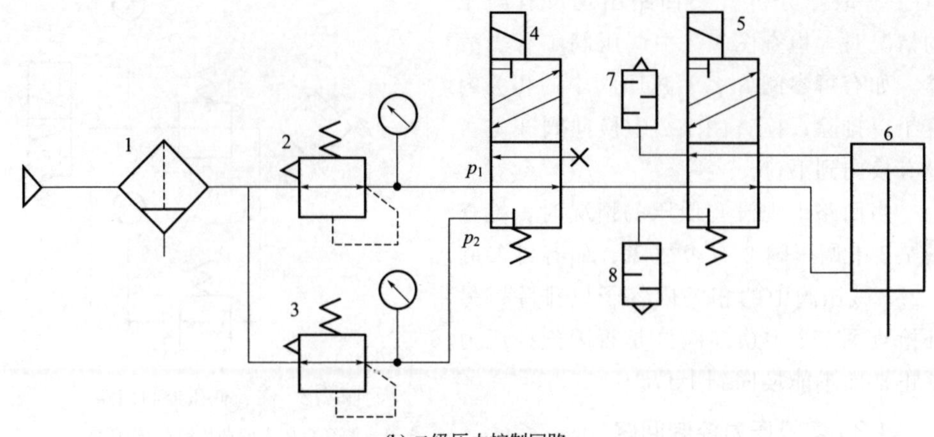

(b) 二级压力控制回路

1—过滤器；2,3—减压阀；4,5—换向阀；6—气缸；7,8—消声器

图 7-3　多级压力控制回路

图 7-3(b) 中，当阀 8 的电磁铁通电时，阀 8 上位工作，进入气缸的气体压力为 P_2；当阀 8 的电磁铁不通电时，阀 8 下位工作，进入气缸的气体压力为 p_1。由阀 9 控制气缸的换向。

② 故障分析　图 7-3(a) 中，三种压力之间不能彼此切换时，可分别检查电磁铁 2DT、3DT 与 4DT 能否可靠通电，如果哪一个不能通电，相对应压力的压缩空气便不能进入单作用气缸的下腔推动活塞上行；当电磁铁 1DT 不能通电时，单作用气缸不能下行复位。

图 7-3(b) 中，使用两个减压阀 2 与 3，可变换两种压力控制回路。从高压到低压转换时，减压阀 2 必须是带有溢流装置的减压阀，因为如果溢流特性不好时，从高压转换成低压的响应性不好。

(4) 比例阀多级压力控制回路

① 工作原理　图 7-4 所示为采用电-气比例阀调压的回路，利用输入电-气比例压力阀 3 的比例电磁铁的大小不同的电流，可得到与输入电流大小成比例的压力，去控制外控先导式减压阀 4 的输出压力，从而得到进入单作用气缸 5 的大小不同的压力（无级调节）。

② 故障分析

a. 电-气比例压力阀 3 进行控制压力的大小调节，靠通入比例压力阀的比例电磁铁的电流大小设定，并经比例放大器放大再控制比例电磁铁的动作。因此为得到适当的输出压力，一是电流要设定适当，二是要检查和排除比例电磁铁与比例放大器的故障。

b. 采用喷嘴-挡板式电-气比例压力阀时，在电-气比例压力阀 3 的入口应安装微雾分离器 2，以免比例压力阀结构中的喷嘴、挡板堵塞、卡滞导致的调压失灵故障。

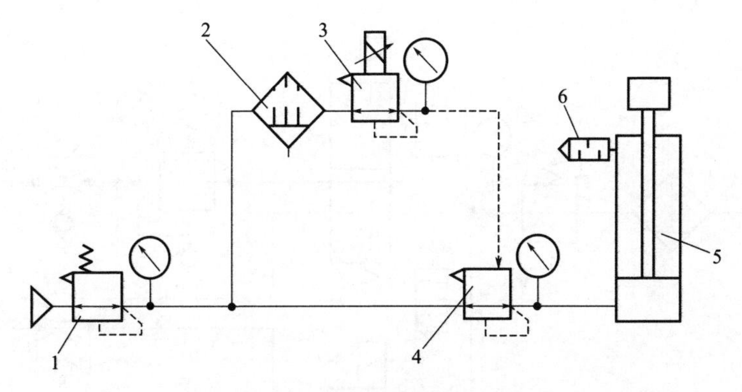

图 7-4　电-气比例阀调压的回路

1—先导式减压阀；2—微雾分离器；3—电-气比例压力阀；
4—外控先导式减压阀；5—单作用气缸；6—消声器

（5）气-液增压回路

一般的气动元件，仅使用小于 1MPa 的空气压力。如果要提高气缸的输出力，可将缸径增大。但因设备尺寸的限制并考虑降低成本及节省能源等因素，不宜采用增大缸径的方法，而采用图 7-5 所示的方法，即采用气-液增压回路。

气-液增压回路一般使用在滚压设备、压铸设备、冲压设备等的润滑系统中。

① 工作原理　在图 7-5(a) 中采用气-液增压器的回路中，可输出比初期压力高的液压压力，但输出流量很少。

图 7-5(b) 所示的回路中，在上述的增压器中附加了气-液转换器元件。当液压缸快速进给时，五通电磁换向阀 4-2 通电，到达增压位置时，阀 4-1 通电。

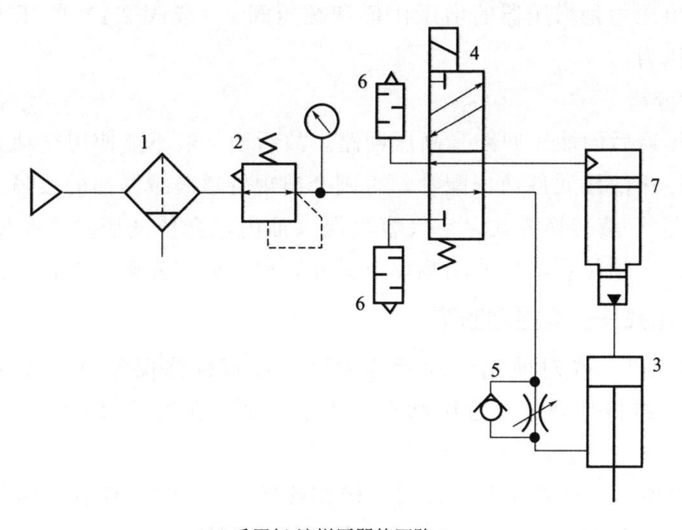

(a) 采用气-液增压器的回路

图 7-5

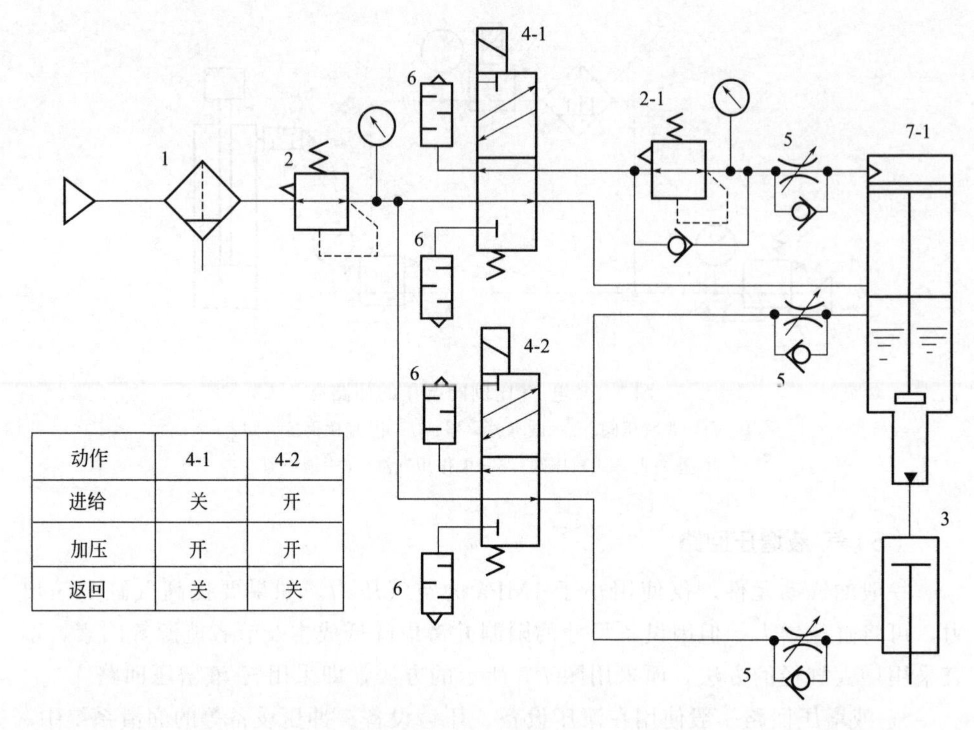

动作	4-1	4-2
进给	关	开
加压	开	开
返回	关	关

(b) 采用气-液转换器元件的回路

图 7-5　气-液增压回路

1—过滤器；2—减压阀；2-1—单向减压阀；3—气缸；4（4-1、4-2）—电控阀；5—单向节流阀；6—消声器；7—增压器；7-1—增压器（附加气-液转换器元件）

油的输出压力是增压器的增压比值和减压阀 2（或阀 2-1）的压力设定值相乘所得到的压力。

② 故障分析

a. 因增压器后的液压回路是高压回路，故后面一般不能使用气动元件及气动配管，而应使用液压元件液压配管，否则会出现管道破裂漏油的故障。

b. 因为是气-液转换方式，空气容易混入油内，会使液压缸产生噪声和振动等故障，所以必须尽量降低使用频率。另外，使用前应先确认规格参数。

（6）排出残压安全控制回路

① 工作原理　在对使用气动元件的设备进行维修保养时，气动回路中还残留着气压，维修作业处于危险状态。为了安全，在气动回路中，装入了残压排出元件。

如图 7-6 所示，回路正常工作时，操作残压排出阀 5，使其上位工作，减压阀来的压缩空气可进入电控阀 6，当电控阀 6 的电磁铁未通电时，阀 6 下位工作，压缩空气→阀 6 下位→单向节流阀 8 中的单向阀→气缸 9 的右腔，缸 9 左行，缸 9 左腔回气→单向节流阀 7 中的节流阀→阀 6 下位→消声器 4→大气；单向节流阀 7 中的节流阀调节气缸 9 左行的速度。

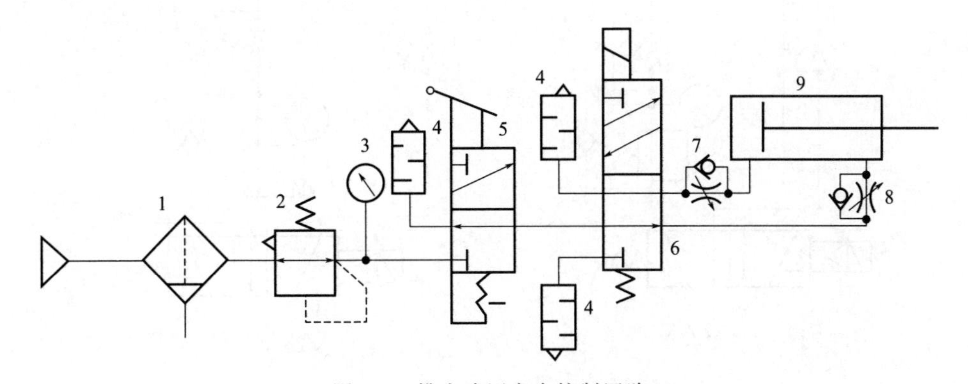

图 7-6　排出残压安全控制回路

1—过滤器；2—减压阀；3—压力表；4—消声器；5—残压排出阀（二位三通手动换向阀）；6—电控阀；7，8—单向节流阀；9—气缸

当电控阀 6 的电磁铁通电时，阀 6 上位工作，压缩空气→阀 6 上位→单向节流阀 7 中的单向阀→缸 9 的左腔，缸 9 右行，缸 9 右腔回气→单向节流阀 8 中的节流阀→阀 6 上位→消声器 4→大气。单向节流阀 8 中的节流阀调节气缸 9 右行的速度。

在异常时，操作残压排出阀 5，使其下位工作，排出气缸回路中的残留气压后，气缸在外力作用下可任意移动，保证了安全。

② 故障分析

a. 气缸左位时不能排出残压，要检查电控阀 6 是否已可靠断电，如果确认已断电则要检查电控阀 6 阀芯是否卡死在通电位置没能换向，最后检查单向节流阀 7 中的节流阀是否调节不当处于关闭位置或者其阀芯卡死在关闭位置。

b. 气缸右位时不能排出残压，要检查电控阀 6 是否已可靠通电，如果确认已断电则要检查电控阀 6 阀芯是否卡死在未通电位置没能换向，最后检查单向节流阀 8 中的节流阀是否调节不当处于关闭位置或者其阀芯卡死在关闭位置。

（7）双压驱动回路

① 工作原理　在气动系统中，有时需要提供两种不同的压力，来驱动双作用气缸在往返不同方向上的运动，而采用双压驱动回路。

图 7-7 中，电控阀 1 的电磁铁失电，由减压阀 2 控制气缸杆以较低压力返回[图 7-7(a)]；电控阀 1 的电磁铁得电，气缸杆以气源输入的高压伸出[图 7-7(b)]。

② 故障分析

a. 如果气缸杆返回无低压时，要检查减压阀 2 调节压力是否过高。

b. 如果气缸杆伸出无高压时，要检查气源输入压力是否过低。

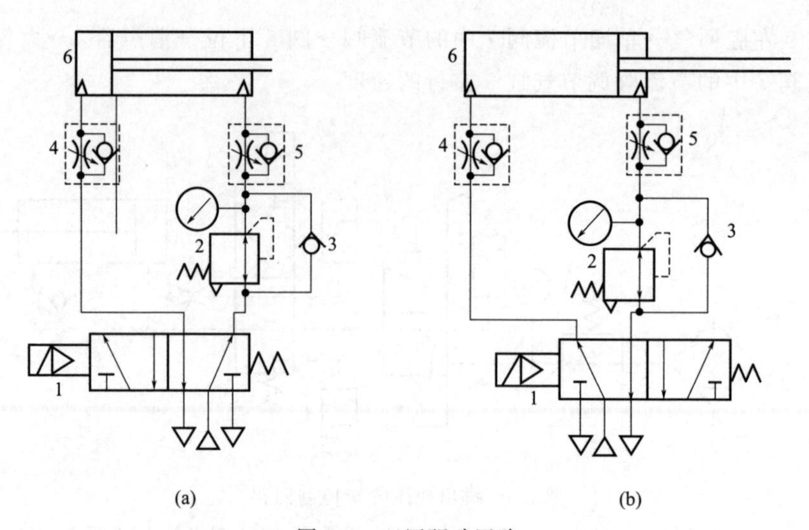

图 7-7　双压驱动回路

1—电控阀；2—减压阀；3—单向阀；4,5—单向节流阀；6—气缸

7.2 换向回路与中间停止回路

（1）单作用气缸换向回路

① 工作原理　单作用气缸换向回路如图 7-8 所示。电磁铁 1DT 失电，三通阀（电控阀）5 回到初始状态，即下位工作，单作用气缸下腔的回气通过三通阀的下位通大气，气缸活塞杆在弹簧作用下向下退回［图 7-8(a)］；电磁铁 1DT 得电，三

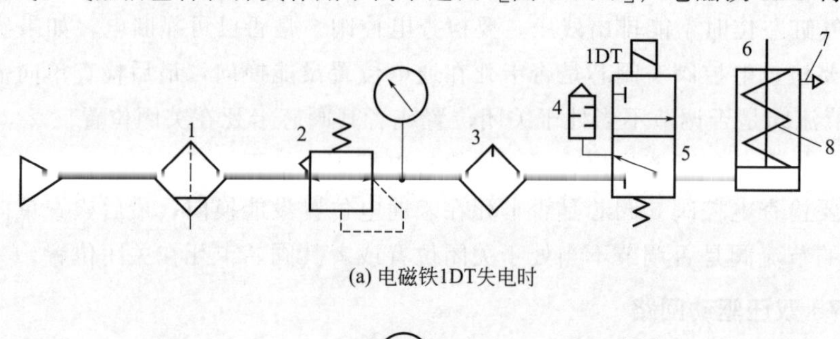

(a) 电磁铁1DT失电时

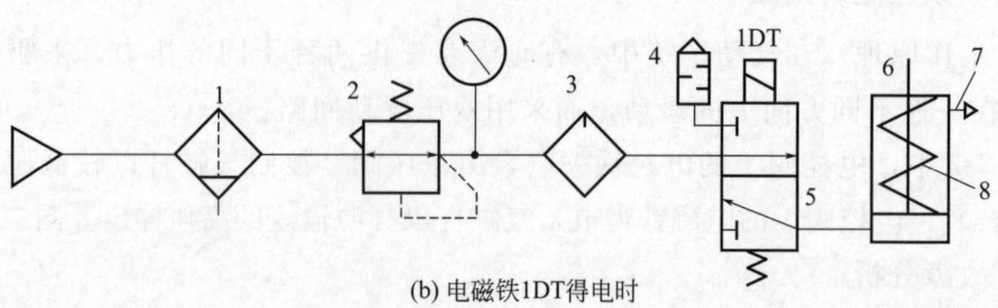

(b) 电磁铁1DT得电时

图 7-8　单作用气缸换向回路

1—过滤器；2—减压阀；3—油雾器；4—消声器；5—电控阀；6—单作用气缸；7—放气孔；8—复位弹簧

通阀（电控阀）5 换向，阀上位工作，压缩空气经阀 9 上位进入气缸下腔，作用在气缸活塞上的力压缩上腔弹簧使活塞上行，活塞杆向上伸出［图 7-8(b)］。

② 故障分析　本回路出现的主要故障是气缸不动作与不换向：电控阀 5 为直动式。排除不换向故障从两处着手：对于直动式电控阀 5 要检查其电磁铁能否通电，是电路还是电磁铁本身的故障造成不能通电，使阀不动作；对于单作用气缸，则要检查上腔复位弹簧的弹簧力是否足够大，活塞与活塞杆是否卡住，缸上腔连通大气的小孔是否堵塞。

（2）采用气控先导式二位五通电控阀的换向回路

① 工作原理　图 7-9 所示为采用气控先导式二位五通电控阀的简化换向回路（双作用气缸简化换向回路）。图 7-9(a) 中当电磁铁 2DT 通电时，气控二位五通阀右位工作，压缩空气经阀右位进气缸右腔，作用在气缸活塞右端面上的力推动活塞与活塞杆左行，气缸左腔的回气经二位五通阀的右位通大气；图 7-9 中（b）中当电磁铁 1DT 通电时，气控二位五通阀左位工作，压缩空气经阀左位进气缸左腔，作用在气缸活塞左端面上的力推动活塞与活塞杆右行，气缸右腔的回气经二位五通阀的左位通大气。

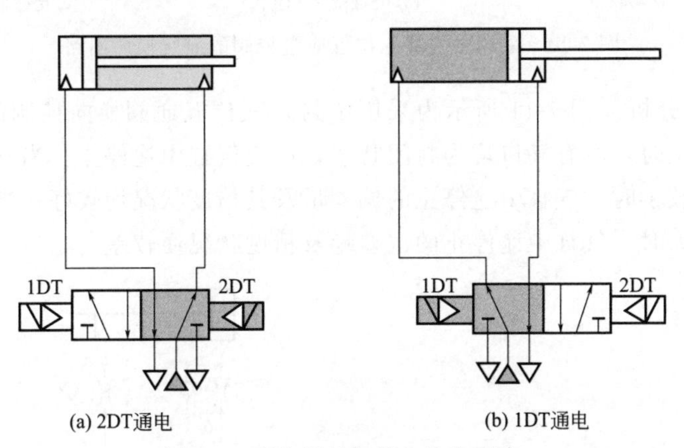

图 7-9　双作用气缸简化换向回路

使用双电控阀具有记忆功能，两电磁阀均失电时，气缸仍能保持在最后那个电磁铁通电的工作状态。

② 故障分析　本回路出现的主要故障是不换向。先导式电控阀由先导阀（直动式电控阀）与主阀（气控阀）组成。排除不换向故障从这两种阀着手：对于先导阀要检查其电磁铁能否通电，是电路还是电磁铁本身的故障，造成先导阀不动作；对于主阀则要检查其阀芯是否因某些原因卡死不换向，另外要检查控制气口有否压缩空气导入，控制压力是否足够。

（3）采用中封式三位五通电控阀的换向回路

① 工作原理　图 7-10 所示为采用中封（中位封闭）式三位五通电控阀的简

化换向回路。图 7-10(a) 中当两电磁铁均断电时，三位五通阀处于中位，气缸左右两腔处于封闭状态，无气流流动，气缸可停住不动；图 7-10(b) 中当电磁铁 1DT 通电时，三位五通阀左位工作，气源来的压缩空气经阀左位进入气缸左腔，作用在气缸活塞左端面上的力推动活塞与活塞杆右行，气缸右腔的回气经阀左位流回大气；图 7-10(c) 中当电磁铁 2DT 通电时，三位五通阀右位工作，气源来的压缩空气经阀右位进入气缸右腔，作用在气缸活塞右端面上的力推动活塞与活塞杆左行，气缸左腔的回气经阀右位流回大气。

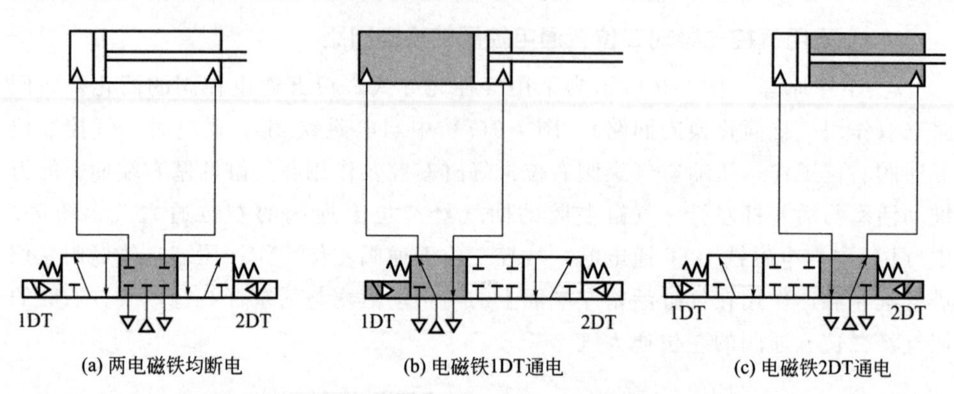

图 7-10 采用中封式三位五通电控阀的简化换向回路

② 故障分析 图 7-11 所示为采用中封式三位五通阀换向控制的详细回路，将阀置于中位时，所有气口均为封闭状态，可使气缸中途停止。当气缸动作速度较低、负载较小时，气缸中途停止的偏差量及其精度状况均较好；当气缸高速动作而负载较大时，气缸中途停止的偏差量及精度状况便较差。

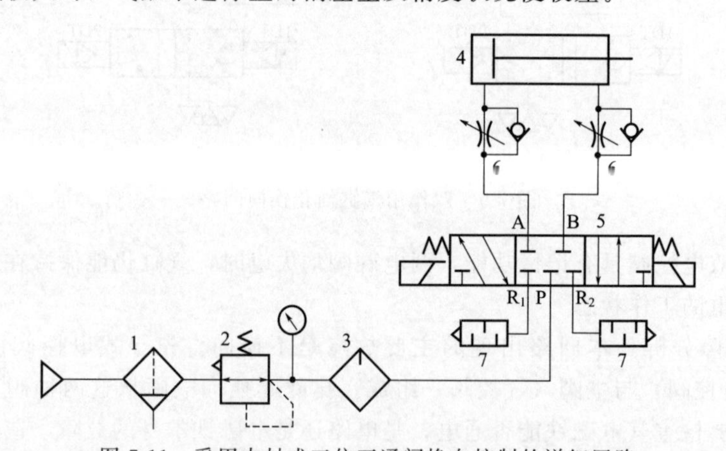

图 7-11 采用中封式三位五通阀换向控制的详细回路

1—过滤器；2—减压阀；3—油雾器；4—气缸；5—三位五通电控阀；6—单向节流阀；7—消声器

当气缸垂直安装时，如果阀的构造为金属密封型，由于其内部有泄漏，定位精度不高，可能出现气缸移动的故障。特别是气缸在高速动作而负载较大时，气缸在中间停止时超调量很大，停止精度很差。需要选择内部无泄漏的弹性体密封型阀。

气缸的装配方向为垂直方向时，如使用金属密封型阀，由于空气泄漏和负载自重，气缸会下移，因此也必须选用无空气泄漏的弹性体密封型阀。

必须注意，不仅换向阀，配管系统的空气泄漏和气缸自身内外部的空气泄漏也会使气缸活塞推力不平衡。

（4）采用中泄式三位五通电控阀的换向回路

① 工作原理　图 7-12 所示为采用中泄式（ABR 连接）三位五通电控阀简化换向回路。

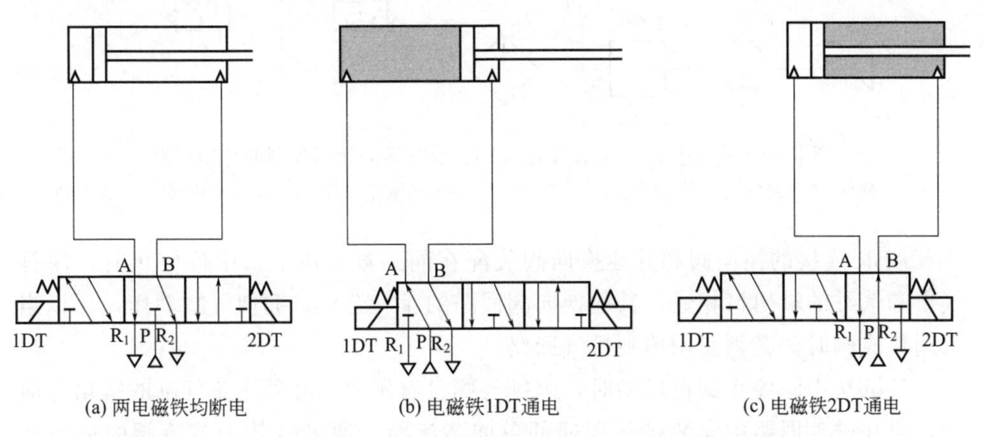

(a) 两电磁铁均断电　(b) 电磁铁1DT通电　(c) 电磁铁2DT通电

图 7-12　采用中泄式（ABR 连接）三位五通电控阀的简化换向回路

图 7-12(a) 中当两电磁铁均断电时，三位五通阀处于中位，在供气口封闭的同时，气缸两腔 A 口与 B 口分别通过两排气口 R_1 与 R_2 向大气开放，这时可以撤去施加于气缸活塞上的力，进行中途停止，仅靠外力即可移动气缸。

图 7-12(b) 中当电磁铁 1DT 通电时，三位五通阀左位工作，气源来的压缩空气经阀左位进入气缸左腔，作用在气缸活塞左端面上的力推动活塞与活塞杆右行，气缸右腔的回气经阀左位流回大气。

图 7-12(c) 中当电磁铁 2DT 通电时，三位五通阀右位工作，气源来的压缩空气经阀右位进入气缸右腔，作用在气缸活塞右端面上的力推动活塞与活塞杆左行，气缸左腔的回气经阀右位流回大气。

ABR 连接的特征：中途停止时可以用外力来移动气缸。

② 故障分析　图 7-13 所示为采用中泄式（ABR 连接）三位五通阀换向控制的详细回路。气缸水平安装时，由于惯性力的作用使气缸的中途停止状况较差。气缸垂直安装时，换向阀处于中间位置，气缸活塞会因负载自重产生自动下落的故障，所以从安全方面考虑，当气缸垂直安装时不能使用这种中泄式的换向阀。

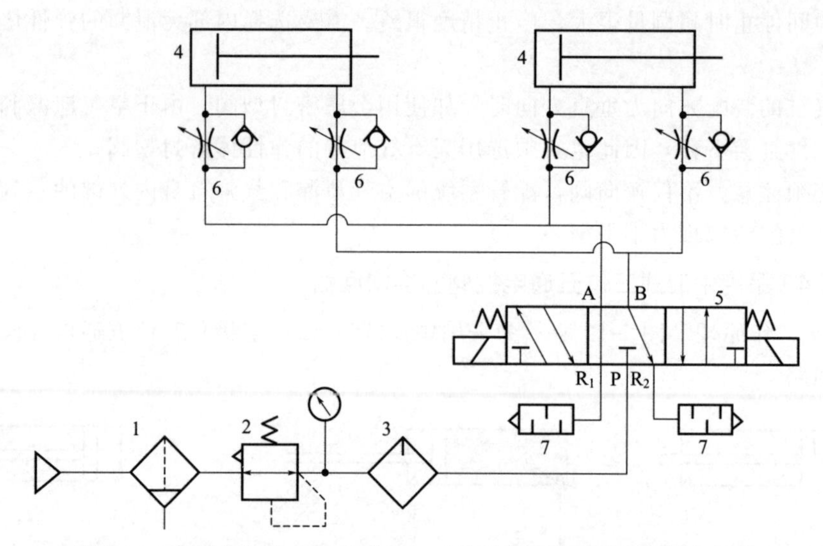

图 7-13　采用中泄式（ABR 连接）三位五通阀换向控制的详细回路

1—过滤器；2—减压阀；3—油雾器；4—气缸；5—三位五通电控阀；6—单向节流阀；7—消声器

ABR 连接的换向阀和其他换向阀装配在同一集成块上，中位停止时，因排气口和气缸的输出口相通，其他换向阀回路的排气会窜入而使气缸动作，所以当采用集成阀时，必须使用单独排气回路。

气缸从中间停止到再启动时，因排气侧没有压力，必须注意气缸的跳出与前冲，可在进气回路中安装进气调速的单向节流阀，通过对其中节流阀的适当调节，以减缓控制速度，避免跳出与前冲现象的出现。

（5）采用中压式三位五通电控阀的换向回路

① 工作原理　图 7-14 所示为采用中压式（PAB 连接）三位五通电控阀的简化换向回路。

图 7-14(a) 中当两电磁铁均断电时，三位五通阀处于中位，供气口 P 同时

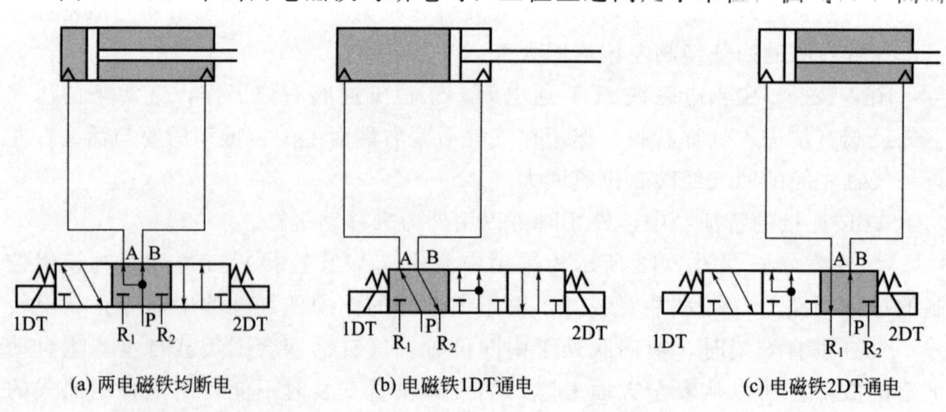

图 7-14　采用中压式（PAB 连接）三位五通电控阀的简化换向回路

向气缸两腔A口与B口供气，气缸活塞左、右两腔内被空气充满，当左、右推力平衡时，活塞停在中间，同时由于两排气口 R_1 与 R_2 被封闭，因此气缸可在中间停止。

图7-14(b) 中当电磁铁1DT通电时，三位五通阀左位工作，气源来的压缩空气经阀左位进入气缸左腔，作用在气缸活塞左端面上的力推动活塞与活塞杆右行，气缸右腔的回气经阀左位流回大气。

图7-14(c) 中当电磁铁2DT通电时，三位五通阀右位工作，气源来的压缩空气经阀右位进入气缸右腔，作用在气缸活塞右端面上的力推动活塞与活塞杆左行，气缸左腔的回气经阀右位流回大气。

图7-15所示为采用中压式（PAB连接）三位五通阀换向控制的详细回路，其工作原理如下。

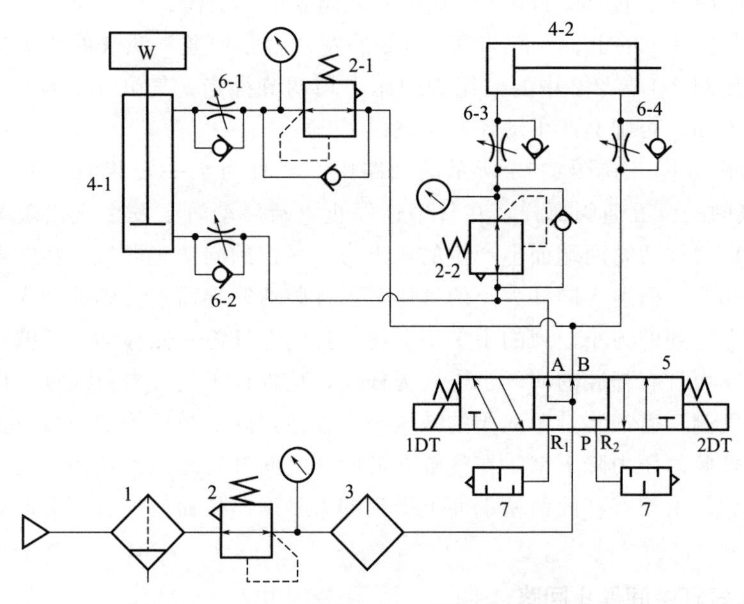

图7-15 采用中压式（PAB连接）的三位五通阀换向控制的详细回路

1—过滤器；2—减压阀；2-1,2-2—单向减压阀；3—油雾器；4-1,4-2—气缸；5—电控阀；6-1～6-4—单向节流阀；7—消声器

a. 气缸4-1上行与气缸4-2右行。

当阀5的电磁铁1DT通电时，阀5左位工作，气源来的压缩空气→过滤器1→减压阀2→油雾器3→阀5左位后，分成两路。

一路经单向节流阀6-2中的单向阀→气缸4-1下腔，气缸4-1上行，气缸4-1上腔的回气→单向节流阀6-1中的节流阀（调速）→单向减压阀2-1中的单向阀→阀5左位→R_2 口→消声器7→大气。

另一路经单向减压阀2-2中的减压阀→单向节流阀6-3中的单向阀→气缸4-2

左腔，气缸 4-2 右行，气缸 4-2 右腔的回气→单向节流阀 6-4 中的节流阀（调速）→阀 5 左位→R_2 口→消声器 7→大气。

b. 气缸 4-1 下行与气缸 4-2 左行。

当阀 5 的电磁铁 2DT 通电时，阀 5 右位工作，气源来的压缩空气→过滤器 1→减压阀 2→油雾器 3→阀 5 右位后，分成两路。

一路经单向减压阀 2-1 中的减压阀→单向节流阀 6-1 中的单向阀→气缸 4-1 上腔，气缸 4-1 下行，气缸 4-1 下腔的回气→单向节流阀 6-2 中的节流阀（调速）→阀 5 右位→R_1 口→消声器 7→大气。

另一路经→单向节流阀 6-4 中的单向阀→气缸 4-2 右腔，气缸 4-2 左行，气缸 4-2 左腔的回气→单向节流阀 6-3 中的节流阀（调速）→单向减压阀 2-2 中的单向阀→阀 5 右位→R_1 口→消声器 7→大气。

c. 当电磁铁 1DT 与 2DT 均不通电时，阀 5 中位工作。

这时气缸 4-1 的上、下腔与气缸 4-2 的左、右腔均通气源来的压缩空气。如果单向减压阀 2-1 与 2-2 中的减压阀的压力均调节得当，气缸 4-1 与气缸 4-2 可中位停止不动，否则会产生动作甚至飞出。

② 故障分析　在图 7-15 所示的回路中，气缸为水平安装时，不会像使用 ABR 连接的三位五通阀那样，在从中途停止重新启动时会发生飞出现象，但如果没有考虑气缸活塞两端面上产生的输出力不平衡的问题，即气缸活塞两端面作用面积不相等，而通入同样大小的气压，无杆腔活塞端面上受到的力大，有杆腔活塞端面上受到的力小，力的不平衡会使气缸向有杆腔一侧移动，活塞杆仍然会向前伸出。而且有杆腔的回气也进入无杆腔，更加快了气缸右行速度。因此在无杆腔的进气侧，需加装带单向阀的减压阀，并适当降低减压阀的出口压力，使进入气缸无杆腔的压力降下来，在气缸和换向阀之间进行减压，从而使无杆腔活塞端面上受到的力与有杆腔活塞端面上受到的力平衡，从而使气缸不会向有杆腔一侧移动。

(6) 气缸中间停止回路

① 锁紧气缸控制的气缸中间停止回路

a. 工作原理。锁紧气缸控制的气缸中间停止回路如图 7-16 所示。控制锁紧气缸的回路中，采用了一个驱动气缸用的换向阀（中位 PAB 连接的三位五通电磁阀 6），以及平衡气缸推力的单向减压阀 3，还有释放气缸锁紧器的电磁阀 4。当气缸在中间停止时，PAB 连接的三位五通电磁阀 6 不通电，气缸的活塞两侧腔室被压缩空气充填，在推力平衡的同时，锁紧机构释放，电磁阀 4 断电把锁紧装置内空气排出，锁紧机构以 0.8MPa 气缸推力的两倍来锁紧活塞杆。

b. 故障分析。为了更有效地提高气缸停止精度，应缩短释放换向阀的响应时间，以及减少响应时间的标准偏差。气缸的速度越低，停止精度越高，但此时

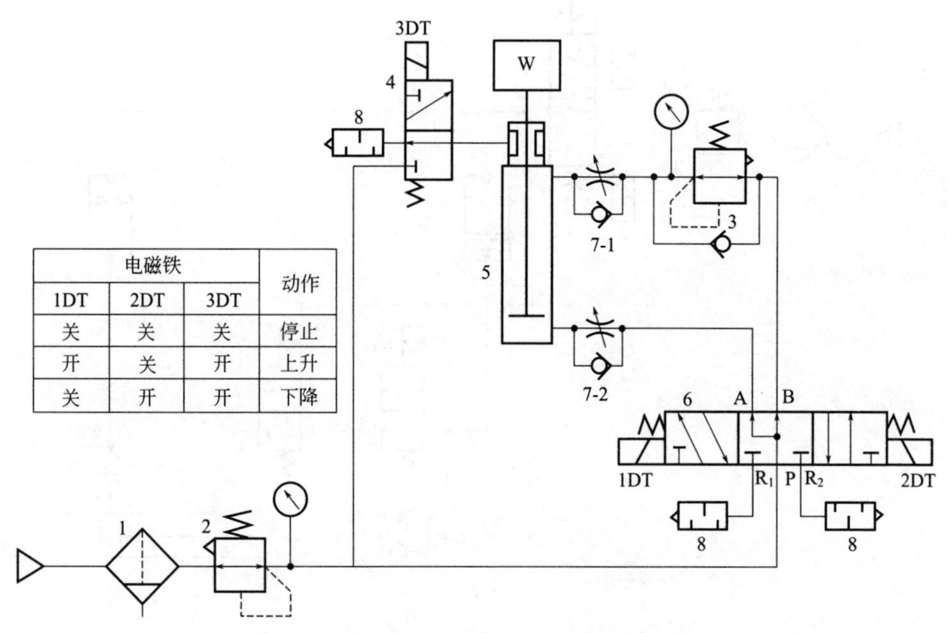

电磁铁			动作
1DT	2DT	3DT	
关	关	关	停止
开	关	开	上升
关	开	开	下降

图 7-16　锁紧气缸控制的气缸中间停止回路

1—过滤器；2—减压阀；3—单向减压阀；4—二位三通电磁阀；5—带锁紧器的气缸；6—三位五通电磁阀；7-1,7-2—单向节流阀；8—消声器

可能出现爬行现象。一般速度大于 50mm/s 才不会出现爬行现象。

② 气-液转换控制的气缸中间停止回路

a. 工作原理。气-液转换控制的气缸中间停止回路如图 7-17 所示。如前所述，在只用气动元件构成的速度控制回路中，在低速（50mm/s 以下）时会产生爬行和中间停止精度差的故障，因此使用了气-液转换器和气-液阻尼气缸的回路，利用液压的优点来克服气压的缺点。

如图 7-17(a) 所示，气缸由高速到低速前进再到中间停止，高速后退。首先，外部先导式二通跳跃式电磁阀 4-1 和停止阀 4-2 通电使气缸前进，然后关闭跳跃阀由节流阀 6-1 控制，变成低速前进，再关闭停止阀使气缸在中间停止。

如图 7-17(b) 所示回路与图 7-17(a) 所示回路的控制条件和控制元件相同，工作原理相似，不同的是不使用气-液转换器，而使用气缸和两侧封入油的液压缸串联成的气-液阻尼气缸，虽然有空气和液压部分不直接接触的优点，但气缸纵向长度加长。

b. 故障分析。图 7-17(a) 所示回路主要是气-液转换器内空气和油不断接触，空气容易混入油内，产生故障。应使用比气缸缸径大的转换器，并应进行充分排气，尽量使用在气缸速度低的场合。

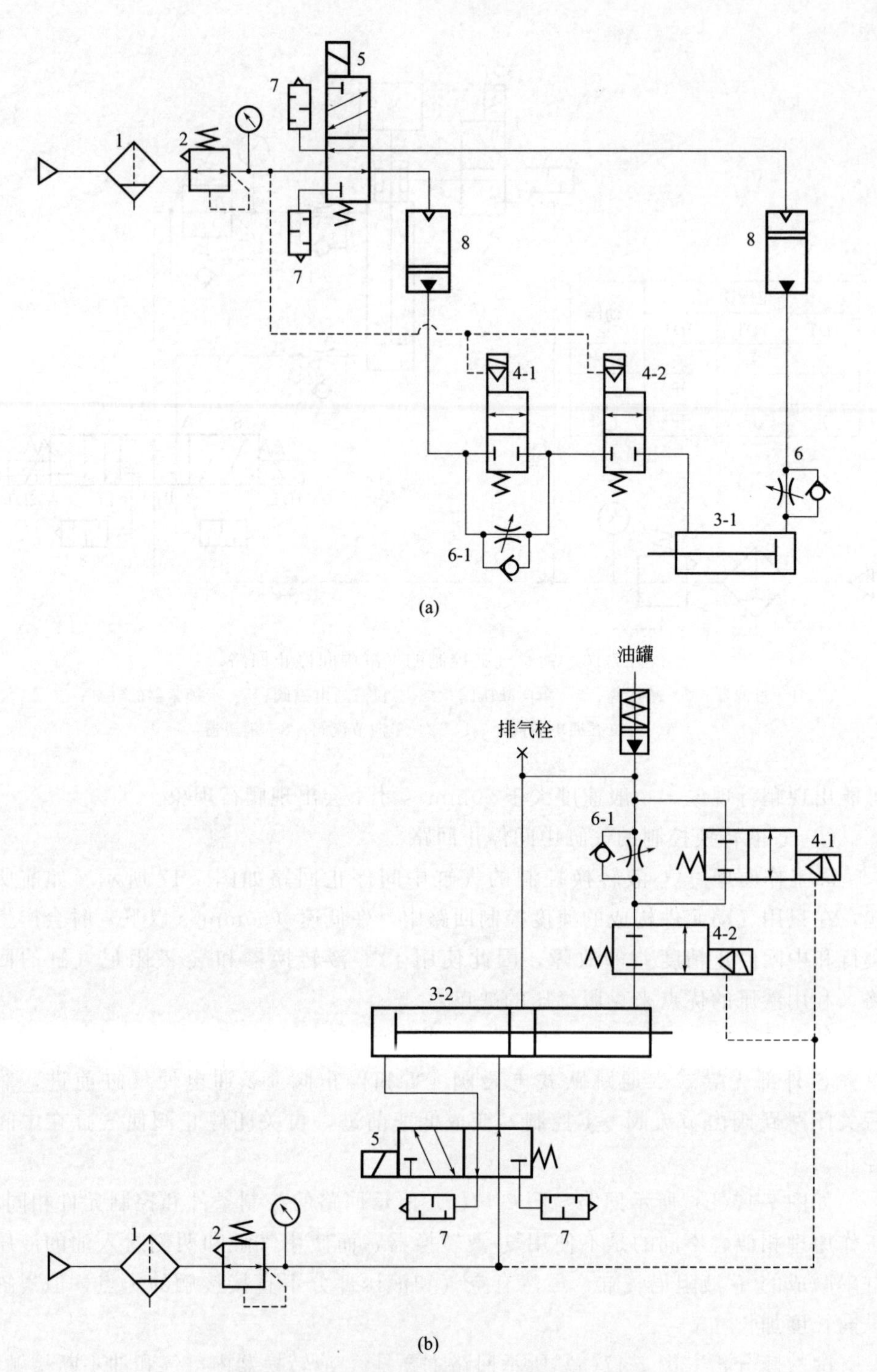

图 7-17　气-液转换控制的气缸中间停止回路

1—过滤器；2—减压阀；3-1,3-2—气-液阻尼气缸；4-1—外部先导式二通跳跃式电磁阀；4-2—停止阀；5—二位五通直动式气动阀；6,6-1—单向节流阀；7—消声器；8—气-液转换器

7.3 速度控制回路

表 7-1 列出了入口节流和出口节流控制回路特性的比较，可作为后述各种控制速度回路故障分析的参考。

表 7-1 入口节流和出口节流控制回路特性的比较

特性	入口节流	出口节流
低速平稳性	易产生低速爬行	好
阀的开度与速度	没有比例关系	有比例关系
惯性的影响	对调速特性有影响	对调速特性影响很小
启动延时	小	与负载率成正比
启动加速度	小	大
行程终点速度	大	约等于平均速度
缓冲能力	小	大

(1) 单作用气缸的速度控制回路

单作用气缸仅将空气供给活塞的单侧，只形成单向的输出控制，由于返回时利用内置弹簧力或负载自重来复位，因此同双作用气缸相比空气的消耗量较小。其缺点是由于内置了返回弹簧，因此行程方向变长。另外，由于返回弹簧的原因使气缸输出随行程而变化。

① 工作原理　图 7-18 所示为单作用气缸的速度控制简化回路。图 7-18(a) 所示为入口节流，单作用气缸右行前进时，因单向节流阀中的单向阀 I1 此时反向截止不通，压缩空气只能通过单向节流阀中的节流阀 L1 进入单作用气缸中，实现入口节流。

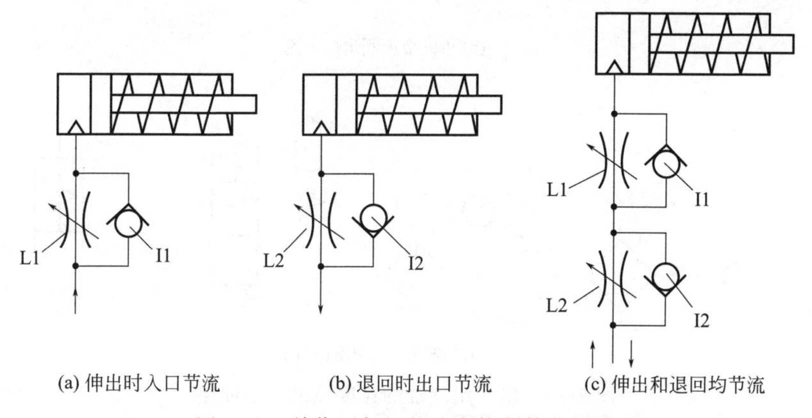

(a) 伸出时入口节流　(b) 退回时出口节流　(c) 伸出和退回均节流

图 7-18 单作用气缸的速度控制简化回路

图 7-18(b) 所示为出口节流，单作用气缸左行返回时，因单向节流阀中的单向阀 I2 此时反向截止，单作用气缸的回气可通过单向节流阀中的节流阀 L2 节流流出单作用气缸，实现出口节流。

图 7-18(c) 所示为伸出和退回均节流：当进气→单向阀 I2→节流阀 L1（因单向阀 I1 此时反向截止不通)→进入单作用气缸中，实现入口节流，单作用气缸右行前进；当单作用气缸左行返回时，气缸左腔排气→单向阀 I1→节流阀 L2 (因单向阀 I2 此时反向截止不通)→回气。

图 7-19 所示为单作用气缸的速度控制详细回路。图 7-19(a) 中当电控阀 5 的电磁铁 1DT 通电时，电控阀 5 上位工作，从气源来的压缩空气→过滤器 1→减压阀 2→油雾器 3→电控阀 5 上位→单向节流阀 6-1 中的节流阀进入单作用气缸 7 中，为入口节流，进入气缸中的压缩空气压缩弹簧，实现气缸上行。

图 7-19(b) 中当电控阀 5 的电磁铁 1DT 断电时，电控阀 5 下位工作，单作用气缸 7 中的弹簧使气缸 7 复位，气缸 7 中的回气→单向节流阀 6-2 中的节流阀→电控阀 5 下位→消声器 4→大气，使气缸下行，为出口节流。

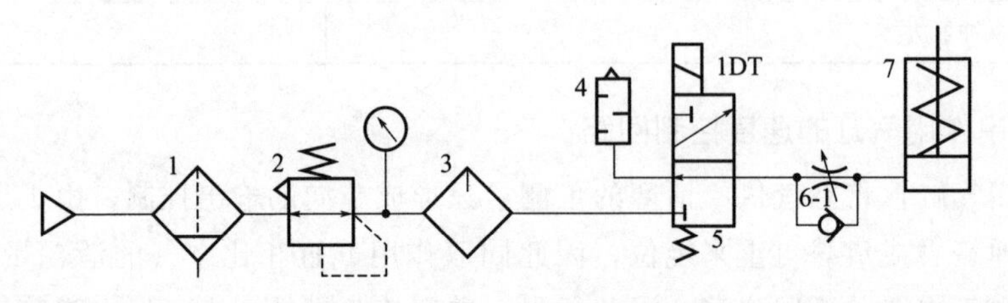

(a) 入口节流

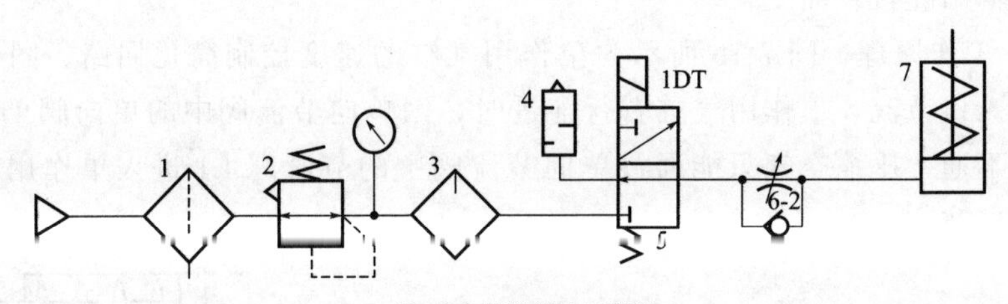

(b) 单向节流阀出口节流

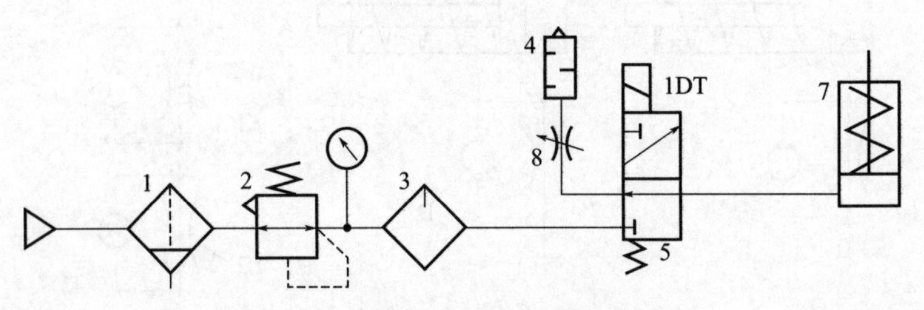

(c) 排气节流阀出口节流

图 7-19　单作用气缸的速度控制详细回路

1—过滤器；2—减压阀；3—油雾器；4—消声器；5—电控阀；6-1,6-2—单向节流阀；7—气缸；8—节流阀

图 7-19(c) 中回路的工作原理基本与图 7-19(b) 中的回路相同，当电控阀 5 的电磁铁 1DT 断电时，电控阀 5 下位工作，单作用气缸 7 中的弹簧使气缸 7 复位下行，气缸 7 中下腔的回气→电控阀 5 下位→节流阀 8→消声器 4→大气，使气缸下行，为出口节流。

② 故障分析

单作用气缸因内藏弹簧，气缸的输出力会随之变化，还可能出现靠弹簧力不能复位的故障，所以必需确认复位弹簧的力是否合适。

控制单作用气缸速度时，如对单作用气缸活塞杆向上推出时，则把速度控制阀设置成进气节流回路［图 7-19(a)］，对供给空气量进行节流。活塞杆缩回时应把速度控制阀设置成排气节流回路［图 7-19(b)］，或在三通电磁阀 5 的排气口设置节流阀 8，对排出量进行节流。

单作用气缸的速度调整，比双作用气缸的精度低。

（2）双作用气缸的速度控制回路

双作用气缸是利用气压来使活塞前进或后退的气缸。

① 双作用气缸的速度控制简化回路例

a. 工作原理。双作用气缸的速度控制简化回路如图 7-20 所示。图 7-20(a) 中采用入口节流速度控制，图 7-20(b) 中采用出口节流速度控制，均用二位五通电控阀控制气缸的左右运动，电控阀不通电时气缸左行，通电时右行。

b. 故障分析。图 7-20 中使用的二位五通阀。只能进行前进与后退的控制，而不能中途停止。若要中途停止，则需使用三位五通阀。

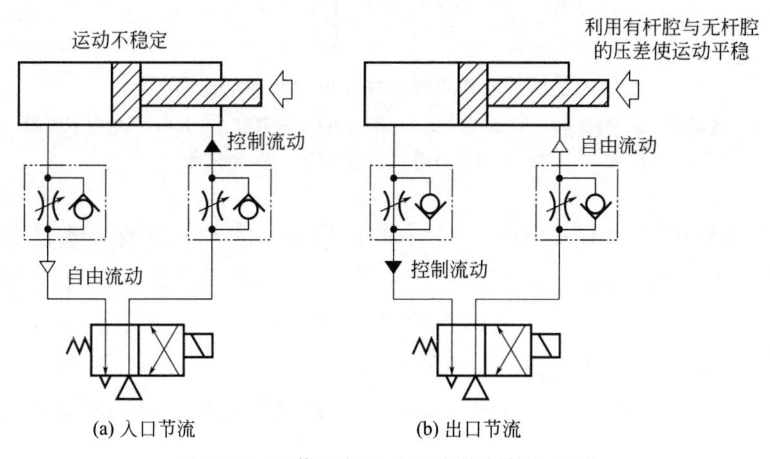

图 7-20　双作用气缸的速度控制简化回路

② 双作用气缸的详细速度控制回路　图 7-21 所示为双作用气缸的速度控制详细回路。

a. 工作原理。在图 7-21 中的回路 1 中，使用了二位五通电控阀 7 和气缸 5，配管中间把速度控制阀（单向节流阀 6-1）设置成排气节流回路，通过对气缸排气侧的空气流量进行节流来调整气缸速度。速度控制阀尽量靠近气缸安装时，可使气缸速度稳定。在图 7-21 中的回路 2 中，二位五通电控阀 7 的排气口处装节流阀 9，通过这种方式来调整气缸速度。在图 7-21 中的回路 3 中，速度控制阀（单向节流阀 6-2）装在进气节流回路中。

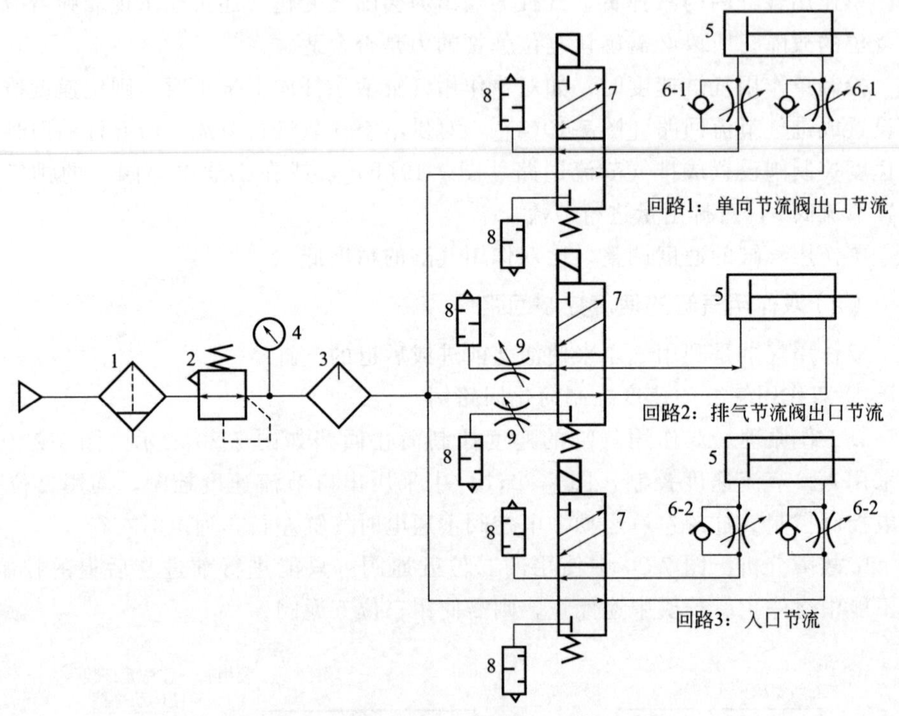

图 7-21　双作用气缸的速度控制详细回路

1—过滤器；2—减压阀；3—油雾器；4—压力表；5—气缸；6-1,6-2—单向节流阀；7—二位五通电控阀；8—消声器；9—节流阀

b. 故障分析。如果采用图 7-21 中的回路 3，按入口节流方式设置速度控制阀 6-2，则不妥。因为由于这种方式下，一方面气缸 5 内的排气侧压力被过早地排出，另一方面对气缸的供给侧进行节流时会造成压力下降过大，容易导致气缸动作不稳定，不能顺畅地进行速度控制。一般不采用这种方式。特别是当气缸垂直安装，下降方向气缸速度控制靠负载自重时，不能使用进气节流回路。

如果采用图 7-21 中的回路 2，在电控阀 7 的排气口设置节流阀 9 来调整气缸速度，当配管管径大且管道长时，配管容积增大，速度调整变得不稳定，进而因电控阀 7 的构造不同而可能发生错误动作，因此需特别注意。在该回路中需要消除排气噪声时，则使用带消声器的节流阀为好。

（3）气缸高速控制回路

① 工作原理　图 7-22 所示为气缸高速控制回路。要使气缸快速动作时，可使用快速排气阀。如果不采用快速排气阀的回路，为了适应其高速必须选择具有大排气量的配管和气动元件。如果使用快速排气阀，只需小规格的配管和气动元件就可以达到所需速度，属于经济型回路。

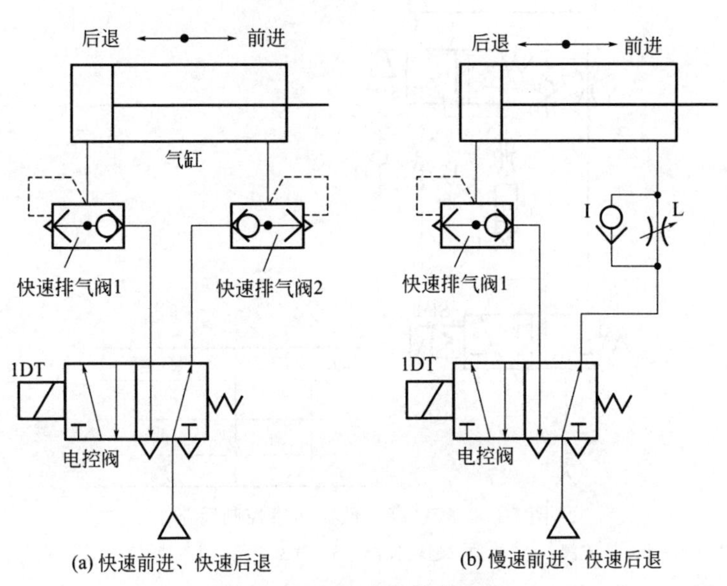

图 7-22　气缸高速控制回路

图 7-22(a) 所示为气缸前进与后退均为快速的速度控制回路。当电控阀的电磁铁 1DT 通电时，电控阀左位工作，压缩空气→电控阀左位→快速排气阀 1→气缸无杆腔，气缸有杆腔的回气→快速排气阀 2→大气，实现气缸快速前进；当电控阀的电磁铁 1DT 断电时，电控阀右位工作，压缩空气→电控阀右位→快速排气阀 2→气缸有杆腔，气缸无杆腔的回气→快速排气阀 1→大气，实现气缸快速后退。

图 7-22(b) 所示为气缸仅后退为快速的速度控制回路。当电控阀的电磁铁 1DT 通电时，电控阀左位工作，压缩空气→电控阀左位→快速排气阀 1→气缸无杆腔，气缸有杆腔的回气→节流阀 L→电控阀左位→大气，实现气缸慢速前进；当电控阀的电磁铁 1DT 断电时，电控阀右位工作，压缩空气→电控阀右位→单向阀 I→气缸有杆腔，气缸无杆腔的回气→快速排气阀 1→大气，实现气缸快速后退。

关于快速排气阀的详细工作原理及应用可参见图 5-9～图 5-11。

② 故障分析

a. 气源来的压缩空气量不够，影响快排速度。

b. 电控阀的电磁铁通断电不正常，电控阀换向不到位，会产生有关故障。

（4）气缸高、低速切换控制回路

图 7-23 所示为气缸高、低速切换控制回路，利用高、低速两个节流阀实现高、低速切换，节流阀 3 为高速调节用，节流阀 L2 为低速调节用。

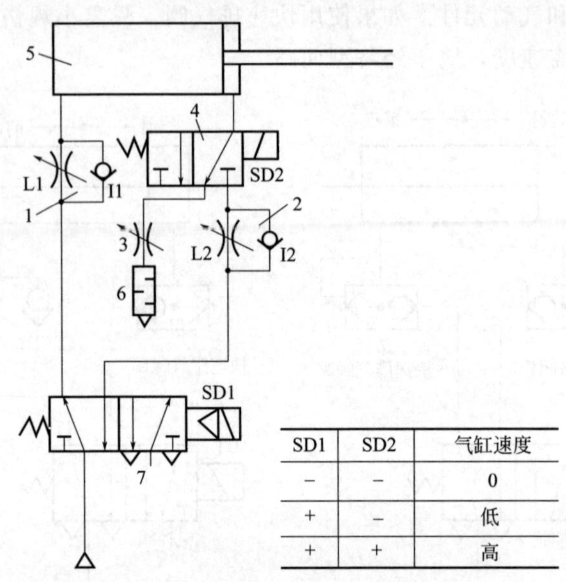

SD1	SD2	气缸速度
−	−	0
+	−	低
+	+	高

图 7-23　气缸高、低速切换控制回路

1,2—单向节流阀；3—节流阀；4—二位三通电控阀；5—气缸；6—消声器；7—二位五通先导式电控阀

当二位五通先导式电控阀 7 电磁铁 SD1 未通电时，阀 7 左位工作，压缩空气→阀 7 左位→单向节流阀 1 的单向阀 I1→气缸 5 左腔，推动活塞及活塞杆右行。气缸 5 右腔回气有两种情况：当二位三通电控阀 4 通电时，气缸 5 右腔回气→阀 4 右位→节流阀 3→消声器 6→大气，气缸 5 向右高速右行，速度由节流阀 3 调节；当二位三通电控阀 4 不通电时，气缸 5 右腔回气→阀 4 左位→单向节流阀 2 的节流阀 L2→二位五通先导式电控阀左位→大气，气缸 5 低速右行，速度由节流阀 L2 调节。

当二位五通先导式电控阀 7 电磁铁 SD1 通电、SD2 未通电时，阀 7 右位工作，压缩空气→阀 7 右位→单向节流阀 2 的单向阀 I2→阀 4 左位→气缸 5 右腔，推动活塞及活塞杆左行，气缸 5 左腔回气→单向节流阀 1 的节流阀 L1→阀 7 右位→大气，左行速度由节流阀 L1 调节。

（5）气缸高、低速可变控制回路

如图 7-24 所示，在气缸行程中间安装位置检测传感器，由位置检测传感器的信号对减速回路的电磁阀进行通断电切换，从而对气缸进行高、低速可变控制。

图 7-24(a) 中气缸 5 和二位五通电控阀 6 的配管之间设置歧管，在歧管处设置二位二通电控阀 7-1、7-2 及节流阀 9 和速度控制阀 8-1～8-3 进行调速。

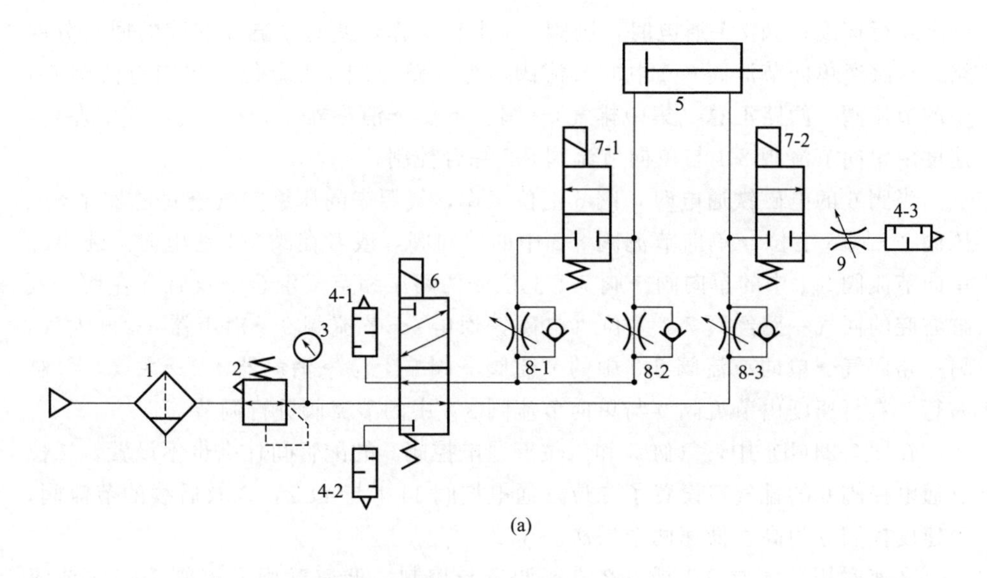

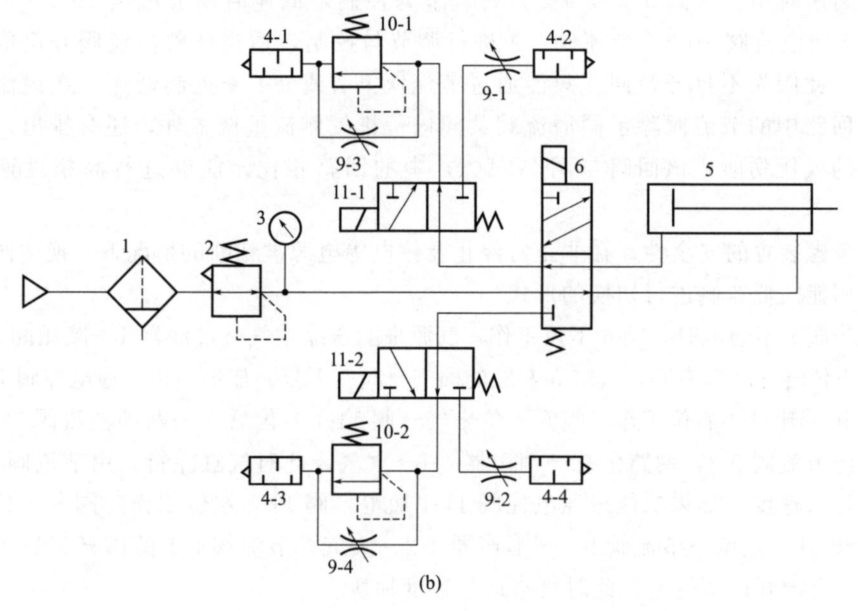

图 7-24　气缸高、低速可变控制回路

1—过滤器；2—减压阀；3—压力表；4-1～4-4—消声器；5—气缸；6—二位五通电控阀；
7-1,7-2—二位二通电控阀；8-1～8-3—单向节流阀；9,9-1～9-4—节流阀；
10-1,10-2—溢流阀；11-1,11-2—二位三通电控阀

当阀 6 的电磁铁未通电时，阀 6 下位工作，气源来的压缩空气→过滤器 1→减压阀 2→阀 6 下位→单向节流阀 8-3 中的单向阀→气缸 5 右腔。气缸 5 左腔的回气：阀 7-1 未通电时，气缸 5 左腔的回气→单向节流阀 8-2 中的节流阀→阀 6 下位→消声器 4-1→大气，实现气缸左行，并由单向节流阀 8-2 中的节流阀调节

气缸左行速度；阀 7-1 通电时，则阀 7-1 上位工作，此时气缸 5 左腔的回气分两路，一路经单向节流阀 8-2 中的节流阀，另一路经阀 7-1 上位→单向节流阀 8-1 中的节流阀，两路汇总（集中排气）→阀 6 下位→消声器 4-1→大气，气缸左行，速度由单向节流阀 8-1 与单向节流阀 8-2 综合控制。

当阀 6 的电磁铁通电时，阀 6 上位工作，气源来的压缩空气→过滤器 1→减压阀 2→阀 6 上位→单向节流阀 8-2 中的单向阀，或者在阀 7-1 通电时，还可经单向节流阀 8-1 中的单向阀→阀 7-1 上位→两路压缩空气汇合→气缸 5 左腔；气缸右腔的回气一路经阀 7-2 上位（电磁铁通电）→节流阀 9→消声器 4-3→大气，另一路回气→单向节流阀 8-3 中的节流阀→阀 6 上位→消声器 4-2→大气，气缸右行，右行速度由节流阀 9 与单向节流阀 8-3 中的节流阀进行调节。

在图 7-24(b) 中，气缸 5 和二位五通电控阀 6 的配管间什么也不设置，二位五通电控阀 6 的排气口设置了二位三通电控阀 11-1 与 11-2，以及后续的节流阀，使速度控制分为高、低速两个层次。

高速时用节流阀 9-1 或 9-2 进行调节与控制，低速时用溢流阀 10-1、节流阀 9-3 或溢流阀 10-2、节流阀 9-4 进行调节与控制，适当调整溢流阀开启的背压值，此阀先不打开，回气只能通过节流阀 9-3 或 9-4 来控制低速。在溢流阀辅助回路中的节流阀除了同溢流阀共同进行排气侧流量调整外，还有排出气缸终端的残压功能，该回路与图 7-24(a) 中的回路相比，能够进行高精度速度控制。

考虑装置的安全性，在非正常停止及停电等电源被切断的情况下，换向阀必须采用能向低速侧进行切换的形式。

当阀 6 不通电时，阀 6 下位工作，气源来的压缩空气→过滤器 1→减压阀 2→阀 6 下位→气缸 5 右腔，气缸 5 左腔的回气→阀 6 下位。如果二位三通电控阀 11-1 不通电，阀 11-1 右位工作，阀 6 下位来气→阀 11-1 右位后，一路到溢流阀 10-1，一路经节流阀 9-3，两路汇总→消声器 4-1→大气，此时气缸左行，由节流阀 9-3 调节运行速度；如果二位三通电控阀 11-1 通电，阀 11-1 左位工作，阀 6 下位回气→阀 11-1 左位→节流阀 9-1→消声器 4-2→大气，节流阀 9-1 的阀开口比节流阀 9-3 的阀开口调得大，此时气缸运行速度加快。

当阀 6 通电时，阀 6 上位工作，读者不难分析出回路下部气缸右行的工作原理。

7.4 其他回路简介

(1) 同步回路

① 节流阀的同步回路。如图 7-25 所示，利用节流阀使流入和流出执行机构的流量保持一致。

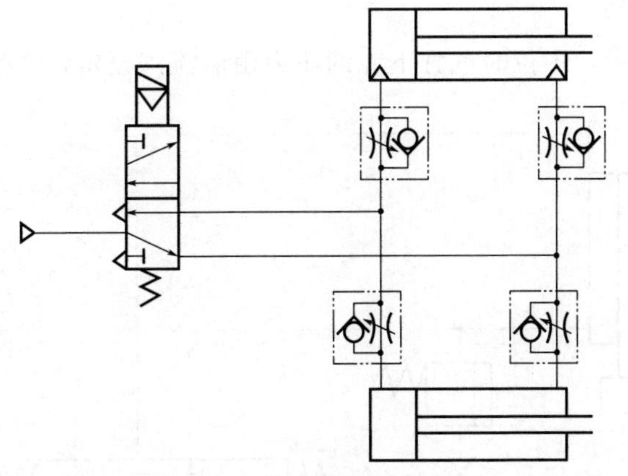

图 7-25　节流阀的同步回路

② 机械连接的同步回路。如图 7-26 所示，气缸的活塞杆通过齿轮齿条机构连接起来，实现同步动作。

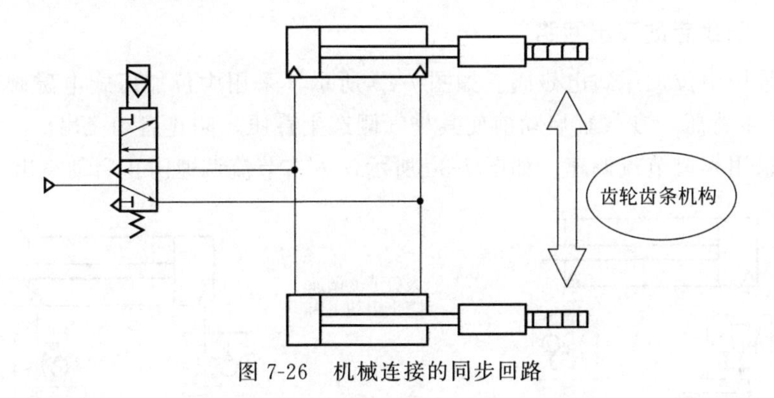

图 7-26　机械连接的同步回路

③ 气-液转换缸的同步回路。如图 7-27 所示，利用两个气-液转换缸实现同步动作。

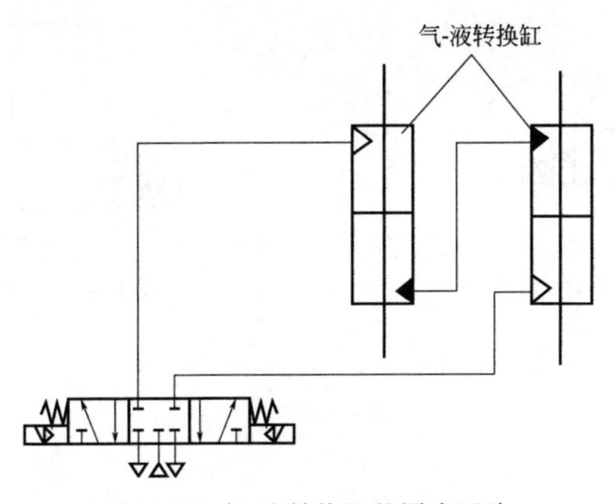

图 7-27　气-液转换缸的同步回路

(2)缓冲回路

如图 7-28 所示，中位时气缸下腔的压力由溢流阀设定，产生背压实现缓冲。

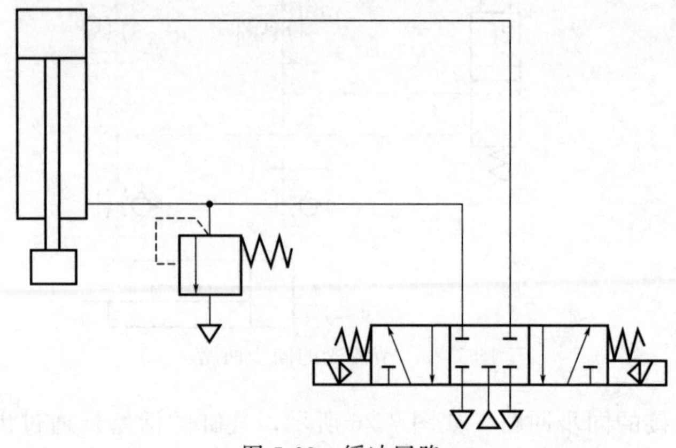

图 7-28　缓冲回路

(3)防止启动飞出回路

① 采用中位加压式电磁阀。如图 7-29 所示，采用中位加压式电磁阀使气缸排气侧产生背压，在气缸启动前使其排气侧产生背压，防止启动飞出。

② 采用入口节流调速。如图 7-30 所示，入口节流调速防止启动飞出。

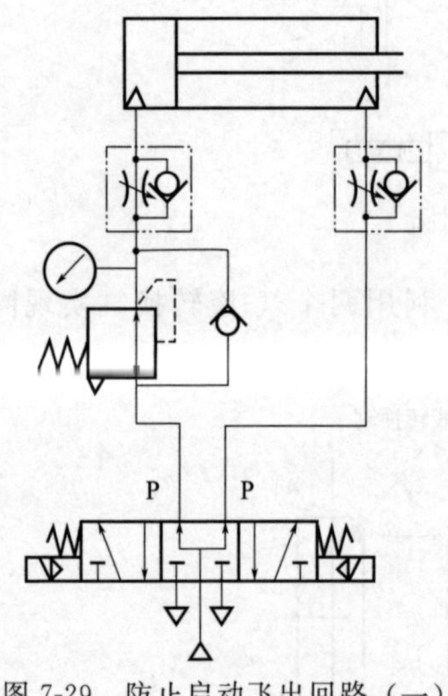

图 7-29　防止启动飞出回路（一）

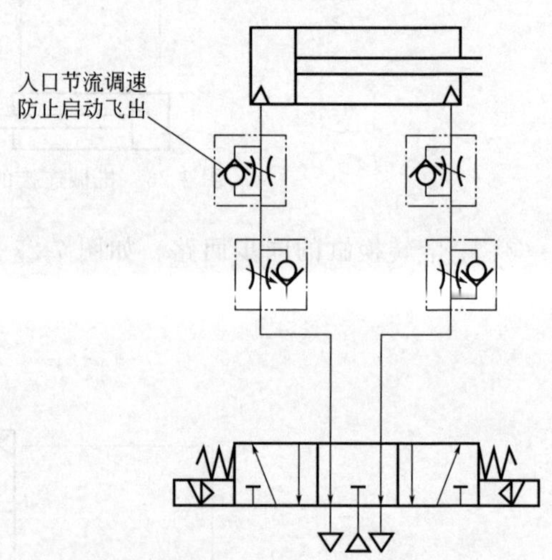

图 7-30　防止启动飞出回路（二）

第8章 气动系统的故障诊断与维修

8.1 气动系统的维护工作

8.1.1 气动系统维护的要点

（1）保证供给洁净的压缩空气

压缩空气中通常都含有水分、油分和粉尘等杂质。水分会使管道、阀和气缸腐蚀，油分会使橡胶、塑料和密封材料变质；粉尘造成阀动作失灵。

选用合适的过滤器，可以清除压缩空气中的杂质，使用过滤器时应及时排除积存的液体，否则当积存液体接近挡水板时，气流仍可将积存物卷起。

（2）保证空气中含有适量的润滑油

大多数气动执行元件和控制元件都要求适度地润滑。如果润滑不良便会发生以下故障。

① 由于摩擦阻力增大而造成气缸推力不足，阀芯动作失灵。

② 由于密封材料的磨损而造成空气泄漏。

③ 由于生锈造成元件的损伤及动作失灵。

润滑的方法一般采用油雾器进行喷雾润滑，油雾器一般安装在过滤器和减压阀之后。油雾器的供油量一般不宜过多，通常每 $1m^3$ 的自由空气供 40～50 滴油。检查润滑是否良好的方法是，找一张清洁的白纸，放在换向阀的排气口附近，如果阀在工作 3～4 个循环后，白纸上只有很轻微的斑点时，则表明润滑是良好的。

（3）保持气动系统的密封性

漏气不仅增加了能量的消耗，也会导致供气压力的下降，甚至造成气动元件工作失常。严重的漏气在气动系统停止运行时，由漏气引起的响声很容易发现；轻微的漏气则可利用仪表，或用涂抹肥皂水的方法进行检查。

（4）保证气动元件中运动零件的灵敏性

从空气压缩机排出的压缩空气中，包含粒度为 0.01～0.8μm 的压缩机油微粒，在排气温度为 120～220℃的高温下，这些油粒会迅速氧化，氧化后油粒颜色变深，黏度增大，并逐步由液态固化成油泥。这种微米级以下的油粒，一般过滤器无法滤除。当它们进入到换向阀后便附着在阀芯上，使阀的灵敏度逐步降低，甚至出现动作失灵。为了清除油粒，保证灵敏度，可在气动系统的过滤器后，安装油雾分离器，将油粒分离出来。此外，定期清洗阀也可以保证阀的灵敏度。

（5）保证气动装置具有合适的工作压力和运动速度

工作时，压力表应工作可靠，读数准确。减压阀与节流阀调节好后，必须紧固调压阀盖或锁紧螺母，防止松动。

8.1.2 气动系统定期维护的实施

（1）定期维护的实施内容

定期维护的实施内容根据使用条件及使用环境而定，很难一概而论。一般包括如下内容。

① 合理地制定日常检查和定期检查计划。在参考厂家说明书、数据等的基础上，可制定类似表8-1的表格，表中给出了对一个气动设备定期维护保养的实例，将有关内容和记录填写进去，制作这种具体的检查表来进行日常的管理是很重要的。

② 针对发生故障前后的具体情况，总结具体气动元件或装置的相关注意事项，制定具体的预防措施。

③ 故障对策及修理内容（修理的零件及修理方法）。

（2）做好日常维护工作

① 注意检查自动排水器是否正常，水杯内存水是否正常，每次运转前将冷凝水排出。

② 检查油雾器滴油量是否正常，油色是否正常。

③ 是否向后冷却器供给了冷却水（水冷式），空压机是否有异常声音和异常发热，润滑油油位是否正常。

④ 每天必须对过滤器按表8-1进行检查。

表8-1 过滤器每天的检查

部位	序号	检查项目	检查方法和判定标准
过滤器	1	检查是否有排放物堆积	清洗过滤器时，检查是否有排放物堆积在过滤套内
	2	检查过滤套是否损坏和内部是否有污物滞留	清洗过滤器时，检查过滤套是否损坏和内部是否有污物滞留
	3	检查变流装置	取下过滤套，目视检查变流器是否破裂或损坏
	4	检查滤芯	取下滤芯，检查是否有污垢和堵塞
	5	检查隔板	移开过滤套，取下隔板，检查是否有污垢、裂缝或变形
	6	检查过滤器的安装角度	采用测量仪器检查过滤器是否垂直安装
	7	检查管子安装部位是否漏气	用肥皂水检查管子接头是否漏气

(3) 做好经常性的定期维护工作

定期维护工作可分为每周、每月、每季进行的维护工作，维护工作应有记录。

每周维护工作的主要内容是漏气检查和油雾器管理，漏气检查的内容见表 8-2。漏气检查应在白天车间休息的空闲或下班后进行。这时，气动装置已经停止工作，车间内噪声小，但管道内还有一定压力，可根据漏气声发出的位置确定泄漏处。严重泄漏处必须立即处理，如软管破裂、连接处松动等，其他泄漏应做好记录。油雾器最好每周补油一次。每次补油应注意油量消耗情况，如耗油过多或过少时应检查油滴数是否正常，如油滴数不正常，选用合适的油雾器。

表 8-2　气动系统的泄漏部位和泄漏原因

泄漏部位	泄漏原因
管子连接部位	连接部位松动
管接头连接部位	接头松动
软管	软管破裂或被拉脱
空气过滤器的排水阀	灰尘嵌入
空气过滤器的水杯	水杯龟裂
减压阀的阀体	紧固螺钉松动
减压阀的溢流孔	灰尘嵌入溢流阀座，阀杆动作不良，膜片破裂(精密减压阀有微漏是正常的)
油雾器器体	密封垫不良
油雾器调节针阀	针阀阀座损伤，针阀未紧固
油雾器油杯	油杯龟裂
换向阀阀体	密封不良、螺钉松动、压铸件不合格
换向阀排气口	密封不良，弹簧折断或损伤，灰尘嵌入，气压不足
安全阀出口	压力调整不符合要求，弹簧折断，灰尘嵌入，密封圈损坏
快排阀	灰尘嵌入，密封圈损坏
气缸	密封圈磨损，螺钉松动，活塞杆损伤

每月、每季的维护工作则增加相应内容，每季的维护工作内容见表 8-3。

表 8-3　每季度的维护工作内容

元件	维护内容
自动排水器	能否自动排水，手动操作装置能否正常动作
过滤器	过滤器两侧压差是否超过允许压降
减压阀	旋转手柄，压力可否调节；系统压力为零时，压力表指针能否回零
压力表	观测压力表指示值是否正常
安全阀	使压力高于设定压力，观察安全阀能否溢流
压力开关	在最高和最低设定压力，观测压力开关能否正常动作

续表

元件	维护内容
换向阀排气口	查油雾的喷出量,有无冷凝水排出,有无漏气
电磁阀	线圈温升、切换动作是否正常
速度控制阀	调节节流阀开度,能否对气缸速度进行有效调节
气缸	动作是否平稳,速度及循环周期有无明显变化,气缸安装架是否松动和异常变形,活塞杆连接有无松动、漏气,活塞杆表面有无锈蚀、划伤、偏磨
空压机	入口过滤网是否堵塞

8.2 气动系统的点检工作

为了维持气动生产设备的原有性能，通过视、听、嗅、触，并采用简单的工具、仪器，按照预先制定的技术标准、周期和方法，对设备上的规定部位（点）进行有无异常的预防性周密检查的过程，以使设备的缺陷和故障隐患能够得到早期发现、早期预防、早期处理，这样对设备进行的检查称为点检。

点检按照预先制定的技术标准，定点、定人、定期地对设备进行精心地、逐项地周密检查，找出设备的异常状况，及时发现设备的缺陷和隐患，掌握设备故障的初期信息，以便及时采取对策，做到防故障于未然，保持设备性能的高度稳定。点检是可将设备故障消灭在萌芽状态的一种设备管理方法。

“点”指的是设备关键部位或薄弱环节，往往是设备的故障高发点。“检”指的是可以利用人的感官或简单的工具、仪器进行的检查工作。

设备点检工作应执行“五定”：定点，设定检查的部位、项目和内容；定法，确定点检检查方法；定标，制定维修标准；定期，设定检查的周期；定人，确定点检项目的实施人员。

点检工作是一项日常的预防、保养性质的管理工作，这项工作做好了，能够减少突发事故的发生。

① 做好点检工作，可减少故障的发生，降低因故障而造成的停机时间，促进生产。

② 做好点检工作，可预先采取相关措施，减少维修时的工时数。

③ 做好点检工作，可降低气动设备加工的次品率。

④ 做好点检工作，可简化备用零件的库存管理。

⑤ 做好点检工作，可确保操作者的安全。

8.2.1 气动系统点检中的“点”

气动系统点检中检查的“点”见表 8-4。

表 8-4 气动系统点检中检查的“点”

检查“点”	点检管理项目	点检保养周期										备注
		每天	每周	每月	半年	每年	每两年	动作次数		动作距离		
								100万次	500万次	1000公里	2000公里	
空压机	空压机油	○										指定用油
	吸气过滤器			○								清洗干净
气罐	排出冷凝水	○										
主管路过滤器	排出冷凝水	○										
	滤芯脏污				○							差压超过 0.07MPa 时必须更换
冷冻式空气干燥器	制冷剂压力计	○										运行时显示绿色带
	排出冷凝水	○										
	冷凝器脏污	○										清除筛眼的堵塞
空气过滤器	排出冷凝水	○										
	滤芯脏污				○							
减压阀	调压确认	○										确认压力计是否损伤
油雾器	油滴数量	○										
	油面高度	○										不足时加入 ISO 规定油品
电磁阀	排气口异常,空气泄漏					○		○				拆卸时,涂锂基润滑脂
速度控制阀	气缸的设定速度			○				○				
气缸	活塞杆处空气泄漏			○				○		○		拆卸时,涂锂基润滑脂
	安装工具等松动			○								

注：1. 表中只填入了重要项目，详细情况参考各自的使用说明书。

2. 在每天开始运行时检查冷冻式空气干燥器的制冷剂压力表和冷凝器的脏污情况。

8.2.2 气动系统点检中的“检”

气动系统点检工作中的“检”主要针对管路系统与气动元件两部分。

(1) 管路系统点检

主要内容是对冷凝水和润滑油的管理，一般应在气动装置运行之前进行，但是当夜间温度低于 0℃时，为防止冷凝水冻结，气动装置运行结束后，应开启放水阀门排放冷凝水。补充润滑油时，要检查油雾器中油的质量和滴油量是否符合要求。此外，点检还应包括检查供气压力是否正常，有无漏气现象等。

(2) 气动元件的检查元件及检查内容

① 过滤器

a. 水杯是否有损伤。

b. 滤芯两端压降是否大于规定运行值。

c. 自动排水器动作是否正常。

d. 压力表指示有无偏差。

② 减压阀、安全阀

a. 阀座密封垫是否损伤。

b. 膜片有无破损。

c. 弹簧有无损伤或锈蚀。

d. 喷嘴是否堵住。

e. 压力表读数是否在规定范围内。

f. 调压阀盖或锁紧螺母是否锁紧。

g. 有无漏气。

③ 压力继电器

a. 在调定压力下动作是否可靠。

b. 校验合格后，是否铅封或锁紧。

c. 电线是否损伤，绝缘是否可靠。

④ 油雾器

a. 油杯有无损伤。

b. 观察窗有无损伤。

c. 喷油管及吸油管有无堵塞。

d. 油杯内油量是否足够，润滑油是否变色、混浊，油杯底部是否沉积有灰尘和水。

e. 滴油量是否合适。

⑤ 换向阀

a. 电磁阀外壳温度是否过高。

b. 电磁线圈绝缘性能是否符合要求，有无被烧毁。

c. 电压是否正常，连接电线有否损伤。

d. 铁芯有无生锈，分磁环有无松动，密封垫有无松动。

e. 弹簧有无锈蚀或损伤。

f. 阀座密封垫是否损伤。

g. 阀芯有无磨损。

h. 密封圈有无变形或损伤。

i. 滚轮、杠杆和凸轮有无磨损和变形。

j. 电磁阀动作时，工作是否正常。

⑥ 气缸

a. 气缸运动到行程末端时，通过检查阀的排气口是否有漏气来判断电磁阀是否漏气。

b. 气缸动作时有无异常声音；活塞杆与端面之间是否漏气。

c. 缸筒内表面和活塞杆外表面的电镀层有无脱落、划伤、异常磨损、变形等。

d. 活塞杆有无变形或损伤，导向套偏磨是否大于 0.02mm。

e. 活塞和活塞杆连接处有无松动和裂纹。

f. 缓冲节流阀有无变形或损伤，缓冲效果是否符合要求。

g. 气缸管接头、配管是否划伤、损坏，紧固螺栓及管接头是否松动。

h. 通过检查排气口是否被油润湿，或排气是否会存白纸上留下油雾斑点来判断润滑是否正常。

i. 密封圈有无变形或损伤，润滑脂是否需要补充。

8.2.3 气动系统点检的修理工作

(1) 点检工作中的修理工作类型

① 日修　不需要在主作业线停产条件下进行的计划检修称为日修，日修包括对小零件的修理和更换。日修计划的来源为点检计划和设备隐患的内容等。日修不影响全厂生产计划，可在平日实施，日修的日期与时间由各厂（车间）自定。日修计划由点检员提前一周编制。

② 定修　凡必须在主作业线停产条件下进行的，或对主作业线生产有重大影响的设备，按年度设定的周期进行的计划检修称为定修。定修的日期是固定的，每次定修时间一般不超过 24h，定修计划的来源为周期管理项目、劣化倾向管理项目、点检结果、设备生产安全改善、技改项目、上次检修遗留项目等。定修计划由点检组长提前 10～20 天编制。

(2) 修理工作中的气动元件的拆装

① 拆卸　在拆卸前，应清扫元件和装置上的污物，保持环境清洁。确认被驱动物体已进行了防止落下等必要处置后，再切断电源和气源，确认压缩空气已全部排出后才能拆卸。仅关闭截止阀，系统中不一定已无压缩空气，因有时压缩空气被堵截在某个部位，所以必须认真分析检查各部位，并设法将余压排尽，如观察压力表是否回零，调节电磁先导阀的手动调节杆排气等。

拆卸时，要慢慢松动每个螺钉，以防元件或管道内有残压。一边拆卸，一边逐个检查零件是否正常。应按组件为单位进行拆卸。滑动部分的零件（如缸筒内表面、活塞杆外表面）绝对不要划伤，要认真检查，要注意各处密封圈和密封垫的磨损、损伤和变形情况。要注意节流孔、喷嘴和滤芯的堵塞情况。要检查塑料和玻璃制品有否裂纹或损伤。拆卸时，应将零件按组件顺序排列，并注意零件的安装方向，以便今后装配。配管口及软管口必须用干净布保护，防止灰尘及杂物混入。

更换的零件必须保证质量。锈蚀、损伤、老化的元件不得再用。必须根据使用环境和工作条件来选定密封件，可以参见表 8-5 与表 8-6，以保证元件的气密性和稳定地进行工作。

表 8-5　密封与温度、润滑剂的关系

适用温度/℃		密封件(动密封、静密封、防尘圈)		润滑剂
		形状	材料	
高温用	＞150～200	与厂家协商		硅润滑脂,硅油,二硫化钼
	＞120～150	O形圈、X形圈、U形圈、V形圈、L形圈、防尘圈、其他	氟橡胶 聚四氟乙烯(含填料)	
	＞100～120			石油基液压油,硅润滑脂,硅油,二硫化钼
	＞60～100			石油基液压油,高温润滑脂,硅润滑脂,硅油,二硫化钼
一般用	－5～60		丁腈橡胶① 聚氨酯橡胶 聚四氟乙烯(含填料)	石油基液压油①,普通润滑脂,硅润滑脂,硅油,二硫化钼
低温用	＜－5～－30		低温用丁腈橡胶① 低温用聚氨酯橡胶 聚四氟乙烯(含填料)	石油基低黏度液压油①,硅润滑脂,硅油,二硫化钼
	＜－30～－40			
	＜－40～－55			硅润滑脂,硅油,二硫化钼
	＜－55～－60	与厂家协商		硅润滑脂,硅油,二硫化钼

①丁腈橡胶与有关油品也有不相容的情况。

表 8-6　密封材料在不同环境中的特性

环境			丁腈橡胶	氟橡胶	聚氨酯橡胶	聚四氟乙烯(含填料)
气体	二氧化硫	淡雾	△	△	△	○
		浓雾	×	×	△	○
	硫化氢		○	△	○	○
	氟化氢		×	×	×	○
	氯气		×	○	×	○
	氨气		△	×	△	○
	一氧化碳		○	○	○	○
	丙酮气		×	×	×	○
	氮气		○	○	○	○
	臭氧		△	○	○	○
液体	水,海水,次氯酸钠		○	○	△	○
	过氧化氢		○	○	○	○
	丙酮		×	×	×	○
光线	杀菌用紫外线		×	○	○	○

注：○—能用；△—由使用条件决定能否使用；×—不能用。

② 装配　对拆下来准备再用的零件，装配前应放在适当的清洗液中清洗。零件清洗后，不允许用棉丝擦干，可使用干燥清洁的空气吹干。涂上润滑脂，以组件为单位进行装配。注意不要漏装密封件，不要将零件装反。螺钉、螺母拧紧

力矩应均匀，力矩大小应合理。

安装密封件时应注意，有方向的密封圈不得装反。密封圈不得装扭。为容易安装，可在密封圈上涂敷润滑脂。要保持密封件清洁，防止棉丝、纤维、切屑、灰尘等附着在密封件上。安装时，应防止沟槽的棱角处、横孔处碰伤密封件。与密封件接触的配合面不能有毛边，棱角应倒圆。塑料类密封件几乎不能伸长，橡胶密封件也不要过度拉伸，以免产生永久变形。在安装带密封圈的部件时，注意不要碰伤密封圈。螺纹部分通过密封圈，可在螺纹上卷上薄膜或使用插入用工具。活塞插入缸筒时，孔端部应倒角 15°～30°。

配管时，应注意不要将灰尘、密封材料碎片等带入管内。

维修安装后，再启动时，要确认已进行了防止活塞杆急速伸出的处置后，再接通气源和电源，进行必要的功能检查和漏气检查，不合格者不能使用。检修后的元件一定要试验其动作情况。例如对气缸，开始将其缓冲装置的节流部分参数值调到最小；然后调节速度控制阀，使气缸以非常慢的速度移动，逐渐打开节流阀，使气缸达到规定速度。这样便可检查气阀、气缸的装配质量是否符合要求。若气缸在最低工作压力下动作不灵活，必须仔细检查安装情况。缓慢升压到规定压力，应保证升压过程直至达到规定压力都不漏气。保证安装正确后才能投入使用。

8.3 气动系统的故障分析与排除

8.3.1 故障诊断方法

故障诊断方法有经验法和推理分析法两种。

(1) 经验法

主要依靠实际经验，并借助简单的仪表，诊断故障发生的部位，找出故障原因的方法，称为经验法。

① 执行元件的运动速度有无异常变化；各测压点的压力表显示是否符合规定值，有无大的波动；润滑油的品质和滴油量是否符合要求；冷凝水能否正常排出；换向阀排气口排出的空气是否干净；电磁阀的指示灯显示是否正常；紧固螺钉及管接头有无松动；管道有无扭曲和压扁；有无明显振动存在；加工产品质量有无变化等。

② 气缸及换向阀换向时有无异常声音；系统停止工作但尚未泄压时，各处有无漏气，漏气声音大小及其每天的变化情况；电磁线圈和密封圈有无因过热而发出特殊气味等。

③ 查阅气动系统的技术档案，了解系统的工作程序、运行要求及主要技术参数；查阅产品样本，了解每个元件的作用、结构、功能和性能；查阅检查维护

记录，了解日常维护保养工作情况；询问现场操作人员，了解设备运行情况，了解故障发生前的征兆及故障发生时的状况；了解曾经出现过的故障及其排除方法。

④ 触摸相对运动件、电磁线圈等处，触摸 2s 感到烫手，则应查明原因。气缸、管道等处有无振动感，气缸有无爬行感，各接头处及元件处手感有无漏气等。

经验法简单易行，但由于每个人的感觉、实际经验和判断能力的差异，故障诊断会存在一定的局限性。

（2）推理分析法

利用逻辑推理、步步逼近，寻找故障的真实原因的方法称为推理分析法。

① 推理步骤　从故障的症状到找出故障发生的真实原因，可按以下三步进行。

a. 从故障的症状，推理出故障的本质原因。

b. 从故障的本质原因，推理出可能导致故障的常见原因。

c. 从各种可能的常见原因中，推理出故障的真实原因。

② 推理方法　由简到繁、由易到难、由表及里地逐一进行分析，排除掉不可能的和非主要的故障原因，先查故障发生前曾调整或更换过的元件，优先考虑故障率高的常见原因。

a. 仪表分析法。利用仪表仪器，如压力表、压差计、电压表、温度计、电秒表及其他电子仪器等，检查系统或元件的技术参数是否等合要求。

b. 部分停止法。暂时停止气动系统中部分工作元件，观察对故障现象的影响。

c. 试探反证法。试探性地改变气动系统中部分工作条件，观察对故障现象的影响。

d. 比较法。用标准的或合格的元件代替系统中相同的元件，通过工作状况的对比，来判断被更换的元件是否失效。

8.3.2　气动系统空气中三大类杂质引起的故障及排除方法

三大类杂质指的是介质中的水分、油分及粉尘。

（1）水分引起的气动装置故障及排除方法

① 水分引起的气动装置故障　压缩机吸入湿空气，冷却后便会有水滴生成。水分会使气动元件氧化生锈，影响气动元件的工作。介质中水分引起的故障见表 8-7。

表 8-7　介质中水分引起的故障

故障	后　果
管道故障	①使管道内部生锈 ②使管道腐蚀造成空气漏损、容器破裂 ③管道底部滞留水分引起流量不足、压力损失过大

续表

故障	后　果
元件故障	①因管道生锈加速过滤器网眼堵塞,过滤器不能工作 ②管内锈屑进入阀的内部,引起动作不良,泄漏空气 ③锈屑能使执行元件咬合,不能顺利地运转 ④直接使气动元件的零部件(弹簧、阀芯、活塞杆、活塞等)受腐蚀,引起转换不良、空气泄漏、动作不稳定 ⑤水滴侵入阀体内部,引起动作失灵 ⑥水滴进入执行元件内部,使其不能顺利运转 ⑦水滴冲洗掉润滑油,造成润滑不良,引起阀动作失灵,执行元件运转不稳定 ⑧阀内滞留水滴引起流量不足,压力损失增大 ⑨因发生水击造成元件破损

② 介质中水分的排除办法　要想彻底消除由于介质中所含水分引起的故障，必须彻底清除介质中的水分。

为排除水分，要使经压缩机压缩后温度上升的空气尽快冷却下来，使其析出水滴，需在压缩机出口处安装后冷却器。空气输入主管道应装设滤气器以清除水分，此外在水平管道安装时，要保留一定倾斜度，并在末端设置冷凝水积留处，让空气流动过程中产生的冷凝水沿斜管流到积水处经排水阀排出。为进一步清除水分，有时要安装干燥器。

除水方法有多种。

a. 吸附法：用吸附能力强的吸附剂如硅胶、铝胶和分子筛等吸附水分。

b. 压力除湿法：利用提高压力缩小体积，降温使水滴析出。

c. 机械除水法：利用机械阻挡和旋风分离的方法析出水滴。

d. 冷冻法：利用制冷设备使水蒸气冷却到露点以下，凝结析出。

(2) 油分引起的气动装置故障及排除方法

① 油分引起的气动装置故障　压缩机使用的一部分润滑油呈雾状混入压缩空气中，再受热汽化随压缩空气一起输送出去。油分会使密封材料变质、喷嘴孔堵塞。介质中油分引起的故障见表 8-8。

表 8-8　介质中油分引起的故障

故障	后　果
密封圈变形	①引起密封圈收缩,空气泄漏,阀动作不良,及执行元件输出力不足 ②引起密封圈膨胀,摩擦力增大,使阀不能动作,使执行元件输出力不足 ③引起密封圈硬化,摩擦面早期磨损,使空气泄漏 ④因摩擦力增大使阀和执行元件动作不良
油路堵塞	①使用空气的计量测试仪器的喷嘴-挡板节流口堵塞而失灵 ②射流逻辑回路中射流元件内部小孔堵塞而失灵

② 介质中油分的排除方法　主要采用除油滤清器。空气中含有的油分包括雾状粒子、溶胶状粒子等。雾状油粒子可用离心式滤清器去除，但是比它小的油

粒子难于清除。更小的油粒子可用活性炭吸附油脂，也可用多孔滤芯使油粒子通过纤维层空隙时，相互碰撞逐渐变大而去除。

（3）粉尘引起的气动装置故障及排除方法

① 粉尘引起的气动装置故障　由于压缩机吸入带有粉尘的空气，使粉尘与压缩空气一起进入气动装置中。粉尘会引起气动元件的摩擦副损坏，增加摩擦力，引起气体泄漏，甚至导致控制元件动作失灵，执行元件推力降低。介质中粉尘引起的故障见表 8-9。

表 8-9　介质中粉尘引起的故障

故障	后　果
粉尘进入控制元件	①使控制元件摩擦副磨损甚至卡死,动作失灵不能换向 ②影响调压的稳定性
粉尘进入执行元件	①使执行元件摩擦副损坏甚至卡死,动作失灵 ②降低输出力
粉尘进入计量测试仪器	使喷嘴-挡板节流孔堵塞,仪器因油污染而失灵
粉尘进入射流回路中	射流元件内部小孔被堵塞,元件失灵

② 介质中粉尘的排除方法　当压缩机吸入空气时，同时吸入大气中的粉尘，此外还有管道内产生的粉尘如锈蚀粉屑、切屑、密封材料碎屑等。排除的方法主要是采用空气滤清器安装在压缩机吸气口，减少进入压缩气体中的粉尘。在压缩气体进入气动装置前还可设置过滤器，进一步过滤粉尘。

8.3.3　气源装置的故障及排除方法

气源装置的常见故障包括空压机故障、管路故障、压缩空气处理组件故障等。

（1）空压机故障

包括止回阀损坏，活塞环磨损严重，进气阀损坏和空气过滤器堵塞等。要判断止回阀是否损坏，只需在空压机自动停机十几秒后，将电源关掉，用手盘动大带轮，如果能较轻松地转动一周，则表明止回阀未损坏，反之止回阀已损坏；另外，也可从自动压力开关下面的排气口的排气情况来进行判断，一般在空压机自动停机后应在十几秒后就停止排气，如果一直在排气直至空压机再次启动时才停止，则说明止回阀已损坏，必须更换。当空压机的压力上升缓慢并伴有窜油现象时，表明空压机的活塞环已严重磨损，应及时更换。当进气阀损坏或空气过滤器堵塞时，也会使空压机的压力上升缓慢（但没有窜油现象），检查时，可将手掌放到空气过滤器的进气口上，如果有热气向外冒，则说明进气阀已损坏，必须更换，如果吸力较小，一般是空气过滤器较脏所致，应清洗或更换过滤器。

（2）管路故障

主要有管路接头处泄漏，软管破裂，冷凝水聚集等。管路接头泄漏和软管破裂时，可从声音上来判断漏气的部位，应及时修补或更换；在北方的冬季冷凝水易结冰而堵塞气路，若管路中聚积有冷凝水时，应及时排掉。

（3）压缩空气处理组件（三联件）故障

包括油水分离器故障、减压阀故障和油雾器故障。油水分离器的故障中又分为滤芯堵塞、破损，排污器的运动部件动作不灵活等情况，要经常清洗滤芯，除去排污器内的油污和杂质。减压阀的故障有压力调不高，或压力上升缓慢等。压力调不高，往往是因调压弹簧断裂或膜片破裂而造成的，必须换新；压力上升缓慢，一般是因过滤网被堵塞引起的，应拆下清洗。油雾器不能正常滴油，酌情修理或更换。

8.3.4 气动执行元件（气缸）的故障及排除方法

由于装配不当和长期使用，气动执行元件（气缸）易出现内、外泄漏，输出力不足和动作不平稳，缓冲效果不良，活塞杆和缸盖损坏等故障现象。

（1）气缸出现内、外泄漏

一般是因活塞杆安装偏心，润滑油供应不足，密封圈和密封环磨损或损坏，气缸内有杂质及活塞杆有伤痕等造成的。当气缸出现内、外泄漏时，应重新调整活塞杆的中心，以保证活塞杆与缸筒的同轴度；必须经常检查油雾器工作是否可靠，以保证执行元件润滑良好；当密封圈和密封环出现磨损或损坏时，必须及时更换；若气缸内存在杂质，应及时清除；活塞杆上有伤痕时，应换新。

（2）气缸的输出力不足和动作不平稳

一般是由于活塞或活塞杆被卡住，润滑不良，供气量不足，或缸内有冷凝水和杂质等原因造成的。应调整活塞杆的中心，检查油雾器的工作是否可靠，供气管路是否被堵塞，及时清除气缸内的冷凝水和杂质。

（3）气缸的缓冲效果不良

一般是因缓冲密封圈磨损或调节螺钉损坏所致。应更换密封圈和调节螺钉。

（4）气缸的活塞杆和缸盖损坏

一般是因活塞杆安装偏心或缓冲机构不起作用造成的。应调整活塞杆的中心位置，更换缓冲密封圈或调节螺钉。

8.3.5 气动换向阀的故障及排除方法

① 换向阀不能换向或换向动作缓慢。一般是由于润滑不良、弹簧被卡住或损坏、油污或杂质卡住滑动部分等原因引起的。对此，应先检查油雾器的工作是否正常；润滑油的黏度是否合适，必要时，应更换润滑油；清洗换向阀的滑动部分，或更换弹簧或换向阀。

② 换向阀经长时间使用后易出现阀芯密封圈磨损、阀杆和阀座损伤的现象，导致阀内气体泄漏，阀的动作缓慢或不能正常换向等故障。此时，应更换密封圈、阀杆和阀座，或将换向阀换新。

③ 进、排气孔被油泥等堵塞，封闭不严，活动铁芯被卡死，电路出现故障等，均可导致换向阀不能正常换向。对前三种情况应清洗先导阀及活动铁芯上的油泥和杂质。电路故障一般又分为控制电路故障和电磁线圈故障两类。在检查电路故障前，应先将换向阀的手动旋钮转动几下，看换向阀在额定的气压下是否能正常换向，若能正常换向，则是电路有故障。检查时，可用仪表测量电磁线圈的电压，看是否达到了额定电压，如果电压过低，应进一步检查控制电路中的电源和相关联的行程开关电路。如果在额定电压下换向阀不能正常换向，则应检查电磁线圈的接头（插头）是否松动或接触不良。拔下插头，测量线圈的阻值，如果阻值太大或太小，说明电磁线圈已损坏，应更换。

④ 当换向阀上装的消声器太脏或堵塞时，也会影响换向阀的灵敏度和换向时间，故要经常清洗消声器。

8.3.6 气动辅助元件的故障及排除方法

气动辅助元件的故障主要有油雾器故障、自动排污器故障等。油雾器调节针的调节量太小、油路堵塞、管路漏气等都会使液态油滴不能雾化。对此，应及时处理堵塞和漏气的地方，调整滴油量，使其达到每分钟 5 滴左右。正常使用时，油杯内的油面要保持在上、下限范围内。对油杯底部积存的水分，应及时排除。自动排污器内的油污和水分有时不能自动排除，特别是在冬季温度较低的情况下尤为严重。此时，应将其拆下并进行检查和清洗。

8.4 气动系统故障分析与排除实例

以 VMC1000 型数控加工中心气动换刀系统的故障分析与排除为例进行说明。VMC1000 型加工中心自动换刀装置在换刀过程中的主轴定位、主轴松刀、拔刀、向主轴锥孔吹气、插刀等动作都由气动系统实现，VMC1000 型加工中心气动换刀系统工作原理如图 8-1 所示，电磁铁的动作顺序见表 8-10。

表 8-10 换刀过程中的电磁铁动作顺序

动作	1YA	2YA	3YA	4YA	5YA	6YA	7YA	8YA
主轴定位			−	+				
主轴松刀					−	+		
拔刀							−	+
向主轴锥孔吹气	+	−						

续表

动作	1YA	2YA	3YA	4YA	5YA	6YA	7YA	8YA
插刀	－	＋					＋	－
刀具夹紧					＋	－		
复位			＋	－				

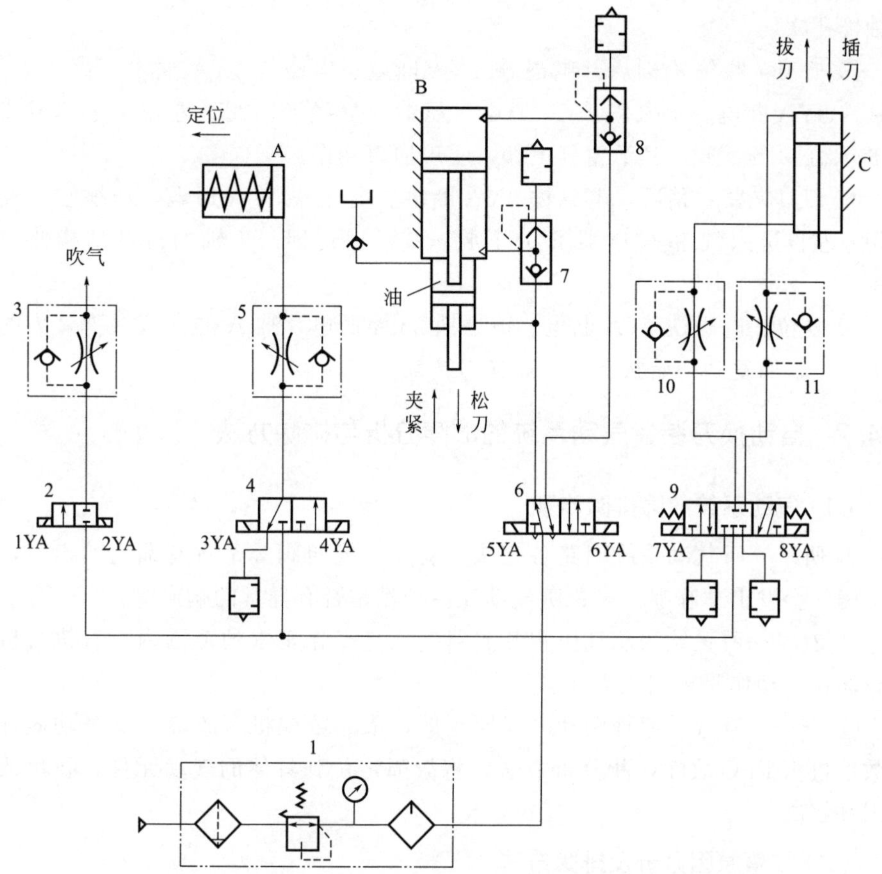

图 8-1 VMC1000 型加工中心的气动换刀系统工作原理

1—气动三联件；2,4,6,9—换向阀；3,5,10,11—单向节流阀；7,8—快速排气阀；A—定位缸；B—气-液增压器；C—拔刀插刀缸

8.4.1 自动换刀装置气动系统的工作原理

① 主轴定位：当数控系统发出换刀指令时，主轴停止旋转，同时电磁铁4YA 通电，压缩空气经气动三联件 1、换向阀 4 右位、单向节流阀 5 进入定位缸 A 的右腔，其活塞向左移动，主轴自动定位。

② 主轴松刀：定位后压下无触点开关，使电磁铁 6YA 通电，压缩空气经换

向阀6右位、快速排气阀8进入气-液增压器B的上腔，增压器的高压油使其活塞杆伸出，实现主轴松刀。

③ 拔刀：松刀的同时，使电磁铁8YA通电，压缩空气经换向阀9右位、单向节流阀11进入缸C的上腔，其活塞杆向下移动，实现拔刀动作。

④ 向主轴锥孔吹气：为了保证换刀的精度，在插刀之前要吹干净主轴锥孔的铁屑等杂质，电磁铁1YA通电，压缩空气经换向阀2左位、单向节流阀3向主轴锥孔吹气。

⑤ 插刀：吹气片刻后，电磁铁1YA断电、电磁铁2YA通电，停止吹气。电磁铁8YA断电、电磁铁7YA通电，压缩空气经换向阀9左位、单向节流阀10进入缸C的下腔，其活塞杆上移，实现插刀动作。

⑥ 刀具夹紧：稍后，电磁铁6YA断电、电磁铁5YA通电，压缩空气经换向阀6左位进入气-液增压器B的下腔，其活塞退回，主轴的机械结构使刀具夹紧。

⑦ 复位：电磁铁4YA断电、电磁铁3YA通电，缸A的活塞在弹簧力的作用下复位，回复到初始状态，至此换刀结束。

8.4.2 自动换刀装置气动系统的故障分析与排除方法

(1) 气动系统故障排除步骤

① 听——听气动系统回路各接头、管路、换向阀等是否有漏气的声音，如果有漏气会发出“嗤嗤”声；听气动元件动作是否有异常的响声等。

② 看——看系统的总气压和各支路气压是否在正常的范围内，看执行机构是否动作、动作是否到位等。

③ 查——查气动原理图和电气原理图，依靠数控机床故障自诊断功能并结合数控机床PLC故障诊断分析方法，将故障定位到具体的气动元件，找出故障原因并解决。

(2) 故障原因分析及排除方法

该气动系统的主要故障一般是动作没有到位或运行缓慢、运行过快产生冲击不平稳，产生这些故障的主要原因是气动元件的密封环老化破损、气动元件润滑不良、换向阀阀芯卡死、气源潮湿有杂质、减压阀与流量阀调节失灵等。

【故障1】各气缸的相应动作完成不了

图8-1中，定位缸A为弹簧复位的单作用缸，拔刀插刀缸C为双作用缸，松夹刀具的缸B为气-液增压缸，排除故障时先要弄清它们的工作原理、结构以及它们常见故障的排除方法。

① 气缸内部漏气：原因是气缸内密封圈破损或气缸内壁拉伤。

a. 定位缸A的气压腔的压缩空气漏往弹簧腔而导致气压腔的压力降低，而不能可靠定位；

b. 拔刀插刀缸 C 因缸内密封圈破损时会造成两腔窜漏，而导致工作端的气压腔的压力降低，导致不能可靠拔刀与插刀。

c. 松夹刀具的气-液增压缸 B 因缸内密封圈破损时会造成下端油缸增压压力不够而不能可靠夹紧刀具。

此时应更换气缸内密封圈，气缸内壁拉伤时，应进行修复或予以更换。

② 气动系统压力太低：检查气动系统压力低的原因并予以排除，使压力恢复正常。

③ 紧固螺栓及管接头松动：予以拧紧。

④ 气动换向阀未动作：如电控阀的电磁铁未能通电、阀芯卡死等，酌情予以排除。

【故障 2】有关缸的动作缓慢

速度与流量有关，造成气缸的动作缓慢原因与排除方法如下。

① 供给气缸的气体流量不足，找出原因，加大供气量。

② 供给气缸的气体流量虽够，但内部泄漏大，造成有效流量不足，这主要与缸内密封破损有关，可更换合格密封。

③ 检查管道回路是否漏气，系统气动压力是否在正常范围内，气源质量是否符合要求等。

【故障 3】气缸动作不平稳、有冲击

① 缓冲部分调节失灵，如密封破损或性能差，缓冲调节螺钉损坏等，查明原因，予以排除。

② 调速阀调节不好，气缸速度太快，可调节调速阀，减小节流阀开口大小。

③ 气缸活塞润滑不良，应加强润滑，例如增大油雾器的供油量，定期检查油雾器油杯中油量是否在规定范围内，每天要放掉过滤器储水杯中的冷凝水，并定期更换滤芯。

附录

附表 1　气动术语

术　语	含　义
(1)气动[技术]	用压缩空气作为传动介质的技术方法
气动回路	由气动元件等要素组成的气动装置的功能的构成
标准空气	温度 20℃、绝对压力 760mmHg、相对湿度 65%的潮湿空气 备注：每单位体积标准空气的重量为 1.2kgf/m^3，用国际单位制(SI)表示时，看作密度为 1.2kg/m^3
标准状态	温度 20℃、绝对压力 760mmHg、相对湿度 65%的空气的状态
耗气量	气动元件或者系统在一定条件下消耗的空气量 备注：将单位时间的耗气量换算为标准状态再进行表示
基准状态	温度 0℃、绝对压力 760mmHg 时的干燥气体的状态
加压下流量	换算为一定压力状态下的体积时所表示出的流量 备注：特别是以标准状态表示时，称作大气压下流量
声速	声音在介质中的传播速度 参考：在温度为 t 的干燥空气中传播的声速以下式表示 $a=331.68\left(\frac{273+t}{273}\right)^{\frac{1}{2}}$ a—声速，m/s；t—温度，℃
亚声速流动	气体的速度未达到声速的流动
临界压力比	通过喷嘴等的气体的流速达到声速时，上游和下游的压力比 参考：假设上游侧压力以绝对压力表示为 P_H(kgf/cm^2)，下游侧压力以绝对压力表示为 P_L(kgf/cm^2)， 则临界压力比 r 在标准空气状态时以下式表示 $r=\frac{P_H}{P_L}=1.893$
自由流动	不受控制的流动
控制流动	受控制的流动
冷凝水(气动)	气动元件及管路内处于流动状态或沉淀状态的水，或者油水混合的白色浑浊液体
绝对压力	以完全真空状态为基准表示的压力的大小
表压	以大气压为基准表示的压力的大小
工作压力	实际使用元件或者系统时的压力

续表

术　语	含　义
最高工作压力	元件或者系统能够使用的最高压力
最低工作压力	元件或者系统能够使用的最低压力
保证耐压	恢复到最高工作压力时，在不降低性能的情况下必须承受的压力
启动压力	使各个元件开始启动时的最低压力
最低动作压力	能够保证元件动作的最低压力
控制压力	使控制管路作用的压力
残压	停止供压后，残存于回路系统或者元件内的不良压力
背压	作用于回路的返回侧或者排气侧，或者作用于压力动作面背后的压力
油雾	动作空气中含有的细小油粒子
污染管理	对动作流体中含有的有害物质的管理(污染控制)
过滤精度	动作流体通过过滤器时，表示被过滤材料过滤掉的混入粒子的大小，单位以μm表示
耐用寿命	在推荐的条件下能维持一定性能时的使用次数、时间等
响应时间	阀或回路得到输入信号到输出达到规定值所需的时间
气口	动作流体通道的开口部
放气阀	用于排出液压回路中的空气的针阀或者细管等
密封圈	用来密封旋转或往复运动等运动部分的密封件的总称
活塞	通过在气缸内作往复运动来传递流体压力和力，与直径相比长度较短的机械零件
活塞杆	与活塞结合，将运动传递到气缸外部的棒状零件
自润滑[气动]元件	事先封入润滑脂等，不需要补充润滑油即可长时间运行的气动元件
无润滑[气动]元件	依靠特殊结构或者使用具有自润滑性的材料，不需要供给润滑油即可运行的气动元件
(2)执行元件	利用流体能量机械做功的元件
气动马达	能够利用气压能量进行连续旋转运动的执行元件
气缸	气缸力与有效截面积以及压差成正比地进行直线运动的执行元件
气缸力	活塞杆传递的机械力
单作用气缸	只能向活塞的一侧供给流体压力的气缸
双作用气缸	向活塞的两侧都能供给流体压力的气缸
缸筒	在内部保持压力，内面为圆筒形的部分
气缸缓冲	在行程终点附近，通过自动减少流体的流出而使活塞杆的运动减速的功能
行程	活塞移动的距离
平均活塞速度	行程长度除以活塞启动至停止的时间的值
前端	活塞杆伸出的一侧
底座侧	活塞杆不伸出的一侧

续表

术　语	含　义
(3)人工控制	使用手或者脚进行操作的方式。通常,通过按钮、拉杆或者踏板等施加操作力
机械控制	通过凸轮、连杆机构等机械方法进行操作的方式
电磁控制	通过电磁铁进行操作的方式
先导控制	通过先导压力的变化进行操作的方式
联锁	为了防止危险及异常动作,在控制回路上进行预防,使得发生某一动作时不会随之发生其他异常动作的手段
弹簧复位	操作力取消时,靠弹簧力使阀体回复至原始位置的方式
弹簧中心	中央位置即为初始位置的三位阀的弹簧复位的别称
压力复位	操作力消失时,利用流体压力使阀体回到初始位置的方式
定位装置	通过人为地制造出的阻力,使阀体保持在一定位置的机构。要移动至其他位置时,必须施加超出阻力的力
气动-液压控制	控制回路部分使用气压,动作部分使用液压的控制方式
阀	在流体系统中,对流动的方向、压力或者流量进行控制或者限制的元件的总称
座阀	阀体从阀座面向直角方向移动的阀
滑阀	通过阀体和阀座滑动来进行开关的阀
滑柱阀	使用滑柱的滑阀
旋转阀	利用旋转或者摆动的转动体的滑动面进行开关动作的滑阀
球阀	阀体为球状的滑阀
二、三、四位阀	阀体位置有两个、三个、四个的切换阀
二、三、四、五通阀	有两个、三个、四个、五个气口的阀
C_v 值(气动)	C_v 是表示阀的流量特性的系数,在指定开度时有 0.07kgf/cm²(6.9kPa)的压力降时,流经阀的 60°F(15.5℃)的水的流量以 G.P.M.(3.785L/min≈1G.P.M.)计测的数字表示
K_v 值(气动)	K_v 是表示阀的流量特性的系数,在指定开度时有 1kgf/cm²(98kPa)的压力降时,流经阀的 5～30℃的水的流量以 m³/h 计测的数字表示
阀的有效截面积	按照阀的实际流量,将压力的阻力换算成同等的阻尼孔的计算上的截面积,作为表示气动阀流动能力的值使用 备注:计算方法依据 JIS B 8373、JIS B 8374 及 JIS B 8375
常态位置	无操作力时的阀体位置
过渡位置	初始位置和动作位置之间的过渡性的阀体位置
常闭	常态位置处于关闭位置的状态(常闭)
常通	常态位置处于开放位置的状态(常通)
压力控制阀	控制压力的阀
安全阀	为了防止损坏元件和管子等,限制阀回路最高压力的控制阀
减压阀	与入口侧压力无关,使出口侧设定压力低于入口侧设定压力的压力控制阀
流量控制阀	控制流量的阀

续表

术　语	含　义
节流阀	通过节流功能限制流量的无压力补偿功能的流量控制阀
速度控制阀(气动)	可变节流阀和单向阀形成一体,控制回路中气缸等的流量的阀
方向控制阀	控制流动方向的阀的总称
换向阀	有两种以上的流动形式、两个以上的气口的方向控制阀
止回阀 单向阀	只允许向一个方向流动、阻止向相反方向流动的阀
梭阀	具有两个入口和一个共同的出口,出口会因入口压力的作用而自动连接到其中一个入口的阀
快速排气阀	设置于切换阀和执行元件之间,通过切换阀的排气作用而使阀动作,打开其排气口,从执行元件快速进行排气的阀
限位阀(气动)	用于确认移动物体位置的机械操作切换阀
主阀	以气压操作的气动方向控制阀
(4)流体逻辑元件	包括射流元件、可动逻辑元件的元件总称
射流元件	不使用机械可动部分,通过流体的流动控制流体动作的元件
可动逻辑元件	使用机械可动部分,通过流体的流动控制流体动作的比较小型的元件
逻辑回路	具有“和”“或”“非”等逻辑功能的回路
(5)管接头	有流体通路的可拆装的连接件的总称,用来连接管路或者将管子连接于元件
快换接头	软管及配管的连接接头,能够快速拆装
集成	内部形成起到配管作用的通路,外部有能够连接两个以上元件的模块
底板	使用衬垫来安装控制阀等,与管路相连接的接合板
气罐	作为气压动力源,储存压缩空气的容器
气-液缸	将气压转换成液压的元件
后冷却器	对空压机排出的气体进行冷却的热交换器
空气干燥器	清除空气中的水分、获得干燥空气的元件
空气过滤器	安装于气动回路中,通过离心力以及过滤作用分离、清除冷凝水和细小固体物质的元件
除油器	通过凝缩或其他方法清除空气中的油雾粒子的元件
油雾器、加油器	将油变成雾状自动送入气流中,向气动元件自动加油的元件
最小滴油流量	油雾器在指定的条件下进行滴油时所需的最小空气流量
气处理装置	由过滤器、带压力表的减压阀、油雾器组成,将符合一定条件的空气供给二次侧的元件
消声器	减小排气声的元件
压力开关	当流体压力达到规定的数值时,开关电气接点的元件
压力传感器	利用气压检测物体的有无、位置、状态等,并发送这一信号的元件的总称
气动循环程序控制器	由通过反复动作的程序装置来控制输入、输出或者这两者的多个气压元件组成的装置

附表 2 气动图形符号

项目		中国(GB/T 786.1)		日本(JIS B 0125)	
		图形符号	说明	图形符号	说明
线	实线	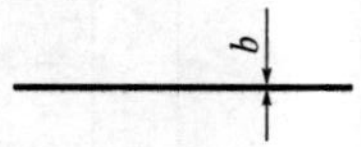 b	表示工作管路、控制供给管路、回油管路、电气线路		(1)主管路 (2)先导阀的供给管路 (3)电信号线
	虚线	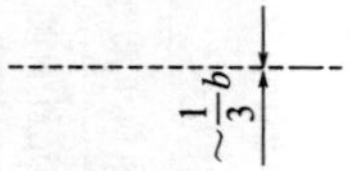 $\sim\frac{1}{3}b$	表示控制管路、泄油管路或放气管路、过滤器、过渡位置		(1)先导操作管路 (2)冷凝水管路 (3)过滤器 (4)阀的过渡位置
	点划线	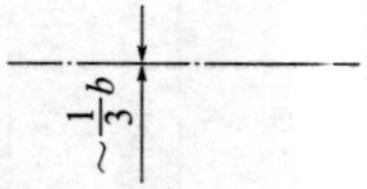 $\sim\frac{1}{3}b$	表示组合元件框线		边框线
	双线	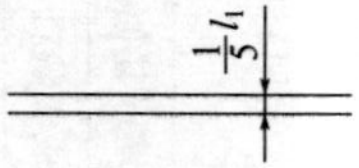 $\frac{1}{5}l_1$	表示机械连接的轴、操纵杆、活塞杆等	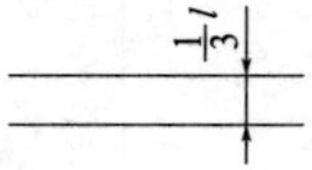 $\frac{1}{3}l$	机械接合
圆	大圆	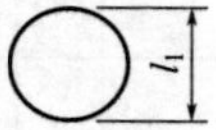 l_1	表示一般能量转换元件(泵、马达、压缩机)	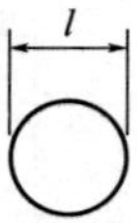 l	能量转换元件
	中圆	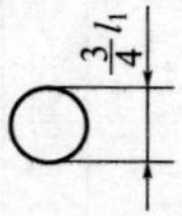 $\frac{3}{4}l_1$	表示测量仪表	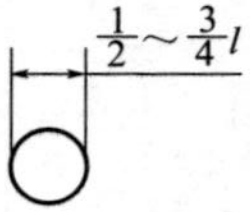 $\frac{1}{2}\sim\frac{3}{4}l$	(1)计测器 (2)旋转接头

续表

项目		中国(GB/T 786.1)		日本(JIS B 0125)	
		图形符号	说明	图形符号	说明
圆	小圆	○ $\frac{1}{3}l_1$	表示单向元件、旋转接头、机械铰链、滚轮	○ $\frac{1}{4}\sim\frac{1}{3}l$	(1)止回阀 (2)连杆 (3)辊
	圆点	● $(\frac{1}{8}\sim\frac{1}{5})l_1$	表示管路连接点、滚轮轴	○ $\frac{1}{8}\sim\frac{1}{6}l$	(1)管路的连接 (2)辊轴
	半圆	l_1	表示限定旋转角度的马达或泵	l	旋转角度受到限制的执行元件
正方形		l_1	控制元件、除电动机外的原动机	l	(1)控制元件 (2)电动机以外的原动机
		l_1	调节器件(过滤器、分离器、油雾器和热交换器等)	l	流体调整元件
		$\frac{1}{2}l_1$	蓄能器重锤	$\frac{1}{2}l$	(1)气缸内的缓冲装置 (2)储气筒内的平衡锤

续表

项目		中国(GB/T 786.1)		日本(JIS B 0125)	
		图形符号	说明	图形符号	说明
长方形		$l_2>l_1$；l_2；l_1	缸、阀	m；l	(1)气缸 (2)阀
		$\frac{1}{4}l_1$；l_1	活塞	$\frac{1}{4}l$；l	活塞
		$l_1<l_2<2l_1$；$\frac{1}{2}l_1$；l_2	某种控制方法	$\frac{1}{2}l$；m	特定的操作方法
囊形		l_1；$2l_1$	气罐蓄能器	l；$2l$	气罐
正三角形	实心	▶	液压	▶	液压
	空心	▷	气动	▷	空气压及其他的气体压

续表

项目		中国(GB/T 786.1)		日本(JIS B 0125)	
		图形符号	说明	图形符号	说明
箭头	直箭头或斜箭头	~30° 0.3l	表示直线运动、流体流过阀的通路和方向、热流方向		(1)直线运动 (2)阀内流体的通路和方向 (3)热流的方向
	弧线箭头	90° l	旋转运动方向	90° l	旋转运动
	长斜箭头		可调性符号		可变操作或调整手段
其他			电气符号		电
			封闭油、气路或油、气口		闭路或闭锁连接口
			电磁操纵器		电磁执行元件
			温度指示或温度控制		温度指示或温度调整
			原动机		原动机
			弹簧		弹簧

续表

项目	中国(GB/T 786.1)		日本(JIS B 0125)	
	图形符号	说明	图形符号	说明
其他		节流符号		节流
	90°	单向阀简化符号的阀座	20°	止回阀的简略符号的阀座
管路		管路		连接
		管路		交叉
		柔性管路		挠曲管路
放气装置		连续放气		放气
		间断放气		
		单向放气		

续表

项目		中国(GB/T 786.1)		日本(JIS B 0125)	
		图形符号	说明	图形符号	说明
排气口			不带连接措施		排气口
			带连接措施		
快换接头	不带单向阀		卸开状态		卸开状态
			接头组		接续状态
	带单向阀		卸开状态		卸开状态
			接头组		接续状态
旋转接头			单通路		单通路
			三通路		三通路
机械控制件			杆(箭头可省略)		杆
			轴(箭头可省略)		旋转轴

续表

项目		中国(GB/T 786.1)		日本(JIS B 0125)	
		图形符号	说明	图形符号	说明
机械控制件			定位装置		定位装置
			锁定装置(*为开锁的控制方法)		锁定装置(*为开锁的控制方法)
			弹跳机构		过中位装置
控制方法	人力控制		不指明控制方式时的一般符号		人工操作
			按钮式		按钮
			拉钮式		拉出式按钮
			按拉式		按拉式按钮
			手柄式		手柄
			踏板式单向控制		踏板
			踏板式双向控制		两用踏板

续表

项目			中国(GB/T 786.1)		日本(JIS B 0125)	
			图形符号	说明	图形符号	说明
控制方法	机械控制			顶杆式		顶杆
				可变行程控制式		可变行程限位器
				弹簧控制式		弹簧
				滚轮式双向操纵		滚轮
				滚轮式单向操纵		单作用滚轮
	电气控制	电气控制装置		单作用电磁铁		单作用电磁铁
				双作用电磁铁		双作用电磁铁
				单作用可调电磁操纵器(比例电磁铁,力矩马达等)		单作用可变式电磁执行元件
				双作用可调电磁操纵器(力矩马达)		双作用可变式电磁执行元件
		旋转运动电气控制装置	M	电动机	M	旋转型电气执行元件

续表

项目			中国(GB/T 786.1)		日本(JIS B 0125)	
			图形符号	说明	图形符号	说明
控制方法	压力控制	先导间接压力控制		气压先导控制(加压控制,内部压力控制)		加压操作方式 间接型先导
				电磁气压先导控制(单作用电磁铁一次控制,气压外部压力控制)		间接型 电磁先导
						间接型 电磁先导 带手动优先控制
反馈	外反馈			电反馈(电位器、差动变压器等位置检测器)		电气式反馈
	内反馈			机械反馈(随动阀仿形控制回路)		机械式反馈
泵和马达				单向定量马达(一般符号)		气马达 (一般符号)
				马达(双向流动,双向旋转,定排量)		气马达 (双向旋转型)
				摆动气马达(定角度双向摆动)		摆动型执行元件

续表

项目		中国(GB/T 786.1)		日本(JIS B 0125)	
		图形符号	说明	图形符号	说明
气缸	单作用缸	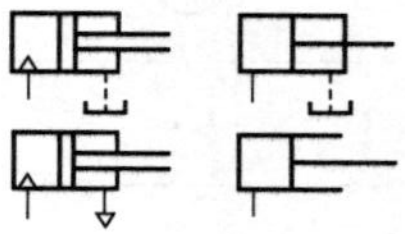	单活塞杆缸		单作用气缸
		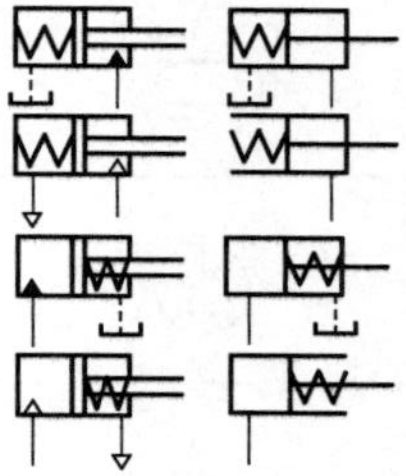	单活塞杆缸(带弹簧)	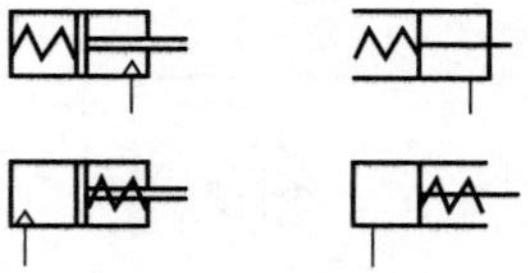	单作用气缸(带弹簧)
	双作用缸		单活塞杆缸		单活塞杆型双作用气缸
		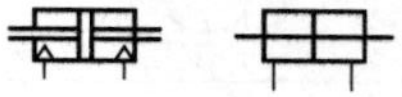	双活塞杆缸	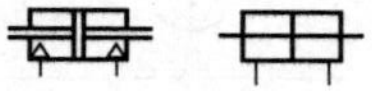	双活塞杆型双作用气缸
		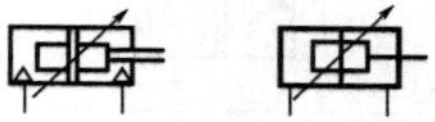	可调双向缓冲缸	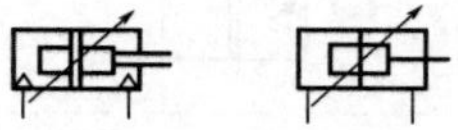	双作用气缸(带缓冲装置)
	伸缩缸	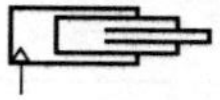	单作用伸缩气缸	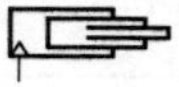	单作用伸缩型气缸

续表

项目	中国(GB/T 786.1)		日本(JIS B 0125)	
	图形符号	说明	图形符号	说明
气-液转换器	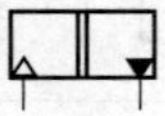	气压力转换成液压力		单作用型
	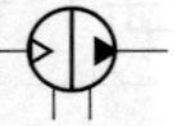			连续型
增压器	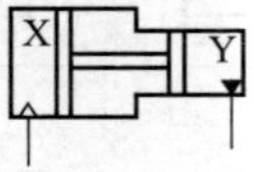 X Y	单程作用	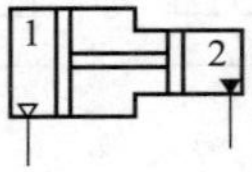 1 2	单作用型
	 X Y	连续作用	 1 2	连续型
能量储存器		气罐		气罐
动力源		液压源(一般符号)	 ( )	(液压源)
		气压源(一般符号)		气压源
	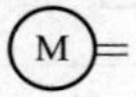 M	电动机	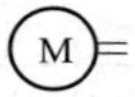 M	电动机
	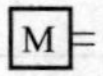 M	原动机(电动机除外)	M	原动机

续表

项目	中国(GB/T 786.1)		日本(JIS B 0125)	
	图形符号	说明	图形符号	说明
换向阀	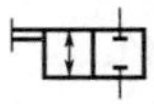	二位二通手动换向阀(常闭)	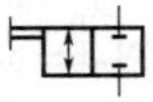	二通手动切换阀
		二位三通电磁换向阀(虚线表示过渡位置)		三通电磁切换阀(2 位置、1 过渡位置)
	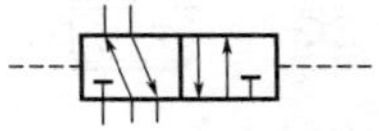	二位五通阀		五通先导切换阀(2 位置、2 方向先导操作)
	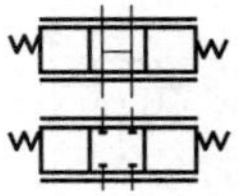	四通节流型换向阀 带负遮盖中间位置 带正遮盖中间位置	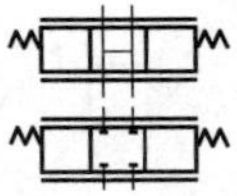	四通节流切换阀 带负遮盖中央位置 带正遮盖中央位置
单向阀、梭阀、排气阀	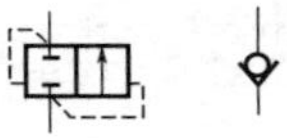	单向阀(无弹簧)	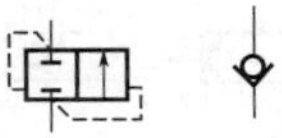	止回阀(单向阀)
	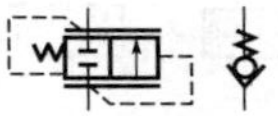	单向阀(带弹簧) (弹簧可省略)	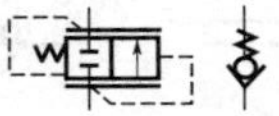	止回阀(单向阀)
	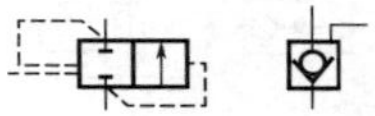	液(气)控单向阀(无弹簧)	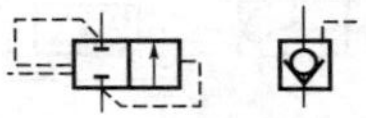	先导操作止回阀
		液(气)控单向阀(带弹簧)	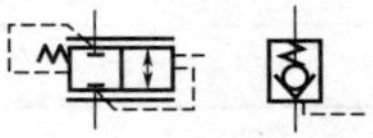	先导操作止回阀

续表

项目	中国(GB/T 786.1)		日本(JIS B 0125)	
	图形符号	说明	图形符号	说明
单向阀、梭阀、排气阀	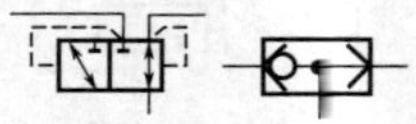	或门型梭阀	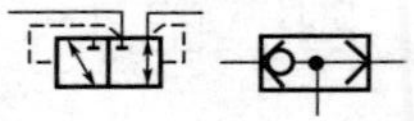	高压优先型梭阀
	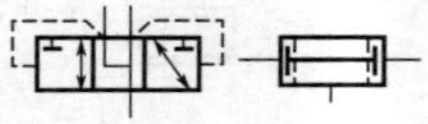	与门型梭阀	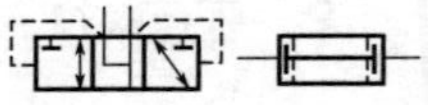	低压优先型梭阀
	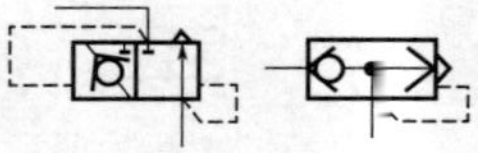	快速排气阀	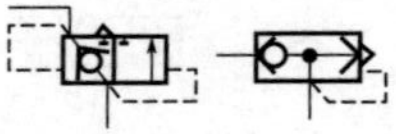	快速排气阀
压力控制阀	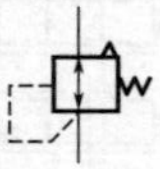	溢流减压阀(带溢流阀的液压阀)	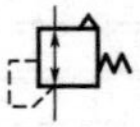	溢流减压阀
流量控制阀	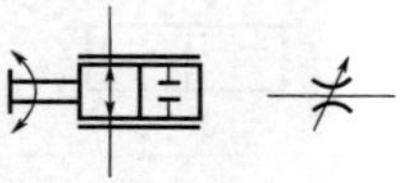	可调节流阀(无完全关闭位置,也用作节流阀,一般符号)	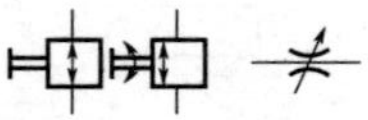	可变节流阀
		截止阀(具有一个完全关闭位置)		截止阀
	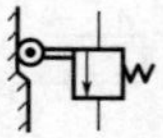	减速阀	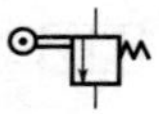	减速阀(机械操作可变节流阀)
		可调单向节流阀		速度控制阀

续表

项目		中国(GB/T 786.1)		日本(JIS B 0125)	
		图形符号	说明	图形符号	说明
流体调节器	过滤器		一般记号 带磁性滤芯 带污染指示器		一般符号 带磁铁 带筛眼显示器
	分水排水器		人工排出		手动排水
			自动排出		自动排水
	空气过滤器		人工排出/自动排出		手动排水/自动排水
	除油过滤器		人工排出		手动排出
			自动排出		自动排出
	空气干燥器				
	油雾器				

续表

项目		中国(GB/T 786.1)		日本(JIS B 0125)	
		图形符号	说明	图形符号	说明
流体调节器	气源调节装置		垂直箭头表示分离器		气压调整单元
	冷却器		一般符号		(无冷却用管路显示)
			带冷却剂管路指示		(有冷却用管路显示)
	加热器				
	温度调节器				(加热及冷却)
辅助元件			压力指示器		压力指示器
			压力计		压力计
			压差计		压差计
			液位计		液位计

续表

项目	中国(GB/T 786.1)		日本(JIS B 0125)	
	图形符号	说明	图形符号	说明
辅助元件		温度计		温度计
		检流计		检流计
		流量计		流量计
		累计流量计		累计流量计
		转速仪		转速仪
		转矩仪		转矩仪
其他元件		压力继电器		压力开关
		行程开关		限位开关
		模拟传感器		模拟转换器
		消声器		消声器
		报警器		报警器
				磁力分离器

附表 3 电磁阀

名称			符号	名称			符号
基本形式及控制方式	气口数	位置数		基本形式及控制方式	气口数	位置数	
直动常闭 单作用电磁铁 弹簧复位	2	2	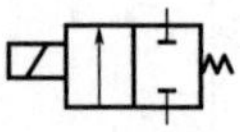	间接动作 单作用电磁铁 弹簧复位 ※压力复位	4	2	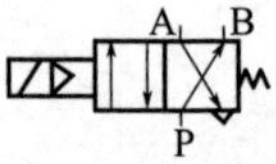
直动常通 单作用电磁铁 弹簧复位	2	2	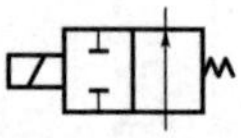	间接动作 单作用电磁铁 弹簧复位 ※压力复位	5	2	 ※压力复位的操作符号为在端面上加功能要素的正三角形
直动常闭 单作用电磁铁	3	2	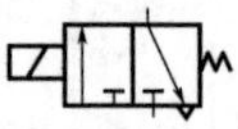	直动 两侧电磁铁	4	2	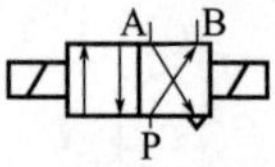
直动常通 单作用电磁铁	3	2	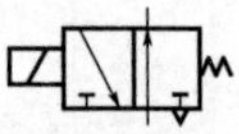	直动 双作用电磁铁	4	2	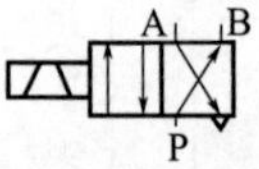
直动 两侧电磁铁	2	2	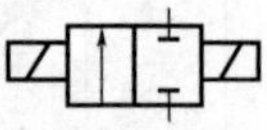	直动 两侧电磁铁	5	2	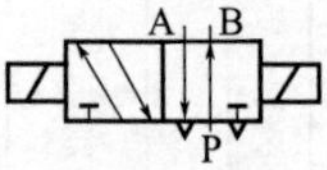
直动 两侧电磁铁	3	2	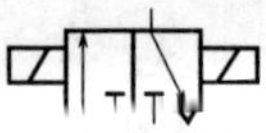	直动 双作用电磁铁	5	2	
直动 双作用电磁铁 ※无须表示与电气信号的关系时使用	3	2	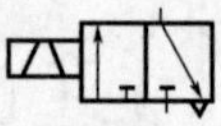 ※阀体的位置关系和操作功能一目了然	间接动作 两侧电磁铁	4	2	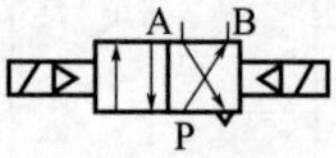
直动 单作用电磁铁	4	2	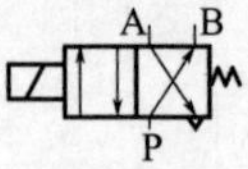	间接动作 双作用电磁铁	4	2	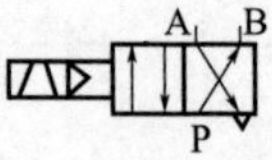
直动 单作用电磁铁	5	2		间接动作 两侧电磁铁	5	2	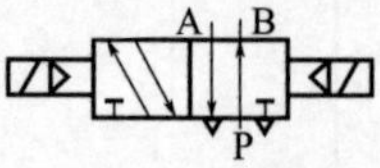

续表

名称			符号	名称			符号
基本形式及控制方式	气口数	位置数		基本形式及控制方式	气口数	位置数	
间接动作 双作用电磁铁	5	2	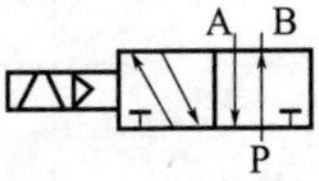 A B P	间接动作 中封 两侧电磁铁 弹簧中心	5	3	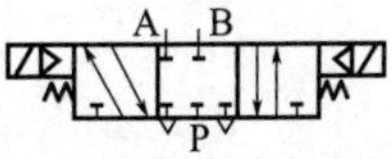 A B P
直动中封 两侧电磁铁 弹簧中心	4	3	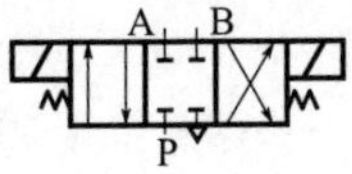 A B P	间接动作 ABR 连接 两侧电磁铁 弹簧中心 压力中心并用	4	3	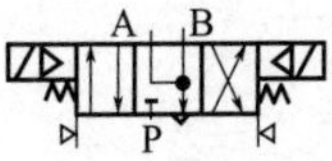 A B P
直动中封 两侧电磁铁 弹簧中心	5	3	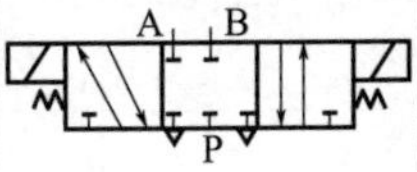 A B P	间接动作 ABR 连接 两侧电磁铁 弹簧中心 压力中心并用	5	3	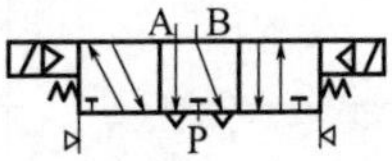 A B P
直动 ABR 连接 两侧电磁铁 弹簧中心	4	3	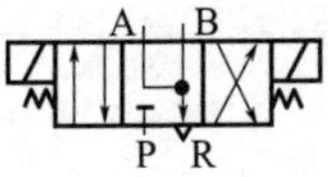 A B P R	间接动作 PAB 连接 两侧电磁铁 弹簧中心 带手动优先控制	4	3	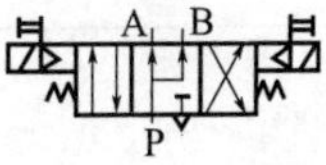 A B P
直动 ABR 连接 两侧电磁铁 弹簧中心	5	3	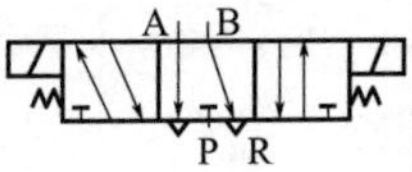 A B P R	间接动作 PAB 连接 两侧电磁铁 弹簧中心 带手动优先控制	5	3	 A B P
直动 PAB 连接 两侧电磁铁 弹簧中心	4	3	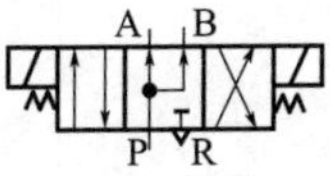 A B P R	（比例控制阀） 直动 电磁比例流量控制阀	2		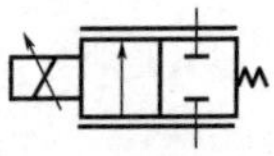
直动 PAB 两侧电磁铁 弹簧中心 压力中心并用	5	3	 A B RPR	直动 电磁比例流量控制阀	3		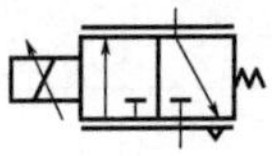
直动 PAB 连接 两侧电磁铁 带手动优先控制			 A B *RPR ※都写在两个侧面时若比较难看，就分开填写	（伺服阀） 直动 电磁伺服控制 弹簧中心	4		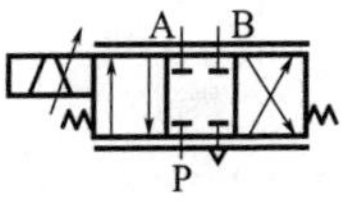 A B P
间接动作 中封 两侧电磁铁 弹簧中心	4	3	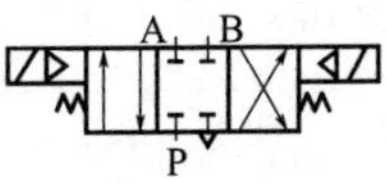 A B P	直动 电磁伺服控制 弹簧中心	5		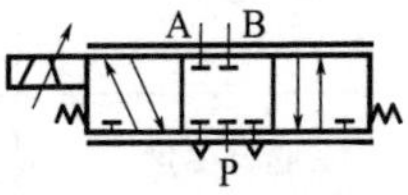 A B P

附表 4　单位换算关系

量的名称	传统单位	SI 单位	CKD 实用 SI 单位	JIS 换算值
正压力	kgf/cm^2	Pa	MPa kPa	$1MPa=10.1972kgf/cm^2$ $1kgf/cm^2=0.0980665MPa$
	mmH_2O	Pa	kPa	$1kPa=101.972mmH_2O$ $1mmH_2O=0.00980665kPa$
正压力 （绝对压力）	kgf/cm^2	Pa(abs)	MPa(abs) kPa(abs)	$1kPa=0.0101972kgf/cm^2$ $1kgf/cm^2=98.0665kPa$
负压力 （绝对压力）	Torr	Pa(abs)	kPa(abs)	1kPa(abs)=7.50062Torr 1Torr=0.133322kPa(abs)
负压力 （表压力）	−mmHg	−Pa	−kPa	−1kPa=−7.50062mmHg −1mmHg=−0.133322kPa
力 （负载）	kgf	N	N kN mN	1N=0.101972kgf 1kgf=9.80665N
应力	kgf/mm^2	N/mm^2 Pa	N/mm^2	$1N/mm^2=0.101972kgf/mm^2$ $1kgf/mm^2=9.80665N/mm^2$
功、能量	kgf・m	J	J kJ	1J=0.101972kgf・m 1kgf・m=9.80665J
功率	kgf・m/s	W	W kW	1W=0.101972kgf・m/s 1kgf・m/s=9.80665W
动力	PS	W	W kW	1kW=1.35962PS 1PS=0.7355kW
热流	kcal/h	W	W kW	1W=0.86000kcal/h 1kal/h=1.16279W
力矩	kgf・m	N・m	N・m mN・m	1N・m=0.101972kgf・m 1kgf・m=9.80665N・m
运动黏度	cSt	m^2/s	mm^2/s	$1mm^2/s=1cSt$

附表5　气动标准

标准号	标准名称	备注
GB/T 786.1	液压气动图形符号	非等效采用ISO 1219-1
GB/T 4208	外壳防护等级(IP代码)	等效采用TEC 529
GB 5226.1	机械电气安全机械电气设备第1部分:通用技术条件	等同采用TEC 204-1
GB/T 17446	流体传动系统及元件术语	等同采用ISO 5598
ISO 65:1981	按照ISO 7/1车螺纹的碳素钢管	
ISO 1219-2	流体传动系统和元件图形符号和回路图第2部分:电路图	
ISO 5782-1	气压传动压缩空气过滤器第1部分:商务文件和具体要求中应包含的主要特性	
ISO 6301-1	气压传动压缩空气油雾器第1部分:供应商文件和产品标志要求中应包含的主要特性	
ISO 6953-1	气压传动压缩空气调压阀和带过滤器的调压阀第1部分:商务文件中包含的主要特性及产品标识要求	
ISO 8778	气压传动标准参考大气	

参 考 文 献

[1] 李松晶，向东，张伟. 轻松看懂液压气动系统原理图（双色精华版）. 北京：化学工业出版社，2016.
[2] 宁辰校. 气动技术入门与提高. 北京：化学工业出版社，2018.
[3] 陆望龙. 典型液压气动元件结构 1200 例. 北京：化学工业出版社，2018.
[4] 李丽霞. 图解电气气动技术基础. 北京：化学工业出版社，2017.
[5] 黄志坚. 实用液压气动回路 880 例. 北京：化学工业出版社，2018.